面向新工科普通高等教育系列教材

U0168329

电气控制技术与 PLC

刘华波　徐世许　何文雪　吴贺荣　编著

机 械 工 业 出 版 社

本书分为传统电气控制技术和PLC应用两大部分。首先，传统电气控制技术部分介绍了常用低压电器、三相异步电动机控制电路和电气控制系统设计，然后PLC应用部分以S7-1200 PLC为例系统介绍了PLC的基础知识、硬件结构、编程基础、指令系统、程序设计、通信和工艺功能等。本书注重示例，强调应用。

本书可作为高等院校和高职院校自动化、电气控制、计算机控制及相关专业的教材，也可供工程技术人员培训及自学使用，对西门子自动化系统的用户也有一定的参考价值。

为配合教学，本书配有教学用PPT、电子教案、课程教学大纲、试卷（含答案及评分标准）、习题参考答案等教学资源。需要的教师可登录机工教育服务网（www.cmpedu.com），免费注册，审核通过后下载，或联系编辑索取（微信：18515977506/电话：010-88379753）。

图书在版编目（CIP）数据

电气控制技术与PLC/刘华波等编著．—北京：机械工业出版社，2023.9（2025.1重印）

面向新工科普通高等教育系列教材

ISBN 978-7-111-73064-4

Ⅰ．①电⋯ Ⅱ．①刘⋯ Ⅲ．①电气控制-高等学校-教材 ②PLC技术-高等学校-教材 Ⅳ．①TM571.2 ②TM571.61

中国国家版本馆CIP数据核字（2023）第071204号

机械工业出版社（北京市百万庄大街22号 邮政编码100037）
策划编辑：李馨馨 责任编辑：李馨馨 周海越
责任校对：李小宝 李 杉 责任印制：邓 博
北京盛通数码印刷有限公司印刷
2025年1月第1版第4次印刷
184mm×260mm·22.25印张·546千字
标准书号：ISBN 978-7-111-73064-4
定价：79.80元

电话服务 网络服务
客服电话：010-88361066 机 工 官 网：www.cmpbook.com
010-88379833 机 工 官 博：weibo.com/cmp1952
010-68326294 金 书 网：www.golden-book.com
封底无防伪标均为盗版 机工教育服务网：www.cmpedu.com

前　言

党的二十大报告指出，"加快建设制造强国"。实现制造强国，智能制造是必经之路。PLC 技术作为自动化技术的重要一环，在智能制造中扮演着不可或缺的角色。

"电气控制技术与 PLC"课程是高等工科院校和高职高专学校电气类、自动化类专业的核心专业课程。本书在编写过程中，注重工程实践、突出技术应用、精选教学内容，既注意反映电气控制领域的最新技术，又适应学生知识结构和能力特点，强调理论联系实际，注重培养学生分析和解决实际问题能力、工程设计能力和创新能力。

全书分为两大部分。传统电气控制技术部分主要介绍常用低压电器的结构、原理和用途，三相异步电动机各种基本控制电路，典型机床电气控制电路，以及电气控制系统设计原则与方法等。PLC 应用部分以西门子 S7-1200 PLC 为例介绍 PLC 的基础知识、硬件组成、编程基础、指令系统、程序设计、通信和工艺功能等，最后通过实例讲解 PLC 控制系统的设计方法。本书的编写注重理论和实践的结合，强调基础知识与操作技能的结合，书中提供了大量的示例，读者在阅读过程中应结合系统手册和软件加强练习，举一反三，系统掌握。

本书由刘华波、徐世许、何文雪和吴贺荣编写。徐世许编写了第 1~4 章，何文雪编写了第 5、6 章，刘华波编写了第 7~13 章，何文雪、吴贺荣测试了书中所有例程。全书由刘华波统稿。

西门子（中国）有限公司对本书的编写给予了大力支持，并提供了大量技术资料和宝贵建议，在此表示衷心感谢。

因编者水平有限，书中难免有错漏及疏忽之处，恳请读者批评指正。

读者可通过电子邮件与编者交流，邮箱地址为 hbliu@ qdu. edu. com。

编著者

目　　录

第1章　常用低压电器

1.1　低压电器的分类及发展概况

在现代化工农业生产中，生产机械的运动部件大多数是由电动机拖动的，通过对电动机的自动控制如起动、正反转、调速、制动等，实现对生产机械的自动控制。这类电气控制系统通常由断路器、继电器、接触器、按钮、行程开关等低压电器组成，因此也称为继电接触器控制系统。

低压电器一般是指在交流 1200 V 及以下和直流 1500 V 及以下电路中起通断、控制、保护和调节作用的电器产品。低压电器是组成电器成套设备的基础元件，一套自动化生产线的电气设备中，可能需要使用成千上万件低压电器，其投资费用接近甚至超过主机的投资。

微课：低压电器分类及其发展概况

1.1.1　低压电器分类

1. 按工作原理分类

（1）电磁式电器

电磁式电器是依据电磁感应原理来工作的电器，例如直流接触器、交流接触器及各种电磁式继电器等。

（2）非电量控制电器

非电量控制电器是靠外力或某种非电物理量的变化而动作的电器，例如刀开关、行程开关、按钮、速度继电器、压力继电器、温度继电器等。

2. 按用途分类

（1）控制电器

控制电器用于控制电动机的起动、制动、调速等动作，如开关电器、信号控制电器、接触器、继电器、电磁起动器、控制器等。

（2）主令电器

主令电器用于自动控制系统中发送控制指令，例如主令开关、行程开关、按钮、万能转换开关等。

（3）保护电器

保护电器用于保护电动机和生产机械，使其安全运行，如熔断器、电流继电器、热继电器等。

（4）配电电器

配电电器是用于电能的输送和分配的电器，例如低压隔离器、断路器、刀开关等。

（5）执行电器

执行电器用于完成某种动作或传动功能，例如电磁离合器、电磁铁等。

3. 按执行机能分类

（1）有触点电器

有触点电器有可分离的动触头、静触头，并利用触头的接触和分离来通断电路，例如刀开关、断路器、接触器、继电器等。

（2）无触点电器

无触点电器无可分离的触头，利用电子元件的开关效应，即导通和截止来实现电路的通、断控制，例如接近开关、霍尔开关、电子式时间继电器等。

1.1.2 低压电器发展概况

低压电器的生产和发展与电的发明和广泛应用分不开，从按钮、刀开关、熔断器等简单的低压电器开始，到各种规格的低压断路器、接触器以及由它们组成的成套电气控制设备，都是随着生产的需要而发展的。使用新材料、新工艺、新技术，极大地促进了低压电器产品质量的提升和性能改善，各种新产品不断被研制、开发出来，目前低压电器正向多功能、高性能、高可靠性、小型化、使用方便等方向发展，主要表现在以下方面。

1. 低压电器产品多功能化和组合化

目前低压电器产品都用较少品种满足不同的使用要求，即功能多样化。同时产品结构上都采用独立功能的组件进行装配，即采用模块化的积木拼装式结构，多功能的组合电器就是一个典型。

2. 采用限流新技术，提高分断能力和限流性能

1）采用上进线静触头导电回路，大幅度提高电动斥力和吹弧磁场，从而达到限流和提高分断能力的目的，如三菱公司新一代 WS 型断路器。

2）采用双断点分断技术，如施耐德公司的 NS 型、默勒公司的 NZM1-4 型断路器采用旋转式双断点分断，ABB 公司 T 型断路器采用平行式双断点分断。这两种结构在较小尺寸条件下可以获得较大短路分断能力。

3）采用绝缘器壁产气和压力喷流技术，新型断路器大多数采用带有出气口的半封闭灭弧小室，绝缘器壁在电弧侵蚀下产气，通过出气口在室内形成压差驱动电弧，并形成喷流熄弧。这种压力喷流技术是灭弧的一种新观点。

4）采用 PTC（正温度系数）的限流电阻元件来提高分断能力，如在微型断路器中应用，大大提高短路分断能力。正由于限流新技术的应用，使得低压断路器短路分断能力高达 150 kA。

3. 应用电力电子技术与微电子技术，提高低压电器产品的性能，扩大其功能

电力电子技术与微电子技术在低压电器中的应用有较长的历史。近年来，该类产品经过不断更新换代，从晶体管式发展到集成电路式。特别是电力电子器件 GTO、IGBT 质量可靠性的不断提高，获得的应用越来越多，如固态断路器、混合式接触器、接近开关、固态继电器等。尤其是电子式过载保护器的产生体现当今世界过载保护继电器的一种发展趋势。它与传统双金属型过载保护继电器相比，具有安装方便、脱扣动作快而且准确、误差小、重复性好、参数调节方便、消耗功率小等优点，是一种较理想的电动机保护装置。

4. 应用微机技术、自动化技术和通信技术改造传统电器产品，实现智能化

新型低压电器带有微处理器，从单纯的保护作用发展为兼具控制功能，实现中、低压配

电系统保护和控制的智能化。这些智能化低压电器具有下述特点：

1) 具有对配电线路和电器本身的监测及显示能力。智能化低压电器能准确监测和显示配电线路的运行情况，并能准确地切除过载、短路等各种故障，还能按运行人员的设置要求进行各种操作，对电器本身进行监测和对故障自诊断及故障状况进行显示。

2) 新的控制理论的应用。新的智能化控制理论（如模糊理论、神经网络等）已从家用电器延伸应用到低压电器的控制上。

3) 具有通信功能和现场总线控制新技术的应用。智能化低压电器带有通信接口，能和系统通信，构成整个智能化控制系统。在可通信智能化上引入现场总线控制新技术。目前，现场总线在电站自动化、楼宇自动化、工业过程控制和生产自动化中得到了广泛应用。

1.2　低压电器的基本结构

低压电器一般由感应和执行两个基本部分组成。感应部分接收外界信号的变化，做出有规律的反应；执行部分则根据指令信号，执行电路的通、断控制。

微课：低压
电器的基本
结构

在各种低压电器中，根据电磁感应原理来实现通、断控制的电器很多，它们的结构相似、原理相同，感应部分是电磁机构，执行部分是触点系统和灭弧系统。

1.2.1　电磁机构

电磁机构是各种电磁式电器的感应部分，其主要作用是将电磁能转换为机械能，带动动触头动作，接通或断开电路。电磁机构主要由吸引线圈、铁心（静铁心）和衔铁（动铁心）等部分组成，按动作方式可分为直动式和转动式等，如图 1-1 所示。

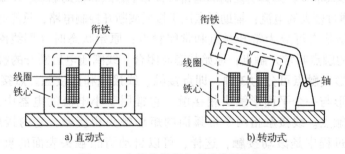

图 1-1　交流接触器电磁系统结构图

电磁机构的工作原理：线圈通入电流后将产生磁场，磁通经过铁心在衔铁和工作气隙形成闭合回路，产生电磁吸力，将衔铁吸向铁心。同时，衔铁还要受到复位弹簧的反作用力，只有当电磁吸力大于弹簧的反作用力时，衔铁才能可靠地被铁心吸住。电磁机构又常称电磁铁。

电磁铁可分为交流电磁铁和直流电磁铁。交流电磁铁为减少交变磁场在铁心中产生的涡流与磁滞损耗，一般采用硅钢片叠压而成，线圈有骨架且呈短粗形，以增加散热面积。而直流电磁铁线圈通入直流电，产生恒定磁通，铁心中没有磁滞损耗与涡流损耗，只有线圈本身的铜损，所以铁心用电工纯铁或铸钢制成，线圈无骨架且呈细长形。

由于交流电磁铁铁心的磁通是交变的，当线圈中通以交变电流时，在铁心中产生的磁通 Φ_1 也是交变的，对衔铁的吸力时大时小。当磁通过零时吸力也为零，吸合后的衔铁在弹簧的作用下将被拉开，磁通过零后吸力增大，当吸力大于反作用力时，衔铁又吸合，因而衔铁产生强烈振动与噪声，甚至使铁心松散。为了避免衔铁振动，如图 1-2a 所示在铁心端面上安装一个铜制的短路环（或称分磁环），其包围铁心端面约 2/3 的面积。当电磁机构的交变磁通穿过短路环所包围的截面 S_2 时，环中产生涡流。根据电磁感应定律，此涡流产生的磁通 Φ_2 在相位上落后于截面 S_1 中的磁通 Φ_1。这样，铁心中有两个不同相位的磁通 Φ_1 和 Φ_2，这两部分磁通产生的吸力 F_1 和 F_2 也有一个相位差，F_1 和 F_2 不同时为零，如图 1-2b 所示，电磁机构的吸力为 F_1 和 F_2 之和。只要此合力始终大于反作用力，衔铁的振动现象就会消失。

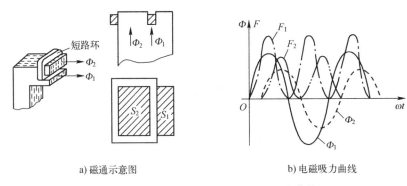

a) 磁通示意图 b) 电磁吸力曲线

图 1-2 加短路环后的磁通和电磁吸力曲线

1.2.2 触点系统

触点是接触器的执行元件，用来接通或断开被控制的电路。

触点的结构形式很多，按其所控制的电路可分为主触点和辅助触点。主触点用于接通或断开主电路，允许通过较大的电流；辅助触点用于接通或断开控制电路，只能通过较小的电流。

触点按其原始状态可分为常开触点和常闭触点；原始状态时（即线圈未通电）断开，线圈通电后闭合的触点叫常开触点；原始状态时闭合，线圈通电后断开的触点叫常闭触点。

按触头接触形式触点可分为 3 种，即点接触、线接触和面接触。点接触指两个半球形触头或一个半球形与一个平面形触头相接触，它常用于小电流的电器中，如接触器的辅助触点或继电器触点。线接触指两个带弧面的矩形触头相接触，它的接触区域是一条直线。触点在通断过程中是滚动接触，这样，可以自动清除触头表面的氧化膜，同时长期工作的位置不是在易烧灼的接触点，从而保证了触头的良好接触。这种滚动线接触多用于中等容量的触点，如接触器的主触点。面接触指两个平面触头相接触，它可允许通过较大的电流。这种触点一般在接触表面镶有合金，以减小触点接触电阻和提高耐磨性，多用作较大容量接触器的主触点。

由于触头表面的不平与氧化层的存在，两个触头的接触处有一定的电阻。为了减小此接触电阻，需在触点间加一定压力。图 1-3 所示为两个点接触的桥式触点，两个触头串于同一条电路中，构成一个桥路，电路的接通与断开由两个触头共同完成。当动触头与静触头接触时，由于安装时弹簧被预先压缩了一段，因而产生一个初压力 F_1，如图 1-3b 所示。触点闭合后由于弹簧在超行程内继续变形而产生一个终压力 F_2，如图 1-3c 所示。弹簧压缩的距离称为触点的超行程，即从静、动触头开始接触到触头压紧，整个触点系统向前压紧的距离。有了超行程，在触头磨损情况下，仍具有一定压力。磨损严重时应予以更换。

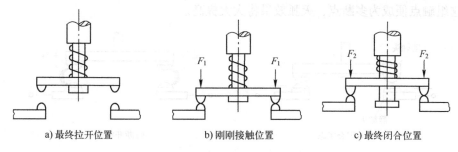

a) 最终拉开位置　　　　b) 刚刚接触位置　　　　c) 最终闭合位置

图 1-3　桥式触点闭合过程位置示意图

1.2.3　灭弧系统

当触点断开瞬间，触头间距离极小，电场强度极大，如果断开的是大电流电路，动、静触头间会产生大量的带电粒子，形成炽热的电子流，产生弧光放电现象，称为电弧。电弧的存在既妨碍了电路及时可靠地断开，又会使触头受到磨损。因此，必须采取适当的灭弧装置使电弧迅速熄灭，以保护触点系统，降低它的磨损，提高它的分断能力，从而保证整个电器的工作安全可靠。

1. 磁吹式灭弧装置

磁吹式灭弧装置如图 1-4 所示。由于这种灭弧装置是利用电弧电流本身灭弧，因而电弧电流越大，吹弧的能力也越强，且不受电路电流方向影响，因此广泛应用于直流接触器中。

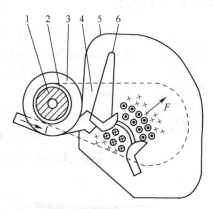

图 1-4　磁吹式灭弧装置

1—铁心　2—绝缘管　3—吹弧线圈
4—导磁夹板　5—灭弧罩　6—引弧角

2. 灭弧栅

灭弧栅灭弧原理如图 1-5 所示。电弧被栅片分割成许多串联的短电弧，当交流电压过零时电弧自然熄灭，两栅片间必须有 150~250 V 电压，电弧才能重燃。由于电源电压不足以维持电弧，同时由于栅片的散热作用，电弧自然熄灭后很难重燃。这是一种很常用的交流灭弧装置。

3. 灭弧罩

比灭弧栅更简单的灭弧装置是采用一个用陶土和石棉水泥做的耐高温的灭弧罩，用以降温和隔弧，可用于交流和直流灭弧。

4. 多断点灭弧

在交流电路中采用桥式触点，如图 1-6 所示，有两处断开点，相当于两对电极，若有一处断点要使

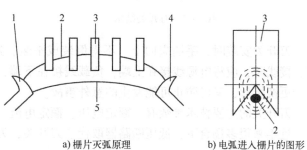

a) 栅片灭弧原理　　　　b) 电弧进入栅片的图形

图 1-5　灭弧栅灭弧原理

1—静触头　2—短电弧　3—灭弧栅片　4—动触头　5—长电弧

电弧熄灭后重燃需要 150~250 V 电压，现有两处断点就需要 2×(150~250) V，所以有利于灭弧。若采用双极或三极接触器控制一个电路，可灵活地将二极或三极串联起来作为一个触点使用，这组触点便成为多断点，灭弧效果将大大提高。

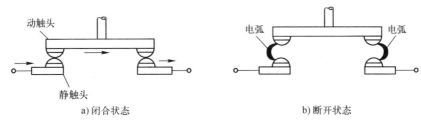

a) 闭合状态   b) 断开状态

图 1-6 桥式触点

1.3 低压开关和低压断路器

1.3.1 刀开关

刀开关是一种手动电器，广泛应用于配电设备作隔离电源用，有时也用于直接起动较小容量的笼型异步电动机。

刀开关主要有胶盖刀开关和铁壳刀开关两种，有些刀开关内装有熔断器，兼有短路保护功能。

胶盖刀开关俗称闸刀开关，结构简单，曾是应用最广泛的一种手动电器，如图 1-7 所示，主要用于电路的电源开关和容量小于 7.5 kW 的异步电动机。常用的刀开关按极数分有单极、双极与三极开关，其图形及文字符号如图 1-8 所示。

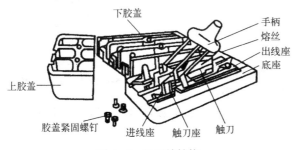

图 1-7 刀开关结构

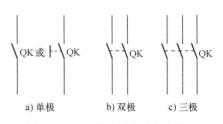

a) 单极   b) 双极   c) 三极

图 1-8 刀开关的图形及文字符号

刀开关安装时，手柄应向上，不得倒装或平装，避免由于重力自动下落，引起误动合闸。接线时，应将电源线接在上端，负载线接在下端，断开后刀开关的刀片与电源隔离，既便于更换熔丝，又可防止可能发生的意外事故。

刀开关的主要技术参数有：额定电压、额定电流、通断能力、刀开关电寿命。

近年来很多场合下，低压断路器取代了刀开关，刀开关的使用逐渐减少。

1.3.2 组合开关

组合开关又称转换开关，实质上是一种特殊的刀开关，不同的是一般刀开关的操作手柄是在垂直于安装面的平面内向上或向下转动，而组合开关的操作手柄则是在平行于安装面的平面内向左或向右转动。

　　组合开关多用在机床电气控制电路中，作为电源的引入开关，一般用于交流 380 V、直流 220 V，电流 100 A 以下的电路中作电源开关，也可以用作不频繁地接通和断开电路、换接电源和负载，以及控制 5 kW 以下的小容量电动机的正转、反转和星–三角起动等。

　　组合开关的外形、结构和图形及文字符号如图 1-9 所示。组合开关由若干动触片（动触头）和静触片（静触头）分别装于数层绝缘座内而成，动触片安装在手柄的转轴上，当转动手柄时，每层的动触片随方形转轴一起转动，并使静触片插入相应的动触片中，可实现多条电路、不同连接方式的转换。

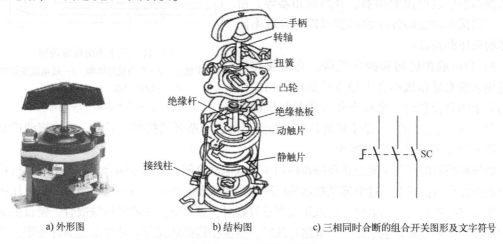

a) 外形图　　　　　　　　　b) 结构图　　　　　c) 三相同时合断的组合开关图形及文字符号

图 1-9　HZ10 型组合开关

　　组合开关的主要技术参数有额定电压、额定电流、极数等。常用型号有 HZ5、HZ10、HZ15 等系列。

1.3.3　低压断路器

　　低压断路器俗称自动空气开关，是低压配电系统和电力拖动系统中非常重要的电器，它相当于刀开关、熔断器、热继电器和欠电压继电器的组合，集控制与多种保护于一身，并具有操作安全、使用方便、工作可靠、安装简单、分断能力高等优点，因此得到广泛应用。

　　低压断路器的外形如图 1-10 所示，结构原理如图 1-11 所示。

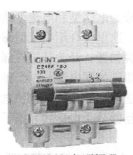

a) DZ158-100 小型断路器　　　　b) NM1 系列塑料外壳式断路器

图 1-10　断路器外形

低压断路器由以下 3 个基本部分组成：

1）主触点和灭弧装置。主触点是断路器的执行元件，用来接通和断开主电路，为提高其分断能力，主触点上装有灭弧装置。

2）具有不同保护功能的脱扣器。脱扣器是断路器的感受元件，当电路出现故障时，脱扣器感测到故障信号后，经由自由脱扣器使主触点分断，从而起到保护作用。脱扣器有热脱扣器、欠电压脱扣器、过电流脱扣器、分励脱扣器等。由具有不同保护功能的各种脱扣器可以组合成不同性能的低压断路器。

3）自由脱扣机构和操作机构。自由脱扣机构是用来联系操作机构和主触点的机构，当操作机构处于闭合位置时，也可操作分励脱扣机构进

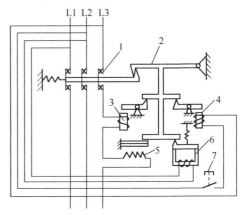

图 1-11　断路器结构原理图

1—主触点　2—自由脱扣机构　3—过电流脱扣器

4—分励脱扣器　5—热脱扣器

6—欠电压脱扣器　7—按钮

行脱扣，将主触点断开。操作机构是实现断路器闭合、断开的机构。通常，电力拖动控制系统中的断路器采用手动操作机构。

低压断路器的开关主触点依靠操作机构手动或电动合闸。主触点闭合后，自由脱扣机构将主触点锁在合闸位置上。过电流脱扣器的线圈和热脱扣器的热元件与主电路串联，欠电压脱扣器的线圈与电源并联。当电路发生短路或严重过载时，过电流脱扣器的衔铁吸合，使自由脱扣机构动作，主触点断开主电路。当电路过载时，热脱扣器的热元件发热使双金属片变形，顶动自由脱扣机构动作。当电路欠电压时，欠电压脱扣器的衔铁释放，也使自由脱扣机构动作。分励脱扣器则用作远距离分断电路。

三相低压断路器的图形及文字符号如图 1-12 所示。

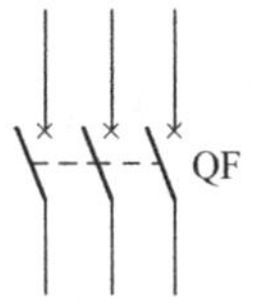

低压断路器的种类很多，主要有 DW15、DW16、DW17（ME）、DW45 系列，DZ5、DZ12、DZ15、DZ20、DZ47 系列，DS 系列，DWX15、DZX10 系列。

图 1-12　三相低压断路器的图形及文字符号

1.3.4　漏电保护断路器

当电路或设备出现对地漏电或人身触电时，漏电保护断路器能迅速自动切断电源，从而避免造成事故，它是最常用的一种漏电保护电器。

漏电保护断路器按其检测故障信号的不同，可分为电压型和电流型两类。由于电压型漏电保护断路器存在可靠性差等缺点，目前已被淘汰。这里仅介绍电流型漏电保护断路器。

漏电保护断路器一般由零序电流互感器、漏电脱扣器、开关装置三部分组成。零序电流互感器用于检测漏电流的大小；漏电脱扣器能将检测到的漏电流与一个预定基准值比较，从而判断是否动作；开关装置是受漏电脱扣器控制的能接通和分断被保护电路的机构。

根据结构不同，目前常用的电流型漏电保护断路器分为电磁式和电子式两种。

1. 电磁式电流型漏电保护断路器

电磁式电流型漏电保护断路器的特点是把漏电电流直接接通漏电脱扣器来操作开关装置，它由开关装置、试验回路、电磁式漏电脱扣器和零序电流互感器组成。它适用于交流

50 Hz、额定工作电压至 400 V、额定工作电流为 16~630 A 的配电网络电路中作为漏电保护之用，也可作为电动机的不频繁起动及过载、短路保护。

2. 电子式电流型漏电保护断路器

电子式电流型漏电保护断路器的特点是把漏电电流经过电子放大电路后使漏电脱扣器动作，从而操作开关装置。

电子式漏电保护断路器的工作原理与电磁式大致相同。只是当漏电电流超过基准值时，立即被放大并输出具有一定驱动功率的信号使漏电脱扣器动作。

漏电保护断路器有单相式和三相式两种，单相式主要产品有 DZL18-20 型，三相式有 DZ15L、DZ47L、DS250M 等。漏电保护断路器的额定漏电动作电流为 30~100 mA，漏电脱扣器动作时间小于 0.1 s。

3. 漏电保护断路器的选用

1）手持电动工具、移动电器、家用电器应选用额定漏电动作电流不大于 30 mA 的快速动作的漏电保护断路器，动作时间少于 0.1 s。

2）单台电机设备可选用额定漏电动作电流为 30 mA 及以上、100 mA 以下快速动作的漏电保护断路器。

3）有多台设备的总保护应选用额定漏电动作电流为 100 mA、快速动作的漏电保护断路器。

1.4 熔断器

熔断器是低压电路及电动机控制电路中主要用作短路保护的电器。使用时串接在被保护的电路中，当流过熔断器的电流大于规定值时，以其自身产生的热量使熔体熔断，从而自动切断电路，起到保护作用。它具有结构简单、价格低廉、动作可靠和使用维护方便等优点，因此得到广泛的应用。

微课：熔断器

1.4.1 熔断器的基本结构

熔断器主要由熔体和熔管（底座）组成。熔体由易熔金属材料铅、锌、锡、银、铜及其合金制成，通常制成丝状和片状。熔管是装熔体的外壳，由耐热的绝缘材料制成，在熔体熔断时兼有灭弧作用。

熔断器的产品系列及种类很多，常用的产品有 RC 系列瓷插式熔断器、RL 系列螺旋式熔断器、R 系列玻璃管式熔断器、RM 系列无填料密闭管式熔断器、RT 系列有填料密闭管式熔断器，以及 RLS/RST/RS 系列半导体器件保护用快速熔断器。

图 1-13~图 1-16 为 4 种常用熔断器的结构图。

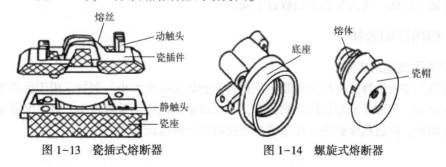

图 1-13 瓷插式熔断器　　　　　图 1-14 螺旋式熔断器

图 1-17 为熔断器的图形及文字符号。

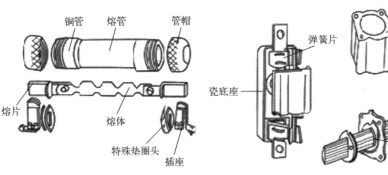

图 1-15　无填料密闭管式熔断器　　　　图 1-16　有填料密闭管式熔断器　　　　图 1-17　熔断器的
　　图形及文字符号

1.4.2　熔断器的工作原理

熔断器串接于被保护的电路中，电流通过熔体时产生的热量与电流二次方和电流通过的
时间成正比，电流越大，则熔体熔断时间越短，这种特性称
为熔断器的保护特性或安秒特性，如图 1-18 所示。图中 $I_{\min}$
为最小熔化电流或临界电流，即通过熔体的电流小于此值时
不会熔断，所以选择的熔体额定电流 I_N 应小于 $I_{\min}$。通常，
$I_{\min}/I_N \approx 1.5\sim 2$，称为熔化系数，该系数反映熔断器在过载
时的短时过电流。若要使熔断器能保护小过载电流，则熔化
系数应小些；若要避免电动机起动时的短时过电流，熔化系
数应大些。

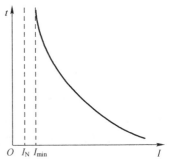

1.4.3　熔断器的技术参数

图 1-18　熔断器的保护特性

熔断器的技术参数如下。

1）额定电压：从灭弧的角度出发，规定熔断器所在电路工作电压的最高极限。

2）熔体额定电流：指熔体长期通过而不会熔断的电流。

3）熔断器额定电流：指保证熔断器（绝缘底座）能长期工作所允许的电流。熔断器
的额定电流应大于或等于所装熔体的额定电流。

4）极限分断电流：指熔断器在额定电压下所能断开的最大短路电流。一般有填料的熔
断器分断能力较强，可大至数十到数百千安。

1.4.4　熔断器的选择

1. 熔断器类型的选择

熔断器类型的选择主要根据负载的保护特性和短路电流大小。例如，用于保护照明和电
动机的熔断器，一般考虑它们的过载保护，要求熔断器的熔化系数较小。对于大容量的照明
电路和电动机，除过载保护外，还应考虑短路时的分断电流能力。

2. 熔断器额定电压的选择

熔断器的额定电压应大于或等于所接电路的额定电压。

3. 熔体、熔断器额定电流的选择

熔体额定电流大小与负载大小、负载性质有关。对于负载平稳、无冲击电流的照明电路、电热电路等可按负载电流大小来确定熔体的额定电流；对于有冲击电流的电动机负载，既要起到短路保护作用，又要保证电动机的正常起动，对三相笼型异步电动机，其熔断器熔体的额定电流分以下情况选择：

（1）单台长期工作电动机

$$I_N = (1.5 \sim 2.5) I_{NM}$$

式中，I_N 为熔体额定电流；I_{NM} 为电动机额定电流。

（2）单台频繁起动电动机

$$I_N = (3 \sim 3.5) I_{NM}$$

（3）多台电动机共用一个熔断器保护

$$I_N = (1.5 \sim 2.5) I_{NMmax} + \sum I_{NM}$$

式中，I_{NMmax} 为多台电动机中容量最大一台电动机的额定电流；$\sum I_{NM}$ 为其余各台电动机额定电流之和。

在（1）、（2）两种情况下，当轻载起动或起动时间较短时，式中系数取小值；当重载起动或起动时间较长时，系数取大值。当熔体额定电流确定后，根据熔断器额定电流大于或等于熔体额定电流来确定熔断器额定电流。

4. 熔断器上、下级配合

在配电系统中，为防止越级熔断、扩大停电事故范围，各级熔断器间应有良好的协调配合，使下一级熔断器比上一级先熔断，从而满足选择性保护要求。选择时，上一级熔体的额定电流要比下一级至少大一个等级。

1.5 接触器

接触器是电力拖动和自动控制系统中使用量大面广的一种低压控制电器，用来频繁地接通和断开交直流主回路和大容量控制电路。其主要控制对象是电动机，也可以控制其他负载，如电焊机、电照明、电容器、电阻炉等。交流接触器具有操作频率高、使用寿命长、工作可靠、性能稳定、维护方便等优点，能实现远距离控制，同时还具有欠电压释放保护和零电压保护功能。

微课：接触器

按控制电流性质不同，接触器分交流接触器和直流接触器两大类。

1.5.1 接触器的结构和工作原理

接触器主要由电磁机构、触点系统和灭弧装置组成，其结构如图 1-19 所示。

当接触器线圈通电后，在铁心中产生磁通。由此在衔铁气隙处产生吸力，使衔铁产生闭合动作，主触点也在衔铁的带动下闭合，于是接通了主电路。同时衔铁带动辅助触点动作，使原来打开的辅助触点闭合，而使原来闭合的辅助触点断开。当线圈断电或电压显著降低时，吸力消失或减弱，衔铁在缓冲弹簧作用下，主、辅触点又恢复到原来的状态。这就是接触器的工作原理。接触器的图形及文字符号如图 1-20 所示。

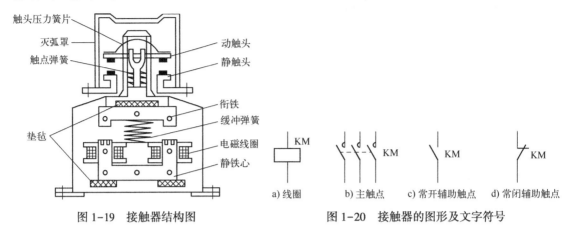

图 1-19　接触器结构图　　　　　　　　　　图 1-20　接触器的图形及文字符号

a) 线圈　　　b) 主触点　　　c) 常开辅助触点　　　d) 常闭辅助触点

1.5.2　交流接触器

交流接触器线圈通以交流电，主触点接通，交流主电路接通。当交流磁通穿过铁心时，将产生涡流和磁滞损耗，使铁心发热。为减少铁损，铁心用硅钢片冲压而成。为便于散热，线圈做成短而粗的圆筒状绕在骨架上，CJ20 系列交流接触器实物如图 1-21 所示。

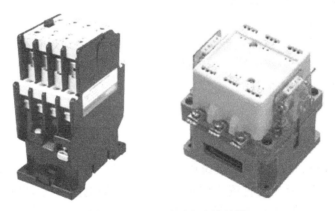

图 1-21　CJ20 系列交流接触器

常用的交流接触器有 CJ12、CJ10X、CJ20、CJX1、CJX2、3TB、3TD、LC1-D、LC2-D 等系列。

1.5.3　直流接触器

直流接触器线圈通以直流电流，主触点接通，直流主电路接通，CZ0 系列直流接触器外形如图 1-22 所示。因为线圈通入的是直流电，铁心中不会产生涡流和磁滞损耗，所以不会发热。直流接触器灭弧较困难，一般采用灭弧能力较强的磁吹灭弧装置。

250 A 以上的直流接触器通常采用串联双绕组线圈，直流接触器双绕组线圈接线如图 1-23 所示。线圈 1 为起动线圈，线圈 2 为保持线圈，接触器的一个常闭辅助触点与保持线圈并联连接。在电路刚接通瞬间，保持线圈被常闭触点短接，可使起动线圈获得较大的电流和吸力。当接触器动作后，常闭触点断开，两线圈串联通电，由于电源电压不变，所以电流减小，但仍可保持衔铁吸合，因而可以节电和延长电磁线圈的使用寿命。

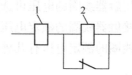

图 1-22　CZ0 系列直流接触器　　　图 1-23　直流接触器双绕组线圈接线图

常用的直流接触器有 CZ0、CZ18、CZ21、CZ22 等系列。

1.5.4　接触器的技术参数

接触器的主要技术参数如下。

1）额定电压。接触器的额定电压是指主触点的额定电压。常用电压等级分为交流接触器 220 V、380 V、660 V、1140 V，直流接触器 110 V、220 V、440 V、660 V。

2）额定电流。接触器的额定电流是指主触点的额定电流。CJ20 系列交流接触器额定电流等级有 10 A、16 A、32 A、55 A、80 A、125 A、200 A、315 A、400 A、630 A。CZ18 系列直流接触器额定电流等级有 40 A、80 A、160 A、315 A、630 A、1000 A。

3）电磁线圈的额定电压。电磁线圈的额定电压是指保证衔铁可靠吸合的线圈工作电压。常用电压等级分为交流线圈 36 V、127 V、220 V、380 V，直流线圈 24 V、48 V、110 V、220 V。

4）触点数目。各种类型的接触器触点数目不同。交流接触器的主触点有 3 对（常开触点），一般有 4 对辅助触点（2 对常开、2 对常闭），最多可达到 6 对（3 对常开、3 对常闭）。直流接触器主触点一般有 2 对（常开触点），辅助触头有 4 对（2 对常开、2 对常闭）。

5）接通和分断能力。接通和分断能力指主触点在规定条件下能可靠地接通和分断的电流值。在此电流值下，接通时主触点不应发生熔焊，分断时主触点不应发生长时间燃弧。

6）额定操作频率。接触器额定操作频率是指每小时接通次数，通常交流接触器为 600 次/h，直流接触器为 1200 次/h。

7）机械寿命和电气寿命。机械寿命是指接触器在需要修理或更换机构零件前所能承受的无载操作次数。电气寿命是指在规定的正常工作条件下，接触器不需修理或更换的有载操作次数。

8）使用类别。接触器用于不同负载时，对主触点的接通和分断能力要求不同，按不同使用条件来选择相应使用类别的接触器。

1.5.5　接触器的选用原则

为了保证系统正常工作，要根据控制要求正确选择接触器，使接触器的技术参数满足条件。

1）接触器类型。接触器的类型应根据电路中负载电流的种类来选择，对交流负载应选用交流接触器，直流负载应选用直流接触器。

2）接触器主触点的额定电压。接触器主触点的额定电压应大于或等于额定电压。

3）接触器主触点的额定电流。主触点的额定电流应不小于被控电路额定电流，对于电动机负载还应根据其运行方式适当增减。

4）接触器吸引线圈电压。当控制电路比较简单，所用接触器数量较少时，交流接触器线圈的额定电压一般直接选用 220 V 或 380 V；当控制电路比较复杂，使用的电器较多时，一般交流接触器线圈的电压可选择 127 V、36 V 等，这时需要附加一个控制变压器。

直流接触器线圈的额定电压要根据控制回路的情况而定。同一系列、同一容量等级的接触器，其线圈的额定电压有几种，尽量选择线圈的额定电压与直流控制电路的电压一致。

1.6　继电器

微课：继电器

　　　　继电器是一种根据电气量（电压、电流等）或非电气量（温度、压力、转速、时间等）的变化接通或断开控制电路的自动切换电器。它用于各种控制电路中，进行信号传递、放大、转换、联锁等，控制主电路和辅助电路中的器件或设备按预定的动作程序进行工作，实现自动控制和保护的目的。

继电器的种类繁多、应用广泛，常用的继电器有中间继电器、热继电器、时间继电器、电流继电器、电压继电器、速度继电器、温度继电器等。

1.6.1　中间继电器

中间继电器属于电磁式结构，由铁心、衔铁、线圈、释放弹簧和触头等部分组成，如图 1-24 所示。由于继电器用于控制电路，所以流过触头的电流较小，因此不需要灭弧装置。

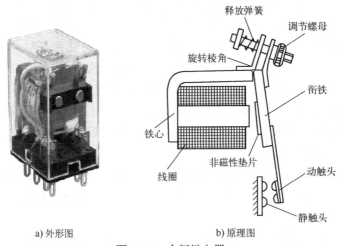

a）外形图　　　　　　　　　b）原理图

图 1-24　中间继电器

电磁式中间继电器实质上是一种电磁式电压继电器，其特点是触点数量较多，在电路中起增加触点数量以及信号放大、传递作用，有时也代替接触器控制额定电流不超过 5 A 的电动机系统。

中间继电器的工作原理与小型交流接触器基本相同，只是它的触点没有主、辅之分，每对触点允许通过的电流大小相同，触点容量与接触器的辅助触点差不多，其额定电流一般为 5 A。图 1-25 为中间继电器的图形及文字符号。

a) 线圈　　　b) 常开触点　　　c) 常闭触点

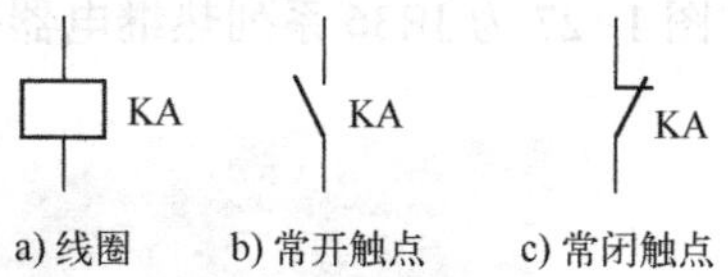

图 1-25　中间继电器的图形及文字符号

1.6.2　热继电器

热继电器是利用电流的热效应原理来切断电路的保护电器。电动机在运行中常会遇到过载情况，但只要过载不严重，绕组不超过允许温升，这种过载是允许的。但如果过载情况严重、时间长，则会加速电动机绝缘的老化，甚至烧毁电动机。热继电器就是专门用来对连续运行的电动机实现过载及断相保护，以防电动机因过热而烧毁的一种保护电器。

1. 热继电器的结构与工作原理

热继电器主要由热元件、双金属片和触头等组成，其结构示意如图 1-26 所示。

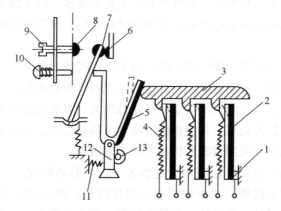

图 1-26　热继电器结构示意图

1—推杆　2—主双金属片　3—导板　4—热元件　5—补偿双金属片　6—静触头
7—动触头　8—常开静触头　9—复位螺钉　10—按钮　11—压簧　12—支承件　13—调节旋钮

热元件由发热电阻丝做成。双金属片由两种不同热膨胀系数的金属辗压而成，当双金属片受热时，会出现弯曲变形。使用时，热元件 4 串接在电动机定子绕组中，电动机绕组电流即为流过热元件的电流。当电动机正常运行时，热元件产生的热量虽能使主双金属片 2 弯曲，但不足以使继电器动作；当电动机过载时，热元件产生的热量增大，使主双金属片变形弯曲，位移增大，经过一定时间后，主双金属片弯曲到推动导板 3，并经过补偿双金属片 5 与推杆将触头 7 和 6 分开，触头 7 和 6 为热继电器串于接触器线圈回路的常闭触点，断开后使接触器失电，接触器的常开触点将电动机与电源断开，起到保护电动机的作用。

热继电器动作后，一般不能自动复位，要等双金属片冷却后，按下复位按钮 10 才能复位。调节旋钮 13 是一个偏心轮，它与支承件 12 构成一个杠杆，11 是一个压簧转动偏心轮，改变它的半径即可改变补偿双金属片 5 与导板 3 的接触距离，因而达到调节整定动作电流的目的。此外，靠调节复位螺钉 9 来改变常开静触头 8 的位置，使热继电器能工作在手动复位和自动复位两种工作状态。

图 1-27 为 JR36 系列热继电器外形结构，图 1-28 为热继电器的图形及文字符号。

图 1-27　JR36 系列热继电器

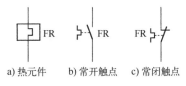

a) 热元件　　b) 常开触点　　c) 常闭触点

图 1-28　热继电器的图形及文字符号

由于发热元件具有热惯性，所以热继电器在电路中不能用于瞬时过载保护，更不能做短路保护，主要用作电动机的长期过载保护。

2. 带断相保护的热继电器

带断相保护的热继电器主要是应用于三角形联结的三相异步电动机。三相异步电动机的一相接线松开或一相熔丝断开，都会造成三相异步电动机烧坏。当热继电器所保护的电动机是星形联结时，电路发生一相断电，另外两相电流增加很多，由于线电流与相电流相等，流过电动机绕组的电流和流过热继电器的电流增加比例相同，用普通的两相或三相热继电器可以实现保护。

如果电动机是三角形联结，发生断相时，由于电动机的相电流与线电流不相等，流过电动机绕组的电流和流过热继电器的电流增加比例不相同，而热元件串联在电动机的电源进线中，按电动机的额定电流即线电流来整定，整定值较大。当故障线电流达到额定电流时，在电动机绕组内部，电流较大的那一相绕组的故障电流将超过额定相电流，便有过热烧毁的危险。所以，三角形联结必须采用带断相保护的热继电器。

带有断相保护的热继电器比普通热继电器多了一个差动机构，如图 1-29 所示，杠杆、上导板和下导板组成差动结构，图中虚线表示动作位置，图 1-29a 为断电时的位置。当电流为额定电流时 3 个热元件正常发热，其端部均向左弯曲并推动上、下导板同时左移，但移动程度不足以使继电器触点动作，如图 1-29b 所示。当电流过载到达整定的动作值时，双

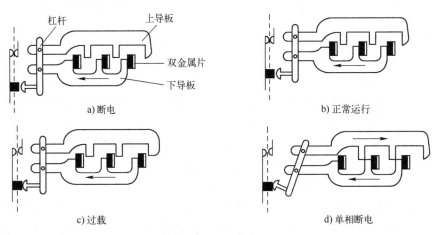

a) 断电　　　　　　　　　　　　　　　b) 正常运行

c) 过载　　　　　　　　　　　　　　　d) 单相断电

图 1-29　带断相保护的热继电器结构图

金属片弯曲较大，推动导板使触点动作，实现过载保护，如图 1-29c 所示。当一相（设 W 相）断路时，该相热元件温度由原来正常发热状态下降，双金属片由弯曲状态伸直，推动上导板向右移；由于 U、V 相电流较大，推动下导板向左移，使杠杆扭转，继电器动作，从而实现断相保护，如图 1-29d 所示。

3. 热继电器的主要技术参数

热继电器的主要技术参数包括额定电压、额定电流、相数、热元件编号及整定电流范围等。

热继电器的整定电流是指热继电器的热元件允许长期通过又不会引起继电器动作的最大电流值。对于某一热元件，可通过调节电流旋钮，在一定范围内调节电流整定值。

常用的热继电器有 JRS1、JR20、JR36、JR15、JR14 等系列，引进产品有 T、3UA、LR1-D 等系列。

JRS1、JR20 系列具有断相保护、温度补偿、整定电流值可调、手动脱扣、手动复位、动作后的信号指示等功能。安装方式上除采用分立结构外，还增设了组合式结构，可通过导电杆与挂钩直接插接，可直接电气连接在 CJ20 接触器上。

4. 热继电器的选择

热继电器主要用于电动机的过载保护，选用时主要考虑电动机的额定电流、工作环境、起动情况、负载性质等因素，具体地说：

1）对于过载能力较差的电动机，其配用的热继电器（主要是发热元件）的额定电流可适当小些。

2）在不频繁起动场合，要保证热继电器在电动机的起动过程中不产生误动作。

3）当电动机为重复短时工作时，首先注意确定热继电器的允许操作频率。此外，对于可逆运行和频繁通断的电动机，不宜采用热继电器保护，必要时可采用装入电动机内部的温度继电器。

1.6.3　时间继电器

时间继电器是一种接受信号，经过一定的延时后才能输出信号，实现触点延时接通或断开的继电器。时间继电器的延时方式有两种：通电延时和断电延时。通电延时是接受输入信号后，延迟一段时间输出信号才发生变化；当输入信号消失后，输出瞬时复原。断电延时是当接受输入信号时，立即产生相应的输出信号；当输入信号消失后，继电器需经过一定的延时，输出才复原。时间继电器种类较多，常用的有电磁式、空气阻尼式、半导体式等。时间继电器的图形及文字符号如图 1-30 所示。

1. 直流电磁式时间继电器

直流电磁式时间继电器是利用电磁系统在电磁线圈断电后磁通延缓变化的原理而工作的。在直流电磁式电压继电器的铁心上增加一个阻尼铜套，构成直流电磁式时间继电器，其结构示意如图 1-31 所示。当线圈通电时，因磁路中气隙大、磁阻大、磁通小，铜套阻尼作用不明显，其固有动作时间约为 0.2 s，接近于瞬时动作。而当线圈断电时，磁通变化量大，铜套阻尼作用显著，使衔铁延时释放，从而实现延时作用。

电磁式时间继电器具有结构简单、运行可靠、寿命长、允许通电次数多等优点，但延时时间短（最长不超过 5 s），延时精度不高，体积大且仅适用于直流电路中作断电延时时间继电器，从而限制了它的应用。

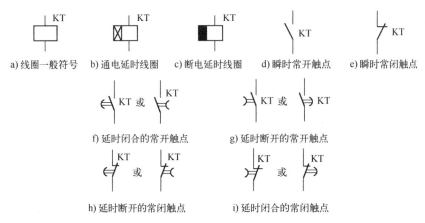

a) 线圈一般符号　　b) 通电延时线圈　　c) 断电延时线圈　　d) 瞬时常开触点　　e) 瞬时常闭触点

f) 延时闭合的常开触点　　　　g) 延时断开的常开触点

h) 延时断开的常闭触点　　　　i) 延时闭合的常闭触点

图 1-30　时间继电器的图形及文字符号

常用的直流电磁式时间继电器有 JT3 和 JT18 系列。

2. 空气阻尼式时间继电器

空气阻尼式时间继电器又称气囊式时间继电器，它是利用空气阻尼作用达到延时目的的。它由电磁结构、延时结构和触点组成。国产 JS7-A 系列空气阻尼式时间继电器的外形如图 1-32 所示。

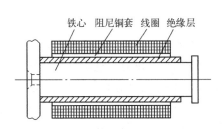

铁心　阻尼铜套　线圈　绝缘层

图 1-31　带有阻尼铜套的铁心　　　　图 1-32　JS7-A 系列空气阻尼式时间继电器

空气阻尼式时间继电器的延时方式有通电延时型和断电延时型。其外观区别在于：当衔铁位于铁心和延时结构之间时为通电延时型，当铁心位于衔铁和延时结构之间时为断电延时型。

JS7-A 系列空气阻尼式时间继电器结构原理如图 1-33 所示。以通电延时型为例，当线圈 1 得电后，衔铁 3 吸合，活塞杆 6 在塔形弹簧 8 作用下带动活塞 12 及橡皮膜 10 向上移动，橡皮膜下方空气室空气变得稀薄，形成负压，活塞杆只能缓慢移动，其移动速度由进气孔气隙大小决定。经一段延时后，活塞杆通过杠杆 7 压动微动开关 15，使其触头动作，起到通电延时作用。

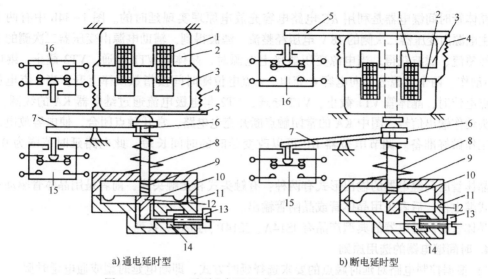

a) 通电延时型　　　　　　　　　b) 断电延时型

图 1-33　JS7-A 系列空气阻尼式时间继电器结构原理图

1—线圈　2—铁心　3—衔铁　4—反作用力弹簧　5—推板　6—活塞杆　7—杠杆　8—塔形弹簧
9—弱弹簧　10—橡皮膜　11—空气室壁　12—活塞　13—调节螺钉　14—进气孔　15、16—微动开关

　　当线圈断电时，衔铁释放，橡皮膜下方空气室内的空气通过活塞肩部所形成的单向阀迅速地排出，使活塞杆、杠杆、微动开关等迅速复位。由线圈得电到触头动作的一段时间即为时间继电器的延时时间，其大小可以通过调节螺钉 13 调节进气孔气隙大小来改变。

　　空气阻尼式时间继电器具有结构简单、延时范围较大（0.4~180 s）、价格较低的优点，但其延时精度较低，没有调节指示，适用于延时精度要求不高的场合。

　　空气阻尼式时间继电器的典型产品有 JS7、JS23、JSK 系列等。

3. 晶体管时间继电器

　　随着电子技术的发展，晶体管时间继电器也迅速发展。这类时间继电器体积小、延时范围宽、调节方便、延时精度高、寿命长，已得到广泛应用。以 JS14A 系列晶体管时间继电器为例进行介绍，如图 1-34 所示。

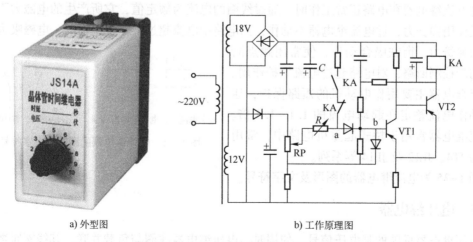

a) 外型图　　　　　　　　　　b) 工作原理图

图 1-34　JS14A 系列晶体管时间继电器

晶体管时间继电器是利用 RC 电路电容充放电原理实现延时的。图 1-34b 中有两个电源：主电源由变压器二次侧的 18 V 电压经整流、滤波得到，辅助电源由变压器二次侧的 12 V 电压经整流、滤波获得。当电源变压器接上电源时，晶体管 VT1 导通、VT2 截止，继电器 KA 不动作。两个电源分别向电容 C 充电，a 点电位随时间按指数规律上升。当 a 点电位高于 b 点电位时，晶体管 VT1 截止、VT2 导通，VT2 集电极电流通过继电器 KA 的线圈，KA 各触头动作输出信号。图中 KA 的常闭触点断开充电电路，常开触点闭合，使电容放电，为下次工作做好准备。调节电位器 RP 可以改变延时的时间长短。此电路延时范围为 0.2 ~ 300 s。

晶体管时间继电器的输出形式有两种：有触头式和无触头式，前者是用晶体管驱动小型电磁式继电器，后者采用晶体管或晶闸管输出。

晶体管时间继电器的典型产品有 JS14A、JS14P、JS20 等系列。

4. 时间继电器的选用原则

1）根据控制电路对延时触点的要求选择延时方式，即断电延时型或通电延时型。

2）根据延时精度和延时范围要求选择合适的时间继电器。

3）根据工作条件选择时间继电器的类型。

1.6.4　电流继电器

电流继电器反映的是电流信号。在使用时电流继电器的线圈和负载串联，其线圈匝数少而线径粗，则线圈上的电压降很小，不会影响负载电路的电流，而导线粗电流大仍可获得需要的磁势。常用的电流继电器有欠电流继电器和过电流继电器两种。

在电路正常工作时，欠电流继电器线圈流过负载额定电流，衔铁吸合动作；当电路电流减小到某一整定值（$0.3 \sim 0.65 I_N$）以下时，衔铁释放，带动触点复原。欠电流继电器在电路中起欠电流保护作用，常用其常开触点进行保护。当继电器欠电流释放时，常开触点断开控制电路。直流电动机的励磁电流过小会使电动机超速，甚至"飞车"，可以使用直流欠电流继电器进行保护。而交流电路不需要欠电流保护，所以没有交流欠电流继电器。

直流欠电流继电器的吸合电流 $I_o = (0.3 \sim 0.65) I_N$，释放电流 $I_r = (0.1 \sim 0.2) I_N$。

过电流继电器在电路正常工作时，通过线圈的电流为额定值，它所产生的电磁力不足以克服反作用弹簧力，过电流继电器不动作；当电路中电流超过某一整定值时，电磁吸力大于反作用弹簧力，衔铁吸合动作，使常闭触点断开，切断控制回路，对电路起过电流保护作用。过电流继电器主要用作电动机的短路保护，通常把动作电流整定在起动电流的 1.1 ~ 1.3 倍。过电流继电器常用于桥式起重机电路中，常用产品为 JT4、JL12 及 JL14 等系列。

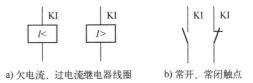

a) 欠电流、过电流继电器线圈　　b) 常开、常闭触点

图 1-35　电流继电器的图形及文字符号

图 1-35 为电流继电器的图形及文字符号。

1.6.5　电压继电器

电压继电器反映的是电压信号。使用时，电压继电器线圈与负载并联，其线圈匝数多而线径细。常用的有欠电压继电器和过电压继电器两种。

欠电压继电器又称零压继电器，用于电路的欠电压或零电压保护。正常工作时，欠电压继电器吸合，当电路电压减小到某一整定值 $(0.3 \sim 0.5)U_N$ 以下时，欠电压继电器释放，对电路实现欠电压保护。

零电压继电器是当电路电压降低到 $(0.05 \sim 0.25)U_N$ 时释放，对电路实现零电压保护。

过电压继电器用于过电压保护。在电路正常工作时，衔铁不吸合；当线圈电压超过某一整定值 $(1.05 \sim 1.2)U_N$ 时，衔铁才吸合动作，对电路实现过电压保护。由于直流电路一般不会出现过电压，所以只有交流过电压继电器。

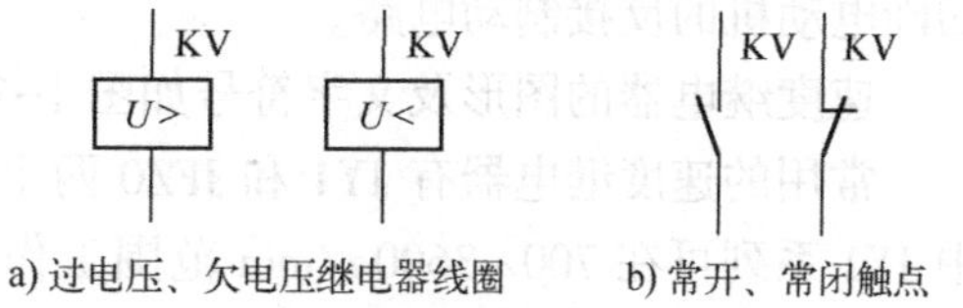

图 1-36 为电压继电器的图形及文字符号。

a) 过电压、欠电压继电器线圈　　b) 常开、常闭触点

图 1-36　电压继电器的图形及文字符号

1.6.6　速度继电器

速度继电器是根据电磁感应原理制成的，主要用于笼型异步电动机的反接制动控制，也称为反接制动继电器。

图 1-37 为 JY1 系列速度继电器的外形及结构示意图。它主要由定子、转子和触点三部分组成。转子是一个圆柱形永久磁铁；定子是一个笼型圆环，由硅钢片叠成，并在其中装有笼型绕组。

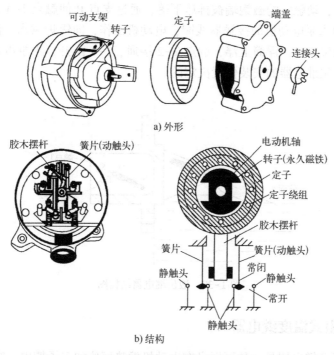

a) 外形

b) 结构

图 1-37　JY1 系列速度继电器的外形及结构示意图

转子与被控电动机同轴连接，用以感受转动信号。当转子随被控电动机旋转时，永久磁铁形成旋转磁场，定子中的笼型绕组切割磁场产生感应电动势、感应电流，并在磁场作用下产生电磁转矩，使定子随转子旋转方向转动，定子上固定的胶木摆杆也随着转动，当定子随

转子转动一定角度时，胶木摆杆推动簧片（端部有动触头）与静触头闭合（按轴的转动方向而定）。静触头又起挡块作用，限制胶木摆杆继续转动。因此，转子转动时，定子只能转过一个不大的角度。当转子转速接近于零（低于 100 r/min）时，胶木摆杆恢复原来状态，触头断开，切断电动机的反接制动电路。

速度继电器的图形及文字符号如图 1-38 所示。

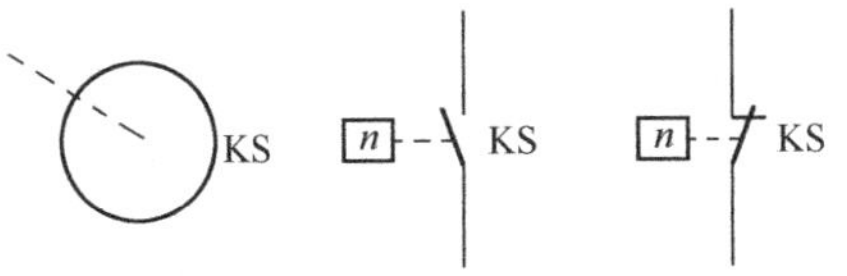

常用的速度继电器有 JY1 和 JFZ0 两个系列。其中 JY1 系列可在 700~3600 r/min 范围工作。JFZ0-1 型适用于 300~1000 r/min，JFZ0-2 型适用于 1000~3600 r/min。

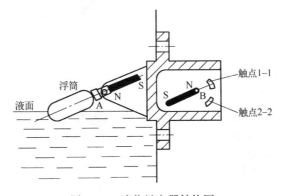

a) 转子　　b) 常开触点　　c) 常闭触点

图 1-38　速度继电器的图形及文字符号

一般速度继电器都具有两对常开、常闭触点，一对常开、常闭触点正转时动作，另一对反转时动作。通常速度继电器的动作转速不低于 300 r/min，复位转速在 100 r/min 以下。

1.6.7　液位继电器

液位继电器是根据液体液面高低使触点动作的继电器，常用于锅炉和水柜中控制水泵电动机的起动和停止。

如图 1-39 所示，液位继电器是由浮筒及相连的磁钢、与动触头相连的磁钢以及两个静触头组成。浮筒置于锅炉或水柜中，当水位降低到极限时，浮筒下落使磁钢绕支点 A 上翘。由于磁钢同性相斥，动触头的磁钢端被排斥下落，通过支点 B 使触点 1-1 接通、2-2 断开。触点 1-1 接通控制水泵电动机的接触器线圈，电动机工作，向锅炉供水，液面上升。反之，当水位升高到上限位置时，浮筒上浮，触点 2-2 接通、1-1 断开，水泵电动机停止。显然，液位的高低是由液位继电器的安装位置决定的。

图 1-39　液位继电器结构图

1.6.8　热敏电阻式温度继电器

热敏电阻式温度继电器是一种可埋设在电动机发热部位如定子槽内、绕组端部等，直接反映该处发热情况的过热保护元件。无论是电动机出现过电流引起温度升高，还是其他原因引起电动机温度升高，它都能起到保护作用。

热敏电阻式温度继电器的外形与一般晶体管时间继电器相似，但作为温度感测元件的热敏电阻不装在继电器中，而是装在电动机定子槽内或绕组端部。热敏电阻是一种半导体器件，根据材料性质分为正温度系数和负温度系数两种。由于正温度系数热敏电阻具有明显的开关特性，且具有电阻温度系数大、体积小、灵敏度高等优点，得到了广泛应用和发展。

图 1-40 为正温度系数热敏电阻式温度继电器原理图。

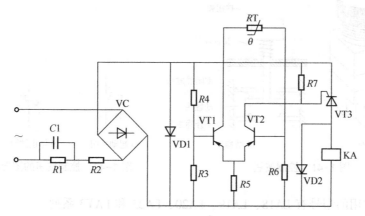

图 1-40　正温度系数热敏电阻式温度继电器原理图

图 1-40 中，RT 表示各绕组内埋设的热敏电阻串联后的总电阻，它同电阻 $R7$、$R4$、$R6$ 构成一个电桥，由晶体管 VT1、VT2 构成的开关电桥接在电桥的对角线上。当温度在 65℃ 以下时，RT 大体为一恒值，且比较小，电桥处于平衡状态，VT1、VT2 截止，晶闸管 VT3 不导通，执行继电器 KA 不动作。当温度上升到动作温度时，RT 的阻值剧增，电桥出现不平衡状态，使 VT1 及 VT2 导通，晶闸管 VT3 获得门极电流也导通，KA 线圈得电吸合，其常闭触头分断接触器线圈使电动机断电，实现了电动机的过热保护。当温度下降至返回温度时，RT 阻值锐减，电桥恢复平衡使 VT3 关断，继电器 KA 线圈断电而使衔铁释放。

1.7　主令电器

主令电器用来发布命令或信号，从而接通或断开控制电路，改变控制系统工作状态。常用的主令电器有控制按钮、行程开关、万能转换开关、主令控制器等。

微课：主令
电器

1.7.1　控制按钮

控制按钮是一种手动且可以自动复位的主令电器，其结构简单、控制方便，在电气控制电路中应用广泛。

控制按钮一般由按钮帽、复位弹簧、触点和外壳等部分组成，如图 1-41 所示。根据需要，每个按钮中的触点形式和数量可装配成一常开、一常闭到六常开、六常闭等形式。当按下按钮时，先断开常闭触点，后接通常开触点；当松开按钮时，在复位弹簧的作用下，常开触点先断开，常闭触点后闭合。

控制按钮按用途分为起动按钮（带有常开触点）、停止按钮（带有常闭触点）和复合按钮（带有常开触点、常闭触点）等，按保护形式分为开启式、保护式、防水式和防腐式等，按结构形式分为嵌压式、紧急式、钥匙式、带信号灯、带灯揿钮式、带灯紧急式等。按钮颜色有红、黑、绿、黄、白、蓝等。控制按钮的图形及文字符号如图 1-42 所示。

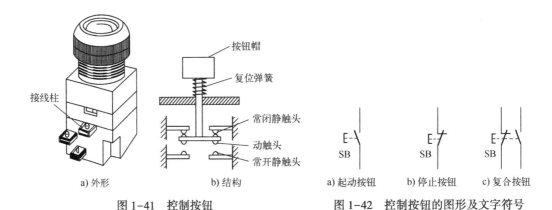

a) 外形　　　　b) 结构

图 1-41　控制按钮

a) 起动按钮　　b) 停止按钮　　c) 复合按钮

图 1-42　控制按钮的图形及文字符号

控制按钮常用的型号有 LA18、LA19、LA20、LA25 和 LAY3 系列。

1.7.2　行程开关

行程开关也称位置开关，它是利用运动部件的行程位置实现控制的电器。若将行程开关安装于生产机械行程的终点处，用以限制其行程，则称为限位开关或终端开关，是将机械位移转变为电信号，以控制机械运动的电气器件。

行程开关的种类很多，按运动形式分为直动式、滚动式、微动式；按触点的性质分为有触点式和无触点式。

1. 直动式行程开关

直动式行程开关如图 1-43 所示，它的动作原理与按钮相同，区别在于它不靠手压，而是利用生产机械运动部件的挡块碰压而使触点动作。

2. 滚轮式和微动式行程开关

滚轮式行程开关采用盘形弹簧，如图 1-44 所示。

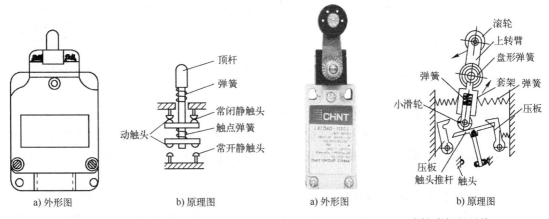

a) 外形图　　　　b) 原理图

图 1-43　直动式行程开关

a) 外形图　　　　b) 原理图

图 1-44　滚轮式行程开关

当生产机械的行程比较小而作用力也很小时，可采用具有瞬时动作和微小行程的微动式行程开关，如图 1-45 所示。

滚轮式和微动式行程开关的动作原理不再详述。

行程开关触点类型有一常开一常闭、一常开二常闭、二常开一常闭、二常开二常闭等形式。

行程开关的图形及文字符号如图 1-46 所示。

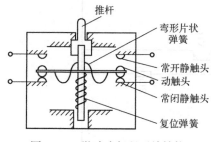

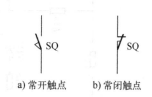

a) 常开触点　b) 常闭触点

图 1-45　微动式行程开关结构　　　　图 1-46　行程开关的图形及文字符号

常用的行程开关有 LX19、LXW5、LXK3、LX32 等系列。

3. 接近开关

接近开关又称非接触式、无触点的行程开关，是当运动的物体与开关接近到一定距离发出接近信号，以不接触方式进行控制。接近开关不仅用于行程控制、限位保护等，还可用于高速计数、测速、检测零件尺寸、液面控制、检测金属体的存在等。

按工作原理，接近开关主要分为电感式和电容式，电感式检测金属材料的物体，电容式则检测非金属材料的物体。

图 1-47 为 LJ2 系列电感式接近开关电路，由振荡器、放大器和输出三部分组成。其基本原理是当有金属物体接近高频振荡器的线圈时，使振荡回路参数变化，振荡减弱直至终止而产生输出信号。

图 1-47 中晶体管 VT1、电感振荡线圈 L 及电容 $C1 \sim C3$ 组成电容三点式高频振荡器，由晶体管 VT2 放大，经二极管 VD1、VD2 整流成直流信号，然后送至晶体管 VT3 基极，使 VT3 导通，晶体管 VT4 截止，从而使晶体管 VT5 导通，并使末级晶体管 VT6 截止，其集电极无信号输出。

如果有金属物体接近振荡线圈 L，则在金属物体中产生涡流，涡流产生磁场反过来使振荡电路的谐振阻抗和谐振频率发生变化而停振，使晶体管 VT3 ~ VT6 的状态与前相反，此时 VT6 饱和导通，产生输出信号。

电感式接近开关外形如图 1-48 所示。

与行程开关相比，接近开关具有定位精度高、操作频率高、寿命长、抗冲击振荡、耐潮湿、能适应恶劣工作环境等优点，因此在工业生产中得到大量应用。

接近开关的主要技术参数有工作电压、输出电流、动作距离、重复精度及工作响应频率等。

常用接近开关有 LJ5、LXJ6、LXJ18 等系列。

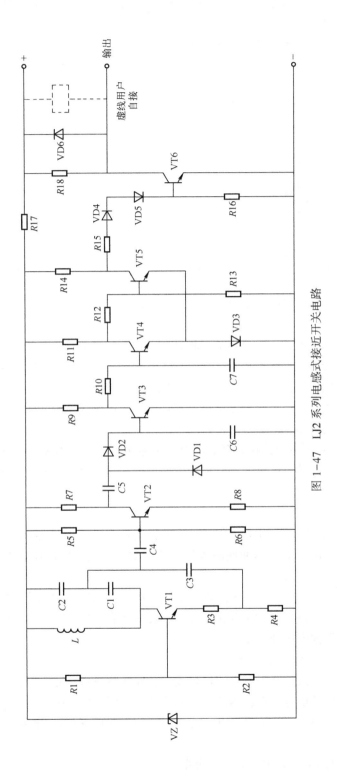

图 1-47 LJ2 系列电感式接近开关电路

图 1-48　电感式接近开关外形图

1.7.3　万能转换开关

万能转换开关实际上是一种多档位、控制多回路的组合开关，可用于控制电路发布控制指令或用于远距离控制，也可作为电压表、电流表的换相开关，或小容量电动机的起动、调速和换向控制开关。因其换接电路多、用途广泛，故称为万能转换开关。

图 1-49 为 LW6 系列万能转换开关，图 1-49a 为其外形图，图 1-49b 为某一层的结构原理图，主要由操作机构、面板、手柄及触点座等部件组成，操作位置有 2~12 个，触点底座有 1~10 层，其中每层底座均可装 3 个触点，并由底座中间的凸轮进行控制。由于每层凸轮可做成不同的形状，因此当手柄转到不同位置时，通过凸轮的作用，可使各对触点按所需要的规律接通和断开。

万能转换开关的图形及文字符号如图 1-50 所示。可以看出各档位电路通断情况，虚线表示操作档位，有几个档位就画几根虚线，实线与成对的端子表示触点，使用多少触点就可以画多少对。虚实线交叉处标黑点表示对应的触点在虚线对应的档位是接通的，不标黑点意味着该触点在该档位被分断。图 1-50 中，在零位时只有 1 路接通，在左位时 2、3、4 三路接通，在右位时 2、3 两路接通。

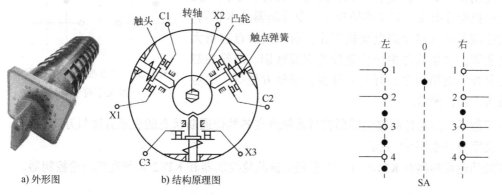

a) 外形图　　　　　b) 结构原理图

图 1-49　LW6 系列万能转换开关　　　图 1-50　万能转换开关的图形及文字符号

常用的万能转换开关有 LW5、LW6、LW12-16 等系列。

1.7.4　主令控制器与凸轮控制器

主令控制器又称主令开关，用来频繁按预定顺序切换多个控制电路，与磁力控制盘配合，可实现对起重机、轧钢机、卷扬机及其他生产机械的远距离控制。

主令控制器如图 1-51 所示。图 1-51b 为某一层的结构示意图。当转动方轴 8 时，凸轮块随之转动，当凸轮块的凸起部分转到与小轮 3 接触时，则推动支杆 4 向外张开，使动触头 5 离开静触头 6，将被控回路断开。当凸轮块的凹陷部分与小轮接触时，支杆在反力弹簧作用下复位，使动触头闭合，从而接通被控回路。这样安装一串不同形状的凸轮块，可使触头按一定顺序闭合与断开，以获得按一定顺序进行控制的电路。

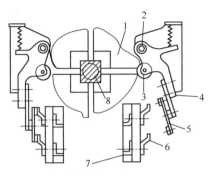

a) 外形图　　　　　　　　　　b) 结构原理图

图 1-51　主令控制器

1—凸轮块　2—转动轴　3—小轮　4—支杆　5—动触头　6—静触头　7—接线柱　8—方轴

主令控制器的图形及文字符号如图 1-52 所示。

常用的主令控制器有 LK14、LK15、LK16、LK17 等系列。

凸轮控制器是一种大型的手动控制器，主要用于起重设备中直接控制中小型绕线转子异步电动机的起动、停止、调速、反转和制动，也适用于有相同要求的其他电力拖动场合。

凸轮控制器主要由触点、转轴、凸轮、杠杆、手柄、灭弧罩及定位机构等组成。其工作原理与主令控制器基本相同。由于凸轮控制器可直接控制电动机工作，所以其触点容量大并有灭弧装置，这是其与主令控制器的主要区别。凸轮控制器的优点是控制电路简单、开关元件少、维修方便等，缺点是体积较大、操作笨重。

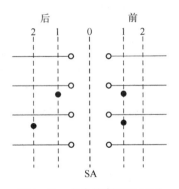

图 1-52　主令控制器的图形及文字符号

主令控制器、凸轮控制器的图形符号及触点在各档位通断状态的表示方法与万能转换开关相同，文字符号也用 SA 表示。

常用的凸轮控制器有 KT10、KT14 系列交流凸轮控制器和 KTZ2 系列直流凸轮控制器。

1.8　习题

1. 常用低压电器怎样分类？它们各有什么用途？
2. 电磁式电器由哪几部分组成？各有何作用？
3. 低压电器的灭弧方法有哪些？相应的灭弧装置又有哪些？

4. 交流电磁系统中短路环的作用是什么？

5. 低压断路器在电路中起哪些保护作用？它由哪几部分组成？

6. 熔断器为什么一般不作过载保护？

7. 接触器的主要组成部分有哪些？交流接触器和直流接触器如何区分？

8. 交流接触器在动作时，常开触点和常闭触点的动作顺序是怎样的？

9. 中间继电器由哪几部分组成？主要作用是什么？

10. 热继电器由哪几部分组成？作用是什么？简述其工作原理。

11. 在电动机控制电路中，热继电器和熔断器各起什么作用？能否相互代替？为什么？

12. 空气阻尼式时间继电器主要由哪几部分组成？说明其延时原理。

13. 时间继电器的延时触点有哪些类型？说明它们的动作过程。

14. 电流继电器、电压继电器在电路中分别起什么作用？

15. 速度继电器主要由哪几部分组成？简述其原理。

16. 按钮由哪几部分组成？按钮在电路中的作用是什么？

17. 行程开关由哪几部分组成？它在电路中起什么作用？

18. 凸轮控制器由哪些部件组成？简述其动作原理。

第2章 三相异步电动机控制电路

电气控制电路是用导线将电动机、电器、仪表等元件按一定方式连接起来，并能实现某种控制要求的电气电路。它的作用是实现对电力拖动系统的起动、调速和制动等运行性能的控制；实现对拖动系统的保护；满足生产工艺要求，实现生产过程自动化。其基本要求是：电路简单，安装、调整、维修方便，便于掌握，价格低廉，运行可靠。电气控制电路在工农业的各种生产机械的电气控制领域得到广泛的应用。

由于生产机械和加工工艺各异，具体的控制电路多种多样、千差万别。无论是简单还是复杂的控制电路，都由一些比较简单的基本控制环节组合而成。因此，只要通过对控制电路的基本环节以及典型电路的剖析，由浅入深、由易到难地加以认识，再结合具体的生产工艺要求，就不难掌握电气控制电路的分析阅读和设计方法。

2.1 电气控制系统图

微课：电气
控制系统图

为了表达生产设备电气控制系统的结构、原理等设计意图，便于进行电气元件的安装、调整、使用和维修，将电气控制电路中各电气元件的连接用统一的工程语言即图的形式表达出来，并在图上用不同的图形符号来表示各种电气元件，又用不同的文字符号来表示图形符号所代表的电气元件的名称、用途、主要特征及编号等。按照电气设备和电器的工作顺序，详细表示电路、设备或装置的全部基本组成和连接关系的图形就是电气控制系统图。

常见的电气控制系统图有电气原理图、电器布置图、电气安装接线图3种。在绘制电气控制系统图时，必须采用国家统一规定的图形符号、文字符号和绘图方法。在电气控制原理分析中最常用的是电气原理图。

2.1.1 常用电气图形符号和文字符号

为了便于交流与沟通，国家标准化管理委员会参照国际电工委员会（IEC）颁布了有关文件，制定了我国电气设备的有关标准，采用新的图形和文字符号及回路符号，颁布了 GB/T 4728—2008~2018《电气简图用图形符号》、GB/T 6988.1—2008《电气技术文件的编制第 1 部分：规则》、GB/T 21654—2008《顺序功能表图用 GRAFCET 规范语言》，并按照 GB/T 6988.1 要求来绘制电气控制系统图。

表 2-1 为常用电气图形及文字符号。

表 2-1 常用电气图形及文字符号

名　称	图形符号	文字符号	名　称	图形符号	文字符号
三极电源开关		QK	热继电器 热元件		FR
低压断路器		QF	热继电器 常闭触点		
熔断器		FU	时间继电器 线圈		KT
接触器 线圈		KM	时间继电器 延时闭合常开触点		
接触器 主触点			时间继电器 延时断开常闭触点		
接触器 常开辅助触点			时间继电器 延时闭合常闭触点		
接触器 常闭辅助触头			时间继电器 延时断开常开触点		
按钮 起动	E-\	SB	中间继电器线圈		KA
按钮 停止	E-\		欠电压继电器线圈	$U<$	KV
按钮 复合	E-\		过电压继电器线圈	$U>$	KV
行程开关 常开触点		SQ	继电器 欠电流继电器线圈	$I<$	KI
行程开关 常闭触点			继电器 过电流继电器线圈	$I>$	KI
行程开关 复合触点			继电器 常开触点		相应继电器符号
			继电器 常闭触点		

（续）

名　　称		图形符号	文字符号	名　　称	图形符号	文字符号
速度继电器	常开触点		KS	并励直流电动机		
	常闭触点			他励直流电动机		M
转换开关			SA	复励直流电动机		
制动电磁铁			YB	直流发电机		G
电磁离合器			YC	三相笼型异步电动机		
电位器			RP	三相绕线转子异步电动机		M
桥式整流装置			VC	单相变压器 整流变压器 照明变压器		T
照明灯			EL			
信号灯			HL	控制电路电源用变压器		TC
电阻器			R	三相自耦变压器		T
接插器			XS			
电磁铁			YA	二极管		VD
电磁吸盘			YH	PNP型晶体管		
				NPN型晶体管		VT
串励直流电动机			M	晶闸管（阴极侧受控）		

2.1.2 电气原理图

电气原理图表示电路的工作原理、各电气元件的作用和相互关系，但不考虑元器件的实际安装位置和实际连线情况。

图 2-1 为 CW6132 型车床电气原理图。图中根据电路中各部分电路的性质、作用和特点来安排元器件位置，分为主电路（主轴、冷却泵）、控制电路、辅助电路（照明变压器、照明电路）三部分，电气工作原理一目了然。

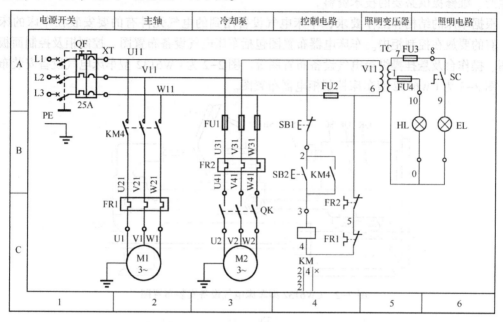

图 2-1　CW6132 型车床电气原理图

绘制电气原理图时应遵循以下基本原则：

1）电气控制电路根据线路通过的电流大小分为主电路和控制电路。主电路和控制电路应分别绘制。主电路包括从电源到电动机的电路，是强电流通过的部分，用粗实线绘制在图面的左侧或上部。控制电路是通过弱电流的电路，一般由按钮、电气元件的线圈、接触器的辅助触点、继电器的触点等组成，用细实线绘制在图面的右侧或下部。

2）电气原理图应按国家标准所规定的图形符号、文字符号和回路标号绘制，必须采用国家规定的统一标准。在图中各电气元件不画实际的外形图。

3）各电气元件和部件在控制电路中的位置，要根据便于阅读的原则安排。同一电气元件的各个部件可以不画在一起，但要用同一文字符号标出。若有多个同一种类的电气元件，可在文字符号后加上数字序号，如 KM1、KM2 等。

4）在电气原理图中，控制电路的分支电路原则上应按照动作先后顺序排列，两线交叉连接时的电气连接点要用"实心圆"表示。无直接联系的交叉导线，交叉处不能用"实心圆"。表示需要测试和拆、接外部引出线的端子，应用"空心圆"表示。

5）所有电气元件的图形符号，必须按电器未接通电源和没有受外力作用时的状态绘制，对按钮、行程开关类电器是指没有受到外力作用时触点状态，对继电器、接触器等是指线圈没有通电时的触点状态。

6）图中电气元件应按功能布置，一般按动作顺序从上到下、从左到右依次排列。垂直布置时，类似项目应横向对齐；水平布置时，类似项目应纵向对齐。所有电动机图形符号应横向对齐。

2.1.3 电器布置图

电器布置图表示各种电气元件在机械设备或控制柜中的实际安装位置，为电气控制设备的生产、维修提供必要的技术资料。

根据车床的结构和工作要求，车床电气设备用到的电气元件有的要安装在车床的床体上，有的要放在控制柜内。车床电器布置图包括车床电气设备布置图、控制柜及控制面板布置图、操作台及悬挂操纵箱电气设备布置图等。图 2-2 为 CW6132 型车床电气设备安装布置图，图 2-3 为 CW6132 型车床控制柜电器布置图。

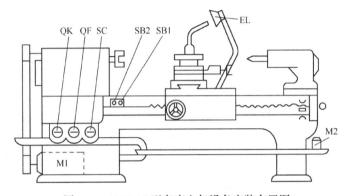

图 2-2　CW6132 型车床电气设备安装布置图

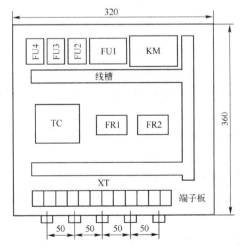

图 2-3　CW6132 型车床控制柜电器布置图

2.1.4 电气安装接线图

电气安装接线图表示电气元件在设备中的实际安装位置和实际接线情况。

图 2-4 为 CW6132 型车床电气安装接线图。

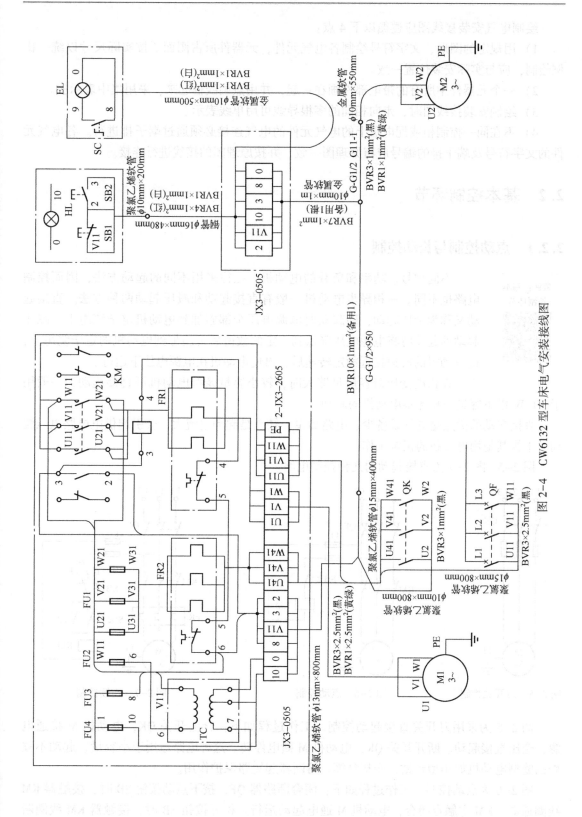

图 2-4 CW6132 型车床电气安装接线图

绘制电气安装接线图应遵循以下 4 点：

1）用规定的图形、文字符号绘制各电气元件，元器件所占图面要按实际尺寸以统一比例绘制，应与实际安装位置一致。

2）一个元器件中所有的带电部件画在一起，并用点画线框起来，采用集中表示法。

3）绘制安装接线图时，走向相同的多根导线可用单线表示。

4）不在同一控制柜或配电盘上的电气元件的电气连接必须通过端子排进行。各电气元件的文字符号及端子排的编号应与原理图一致，并按原理图的接线进行连接。

2.2 基本控制环节

2.2.1 点动控制与长动控制

微课：基本控制环节

不同型号、功率和负载的电动机，往往采用不同的起动方法，因而控制电路也不同。三相异步电动机一般有直接起动和减压起动两种方法。直接起动又称为全压起动，即起动时电源电压全部施加到电动机定子绕组上。减压起动即起动时将电源电压降低到一定的数值后再施加到电动机的定子绕组上，待电动机的转速接近额定转速后，再使电动机在电源电压下运行。

在供电变压器容量足够大时，较小容量笼型电动机可直接起动，一般用于 10 kW 以下容量三相异步电动机的起动。

直接起动的优点是电气设备少、电路简单，缺点是起动电流大，会引起供电电路电压波动，干扰其他用电设备的正常工作。

图 2-5~图 2-7 为直接起动的几种控制电路。

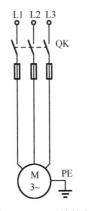

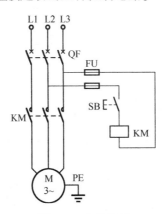

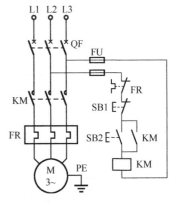

图 2-5 刀开关控制   图 2-6 点动控制   图 2-7 连续控制

图 2-5 为采用刀开关直接起动控制。工作过程如下：合上开关 QK，电动机 M 接通电源，全压直接起动。断开开关 QK，电动机 M 断电停转。这种电路适用于小容量、起动不频繁的笼型电动机如小型台钻、冷却泵等。熔断器起短路保护作用。

图 2-6 为点动控制。工作过程如下：闭合断路器 QF，按下点动按钮 SB 时，接触器 KM 线圈通电，KM 主触点闭合，电动机 M 通电起动运行。松开按钮 SB 时，接触器 KM 线圈断

电，KM 主触点断开，电动机 M 失电停转。这种控制称为点动控制，它能实现电动机短时转动，常用于机床的对刀调整等。

图 2-7 为三相异步电动机连续控制，实现电动机的起保停功能。工作过程如下：闭合断路器 QF，按下起动按钮 SB2，接触器 KM 线圈通电吸合，主触点闭合，电动机 M 得电起动；同时接触器常开辅助触点闭合，使 KM 线圈绕过 SB2 触点经 KM 自身常开辅助触点通电，当松开 SB2 时，KM 线圈仍通过自身常开辅助触点继续保持通电，从而使电动机连续运转。依靠接触器自身辅助触点保持线圈通电称为自保或自锁。与 SB2 并联的常开辅助触点称为自保触点（或自锁触点）。停止运转时，按下停止按钮 SB1，接触器 KM 线圈断电释放，KM 常开主触点及常开辅助触点均断开，电动机 M 失电停转。当松开 SB1 时，由于 KM 自锁触点已断开，所以接触器线圈不能通电，电动机继续断电停机。在实际生产中往往要求电动机长时间连续转动，实现此控制的电路称为连续控制或长动控制电路。

图 2-7 连续控制电路具有以下保护环节：

1）短路保护。发生短路时，断路器 QF 自动跳闸，切断电源。

2）过载保护。采用热继电器 FR 作电动机长期过载保护。由于热继电器的热惯性较大，即使发热元件流过几倍于额定值的电流，热继电器也不会立即动作。只有在电动机长期过载时，热继电器才会动作，其常闭触点断开而切断控制电路电源。

3）欠电压、失电压保护。该保护功能由接触器 KM 的自锁环节来实现。当电源电压由于某种原因而严重欠电压或失电压（如停电）时，接触器 KM 断电释放，电动机停止转动。当电源电压恢复正常时，接触器线圈不会自行通电，电动机也不会自行起动，只有在操作人员重新按下起动按钮后，电动机才能起动。

在生产实践中，要求电动机既能点动又能长动运转。点动和长动联合控制如图 2-8 所示，其中图 2-8a 为主电路，图 2-8b、c、d 是 3 种控制电路。

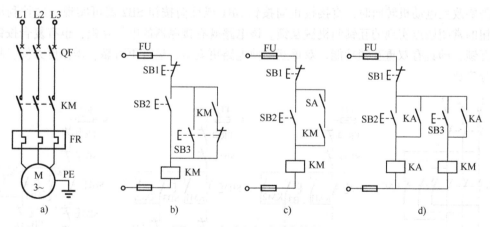

图 2-8　点动和长动联合控制

图 2-8b 点动控制时按复合按钮 SB3，长动控制时按起动按钮 SB2。

图 2-8c 的电路比较简单，采用开关 SA 实现控制。点动控制时，先将 SA 断开，断开自锁电路，接着按下 SB2，接触器 KM 线圈通电，电动机 M 点动运转；长动控制时，闭合 SA，按下按钮 SB2，KM 线圈通电，自锁触点起作用，实现电动机 M 长动运转。

图 2-8d 采用中间继电器 KA 控制的电路实现长动和点动。按下按钮 SB3，接触器 KM

线圈通电，电动机 M 点动运转。按下按钮 SB2，中间继电器 KA 线圈通电并自锁，其常开触点使接触器 KM 线圈通电，实现电动机 M 长动运转。

2.2.2 双向控制与互锁控制

在实际应用中，往往要求生产机械改变运动方向，如工作台前进、后退，电梯的上升、下降等，这就要求电动机能实现正、反转，对于三相异步电动机来说，可通过两个接触器来改变电动机定子绕组的电源相序实现。

图 2-9 为电动机正、反转控制电路，其中图 2-9a 为主电路。

图 2-9b 中，按下正向起动按钮 SB2，正向接触器 KM1 线圈通电，KM1 的主触点和自锁触点闭合，电动机 M 正转。按下反向起动按钮 SB3，反向接触器 KM2 线圈通电，KM2 的主触点和自锁触点闭合，电动机 M 反转。按下停止按钮 SB1，KM1（或 KM2）断电，电动机 M 停转。上述控制电路必须保证 KM1 与 KM2 不能同时通电，即按钮 SB2、SB3 不能同时按下，否则会引起主电路电源短路，因此该控制电路没有实用价值，不能实际使用。

图 2-9c 中，电路设置必要的互锁环节，将其中一个接触器的常闭触点串入另一个接触器线圈电路中，则任何一个接触器先通电后，即使按下相反方向起动按钮，另一个接触器也无法通电，这种互锁关系自动保证一个接触器断电释放后，另一个接触器才能通电动作。这种利用两个接触器的辅助触点互相控制的方式，称为电气互锁或电气联锁。起互锁作用的常闭触点叫互锁触点。另外，该电路必须按下停止按钮后再反向或正向起动，这对需要频繁改变电动机运转方向的设备来说很不方便。

图 2-9d 中，除了接触器互锁外，还有利用复合按钮实现的互锁控制。SB1 的常闭触点串接在 KM2 的线圈电路中，SB2 的常闭触点串接在 KM1 的线圈电路中，由于采用按钮互锁，需要改变电动机转向时，直接按正向按钮 SB1 或反向按钮 SB2 就可实现。这种利用复合按钮的常闭触点实现的互锁叫机械互锁。该电路既有接触器的电气互锁，也有复合按钮的机械互锁，即具有双重互锁功能。双重互锁使电路更安全、运行更可靠、操作更方便，故应用十分广泛。

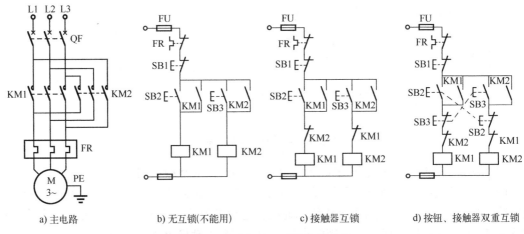

a) 主电路 b) 无互锁(不能用) c) 接触器互锁 d) 按钮、接触器双重互锁

图 2-9 电动机正、反转控制电路

2.2.3　顺序工作的联锁控制

在生产实际中，有时要求一个系统中多台电动机按一定顺序实现起动和停止，如磨床上的电动机就要求先起动液压泵电动机，再起动主轴电动机。有的生产机械除要求按顺序起动外，还要求按一定顺序停止，如传送带运输机，前面的第一台运输机先起动，再起动后面的第二台，停车时应先停第二台，再停第一台，这样才不会造成物料在传送带上的堆积和滞留。

顺序起停控制有顺序起动、同步停止，顺序起动、正序停止和顺序起动、逆序停止。

图 2-10 为两台电动机顺序控制电路，其中图 2-10a 为主电路图。

图 2-10b 为顺序起动、同步停止控制电路。按下起动按钮 SB2，KM1 线圈通电并自锁，电动机 M1 起动旋转，同时串在 KM2 控制电路中的 KM1 常开辅助触点也闭合，此时再按下按钮 SB3，KM2 线圈通电并自锁，电动机 M2 起动旋转。如果先按下 SB3，因 KM1 常开辅助触点断开，电动机 M2 不可能先起动，从而达到按顺序起动 M1、M2 的目的。直接按下SB1，M1、M2 同时停止。

图 2-10c 为顺序起动、正序停止控制电路。将接触器 KM1 的常开辅助触点并接在停止按钮 SB2 的两端，则即使先按下 SB2，由于 KM1 线圈仍通电，电动机 M2 不会停转，只有按下 SB1，电动机 M1 先停后，再按下 SB2 才能使 M2 停转，满足了先停 M1 后停 M2 的要求。

图 2-10d 为顺序起动、逆序停止控制电路，工作过程可自行分析。

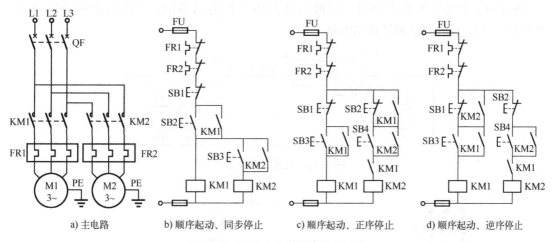

图 2-10　两台电动机顺序控制电路

2.2.4　多地点控制

在一些大型生产机械和设备如大型机床、起重运输机等中，为了操作方便，常要求操作人员在不同方位进行操作与控制，图 2-11 为三地点控制电路。图 2-11a 把一个起动按钮和一个停止按钮组成一组，并把 3 组起动、停止按钮分别放置三地，即能实现三地控制。电动机若要三地起动，可按按钮 SB4、SB5 或 SB6，若要三地停止，可按按钮 SB1、SB2 或 SB3。图 2-11b 中起动按钮和停止按钮也是分别放在三地，由于起动按钮间是串联，属于"逻辑与"，所以起动时必须三地起动按钮同时接通才能实现电动机的起动，而三地的停止按钮也是串联连接，只要有一个按钮断开，KM 就断电，电动机停止工作。

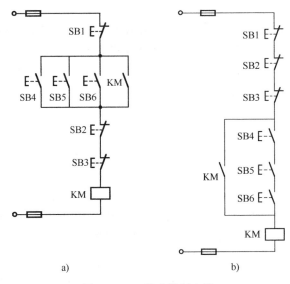

a)   b)

图 2-11　三地点控制电路

2.2.5　自动循环控制

图 2-12 为机床工作台前进、后退自动循环工作的示意图，工作台由电动机驱动。图 2-13 为正、反转自动循环控制电路。

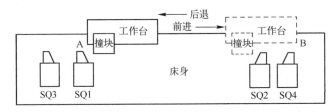

图 2-12　机床工作示意图

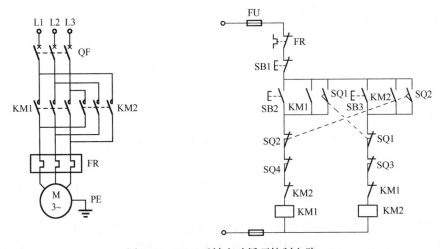

图 2-13　正、反转自动循环控制电路

　　工作过程：按下正转起动按钮 SB2，接触器 KM1 线圈得电并自锁，电动机 M 正转起动，工作台向前，当工作台移动到位置 B 时，撞块压下 SQ2，其常闭触点断开，常开触点闭合，这时 KM1 线圈断电，KM2 线圈得电并自锁，电动机由正转变为反转，工作台向后退，当后退到位置 A 时，撞块压下 SQ1，使 KM2 断电，KM1 得电，电动机由反转变为正转，工作台变后退为前进，在预定的距离内自动往复运动。SQ3、SQ4 为左右两侧限位保护继电器，以防止位置开关 SQ1 和 SQ2 失灵，工作台继续运动而造成事故。

　　停止过程：按下按钮 SB1 时，电动机停止，工作台停下。

2.3　三相异步电动机的起动控制

　　三相异步电动机直接起动，其控制电路简单、经济、操作方便。但对于容量较大的电动机来说，由于起动电流大，会引起较大的电网电压下降，所以必须采用减压起动的方法，以限制起动电流。

　　笼型异步电动机和绕线转子异步电动机结构不同，限制起动电流的措施也不同。下面分别介绍两种电动机限制起动电流所采取的方法。

微课：三相
异步电动机的
起动控制

2.3.1　三相笼型异步电动机的减压起动

　　笼型异步电动机常用的减压起动方法有星-三角形减压起动、定子绕组串电阻减压起动，自耦变压器减压起动等。

1. 星-三角形（Y-△）减压起动

　　星-三角形（Y-△）减压起动用于正常工作时定子绕组作三角形联结的电动机。在电动机起动时将定子绕组接成星形，实现减压起动。此时加在电动机每相绕组上的电压为额定电压的 $1/\sqrt{3}$，从而减小了起动电流。待起动后过了预先设定的时间，电动机转速接近额定转速，将定子绕组接线方式由星形改接成三角形，使电动机在额定电压下运行。它的优点是起动设备成本低、方法简单、容易操作，但起动转矩只有额定转矩的 1/3，如图 2-14 所示。

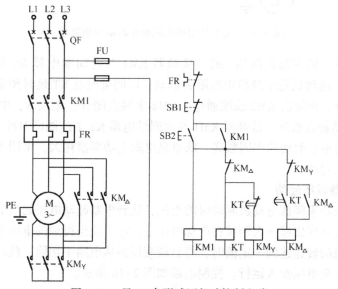

图 2-14　星-三角形减压起动控制电路

起动运行：按下起动按钮 SB2，KM1、KT、KM$_Y$线圈同时得电并自锁，即 KM1、KM$_Y$主触点闭合时，绕组接成星形，进行减压起动。当电动机转速接近额定转速时，时间继电器 KT 常闭触点断开，KM$_Y$线圈断电，同时时间继电器 KT 常开触点闭合，KM$_\triangle$线圈得电并自锁，电动机绕组接成三角形全压运行。两种接线方式的切换要在很短的时间内完成，在控制电路中采用时间继电器定时自动切换。KM$_Y$、KM$_\triangle$常闭触点为互锁触点，以防同时接通造成电源相间短路。

停止运行：按下停止按钮 SB1，KM1、KM$_\triangle$线圈失电，电动机停止运转。

2. 定子绕组串电阻减压起动

图 2-15 为定子绕组串电阻减压起动控制电路。在电动机起动时，在三相定子电路串接电阻，使电动机定子绕组电压降低，起动结束后再将电阻短接，电动机在额定电压下正常运行。

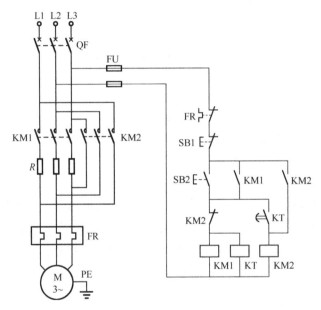

图 2-15　定子绕组串电阻减压起动控制电路

起动过程如下：按下起动按钮 SB2，接触器 KM1 与时间继电器 KT 的线圈同时通电，KM1 主触点闭合，电动机定子绕组串电阻 R 起动。时间继电器 KT 延时预定时间后，其延时闭合常开触点闭合，接触器 KM2 线圈通电，KM2 主触点闭合，短接 R，电动机投入正常运行；KM2 常闭辅助触点断开，接触器 KM1 与时间继电器 KT 的线圈同时断电。

该电路结构简单、起动功率因数高，缺点是电阻上功率消耗大，常用于中小容量不经常起停电动机的减压起动。

3. 自耦变压器减压起动

利用自耦变压器来降低电动机起动时的电压，达到限制起动电流的目的。起动时定子串入自耦变压器，自耦变压器一次侧接在电源电压上，定子绕组得到的电压为自耦变压器的二次电压，当电动机的转速达到一定值时，将自耦变压器从电路中切除，此时电动机直接与电源相接，电动机以全电压投入运行。控制电路如图 2-16 所示。

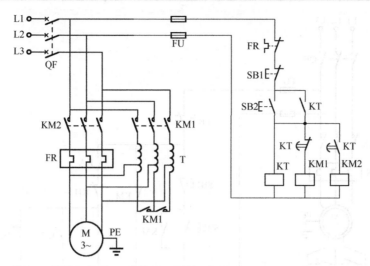

图 2-16　定子串自耦变压器减压起动控制电路

起动运行：按下起动按钮 SB2，接触器 KM1 线圈和时间继电器 KT 线圈得电，自耦变压器 T 接入，减压起动；起动延时一定时间后，时间继电器 KT 延时断开的常闭触点断开，KM1 线圈失电释放，自耦变压器 T 切断，同时 KT 延时闭合的常开触点闭合，KM2 线圈得电并保持，电动机全压工作。

停止运行：按下 SB1，KM2 线圈失电，电动机停止运转。

2.3.2　三相绕线转子异步电动机起动

三相绕线转子异步电动机的转子回路可以通过集电环和电刷外接电阻，达到减少起动电流、提高转子功率因数和增大起动转矩的目的。在要求起动转矩较高的场合如起重机械、卷扬机等，广泛应用绕线转子异步电动机。

按照绕线转子异步电动机起动过程中转子串接装置不同，有串电阻起动与串频敏变阻器起动两种方式。

1. 转子回路串电阻起动

三相转子回路中的起动电阻一般接成星形。在起动前，起动电阻全部接入电路，在起动过程中，起动电阻被逐级短接。短接电阻的方式有三相电阻不平衡短接法和三相电阻平衡短接法。使用凸轮控制器来短接电阻宜采用不平衡短接法，如桥式起重机就是采用这种控制方式。使用接触器来短接电阻时宜采用平衡短接法。

图 2-17 为按电流原则控制的绕线转子异步电动机串电阻起动电路，该电路按照电流原则实现控制，利用电流继电器根据电动机转子电流大小的变化来控制电阻的分级切除。KI1～KI3 为欠电流继电器，其线圈串接于转子回路中，KI1～KI3 三个电流继电器的吸合值相同，但释放值不同，KI1 的释放电流最大，首先释放，KI2 次之，KI3 的释放电流最小，最后释放。刚起动时，起动电流较大，KI1～KI3 同时吸合动作，使全部电阻接入。随着电动机转速升高电流减小，KI1～KI3 依次释放，分别短接电阻，直到将转子串接的电阻全部短接。

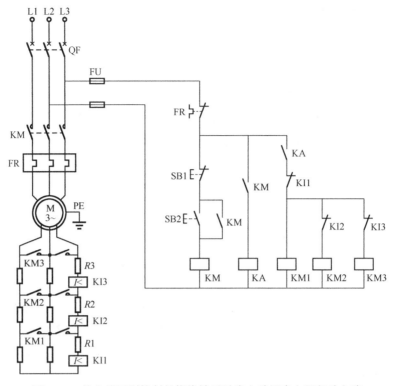

图 2-17　按电流原则控制的绕线转子异步电动机串电阻起动电路

起动过程如下：按下起动按钮 SB2，接触器 KM 通电，电动机 M 串入全部起动电阻（R1+R2+R3）起动，中间继电器 KA 通电，为接触器 KM1～KM3 通电做准备。随着电动机转速的升高，起动电流逐步减小，首先 KI1 释放，KI1 常闭触点闭合，使接触器 KM1 通电，KM1 常开触点闭合，短接第一级起动电阻 R1；然后 KI2 释放，KI2 常闭触点闭合，使接触器 KM2 线圈通电，KM2 常开触点闭合，短接第二级起动电阻 R2；KI3 最后释放，KI3 常闭触点闭合，KM3 线圈通电，KM3 常开触点闭合，短接最后一级电阻 R3。至此，电动机起动过程结束。

控制电路中设置的中间继电器 KA，是为了保证转子串入全部电阻后，电动机才能起动。若没有 KA，当起动电流由零上升但尚未到达电流继电器的吸合电流值时，KI1～KI3 不能吸合，将使接触器 KM1～KM3 同时通电，则转子电阻全部被短接，电动机直接起动。设置了 KA 后，从 KM 线圈得电到 KA 常开触点闭合需要一段时间，此时起动电流已达到欠电流继电器的吸合值，其常闭触点全部断开，使接触器 KM1～KM3 均断电。确保转子串入全部电阻，防止电动机直接起动。

2. 转子回路串接频敏变阻器起动

在转子串电阻起动过程中，由于逐级减小电阻，起动电流和转矩突然增加，故产生一定的机械冲击力。同时由于串接电阻起动，使电路复杂，工作不可靠，而且电阻本身比较粗笨，能耗大，使控制箱体积较大。由于频敏变阻器的阻抗随着转子电流频率的下降自动减小，可实现平滑的无级起动，是一种较理想的起动方法，因此在桥式起重机和空气压缩机等较大容量的电气设备中获得了广泛应用。

图 2-18 为频敏变阻器的结构和等效电路。频敏变阻器实际上是一个特殊的三相铁心电抗器，它有一个三柱铁心，每个柱上有一个绕组，三相绕组一般接成星形。等效电路中的 R_d 为绕组直流电阻，R 为铁损等效电阻，L 为等效电感，R、L 值与转子电流频率有关。

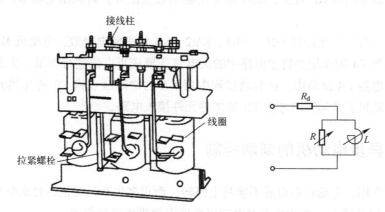

图 2-18　频敏变阻器的结构和等效电路

频敏变阻器的工作原理：频敏变阻器的阻抗随着电流频率的变化而有明显的变化，电流频率高时，阻抗值也高，电流频率低时，阻抗值也低。频敏变阻器的这一频率特性非常适合控制异步电动机的起动过程。起动时，转子电流频率最大。频敏变阻器的阻抗最大，限制了电动机的起动电流；起动后，随着转子转速的提高，转子电流频率逐渐降低，频敏变阻器的阻抗自动减小。起动完毕后，频敏变阻器应从转子回路中短路切除。

频敏变阻器结构较简单、成本较低、维护方便、平滑起动，缺点是由于电感存在，$\cos\varphi$ 较低，起动转矩并不很大，适于绕线转子电动机轻载起动。

图 2-19 为绕线转子电动机串频敏变阻器起动控制电路，其中 RF 是频敏变阻器。

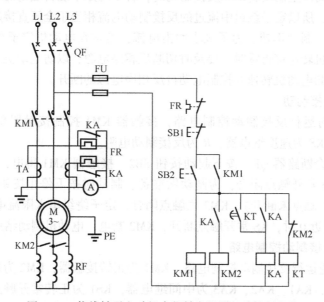

图 2-19　绕线转子电动机串频敏变阻器起动控制电路

起动运行：按下起动按钮 SB2，接触器 KM1 和时间继电器 KT 线圈同时通电，KM1 主触点闭合，电动机 M 转子电路串入频敏变阻器起动。时间继电器 KT 延时预定时间后，其常开延时触点闭合，使中间继电器 KA 通电，KA 常开触点闭合，接触器 KM2 通电，KM2 主触点闭合，将频敏变阻器 RF 短接，KM2 的常闭辅助触点断开，时间继电器 KT 断电，起动过程结束。

停止运行：按下停止按钮 SB1，KM1、KM2、KA 线圈断电释放，电动机 M 断电停止。

电流互感器 TA 的作用是将主电路中的大电流变换成小电流进行测量。为避免起动时间较长而使热继电器 FR 误动作，在起动过程中用 KA 的常闭触点将 FR 的加热元件短接，待起动结束，电动机正常运行时才将 FR 的加热元件接入电路。

2.4 三相异步电动机的制动控制

由于惯性作用，电动机断电后不能马上停转。而很多生产机械往往要求电动机快速、准确地停车，这就要求对电动机采取有效措施进行制动。

微课：三相异步电动机的制动控制

三相异步电动机的制动控制方法有机械制动和电气制动。所谓机械制动，就是用机械装置来强迫电动机迅速停车，常用的机械装置是电磁抱闸。电气制动是在电动机上产生一个与转子原来转动方向相反的制动转矩，迫使电动机迅速停车。电气制动方法有反接制动、能耗制动、再生制动以及电容制动等，这里主要介绍反接制动和能耗制动。

2.4.1 反接制动

反接制动是通过改变电动机定子绕组三相电源的相序，产生一个与转子惯性转动方向相反的旋转磁场，从而产生制动转矩。反接制动时，转子与定子旋转磁场的相对转速接近电动机同步转速的 2 倍，所以定子绕组中流过的反接制动电流相当于全压直接起动时的 2 倍，因此反接制动转矩大，制动迅速。为了减小冲击电流，通常在电动机定子绕组中串接制动电阻。另外，当电动机转速接近零时，要及时切断反相序电源，以防电动机反方向起动，通常用速度继电器来检测电动机转速并控制电动机反相序电源的断开。

1. 单向运行反接制动

图 2-20 为单向运行反接制动控制电路，接触器 KM1 控制接触器单向运行，接触器 KM2 为反接制动，KS 为速度继电器，R 为反接制动电阻。

工作过程：闭合断路器 QF，按下起动按钮 SB2，接触器 KM1 得电，电动机 M 起动运行，速度继电器 KS 常开触点闭合，为制动做准备。制动时按下停止按钮 SB1，KM1 断电，KM2 得电（KS 常开触点未断开），KM2 主触点闭合，定子绕组串入限流电阻 R 进行反接制动，当 M 的转速接近 0 时，KS 常开触点断开，KM2 断电，电动机制动结束。

2. 可逆运行反接制动控制电路

图 2-21 为可逆运行反接制动控制电路，KM1 为正转接触器，KM2 为反转接触器，KM3 为短接电阻接触器，KA1、KA2、KA3 为中间继电器，KS1 为正转常开触点，KS2 为反转常开触点，R 为起动与制动电阻。

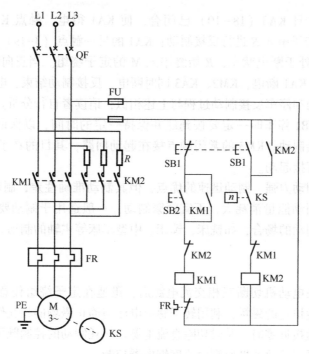

图 2-20 电动机单向运行反接制动控制电路

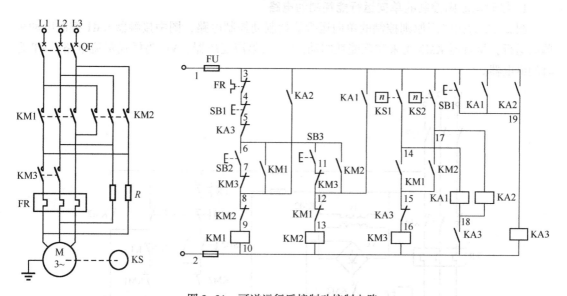

图 2-21 可逆运行反接制动控制电路

电动机正向起动和停车反接制动过程如下：

1）正向起动时，闭合断路器 QF，按下起动按钮 SB2，KM1 得电自锁，定子串入电阻 R 正向起动，当正向转速大于 120 r/min 时，KS1 闭合，因 KM1 的常开辅助触点已闭合，所以 KM3 得电将 R 短接，从而使电动机在全压下运转。

2）停止运行时，按下停止按钮 SB1，接触器 KM1、KM3 相继失电，定子切断正序电源并串入电阻 R，SB1 的常开触点后闭合，KA3 得电，常闭触点又再次切断 KM3 电路。由于惯性，KS1 仍闭合，且 KA3（18-10）已闭合，使 KA1 得电，触点 KA1（3-12）闭合，KM2 得电，电动机定子串入 R 进行反接制动；KA1 的另一触点（3-19）闭合，使 KA3 仍通电，确保 KM3 始终处于断电状态，R 始终串入 M 的定子绕组。当正向转速小于 100 r/min 时，KS1 失电断开，KA1 断电，KM2、KA3 同时断电，反接制动结束，电动机停止运转。

电动机反向起动和停车反接制动过程与上述相似，请读者自行分析。

该电路在按下 SB1 停车时一定要按到底并保持一定的时间，以保证 KA3 能可靠得电，否则将无法实现反接制动。KM3 的常闭触点接在起动回路，其目的在于防止其因机械卡阻等故障导致主电路直接起动。

反接制动具有制动力强、制动迅速的优点，但其制动准确性差，制动过程中冲击强烈，易损坏传动部件，制动能量消耗大，不宜频繁制动，一般适用于制动要求迅速，系统惯性大，不经常起动和制动的场合，如铣床、镗床、中型车床等主轴的制动。

2.4.2 能耗制动

能耗制动就是在电动机切断三相交流电源后，迅速在定子绕组任意两相施加一直流电压，使定子绕组产生恒定的磁场，利用转子感应电流与静止磁场的相互作用产生制动力矩实现制动，当转子转速接近零时，及时切除直流电源。能耗制动的控制既可以按时间原则由时间继电器控制，也可以按照速度原则由速度继电器控制。

1. 按时间原则控制的单向运行能耗制动电路

图 2-22 为按时间原则控制的单向运行能耗制动控制电路，图中接触器 KM1 控制电动机单向运行，接触器 KM2 用来实现能耗制动，TC 为整流变压器，VC 为桥式整流电路，KT 为时间继电器。

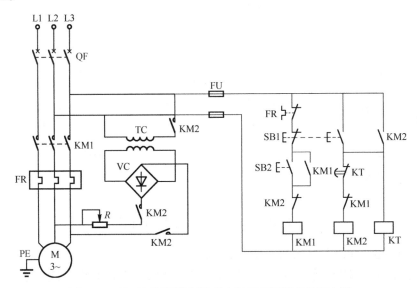

图 2-22　按时间原则控制的单向运行能耗制动控制电路

在电动机正常单向运行时，若按下停止按钮 SB1，电动机由于 KM1 断电释放而脱离三相交流电源，而直流电源则由于接触器 KM2 线圈通电其主触点闭合而加入定子绕组，时间继电器 KT 线圈与 KM2 线圈同时通电并保持，于是电动机进入能耗制动状态。当其转子的惯性速度接近于零时，时间继电器延时断开的常闭触点断开接触器 KM2 线圈电路。由于 KM2 常开辅助触点的复位，时间继电器 KT 线圈的电源也被断开，电动机能耗制动结束。

2. 按时间原则控制的可逆运行能耗制动控制电路

图 2-23 为按时间原则控制的可逆运行能耗制动控制电路，KM1 为正向接触器，KM2 为反向接触器，接触器 KM3 用来实现能耗制动。

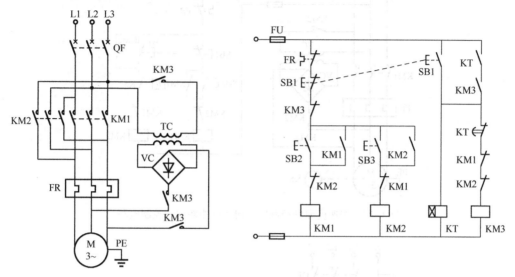

图 2-23　按时间原则控制的可逆运行能耗制动控制电路

在电动机正向运转过程中，需要停止时可按下停止按钮 SB1，KM1 断电，KM3 和 KT 线路通电并自锁，KM3 常闭触点断开起着锁住电动机起动电路的作用；KM3 常开主触点闭合，使直流电压加至定子绕组，电动机进行正向能耗制动。电动机正向转速迅速下降，当其接近于零时，时间继电器延时打开的常闭触点 KT 断开接触器 KM3 线圈电源。由于 KM3 常开辅助触点的复位，时间继电器 KT 线圈也随之失电，电动机正向运行的能耗制动结束。

电动机反向运行时的能耗制动过程与上述正向情况相似，请读者自行分析。

3. 按速度原则控制的单向运行能耗制动控制电路

采用速度继电器来控制的单向运行能耗制动控制电路如图 2-24 所示。该电路与图 2-22 控制电路基本相同，仅是控制电路中取消了时间继电器 KT 的线圈及其触点电路，而在电动机轴伸端安装了速度继电器 KS，并且用 KS 的常开触点取代了 KT 延时断开的常闭触点。因此，该电路中的电动机在刚刚脱离三相交流电源时，由于电动机转子的惯性速度仍然很高，速度继电器 KS 的常开触点仍然处于闭合状态，所以接触器 KM2 线圈能够依靠 SB1 按钮的按下通电自锁。于是，两相定子绕组获得直流电源，电动机进入能耗制动。当电动机转子的惯性速度接近于零时，KS 的常开触点复位，接触器 KM2 线圈断电而释放，能耗制动结束。

4. 无变压器单相半波整流能耗制动控制电路

上述几种能耗制动控制电路均需一套变压器、整流器装置，虽制动效果好，但电动机容量越大，所需设备投资越大。对于 10 kW 以下的电动机，在制动效果要求不高的场合，可采用无变压器单相半波整流能耗制动控制电路，如图 2-25 所示，用单相半波整流器作为直流电源，该电源无变压器，设备简单、体积小、成本低。其整流电源电压为 220 V，由 KM2 控制经定子绕组、整流二极管 VD 和电阻 R 接到中性线，构成回路。

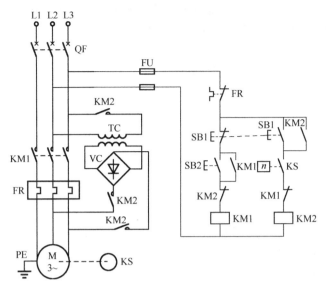

图 2-24　按速度原则控制的单向运行能耗制动控制电路

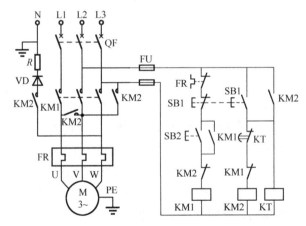

图 2-25　无变压器单相半波整流能耗制动控制电路

在电动机正常单向运行时，KM1 线圈通电，KM2 线圈断电，若按下停止按钮 SB1，电动机由于 KM1 断电释放而脱离三相交流电源，KM1 的常闭触点闭合，使 KM2 线圈通电并自保，时间继电器 KT 线圈与 KM2 线圈同时通电并保持，直流电源则通过 KM2 闭合的常开主触点而加入定子绕组，电动机进入能耗制动状态。当其转子的惯性速度接近于零时，KT 延时断开的常闭触点断开接触器 KM2 线圈电路。由于 KM2 常开辅助触点的复位，KT 线圈的电源也被断开，电动机能耗制动结束。

能耗制动的实质是把电动机转子储存的机械能转变成电能，又消耗在转子的制动上。显然，制动作用的强弱与通入直流电流大小和电动机转速有关。调节电阻 R，可调节制动电流大小，从而调节制动强度。能耗制动的优点是制动准确、平稳，能量消耗较小，缺点是需附加直流电源，设备费用高、制动力较弱、在低速时制动转矩小。所以，能耗制动一般用于要求制动平稳和制动频繁的场合，如磨床、龙门铣床等机床的控制电路中。

2.4.3 电磁抱闸制动

电磁抱闸的结构如图 2-26 所示。它主要工作部分是电磁铁和闸瓦制动器。电磁铁由电磁线圈、铁心、衔铁组成；闸瓦制动器由闸瓦、闸轮、弹簧、杠杆等组成。其中闸轮与电动机转轴相连，闸瓦对闸轮制动力矩的大小可通过调整弹簧弹力来改变。

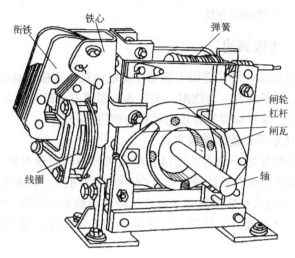

图 2-26 电磁抱闸结构示意图

电磁抱闸分为断电制动型和通电制动型两种。断电制动型的工作原理如下：当制动电磁铁的线圈得电时，制动器的闸瓦与闸轮分开，无制动作用；当线圈失电时，闸瓦紧紧抱住闸轮制动。通电制动型则是在线圈得电时，闸瓦紧紧抱住闸轮制动；当线圈失电时，闸瓦与闸轮分开，无制动作用。

电磁抱闸断电制动的控制电路如图 2-27 所示。

起动运行：闭合断路器 QF，按下按钮 SB2，接触器 KM 线圈得电，其自锁触点和主触点闭合，电动机 M 接通电源，同时电磁抱闸制动线圈得电，衔铁与铁心吸合，衔铁克服弹簧拉力，使制动杠杆向上移动，从而使制动器的闸瓦与闸轮分开，电动机正常运转。

制动停转：按下按钮 SB1，接触器 KM 线圈失电，其自锁触点和主触点分断，电动机 M 失电，同时电磁抱闸制动线圈也失电，衔铁与铁心分开，在弹簧拉力的作用下，闸瓦紧紧抱住闸轮，电动机因制动而停转。

电磁抱闸制动在起重机械上被广泛采用。其优点是能够准确定位，可防止电动机突然断电时重物的自行坠落。这种制动方式的缺点是不经济，因为电动机工作时，电磁抱闸制动线圈一直在通电。另外，切断电源后，由于电磁抱闸制动器的制动作用，使手动调

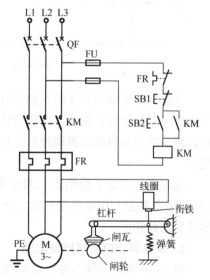

图 2-27 电磁抱闸断电制动的控制电路

整很困难，对要求电动机制动后能调整工件位置的设备只能采用通电制动控制电路。

2.5　三相异步电动机的调速控制

微课：三相
异步电动机的
调速控制

三相异步电动机的调速方法有：改变定子绕组连接方式的变极调速、绕线转子异步电动机转子串电阻调速、电磁调速、变频调速和串极调速等。下面介绍前 3 种调速方法。

2.5.1　变极调速

变极调速一般仅适用于笼型异步电动机。变极电动机一般有双速、三速、四速之分，双速电动机定子装有一套绕组，而三速、四速电动机有两套绕组。变极调速的原理和控制方法基本相同，这里以双速异步电动机为例进行分析。

1. 双速异步电动机定子绕组的连接方式

双速异步电动机靠改变定子绕组的连接，形成两种不同的极对数，获得两种不同的转速。双速异步电动机定子绕组常见的接法有 △/YY 和 Y/YY 两种。双速异步电动机定子绕组连接图如图 2-28 所示，通过改变定子绕组上每个线圈两端抽头的联结，图 2-28a 由三角形改为双星形，图 2-28b 由星形改为双星形，两种接线方式变换成双星形时均使极对数减少一半，转速增加一倍。

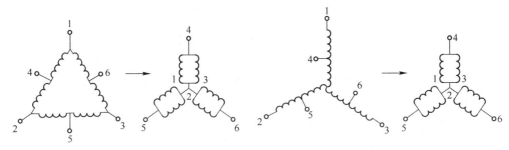

a) 双速异步电动机三相定子绕组 △/YY 接线　　　　b) 双速异步电动机三相定子绕组 Y/YY 接线

图 2-28　双速异步电动机定子绕组连接图

双速异步电动机调速的优点是可以适应不同负载性质的要求，如需要恒功率调速可采用三角形→双星形转换接法，需要恒转矩调速时采用星形→双星形转换接法，且电路简单、维修方便；缺点是只能有级调速且价格较高，通常使用时与机械变速配合使用，以扩大其调速范围。

应注意：当定子绕组由三角形联结（各相绕组互为 240°电角度）改变为双星形联结（各相绕组互为 120°电角度）时，为保持变速前后电动机转向不变，在改变极对数的同时必须改变电源相序。

2. 双速异步电动机控制电路

图 2-29 为时间继电器控制的双速异步电动机自动控制电路。图中 SA 为选择开关，选择电动机低速运行或高速运行。当 SA 置于"低速"位置时，接通 KM1 线圈电路，电动机直接起动低速运行。当 SA 置于"高速"位置时，时间继电器的瞬时触点闭合，同样先接通 KM1 线圈电路，电动机绕组三角形接法低速起动，当时间继电器延时时间到时，其延时断

开的常闭触点 KT 断开，切断 KM1 线圈回路，同时其延时接通的常开触点 KT 闭合，接通接触器 KM2、KM3 线圈并使其自锁，电动机定子绕组换接成双星形接法，改为高速运行。此时 KM3 的常闭触点断开使时间继电器线圈失电停止工作。所以，该控制电路具有使电动机转速自动由低速切换至高速的功能，以降低起动电流，适用于较大功率的电动机。

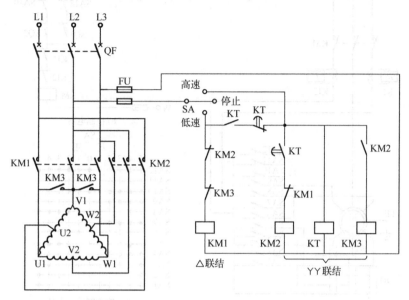

图 2-29 双速异步电动机自动控制电路

2.5.2 绕线转子异步电动机转子串电阻调速

绕线转子异步电动机可采用转子串电阻的方法调速。随着转子所串电阻的减小，电动机的转速升高，转差率减小。改变外串电阻阻值，使电动机工作在不同的人为特性上，可获得不同的转速，实现调速目的。

绕线转子异步电动机一般采用凸轮控制器进行调速控制，目前在吊车、起重机一类的生产机械上仍被普遍采用。

图 2-30 为采用凸轮控制器控制电动机正、反转及调速的电路。在电动机 M 的转子电路中，串接三相不对称电阻作起动和调速用，由凸轮控制器的触点进行控制。定子电路电源的相序也由凸轮控制器进行控制。

该凸轮控制器的触点展开图如图 2-30c 所示。列上的虚线表示"正""反"各 5 个档位和中间"0"位，每一根行线对应凸轮控制器的一个触点。黑点表示该位置触点接通，没有黑点则表示不通。触点 SA1 ~ SA5 与转子电路串接的电阻 $R1 \sim R3$ 相连接，用于短接电阻，控制电动机的起动和调速。

电路工作过程如下：

将凸轮控制器 SA 的手柄置"0"位，SA10 ~ SA12 三个触点接通。闭合断路器 QF。按下 SB2，KM 线圈得电并自锁，KM 主触点闭合。

将凸轮控制器手柄扳到正向"1"位，触点 SA12、SA8、SA6 闭合，M 定子接通电源，转子串入全部电阻（$R1+R2+R3$），正向低速起动；将 SA 扳到正向"2"位，SA12、SA8、

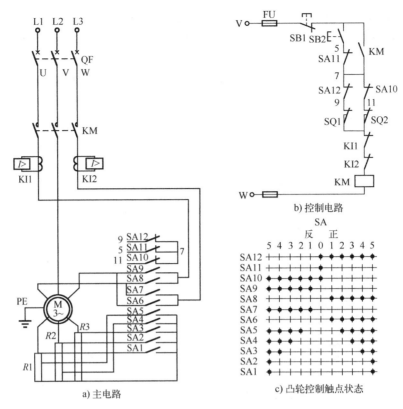

图 2-30 凸轮控制器控制电动机正、反转及调速的电路

SA6、SA5 四个触点闭合，切除 $R1$ 上部分电阻，M 转速上升；当 SA 手柄从正向"2"位依次转向"3""4""5"位时，触点 SA4～SA1 先后闭合，$R1$、$R2$、$R3$ 上部分或全部电阻被依次切除，在"5"位时 3 个电阻被全部切除，M 转速逐步升高至额定转速运行。

当凸轮控制器手柄由"0"位扳到反向"1"位时，触点 SA10、SA9、SA7 闭合，M 电源相序改变而反向起动。将手柄从"1"位依次扳向"5"位时，M 转子所串电阻被依次切除，M 转速逐步升高。其过程与正转时相同。

限位开关 SQ1、SQ2 分别与凸轮控制器触点 SA12、SA10 串接，在电动机正、反转过程中对运动机构进行终端位置保护。

2.5.3 电磁调速

变极调速不能实现连续平滑调速，只能得到几种特定的转速。但在很多机械中，要求转速能够连续无级调节，并且有较大的调速范围。目前除了用变频器进行无级调速外，还有较多利用调电磁转差率进行的调速，即电磁转差离合器调速。其优点是：结构简单、维护方便、运行可靠、能平滑调速，采用闭环系统可扩大调速范围；缺点是调速效率低，低速时尤为突出，不宜长期低速运行，且控制功率小、机械特性较软。

1. 电磁转差离合器的结构及工作原理

电磁转差离合器调速系统是在普通笼型异步电动机轴上安装一个电磁转差离合器，由晶闸管控制装置控制离合器绕组的励磁电流来实现调速的。异步电动机本身并不调速，调节的是离合器的输出转速。电磁转差离合器的基本作用原理就是基于电磁感应原理，实质上就是一台感应电动机，其结构如图 2-31 所示。

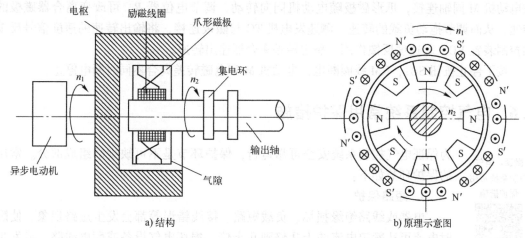

图 2-31　电磁转差离合器结构及工作原理

图 2-31a 为电磁转差离合器结构，它由电枢和磁极两个旋转部分组成：一个称为磁极（内转子），另一个称为电枢（外转子），两者之间无机械联系，均可自由旋转。当磁极的励磁线圈通过直流电流时，沿气隙圆周表面的爪形磁极便形成若干对极性相互交替的空间磁场。当离合器的电枢被电动机拖动旋转时，由于电枢与磁场间有相对移动，在电枢内就产生涡流。此涡流与磁通相互作用产生转矩，带动磁极按同一方向旋转。

无励磁电流时，磁极不会跟着电枢转动，相当于磁极与电枢"分开"，当磁极通入励磁电流时，磁极立即跟随电枢旋转，相当于磁极与电枢"合上"，故称为"离合器"。因它是根据电磁感应原理工作的，磁极与电枢之间必须有转差才能产生涡流与电磁转矩，所以又称"电磁转差离合器"。因为工作原理和异步电动机相似，所以又将它及与其相连的异步电动机一起称为"滑差电动机"。

电磁转差离合器的磁极转速与励磁电流的大小有关。励磁电流越大，建立的磁场越强，在一定转差率下产生的转矩越大。当负载一定时，励磁电流不同，转速就不同，只要改变电磁转差离合器的励磁电流，即可调节转速。由于输出轴的转向与电枢转向一致，要改变输出轴的转向，必须改变异步电动机的转向。

2. 电磁调速异步电动机的控制

电磁调速异步电动机的控制电路如图 2-32 所示。VC 为晶闸管控制器，其作用是将单相交流电变成可调直流电，供转差离合器调节输出转速。

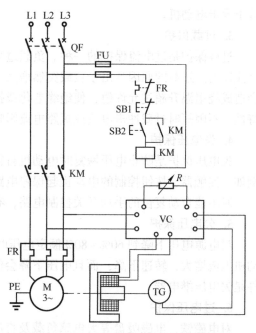

图 2-32　电磁调速异步电动机控制电路

按下起动按钮 SB2，接触器 KM 线圈得电并自锁，主触点闭合，电动机 M 运转。同时接通晶闸管控制器 VC 电源，VC 向电磁转差离合器爪形磁极提供励磁电流，由于离合器电枢与电动机 M 同轴连接，爪形磁极随电动机同向转动，调节电位器 R，可改变离合器磁极的转速，从而调节拖动负载的转速。测速发电机 TG 与磁极连接，将输出转速的速度信号反馈到控制装置 VC，起速度反馈作用，稳定转差离合器输出转速。

按下停止按钮 SB1，KM 线圈断电，电动机 M 和电磁转差离合器同时断电停止。

2.6 电气控制系统常用保护措施

微课：电气控制系统常用保护措施

为保证电气控制系统安全可靠运行，保护环节是不可缺少的组成部分。常用的保护环节如下：

1. 短路保护

电器或线路绝缘损坏、负载短路、接线错误等都会发生短路现象，使瞬时电流可达额定电流的十几倍到几十倍，损坏电气设备或配电线路，或发生火灾。短路保护要具有瞬动特性，要求在很短时间内切断电源。为保护电气设备或配电设施，用熔断器、低压断路器作短路保护器。

2. 过电流保护

区别于短路保护的另一种电流型保护，叫过电流保护。电路中产生过电流是指工作电流超过额定电流，比短路电流小，不超过 6 倍额定电流。过电流的危害是，电气元件不会马上损坏，在达到最大允许温升前可恢复，但过大冲击负载易损坏电动机，过大电动机电磁转矩损坏机械传动部件。因此出现过电流时，要瞬时切断电源。

过电流的保护措施：采用过电流继电器，与接触器配合使用，常用于直流电动机、绕线转子异步电动机。

3. 过载保护

过载保护是过电流保护的一种。负载过大，使运行电流大于额定电流，但在 1.5 倍额定电流以内。过载的原因是由于负载突然增大、缺相运行或电源电压降低等，若长期过载运行会造成绕组温升超过允许值，使绝缘老化或损坏。热继电器用于过负载保护，它具有反时限特性，不因短时过载冲击电流或短路电流影响而瞬时动作。

4. 失电压保护

失电压保护是防止电压恢复时电动机自行起动或电气元件自行投入工作而设置的保护。例如，接触器、按钮控制的电动机起保停电路具有失电压保护功能。

对不能自动复位的手动开关控制电路，有专门的零电压继电器。

5. 欠电压保护

当电源电压下降到 60%~80% 额定电压时，要切除电动机电源，否则会因电压太低使电动机电流增大，转速下降，而且电压下降会使控制电器释放，电路工作不正常。常用保护元件是欠电压继电器。

6. 过电压保护

对电磁铁、电磁吸盘等大电感负载及直流电磁机构、直流继电器等，通断瞬间会产生较高感应电动势，击穿绝缘，甚至损坏其他元件，为此常在线圈两端并联电阻、电阻串电容、电阻串二极管形成放电回路，从而起到保护作用。

7. 弱磁保护

弱磁保护一般用于直流电动机，防止励磁减少或消失时飞车，所用的保护器件是欠电流继电器。

8. 其他保护

除了上述保护环节外，电气控制系统中还有行程保护、超速保护、油压（水压）保护、油温保护及互锁等，这些保护环节是在控制电路中串接一个受这些参量控制的常开触点或常闭触点来实现对控制电路的电源控制。这些装置有离心开关、测速发电机、行程开关、压力继电器等。

2.7 习题

1. 电气控制系统图主要有哪几种？各有什么用途？

2. 长动、点动在控制电路上的区别是什么？试用按钮、转换开关、中间继电器、接触器等电器，分别设计出既能长动又能点动的控制电路。

3. 设计能从两地操作，实现对同一台电动机的点动与长动控制的电路。

4. 在电动机可逆运行的控制电路中，为什么必须采用联锁环节？有哪些类型联锁？

5. 什么叫直接起动？直接起动有什么优缺点？在什么条件下可允许交流异步电动机直接起动？

6. 什么叫减压起动？有哪几种方式？各有什么特点和适用场合？

7. 试设计按时间原则控制的三相笼型异步电动机串电抗器减压起动控制电路。

8. 反接制动和能耗制动各有何特点？

9. 图 2-17 为按电流原则控制的绕线转子异步电动机串电阻起动电路，试分析其工作原理。

10. 某机床主轴和液压泵分别由两台笼型异步电动机 M1、M2 来拖动。试设计控制电路，其要求如下：①液压泵电动机 M2 起动后，主轴电动机 M1 才能起动；②主轴电动机能正、反转，且能单独停车；③该控制电路具有短路、过载、失电压、欠电压保护。

11. 设计一个控制电路，三台笼型异步电动机工作情况如下：M1 先起动，经 10 s 后 M2 自行起动，运行 30 s 后 M1 停机并同时使 M3 起动，再运行 30 s 后全部停机。

12. 设计一个小车运行的控制电路，小车由异步电动机拖动，其动作过程如下：

（1）小车在原位装料 3 min，装料完毕向卸料位运行；

（2）在卸料位自动停止并卸料 2 min，卸料完毕自动返回；

（3）回到原位装料，然后继续起动向卸料位运行，周而复始，自动往返；

（4）要求能在任意位置停车或起动，并有完善的保护措施。

13. 设计一台四级传送带运输机，分别由 M1、M2、M3、M4 四台电动机拖动。其动作过程如下：

（1）起动时要求按 M1→M2→M3→M4 顺序起动；

（2）停机时要求按 M4→M3→M2→M1 顺序停止。

第3章 典型机床的电气控制

生产机械种类繁多,其拖动方式和电气控制电路各有不同。本章通过一些典型机床的电气控制电路分析,介绍阅读电气原理图的方法,帮助读者培养读图能力并通过读图分析各种典型生产机械的工作原理,为电气控制电路的设计、调试以及应用、维护等方面打下良好的基础。

3.1 电气控制电路分析基础

3.1.1 电气控制电路分析的内容

微课:典型机床的电气控制

分析电气控制电路主要包括:

1) 详细阅读说明书。了解设备的结构,技术指标,机械传动、液压与气动的工作原理;电机的规格型号;各操作手柄、开关、旋钮等的作用;与机械、液压部分直接关联的行程开关、电磁阀、电磁离合器等的位置、工作状态及作用。

2) 电气原理图。电气原理图主要由主电路、控制电路及辅助电路等组成,这是分析控制电路的关键内容。

3) 电器布置图与电气安装接线图。其主要提供电气部件的布置、安装与接线要求。在调试、检修中可通过布置图和接线图方便地找到各种电气元件和测试点,进行维护和维修保养。

3.1.2 电气原理图的分析方法

电气原理图的分析主要包括主电路、控制电路和辅助电路等。在分析之前,必须了解设备的主要结构、运动形式、电力拖动形式、电动机和电气元件的分布状况及控制要求等内容,在此基础上分析电气原理图。

1. 分析主电路

首先从主电路入手分析,根据各电动机和执行电器的控制要求去分析各电动机和执行电器的控制环节及它们的控制内容。控制内容包括电动机的起动、调速和制动等状况。

2. 分析控制电路

根据各电动机的执行电器的控制要求找出控制电器中的控制环节,可将控制电路按功能不同分成若干个局部控制电路来进行分析。

3. 分析辅助电路

辅助电路由电源显示、工作状态显示、照明和故障报警等部分组成。

4. 分析联锁与保护环节

生产机械对安全性和可靠性有很高的要求,除了要合理地选择拖动和控制方案以外,在控制电路中还必须设置一系列电气保护和必要的电气联锁控制。

5. 总体检查

先化整为零，在逐步分析了每一个局部电路的工作原理以及各部分之间的控制关系之后，还必须用集零为整的方法，检查整个控制电路是否有遗漏。要从整体角度去进一步检查和理解各控制环节之间的联系，了解电路中每个元件所起的作用。

3.2 普通车床的电气控制电路

3.2.1 普通车床的结构及工作情况

普通车床是应用极为广泛的金属切削机床，主要用于车削外圆、内圆、端面螺纹和定型表面，并可通过尾架进行钻孔、铰孔和攻纹等加工。

在各种车床中，使用最多的是卧式车床。卧式车床主要由床身、主轴变速箱、进给箱、溜板箱、溜板、刀架、床座、光杠、丝杠等部分组成，如图 3-1 所示。

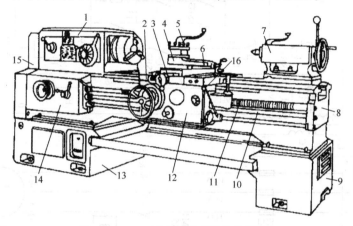

图 3-1　C650 型普通车床结构外形图

1—主轴变速箱　2—纵溜板　3—横溜板　4—转盘　5—刀架　6—小溜板　7—尾架　8—床身　9—右床座
10—光杠　11—丝杠　12—溜板箱　13—左床座　14—进给箱　15—挂轮架　16—操纵手柄

车床的切削加工包括主运动、进给运动和辅助运动。主运动为工件的旋转运动：由主轴通过卡盘或顶尖带动工件旋转。进给运动为刀具的直线运动：由进给箱调节加工时的纵向或横向进给量。辅助运动为刀架的快速移动及工件的夹紧、放松等。

根据切削加工工艺的要求，对电气控制提出下列要求：主拖动电动机采用三相笼型电动机，主轴的正、反转由主轴电动机的正、反转来实现。调速采用机械齿轮变速的方法。中小型车床采用直接起动的方法（容量较大，采用星-三角减压起动）。为实现快速停车，一般采用机械制动或电气反接制动。控制电路采用必要的保护环节和照明装置。

3.2.2 普通车床的电气控制

图 3-2 所示为 C650 型普通车床电气控制电路原理图，分为主电路、控制电路和照明电路 3 部分。

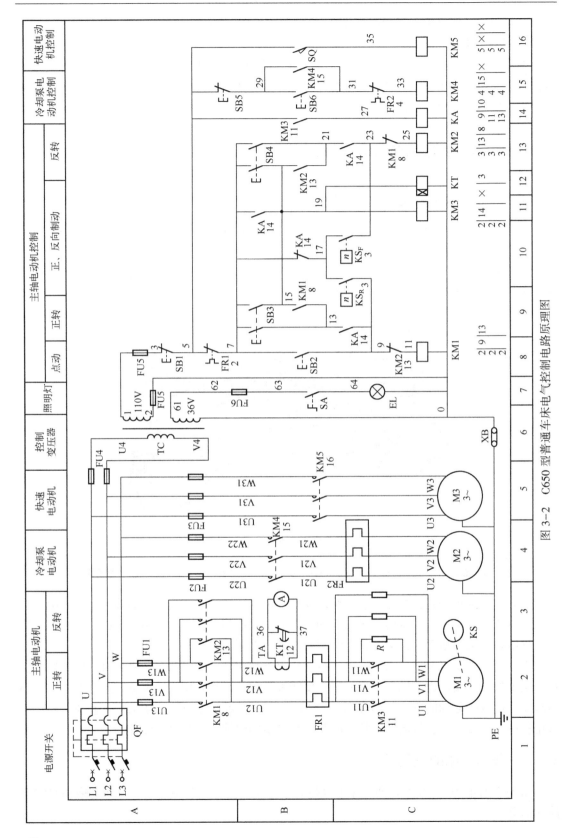

图 3-2 C650 型普通车床电气控制电路原理图

电气控制电路分析如下。

1. 主电路

主电路中共有 3 台电动机。

M1 为主轴电动机，功率为 30 kW，带动主轴旋转和刀架做进给运动，允许在空载下直接起动，能实现正、反转，即主轴正、反转和刀架的横向左、右移动。

M2 为冷却泵电动机，功率为 0.15 kW，用来输送切削时的冷却液。

M3 为刀架快速移动电动机，功率为 2.2 kW，用于溜板箱连续移动时的短时工作。

接通三相交流电源开关 QF，主轴电动机 M1 由接触器 KM1 控制起动，热继电器 FR1 作过载保护，熔断器 FU1 作短路保护，接触器 KM1、KM2 还可作失电压和欠电压保护。冷却泵电动机 M2 由接触器 KM4 控制起动，热继电器 FR2 作为冷却泵电动机 M2 的过载保护。刀架快速移动电动机 M3 由 KM5 控制，因属于点动，可以省去过载保护的热继电器。

2. 控制电路

（1）M1 的点动控制

调整车床时，要求 M1 点动控制，工作过程如下：按下起动按钮 SB2，接触器 KM1 通电，KM1 主触点闭合，M1 串接电阻 R 低速运行。松开按钮 SB2，接触器 KM1 断电，M1 停转。

（2）M1 的正转、反转控制

正转：按下正转起动按钮 SB3，接触器 KM3、时间继电器 KT 通电。KM3 常开触点闭合短接电阻 R。KM3 通电使中间继电器 KA 通电，KA 通电使接触器 KM1 通电，电动机 M1 正向起动。主回路中电流表 A 被 KT 常闭触点短接，KT 延时 t 后，其常闭触点断开，电流表 A 串接于主电路监视负载情况。

主电路中通过电流互感器 TA 接入电流表 A，为防止起动时起动电流对电流表的冲击，起动时利用 KT 延时断开常闭触点把电流表 A 短接，起动结束，常闭触点断开，电流表 A 投入使用。

反转：工作过程和正转相似，不再详述。

停车：按停止按钮 SB1，控制电路电源全部切断，电动机 M1 停转。

由于电气互锁的原因，在电动机正转时，反向按钮不起作用，只有电动机停止后才能反转。

（3）M1 的反接制动控制

C650 型车床采用速度继电器实现电气反接制动。速度继电器 KS 与电动机 M1 同轴连接，当电动机正转时，速度继电器正向触点 KS_F 动作；当电动机反转时，速度继电器反向触头 KS_R 动作。

M1 反接制动工作过程如下：

M1 的正向反接制动：电动机正转时，速度继电器正向常开触点 KS_F 闭合。制动时，按下按钮 SB1，接触器 KM3、时间继电器 KT、中间继电器 KA、接触器 KM1 均断电，主回路串入限流电阻 R。松开 SB1，由于 M1 的转动惯性，速度继电器正向常开触点 KS_F 继续闭合，使 KM2 线圈通电，M1 电源反接，实现反接制动。当电动机速度接近于零时，速度继电器正向常开触点 KS_F 断开，KM2 失电，M1 停转，制动结束。

M1 的反向反接制动：工作过程和正向相似，只是电动机 M1 反转时，速度继电器反向常开触点 KS_R 动作，反向制动时，KM1 通电，实现反接制动。

（4）刀架快速移动控制

转动刀架手柄，压下限位开关 SQ，接触器 KM5 通电，电动机 M3 转动，刀架快速移动。

（5）冷却泵电动机控制

按下起动按钮 SB6，接触器 KM4 通电，电动机 M2 转动，提供切削液。

按下停止按钮 SB5，接触器 KM4 断电，电动机 M2 停转。

3. 照明电路

主电动机 M1、冷却泵电动机 M2 都有短路保护和过载保护，控制电路和照明电路有短路保护。

加工工件照明采用 36 V 安全电压，由开关 SA 控制照明灯 EL。

3.3 Z3040 型摇臂钻床的电气控制电路

3.3.1 Z3040 型摇臂钻床的结构及工作情况

摇臂钻床是一种孔加工机床，可进行钻孔、扩孔、铰孔、镗孔和攻螺纹等加工。

Z3040 型摇臂钻床结构如图 3-3 所示，主要由底座、内外立柱、摇臂、主轴箱和工作台组成。内立柱固定在底座的一端，在它外面有外立柱，摇臂可连同外立柱绕内立柱回转。摇臂的一端为套筒，套装在外立柱上，并借助丝杠的正、反转可沿外立柱做上下移动。

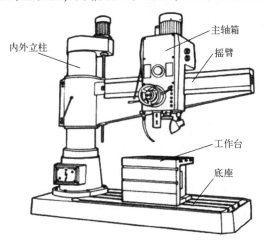

图 3-3　Z3040 型摇臂钻床结构示意图

主轴箱安装在摇臂的水平导轨上，可通过手轮操作使其在水平导轨上沿摇臂移动。加工时，根据工件高度的不同，摇臂借助于丝杠可带着主轴沿外立柱上下升降。在升降之前，应自动将摇臂松开，再进行升降，当达到所需的位置时，摇臂自动夹紧在立柱上。

钻削加工时，钻头一边旋转一边做纵向进给。钻床的主运动是主轴带着钻头做旋转运动。进给运动是钻头的上下移动。辅助运动是主轴沿摇臂水平移动，摇臂沿外立柱上下移动和摇臂与外立柱一起绕内立柱的回转运动。

3.3.2 Z3040 型摇臂钻床的电气控制

图 3-4 为 Z3040 型摇臂钻床电气控制电路原理图。

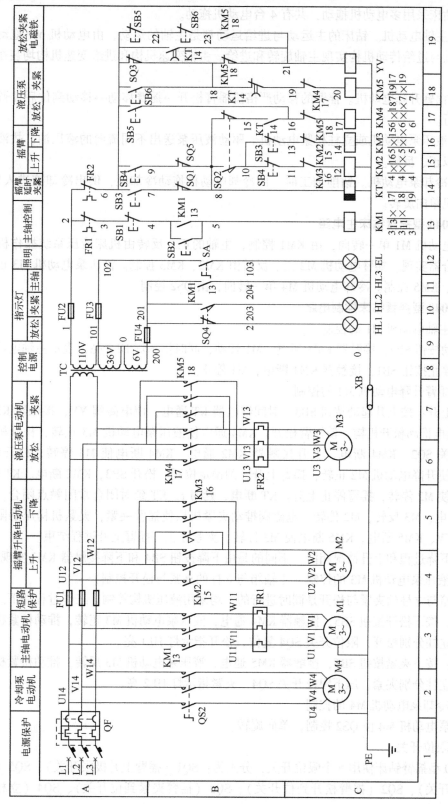

图 3-4　Z3040 型摇臂钻床电气控制电路原理图

摇臂钻床采用多电动机拖动，共有 4 台电动机拖动。

M1 为主轴电动机。钻床的主运动与进给运动都是主轴的运动，由电动机 M1 拖动，分别经由主轴与进给传动机构实现主轴旋转和进给。主轴变速机构和进给变速机构均装在主轴箱内。

M2 为摇臂升降电动机。摇臂的移动严格按摇臂松开→摇臂移动→移动到位后摇臂夹紧的程序进行。

M3 为液压泵电动机或立柱松紧电动机。驱动液压泵送出不同流向的液压油，故液压泵电动机可以正、反转。

M4 为冷却泵电动机。钻削加工时，由冷却电动机拖动冷却泵，供出冷却液进入钻头，冷却电动机单向旋转。

1. Z3040 型摇臂钻床主电路

主轴电动机 M1 单一转向，由 KM1 控制；主轴的正、反转由机床液压系统操作机构配合摩擦离合器实现。摇臂电动机 M2 正、反转由 KM2、KM3 控制。液压泵电动机 M3 正、反转由 KM4、KM5 控制。冷却电动机 M4 单一转向，由 QS2 控制。

2. Z3040 型摇臂钻床控制电路

（1）主轴电动机 M1 的控制

按起动按钮 SB2，接触器 KM1 通电，M1 转动，同时指示灯 HL3 亮，表示主轴电动机在工作。按停止按钮 SB1，接触器 KM1 断电，M1 停止。

（2）摇臂升降电动机 M2 的控制

摇臂上升：按上升起动按钮 SB3，时间继电器 KT 通电，使电磁阀 YV、接触器 KM4 通电。YV 通电推动松开机构，使摇臂松开。KM4 通电使液压泵电动机 M3 正转，松开机构压下限位开关 SQ2，KM4 断电、上升接触器 KM2 通电。KM4 断电使 M3 停转，松开停止。KM2 通电使升降电动机 M2 正转，摇臂上升，到预定位置。松开 SB3，KM2 断电、KT 断电。KM2 断电使 M2 停转，摇臂停止上升。KT 断电，延时 t，KT 延时闭合常闭触点闭合，接触器 KM5 通电，M3 反转，M2 停转，电磁阀推动夹紧机构使摇臂夹紧，夹紧机构压动限位开关 SQ3，YV、KM5 断电。KM5 断电使 M3 停转，夹紧停止。摇臂上升过程结束。

摇臂下降过程和上升情况相同，不同的是由下降按钮 SB4 和下降接触器 KM3 实现控制。

（3）液压泵电动机 M3 的控制（主轴箱与立柱的夹紧与松开控制）

主轴箱与立柱的夹紧与松开是同时进行的，均采用液压机构控制。工作过程如下。

松开：按下松开按钮 SB5，接触器 KM4 通电，液压泵电动机 M3 正转，推动松紧机构使主轴箱和立柱分别松开，限位开关 SQ4 复位，松开指示灯 HL1 亮。

夹紧：按下夹紧按钮 SB6，接触器 KM5 通电，液压泵电动机 M3 反转，推动松紧机构使主轴箱和立柱分别夹紧，压下限位开关 SQ4，夹紧指示灯 HL2 亮。

（4）冷却泵电动机 M4 的控制

冷却泵电动机 M4 由 QS2 控制，单向旋转。

（5）限位开关

Z3040 型摇臂钻床使用 5 个限位开关，分别为：SQ1（摇臂上升极限开关）、SQ5（摇臂下降极限开关）、SQ2（摇臂松开到位开关）、SQ3（摇臂夹紧到位开关）、SQ4（立柱与主轴箱夹紧开关）。

（6）保护环节

熔断器 FU1～FU3 实现电路的短路保护。热继电器 FR1、FR2 为电动机 M1、M2 的过载保护。

（7）照明与信号电路

变压器 TC 提供 36 V 和 6 V 交流电源电压，供照明与信号指示。

HL1 为主轴箱与立柱松开指示灯，灯亮表示已松开，可以手动操作主轴箱沿摇臂移动或推动摇臂回转。

HL2 为主轴箱与立柱夹紧指示灯，灯亮表示已夹紧，可以进行钻削加工。

HL3 为主轴箱旋转工作指示灯。

EL 为机床照明，由控制变压器 TC 供 36 V 安全电压，由手动开关 SA 控制。

3.4　习题

1. 分析 C650 型卧式普通车床电气控制电路原理图，写出其工作过程。
2. 分析 Z3040 型摇臂钻床电气控制电路原理图，写出其工作过程。

第4章 电气控制系统设计

电气控制系统的设计包含两个基本内容：一个是原理设计，即要满足生产机械和加工工艺的各种控制要求；另一个是工艺设计，即要满足电气控制装置本身的制造、使用以及维修的需要。原理设计决定着生产机械设备的合理性与先进性，工艺设计决定了电气控制设备的生产可行性、经济性、造型美观和使用维护方便等。

4.1 电气控制系统设计的任务

电气控制系统设计的任务是完成原理设计和工艺设计，即根据控制要求，编制出设备制造和使用维修过程中必需的图样、资料等。图样包括电气原理图、电器布置图、电气安装接线图，以及电气系统的组件划分图、电气箱图、控制面板图、电气元件安装底板图和非标准件加工图等，另外还要编制外购件目录、单台材料消耗清单、设备说明书等文字资料。

1. 原理设计内容

1）拟定电气控制系统设计任务书。
2）确定电力拖动方案，选择电动机。
3）设计电气控制原理图，计算主要技术参数。
4）选择电器元器件，制定元器件明细表。
5）编写设计说明书。

2. 工艺设计内容

1）设计电气总布置图、总安装图与总接线图。
2）设计组件布置图、安装图和接线图。
3）设计电气箱、操作台及非标准件。
4）列出全部元件清单。
5）编写使用维护说明书。

4.2 电气控制系统设计的步骤

电气控制系统设计一般按以下步骤进行。

1）拟定电气设计任务书。电气设计任务书是整个系统设计的依据。制定电气设计任务书，要根据所设计的机械设备的总体技术要求，有条件时应聚集电气、机械工艺、机械结构三方面的设计人员，共同讨论。在电气设计任务书中，要说明所设计的机械设备型号、用途、工艺过程、技术性能、传动要求、工作条件、使用环境等。除此之外，还应说明以下技术指标及要求：

① 控制精度和生产效率要求。

② 有关电力拖动的基本特性的要求。电动机的数量、用途、负载特性、工艺过程、动作要求、控制方式、调速范围及对反向、起动和制动的要求等。

③ 有关电气控制的特性。自动控制的电气保护、联锁条件、控制精度、生产效率、自动化程度、动作程序、稳定性及抗干扰要求等。

④ 其他要求。主要电气设备的布置草图、安装、照明、信号指示、显示和报警方式、电源种类、电压等级、频率及容量等要求。

⑤ 目标成本及经费限额。

⑥ 验收标准及方式等。

2) 选择电力拖动方案与控制方式。电力拖动方案与控制方式的确定是设计的先决条件。

电力拖动方案包括生产工艺要求、运动要求、调速要求及生产机械的结构、负载性质、投资额等条件，确定电动机的类型、数量、拖动方式，并拟制定电动机起动、运行、调速、转向和制动等要求，可作为电气控制原理图设计及电气元件选择的依据。

3) 电动机的选择。根据选择的拖动方案，确定电动机的类型、数量、结构形式、容量、额定电压和额定转速等。

4) 电气控制方案的确定。

5) 设计电气控制原理图。设计电气控制原理图并合理选择元器件，编制元器件目录清单。

6) 设计电气设备的施工图。设计电气设备制造、安装、调试所必需的各种施工图样并以此为根据编制各种材料定额清单。

7) 编写说明书。

4.3　电气控制系统设计的原则

电气控制系统设计一般应遵循以下原则。

1. 满足生产机械和工艺过程的要求

电气控制系统设计应最大限度地满足生产机械和工艺过程对电气控制电路的要求。在设计前，首先要做好需求分析，全面细致地了解生产要求。例如，一般控制电路只要求满足起动、反向和制动，有些则要求在一定范围内平滑调速和按规定的规律改变转速，出现事故时需要有必要的保护、信号预报，各部分运动要求有一定的配合和联锁关系等。

2. 控制电路应简单、经济

在满足生产要求的前提下，控制电路应力求简单、经济。

(1) 选用标准的器件

1) 选择电源时，尽量减少控制电路中电源的种类，控制电压等级应符合标准等级。控制电路比较简单的情况下，通常采用交流 220 V 和 380 V 供电，可以省去控制变压器。在控制系统电路比较复杂的情况下，应采用控制变压器降低控制电压，或用直流低电压控制。对于微机控制系统，还要注意弱电与强电电源之间的隔离，一般情况下不要共用中性线，避免电磁干扰。对照明、显示及报警电路，要采用安全电压。

交流标准控制电压等级为：380 V、220 V、127 V、110 V、48 V、36 V、24 V、6.3 V。

直流标准控制电压等级为：220 V、110 V、48 V、24 V、12 V。

2）尽量选用标准电气元件，尽可能减少电气元件的品种、数量，同一用途的器件尽量选用相同型号，以减少备件的种类和数量。

（2）控制电路应标准

尽量选用标准、常用或经过实践考验的典型环节或基本电气控制电路。

（3）控制电路应简短

尽量缩减连接导线的数量和长度。设计控制电路时，应考虑各个元件之间的实际接线，走线尽可能简化。

（4）尽量减少不必要的触点

所用的电器、触点越少越经济，出故障的机会也越少。

（5）尽量减少通电电器的数量

在正常工作的过程中，除必要的电气元件外，其余电器应尽量减少通电时间。以丫-△减压起动控制电路为例，如图 4-1 所示，两个电路均可实现丫-△减压起动功能，但经过比较，图 4-1b 在正常工作时，只有接触器 KM1 和 KM2 的线圈得电，比图 4-1a 更合理。

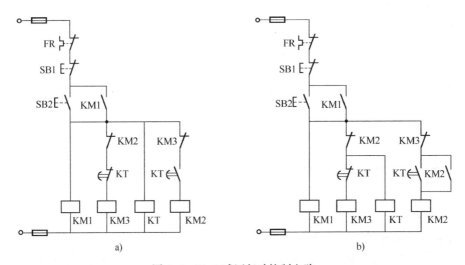

图 4-1　丫-△减压起动控制电路

3. 保证控制电路工作的可靠和安全

（1）电气元件的选择

保证电气控制电路工作的可靠性，最主要的是选择可靠的电气元件。在选择的时候尽可能选用机械和电气寿命长、动作可靠、抗干扰性能好的电器，使控制电路在技术指标、稳定性、可靠性等方面得到进一步提高。

（2）正确连接电器的线圈

1）在交流控制电路中，电器的线圈不允许串联连接（见图 4-2a）。如果将两个接触器的线圈进行串联，由于它们的阻抗不相同，即使外加电压是两个线圈额定电压之和，两个电器的动作有先后，也不可能同时动作，这就使得两个线圈分配的电压就不可能相等。当衔铁未吸合时，其气隙较大，电感很小，因而吸合电流很大。当有一个接触器先动作，其阻抗值增加很多，电路中电流下降很快，使另一个线圈不能吸合，严重时可将线圈烧毁。如果需要两个电器同时动作，线圈应并联连接，按图 4-2b 所示连接。

2）对于直流电磁线圈，当两电感量相差悬殊时不能直接并联，以免控制电路产生误动作，如图 4-3a 所示。直流电磁铁 YA 线圈与直流继电器 KA 线圈并联，当接触器 KM 常开触点断开时，KA 很快释放。由于 YA 线圈的电感很大，存储的磁能经 KA 线圈释放，从而使 KA 有可能重新吸合，过一段时间 KA 又释放，这种情况显然是不允许的。因此应在 KA 的线圈电路中单独加一个 KM 的常开触点，如图 4-3b 所示。

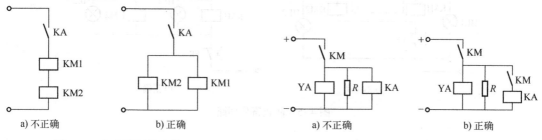

图 4-2 交流线圈的连接   图 4-3 直流线圈的连接

（3）正确连接电器的触点

如果同一电气元件的常开触点和常闭触点靠得很近，当分别接在电源的不同相上时，如图 4-4a 所示的行程开关 SQ 的常开触点和常闭触点，常开触点接在电源的一相，常闭触点接在电源的另一相上，当触点断开时，可能在两触点间形成电弧造成电源短路。如果改成图 4-4b 的形式，由于两触点间的电位相同，就不会造成电源短路。所以在设计控制电路时，应使分布在电路不同位置的同一电器触点尽量接到同一电位点，可避免在电器触点上引起的短路。

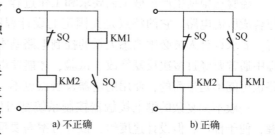

图 4-4 电器触点的连接

（4）避免出现寄生电路

在电气控制电路的动作过程中，如果出现不是由于误操作而产生意外接通的电路称为寄生电路。图 4-5a 为一个具有指示灯显示和过载保护的电动机正、反向运行控制电路。正常工作情况下能完成正、反向起动、停止和信号指示。但当热继电器 FR 动作时，产生寄生电路，电流流向如虚线所示，使正向接触器 KM1 不能释放，起不了保护作用。如果改为图 4-5b 所示电路，则当电动机发生过载时，FR 触点断开，整个控制电路断电，电动机停转。

4. 设置完善的保护环节

必须设有完善的保护环节，以避免因误操作而引起事故。这些保护环节包括短路保护、过载保护、失电压保护、欠电压保护、过电压保护、欠电流保护、极限保护、弱磁保护等，有时还应设有合闸、断开、事故、安全等必要的指示信号。

5. 操作、使用、调试与维修方便

电路设计要考虑操作、使用、调试与维修的方便。例如设置必要的显示，以便随时反映系统的运行状态与参数；考虑到运动机构的调整和修理，设置必要的单机点动、必要的易损触头及电气元件的备用等。

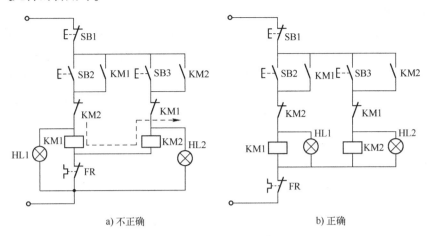

a) 不正确   b) 正确

图 4-5 防止寄生回路

4.4 电气控制电路的设计方法

电气控制电路的设计有两种方法：一是经验法，二是逻辑法。这里重点介绍经验法。

经验法根据生产机械工艺要求和工作过程，利用各种典型环节，加以适当补充和修改，综合成所需电路。它的特点是无固定的设计程序和设计模式，灵活性很大，主要靠经验进行。要求设计人员必须熟悉大量的控制电路基本环节，同时具有丰富的设计经验。在设计过程中通常要经过多次反复修改、试验，才能使电路符合设计要求。即使如此，设计出来的电路也可能不是最简的，使用的电器及触点也不一定最少，所得出的方案也不一定是最佳的。

一般不太复杂的继电接触器控制系统都可以按照这种方法进行设计，这种方法易于掌握，便于推广，但设计速度慢，设计方案需要反复修改，必要时要对整个电气控制电路进行模拟实验。

4.4.1 电气控制电路的设计步骤

生产机械电气控制电路设计包含主电路、控制电路和辅助电路设计。

1）主电路设计：主要考虑电动机的起动、点动、正反转、调速和制动。

2）控制电路设计：包括基本控制电路和控制电路特殊部分的设计，以及选择控制参量和确定控制原则。主要考虑如何满足电动机的各种运转功能和生产工艺要求。

3）连接各单元环节：构成满足整机生产工艺要求，实现生产过程自动、半自动及调整的控制电路。

4）联锁保护环节设计：主要考虑如何完善整个控制电路的设计，包含各种联锁环节以及短路、过载、过流、失电压等保护环节。

5）辅助电路设计：包括照明、声光指示、报警等电路的设计。

6）电路的综合审查：反复审查所设计的控制电路是否满足设计原则和生产工艺要求。在条件允许的情况下，进行模拟实验，逐步完善整个电气控制电路的设计，直到满足生产工艺要求。

4.4.2　应用经验法的设计实例

以下为应用经验法的两个设计实例。

1. 设计 3 条传送带运输机构成的散料运输线控制电路

如图 4-6 所示。传送带运输机是一种连续平移运输机械，常用于粮库、矿山等的生产流水线，将粮食、矿石等从一个地方运到另一个地

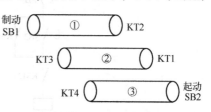

方，一般由多条传送带机组成，可以改变运输的方向和斜度。

图 4-6　传送带运输机工作示意图

传送带运输机长期工作，不需要调速，没有特殊要求也不需反转。因此，其拖动电机多采用笼型异步电动机。若考虑事故情况下可能有重载起动，需要的起动转矩大，可以用双笼型异步电动机或绕线转子异步电动机拖动，也有的是二者配合使用。

（1）控制要求

1）起动顺序为③、②、①，并要有一定时间间隔，以免货物在传送带上堆积。

2）停车顺序为①、②、③，也要有一定时间间隔，保证停车后传送带上不残存货物。

3）无论②和③哪一个出故障，①必须停车，以免继续进料，造成货物堆积。

4）必要的保护。

（2）主电路设计

三条传送带运输机由 3 台电动机拖动，均采用笼型异步电动机。由于电网容量相对于电动机容量足够大，而且 3 台电动机不同时起动，所以不会对电网产生大的冲击，因此采用直接起动。由于传送带运输机不经常起动、制动，对于制动时间和停车准确度也没有特殊要求，因此停止时采用自由停车。3 台电动机都用熔断器作短路保护，用热继电器作过载保护。由此，设计的主电路如图 4-7 所示。

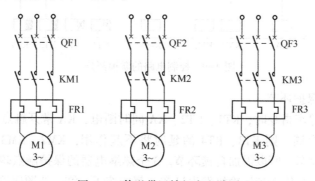

图 4-7　传送带运输机主电路图

（3）基本控制电路设计

3 台电动机由 3 个接触器控制其起动、停止。起动时，顺序为③、②、①，可用③接触器的常开触点控制②接触器的线圈，用②接触器的常开触点控制①接触器的线圈。停车时，顺序为①、②、③，用①接触器的常开触点与控制②接触器的常闭按钮并联，用②接触器的常开触点与控制③接触器的常闭按钮并联。其基本控制电路如图 4-8 所示。由图可见，只

有 KM3 动作后按下 SB4，KM2 线圈才能通电动作，然后按下 SB2，KM1 线圈通电动作，从而实现了电动机的顺序起动。同理，只有 KM1 断电释放，按下 SB3，KM2 线圈才能断电，然后按下 SB5，KM3 线圈断电，从而实现了电动机的顺序停车。

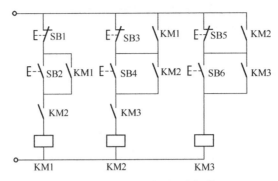

图 4-8 控制电路的基本部分

（4）控制电路特殊部分的设计

图 4-8 所示的控制电路显然是手动控制，为了实现自动控制，传送带运输机的起动和停车过程可以用行程信号或时间信号加以控制。由于传送带是回转运动，检测行程比较困难，而用时间信号比较方便，利用时间继电器作为输出器件的控制信号。以通电延时的常开触点作为起动信号，经断电延时的常开触点作为停车信号。为使 3 条传送带自动地按顺序工作，采用中间继电器 KA，其电路如图 4-9 所示。

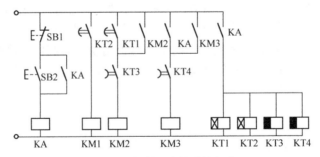

图 4-9 控制电路的联锁部分

（5）设计联锁保护环节

按下 SB1 发出停车指令时，KT1、KT2、KA 同时断电，KA 常开触点瞬时断开，接触器 KM2、KM3 若不加自锁，则 KT3、KT4 的延时将不起作用，KM2、KM3 线圈将瞬时断电，电动机不能按顺序停车，所以需加自锁环节。3 个热继电器的保护触点均串联在 KA 的线圈电路中，则无论哪一个传送带运输机发生过载，都能按①、②、③顺序停车。电路的失电压保护由 KA 实现。

（6）电路综合审查

完整的控制电路如图 4-10 所示。

电路工作过程：按下起动按钮 SB2，继电器 KA 通电吸合并自锁，KA 的一个常开触点闭合，接通时间继电器 KT1～KT4，其中 KT1、KT2 为通电延时型时间继电器，KT3、KT4 为断电延时型时间继电器，所以 KT3、KT4 的常开触点立即闭合，为接触器 KM2 和 KM3 的线

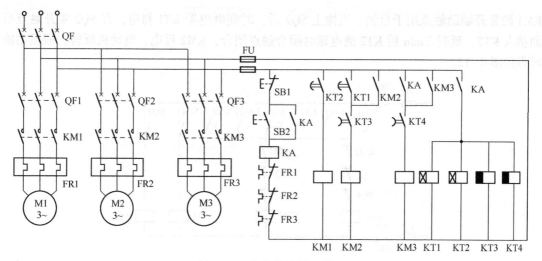

图 4-10　完整的控制电路图

圈通电准备条件。KA 的另一个常开触点闭合，与 KT4 一起接通接触器 KM3，使电动机 M3
首先起动，经一段时间，达到 KT1 的整定时间，则时间继电器 KT1 的常开触头闭合，使
KM2 通电吸合，电动机 M2 起动，再经一段时间，达到 KT2 的整定时间，则时间继电器 KT2
的常开触点闭合，使 KM1 通电吸合，电动机 M1 起动。

　　按下停止按钮 SB1，继电器 KA 断电释放，4 个时间继电器同时断电，KT1、KT2 的常开
触点立即断开，KM1 失电，电动机 M1 停车。由于 KM2 自锁，所以只有达到 KT3 的整定时
间，KT3 才断开，使 KM2 断电、电动机 M2 停车。最后，达到 KT4 的整定时间，KT4 的常
开触点断开，使 KM3 线圈断电，电动机 M3 停车。

2. 工作台往复运动电气控制电路的设计

　　有一生产机械工作示意图如图 4-11 所示，运动部件由 A 点起动运行到 B 点，撞上行程
开关 SQ2 后停止；2 min 后自动返回到 A 点，撞上 SQ1 后停止，2 min 后自动运行到 B 点，
停留 2 min 后又返回 A 点，实现往复运动。要求电路具有短路保护、过载保护和欠电压保护
等功能。

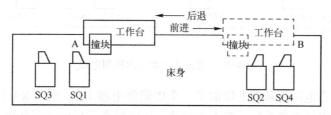

图 4-11　机床工作示意图

（1）主电路的设计

由于要实现往复运动，所以主电路应具备正、反转功能。

（2）控制电路的设计

接触器控制电路的设备由 A 点起动，电动机正转，KM1 线圈得电。把 SQ2 的常闭触点
串入 KM1 接触器线圈回路中，撞上 SQ2 后停止，同时串入 KM2 的互锁点，在 SB2 两端并联

KM1 的常开辅助触点用于自锁。当撞上 SQ2 后，时间继电器 KT1 得电，在 SQ2 常开触点后面接入 KT2，延时 2 min 后 KT2 通电延时闭合触点闭合，KM2 得电，电动机反转。根据功能可得到图 4-12。

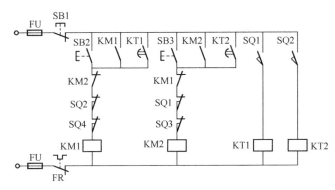

图 4-12　自动往返控制电路

（3）完善设计方案

上述方案在控制功能上已达到设计要求，但仔细分析可发现：当运动部件运行到 B 点时撞上 SQ2 或到 A 点撞上 SQ1 时停电，当操作人员又未拉下电源开关时，恢复供电后该生产机械会自动起动。因为当 SQ2 或 SQ1 受压时，KT2 或 KT1 的线圈通过 FU、SB1 和 FR 构成回路，延时一段时间后，KM1 或 KM2 线圈得电，这会造成设备的自行起动，这是不允许的，因此必须对上述电路加以完善和改正，如图 4-13 所示。

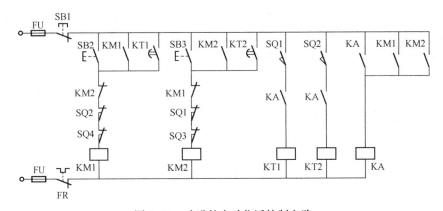

图 4-13　改进的自动往返控制电路

这个电路是在原电路的基础上增加了一个中间继电器 KA。由于 KA 具有失电压保护功能，当断电恢复供电后设备必须重新人工起动，从而提高了系统的安全性。

当然，上述这种现象出现的机会不多，但作为一名电气电路的设计人员要尽量考虑周全，做到万无一失。

（4）校核电气原理图

设计完成后必须认真进行校核，看其是否满足生产工艺要求，电路是否合理，有无需要进一步简化之处，是否存在寄生电路，电路工作是否安全可靠等。

4.5　习题

1. 简述电气控制系统设计的任务、步骤和原则。
2. 什么是经验设计法？其优、缺点有哪些？
3. 为了确保电动机正常、安全运行，电动机应具备哪些综合保护措施？
4. 有两台电动机 M1 和 M2，M2 应在 M1 起动 10 s 后，才能用按钮起动；M2 起动后，M1 立即停转，要求有短路和过载保护。试设计主电路和控制电路图。
5. 一小车由笼型异步电动机拖动，其动作过程如下：
　(1) 小车由原位开始前进，到终端后自动停止；
　(2) 在终端停留 15 s 后，自动返回原位置停止；
　(3) 要求在前进或后退途中任意位置都能停止或起动。
试设计主电路和控制电路图。

第5章 PLC 概述

可编程序控制器是在传统的继电接触器电气控制基础上发展起来的，最初主要用以取代继电接触器电路实现的逻辑控制，故称为可编程序逻辑控制器（Programmable Logic Controller，PLC）。随着技术的发展，PLC 不单单能完成逻辑控制，还可以实现复杂数据处理、通信功能及工艺功能等，因此改称为可编程序控制器（Programmable Controller，PC），但为了与个人计算机（Personal Computer，PC）区别，仍采用 PLC 的称呼。

作为结合继电接触器控制和计算机技术不断发展完善的一种自动控制装置，PLC 具有结构紧凑、编程简单、使用方便、通用性强、可靠性高、易于维护等优点，在自动控制领域应用十分广泛。目前，PLC 已从小规模的单机顺序控制发展到过程控制、运动控制等诸多领域。本书以西门子新一代紧凑型控制器 S7-1200 小型可编程序控制器为例，介绍 PLC 的基本结构、工作原理、指令系统、功能指令、程序设计及工业应用等。

5.1 PLC 的诞生及定义

5.1.1 PLC 的诞生及发展

微课：PLC 的诞生、发展及定义

传统的生产过程中存在着大量的开关量（也叫数字量、离散量等）顺序控制，依据逻辑条件进行顺序动作，并按照逻辑关系进行连锁保护动作的控制，另外还有大量离散量的数据采集，这些功能是通过继电接触器控制系统来实现的。20 世纪 60 年代，汽车生产流水线自动控制系统就是继电接触器控制的典型代表。当时汽车的每一次改型都直接导致继电接触器控制装置的重新设计和安装调试。随着生产的发展，汽车型号更新的周期越来越短，导致继电接触器控制装置需要频繁地重新设计、安装与调试，十分费时、费工、费料，甚至阻碍了产品更新周期的缩短。为了改变这一状况，美国通用汽车公司公开招标，要求用新的控制装置取代继电接触器控制装置，并提出了 10 项招标指标，即：

1) 编程方便，现场可修改程序。
2) 维修方便，采用模块化结构。
3) 可靠性高于继电接触器控制装置。
4) 体积小于继电接触器控制装置。
5) 数据可直接送入管理计算机。
6) 成本可与继电接触器控制装置竞争。
7) 输入可以是交流 115 V 电压。
8) 输出为交流 115 V、2 A 以上，能直接驱动电磁阀、接触器等。
9) 在扩展时，原系统只要很小变更。

10）用户程序存储器容量至少能扩展到 4 KB。

1969 年，美国数字设备公司（DEC）研制出第一台 PLC，在美国通用汽车自动装配线上试用，获得了成功。它基于集成电路和电子技术，首次采用程序化的手段应用于电气控制，是第一代的 PLC。这种新型的工业控制装置以其简单易懂、操作方便、可靠性高、通用灵活、体积小、使用寿命长等一系列优点，很快在美国其他工业领域推广应用，到 1971 年，已经成功地应用于食品、饮料、冶金、造纸等工业领域。

早期的 PLC（20 世纪 60 年代末~20 世纪 70 年代中期）可以看作是继电接触器控制装置的替代物，其主要功能只是执行原来用继电接触器完成的顺序控制、定时控制等。它在硬件上以准计算机的形式出现，在 I/O 接口电路上做了改进以适应工业控制现场的要求。装置中的器件主要采用分立元件和中小规模集成电路，存储器采用磁芯存储器。另外还采取了一些措施，以提高其抗干扰能力。在软件编程上，采用广大电气工程技术人员熟悉的继电接触器控制电路的方式——梯形图。早期 PLC 的性能就优于继电接触器控制装置，其优点是简单易懂、便于安装、体积小、能耗低、有故障指示、能重复使用等，其中 PLC 特有的编程语言——梯形图一直沿用至今。

中期的 PLC（20 世纪 70 年代中期~20 世纪 80 年代中后期）由于微处理器的出现而发生了巨大变化。美国、日本、德国等一些厂家先后开始采用微处理器作为 PLC 的中央处理单元（CPU），使 PLC 的功能大大增强。在软件方面，除了保持其原有的逻辑运算、定时、计数等功能以外，还增加了算术运算、数据处理和传送、通信、自诊断等功能。在硬件方面，除了保持其原有的数字量模块以外，增加了模拟量模块、远程 I/O 模块、各种特殊功能模块，并扩大了存储器的容量，使各种逻辑线圈的数量增加，还提供了一定数量的数据寄存器，使 PLC 的应用范围得以扩大。

近期（20 世纪 80 年代中后期至 21 世纪 10 年代中后期）由于超大规模集成电路技术的迅速发展，微处理器的市场价格大幅度下跌，各种类型 PLC 所采用的微处理器档次普遍提高。为了进一步提高 PLC 的处理速度，各制造厂商还研制开发了专用逻辑处理芯片，使得 PLC 软硬件功能发生了巨大变化。PLC 的网络通信功能和工艺控制功能进一步增强。

当前（21 世纪 10 年代中后期至今），随着超大规模集成电路等微电子技术的发展，PLC 已发展到以 16 位和 32 位微处理器构成的微机化平台，而且实现了多处理器的多通道处理，同时融合远程 I/O 和通信网络、复杂数据处理以及图像显示技术等。PLC 产品结构和规模不断改进，一方面推出速度更快、性价比更高的小型和超小型 PLC 以适应单机及小型自动控制的需要，另一方面高速度、大容量、技术完善的大型 PLC 推陈出新。编程软件功能更加强大，集成程度更高。通信协议、编程语言和编程工具等技术日益规范化和标准化。

5.1.2　PLC 的定义

IEC 于 1982 年 11 月（第一版）和 1985 年（修订版）对 PLC 做了定义，其中修订版的定义为：PC（即 PLC）是一种数字运算操作的电子系统，专为在工业环境下应用而设计。它采用可编程序的存储器，用来在其内部存储执行逻辑运算、顺序控制、定时、计数和算术运算等操作指令，并通过数字式或模拟式的输入与输出，控制各种类型的机械或生产过程。PLC 及其有关外部设备，都按易于与工业控制系统联成一个整体，易于扩充其功能的原则设计。

PLC 自诞生起就直接应用于工业环境，具有很强的抗干扰能力、广泛的适应能力和应用范围，目前已广泛应用于冶金、化工、矿业、机械、轻工、电力和通信等领域，成为现代工业自动化控制的重要支柱之一。

5.2　PLC 的特点及技术性能指标

5.2.1　PLC 的特点

微课：PLC 的特点及性能指标

PLC 具有通用性强、使用方便、适应面广、可靠性高、抗干扰能力强、编程简单等特点，这些特点使其在工业自动化控制特别是顺序控制中拥有无法取代的地位。

1. 控制功能完善

PLC 既可以取代传统的继电接触器控制，实现定时、计数、步进等控制功能，完成对各种开关量的控制，又可实现模/数（A/D）、数/模（D/A）转换，具有数据处理能力，完成对模拟量的控制。同时，新一代的 PLC 还具有联网功能，将多台 PLC 与计算机连接起来，构成分散和分布式控制系统，以完成大规模、复杂的控制任务。此外，PLC 还有许多特殊功能模块如定位控制模块、高速计数模块、闭环控制模块、称重模块等，适用于各种特殊控制的要求。

2. 可靠性高

PLC 可以直接安装在工业现场且稳定可靠地工作。PLC 在设计时，除选用优质元器件外，还采用隔离、滤波、屏蔽等抗干扰技术，并采用先进的电源技术、故障诊断技术、冗余技术和良好的制造工艺，从而使 PLC 的平均无故障时间达到 3~5 万 h 以上。大型 PLC 还可以采用由双 CPU 构成冗余系统或由三 CPU 构成表决系统，使可靠性进一步提高。

3. 通用性强

生产厂家均有各种系列化、模块化、标准化产品，品种齐全，用户可根据生产规模和控制要求灵活选用，以满足各种控制系统的要求。PLC 的电源和输入、输出信号等也有多种规格。当系统控制要求发生改变时，只需修改软件即可。

4. 编程直观、简单

PLC 中最常用的编程语言是与继电接触器电路图类似的梯形图语言，这种编程语言形象直观，容易掌握，使用者不需要专门的计算机知识和语言，可在短时间内掌握。当生产流程需要改变时，可使用编程器在线或离线修改程序，使用方便、灵活。对于大型复杂的控制系统，还有各种图形编程语言使设计者只需要熟悉工艺流程即可编制程序。

5. 体积小、维护方便

PLC 体积小、重量轻、结构紧凑、硬件连接方式简单、接线少、便于安装维护，维修时，通过更换各种模块，可以迅速排除故障。另外，PLC 具有自诊断、故障报警功能，面板上的各种指示便于操作人员检查调试，有的 PLC 还可以实现远程诊断调试功能。

6. 系统的设计、实施工作量小

PLC 用存储逻辑代替接线逻辑，大大减少了控制设备外部的接线，使控制系统设计及实施的周期大为缩短，非常适合多品种、小批量的生产场合；同时维护也变得容易，更重要的是使同一设备经过改变程序来改变生产过程成为可能。

5.2.2　PLC 的技术性能指标

PLC 最基本的应用是取代传统的继电接触器进行逻辑控制，现在已广泛应用于定时/计数控制、步进控制、数据处理、过程控制、运动控制、通信联网和监控等场合。其主要性能通常由以下各种指标进行描述。

（1）I/O 点数

I/O 点数通常指 PLC 外部数字量的输入和输出端子数，这是一项重要的技术指标，可以用 CPU 本机自带 I/O 点数来表示，或者以 CPU 的 I/O 最大扩展点数来表示。通常小型机最多有几十个点，中型机有几百个点，大型机超过千点。另外，还有用 PLC 的外部扩展的最大模拟量数来表示的。

（2）存储器容量

存储器容量指 PLC 所能存储用户程序的多少，一般以"字节（B）"为单位。

（3）扫描速度

PLC 的处理速度一般用基本指令的执行时间来衡量，即一条基本指令的扫描速度，主要取决于所用芯片的性能。早期的 PLC 扫描速度一般约为 1 μs，现在快得多。

（4）指令种类和条数

指令系统是衡量 PLC 软件功能高低的主要指标。PLC 具有基本指令和高级指令（或功能指令）两大类，指令的种类和数量越多，其软件功能越强，编程就越灵活、越方便。

（5）内存分配及编程元件的种类和数量

PLC 内部的存储器有一部分用于存储各种状态和数据，包括输入继电器、输出继电器、内部辅助继电器、特殊功能内部继电器、定时器、计数器、通用"字"存储器、数据存储器等，其种类和数量关系到编程是否方便灵活，也是衡量 PLC 硬件功能强弱的重要指标。

此外，不同厂家 PLC 还有其他一些指标，如编程语言及编程手段、输入/输出方式、特殊功能模块种类、自诊断、监控、主要硬件型号、工作环境及电源等级等。

5.2.3　S7-1200 PLC 的技术性能指标

S7-1200 PLC 是西门子公司 2009 年推出的面向离散自动化系统和独立自动化系统的紧凑型自动化产品，定位在原有的 SIMATIC S7-200 PLC 和 S7-300 PLC 产品之间。S7-1200 PLC 涵盖了 S7-200 PLC 的原有功能并且新增了许多功能，可以满足更广泛领域的应用。表 5-1 为目前 S7-1200 PLC 不同型号 CPU 的性能指标。

表 5-1　S7-1200 PLC 不同型号 CPU 的性能指标

CPU 类型	CPU 1211C	CPU 1212C	CPU 1214C	CPU 1215C	CPU 1217C
CPU 类型	DC/DC/DC，AC/DC/RLY，DC/DC/RLY				DC/DC/DC
集成的工作存储区/KB	50	75	100	125	150
集成的装载存储区/MB	1	1	4	4	4
集成的保持存储区/KB	10	10	10	10	10
存储卡	可选 SIMATIC 存储卡				
集成的数字量 I/O 点数	6 输入/4 输出	8 输入/6 输出	14 输入/10 输出		
集成的模拟量 I/O 点数	2 输入			2 输入/2 输出	

（续）

CPU 类型	CPU 1211C	CPU 1212C	CPU 1214C	CPU 1215C	CPU 1217C
过程映像区大小	1 KB 输入/1 KB 输出				
信号扩展板	最多 1 个				
信号扩展模块	无	最多 2 个	最多 8 个		
最大本地数字量 I/O 点数	14	82	284		
最大本地模拟量 I/O 点数	3	19	67	69	
高速计数器/个	3	5	6		
单相	3@ 100 kHz	3@ 100 kHz 1@ 30 kHz	3@ 100 kHz 3@ 30 kHz	3@ 100 kHz 3@ 30 kHz	4@ 1MHz 2@ 100 kHz
双相	3@ 80 kHz	3@ 80 kHz 1@ 20 kHz	3@ 80 kHz 3@ 20 kHz	3@ 80 kHz 3@ 20 kHz	3@ 1MHz 3@ 100 kHz
脉冲输出/个	最多 4 个，CPU 本体 100 kHz，通过信号板可输出 200 kHz（CPU 1217 最多支持 1 MHz）				
脉冲捕捉输入/个	6	8	14		
时间继电器/循环中断	共 4 个，精度为 1 ms				
边沿中断/个	6 上升沿/6 下降沿（使用可选信号板时，各为 10 个）	8 上升沿/8 下降沿（使用可选信号板时，各为 12 个）	12 上升沿/12 下降沿（使用可选信号板时，各为 14 个）		
实时时钟精度	±60 s/月				
实时时钟保持时间	40℃环境下，典型的 20 天/最小 12 天（免维护超级电容）				
布尔量运算执行速度	0.08 μs /指令				
动态字符运算速度	1.7 μs /指令				
实数数学运算速度	2.3 μs /指令				
端口数/个	1			2	
类型	以太网				
数据传输率/（Mbit/s）	10/100				
扩展通信模块	最多 3 个				

注：1. 随着电子技术的发展和新产品的推出，部分指标可能有所变化。

2. 表中@表示可测量的计数最高脉冲频率。

S7-200 PLC 是西门子专门应用于小型自动化设备的控制装置，主要包括 CPU 22X 系列，表 5-2 为 S7-200 PLC 不同型号 CPU 的性能指标。

表 5-2 S7-200 PLC 不同型号 CPU 的性能指标

CPU 类型	CPU 221	CPU 222	CPU 224	CPU 224XP	CPU 226
用户程序区/KB	4	4	8	12	16
数据存储区/KB	2	2	8	10	10
内置 DI /DO 点数	6/4	8/6	10/14	10/14	24/16
AI /AO 点数	无	16/16	32/32	32/32	32/32
1 条指令扫描时间/μs	0.37				
最大 DI/DO 点数/个	256				
位存储区/个	256				
计数器/个	256				
计时器/个	256				

（续）

CPU 类型	CPU 221	CPU 222	CPU 224	CPU 224XP	CPU 226
时钟功能	可选		内置		
数字量输入滤波	标准				
模拟量输入滤波	N/A	标准			
高速计数器	4 个 30 kHz		6 个 30 kHz	4 个 30 kHz	6 个 30 kHz
脉冲输出	2 个 20 kHz		2 个 20 kHz		
通信口	1×RS485			2×RS485	

注：由于电子技术的发展及硬件产品的更新，部分指标可能有所变化。

　　S7-300 是模块化的中小型 PLC 系统，能满足中等性能要求的应用，广泛应用于专用机床、纺织机械、包装机械、通用机械、楼宇自动化、电器制造等生产制造领域。表 5-3 为 S7-300 PLC 部分 CPU 的性能指标。

表 5-3　S7-300 PLC 部分 CPU 的性能指标

CPU 类型	CPU 312	CPU 312C	CPU 313C-2 PtP	CPU 313C-2 DP	CPU 314	CPU 315-2 DP	CPU 317-2 PN/DP
用户存储区/KB	32		64		96	128	1000
最大 MMC/MB	4		8				
自由编址	是						
(DI/DO)/个	256/256	256/256	1008/1008	8064/8064	1024/1024		65536/65536
(AI/AO)/路	64/64	64/64	248/248	503/503	256/256	1024/1024	4096/4096
(处理时间/1k 位指令)/ms	0.2			0.1			0.05
位存储器/B	128		256			2048	4096
计数器/个	128		256				512
定时器/个	128		256				512
集成通信连接 MPI/DP/PtP/PN	Y/N/N/N	Y/N/N/N	Y/N/Y/N	Y/Y/N/N	Y/N/N/N	Y/Y/N/N	Y/Y/N/Y
集成的 I/O　DI/DO	—/—	10/6	16/16	16/16	—/—	—/—	—/—
AI/AO	—/—	—/—	—/—	—/—	—/—	—/—	—/—
集成的技术功能	—	计数，频率测量	计数，频率测量，PID 控制	计数，频率测量，PID 控制	—	—	—

注：由于电子技术的发展及硬件产品的更新，部分指标可能有所变化。

　　SIMATIC S7-400 是具有中高档性能的 PLC，采用模块化无风扇设计，坚固耐用，易于扩展，通信能力强大，适用于对可靠性要求极高的大型复杂的控制系统。表 5-4 为 S7-400 PLC 部分 CPU 的性能指标。

表 5-4 S7-400 PLC 部分 CPU 的性能指标

CPU 类型	CPU 412-2	CPU 414-2	CPU 416-2	CPU 417-4
程序存储区	256 KB	0.5 MB	2.8 MB	15 MB
数据存储区	256 KB	0.5 MB	2.8 MB	15 MB
S7 定时器/个	2048			
S7 计时器/个	2048			
位存储器/KB	4	8	16	
时钟存储器	8 位（1 个标志字节）			
(I/O)/KB	4/4	8/8	16/16	
(过程 I/O 映像)/KB	4/4	8/8	16/16	
数字量通道/路	32768/32768	65536/65536	131072/131072	131072/131072
模拟量通道/路	2048/2048	4096/4096	8192/8192	8192/8192
(CPU/扩展单元)/个	1/21			
编程语言	STEP 7 (LAD, FBD, STL), SCL, CFC, Graph			
(执行时间/定点数)/ns	75	45	30	18
(执行时间/浮点数)/ns	225	135	90	54
MPI 连接数量/个	32		44	
GD 包的大小/B	54			
传输速率	最高 12 Mbit/s			

注：由于电子技术的发展及硬件产品的更新，部分指标可能有所变化。

S7-1500 PLC 是目前西门子公司主推的自动化系统，是在 S7-300/400 PLC 的基础上开发的中高性能控制器。S7-1500 PLC 包括标准型、紧凑型、分布式以及开放式等 CPU 模块，见表 5-5。凭借快速的响应时间、集成的 CPU 显示面板以及相应的调试和诊断机制，SIMATIC S7-1500 PLC 的 CPU 能够极大地提升生产效率，降低生产成本。

表 5-5 SIMATIC S7-1500 PLC CPU 家族

	标准型 CPU	工艺型 CPU	MFP-CPU	紧凑型 CPU
CPU 类型	CPU 1511 (F), 1513 (F), 1515 (F), 1516 (F), 1517(F), 1518(F)	CPU 1511T (F), 1515T(F), 1516T(F), 1517T(F)	CPU 1518 (F) - 4PN/DP MFP	CPU 1511C, 1512C
IEC 语言	√			
C/C++语言	—		√	—
集成 IO	—			√
PROFINET 接口/端口（最大）	1/2~3/4		3/4	1/2
位处理速度	60~1 ns	60~2 ns	1 ns	60~48 ns
通信选项	OPC UA, PROFINET（包括 PROFIsafe[①], PROFIenergy 和 PROFIdrive), PROFIBUS[②], TCP/IP, PtP, Modbus RTU 和 Modbus TCP			
程序内存	150 KB~6 MB	225 KB~3 MB	4 MB	175~250 KB
数据内存	1~20 MB	1~8 MB	20 MB, 额外 50 MB 用于 ODK 应用	1 MB

（续）

	标准型 CPU	工艺型 CPU	MFP-CPU	紧凑型 CPU
集成系统诊断	√			
故障安全	√			—
运动控制	• 外部编码器、输出凸轮、测量输入 • 速度和位置轴 • 相对同步 • 集成 PID 控制 • 高速计数、PWM（脉冲宽度调制）、PTO 输出（通过工艺模块）	• 外部编码器、输出凸轮、测量输入 • 速度和位置轴 • 相对同步 • 集成 PID 控制 • 高速计数、PWM、脉冲串输出（通过工艺模块） • 绝对同步、凸轮同步、路径插补	• 外部编码器、输出凸轮、测量输入 • 速度和位置轴 • 相对同步 • 集成 PID 控制 • 高速计数、PWM、PTO 输出（通过工艺模块）	• 外部编码器、输出凸轮、测量输入 • 速度和位置轴 • 相对同步 • 集成 PID 控制 • 高速计数、PWM、PTO 输出
安全集成	专有知识产权保护（防复制），访问保护，VPN 和防火墙（通过 CP1543-1）			

	高防护等级型 CPU	分布式 CPU	开放式控制器	软控制器
CPU 类型	CPU 1516PRO(F)-2 PN	CPU 1510SP(F)、1512SP(F)	CPU 1515SP PC(F)	CPU 1505SP(F)、1507S(F)
IEC 语言	√			
C/C++语言	—	—	√	√
集成 IO	—			
PROFINET 接口/端口（最大）	2/4	1/3	2/3	1/2
位处理速度	10 ns	72~48 ns	10 ns	10~1 ns
通信选项	OPC UA、PROFINET（包括 PROFIsafe、PROFIenergy 和 PROFIdrive），PROFIBUS③、TCP/IP、Modbus TCP	OPC UA、PROFINET（包括 PROFIsafe、PROFIenergy 和 PROFIdrive），PROFIBUS③、TCP/IP、PtP、Modbus RTU 和 Modbus TCP		
集成的工作存储器（用于程序）	1 MB	100~200 KB	1 MB	1~5 MB
集成的工作存储器（用于数据）	5 MB	750 KB~1 MB	5 MB，额外 10 MB 用于 ODK 应用	5~20 MB，额外 10~20 MB 用于 ODK 应用
集成系统诊断	√			
故障安全	√			—
运动控制	• 外部编码器、输出凸轮、测量输入 • 速度和位置轴 • 相对同步 • 集成 PID 控制 • 高速计数、PWM、PTO 输出（通过工艺模块）	• 外部编码器、输出凸轮、测量输入 • 速度和位置轴 • 相对同步 • 集成 PID 控制 • 高速计数、PWM、PTO 输出（通过工艺模块）	• 外部编码器、输出凸轮、测量输入 • 速度和位置轴 • 相对同步 • 集成 PID 控制 • 高速计数、PWM、PTO 输出（通过工艺模块）	• 外部编码器、输出凸轮、测量输入 • 速度和位置轴 • 相对同步 • 集成 PID 控制 • 高速计数、PWM、PTO 输出（通过工艺模块）
安全集成	专有知识产权保护（防复制），访问保护，VPN 和防火墙（通过 CP1543-1）			

注：随着电子技术的发展和新产品的推出，部分指标可能有所变化。

① 仅限 F CPU。

② 紧凑型 CPU 通过 CM/CP。

③ 模块化 CPU 通过 CM，软控制器通过 CP。

5.3 PLC 的应用领域

目前，PLC 在国内外已广泛应用于钢铁、石油、化工、电力、建材、机械制造、汽车、轻纺、交通运输、环保及文化娱乐等行业，使用情况大致可归纳为如下几类。

1. 开关量的逻辑控制

这是 PLC 最基本、最广泛的应用领域，它取代传统的继电接触器电路，实现逻辑控制、顺序控制，既可用于单台设备的控制，也可用于多机群控及自动化流水线，如注塑机、印刷机、订书机械、组合机床、磨床、包装生产线、电镀流水线等。

2. 模拟量控制

工业生产过程中有许多连续变化的量，如温度、压力、流量、液位、成分和速度等都是模拟量。为了使 PLC 处理模拟量，必须实现模拟量和数字量之间的 A/D 转换及 D/A 转换。PLC 厂家都生产配套的 A/D 和 D/A 转换模块，使 PLC 用于模拟量控制。

3. 运动控制

PLC 可以用于圆周运动或直线运动的控制。从控制机构配置来说，早期直接用于开关量 I/O 模块连接位置传感器和执行机构，现在一般使用专用的运动控制模块，如可驱动步进电动机或伺服电动机的单轴或多轴位置控制模块。世界上各主要 PLC 厂家的产品几乎都有运动控制功能，广泛应用于各种机械、机床、机器人、电梯等场合。

4. 过程控制

过程控制是指对温度、压力、流量等模拟量的闭环控制。作为工业控制计算机，PLC 能编制各种控制算法程序，完成闭环控制。PID 调节是一般闭环控制系统中用得较多的调节方法。大中型 PLC 都有 PID 模块，目前许多小型 PLC 也具有此功能模块。PID 处理一般是运行专用的 PID 子程序。过程控制在冶金、化工、热处理、锅炉控制等场合有非常广泛的应用。

5. 数据处理

现代 PLC 具有数学运算（含矩阵运算、函数运算、逻辑运算）、数据传送、数据转换、排序、查表、位操作等功能，可以完成数据的采集、分析及处理。这些数据可以与存储在存储器中的参考值比较，完成一定的控制操作，也可以利用通信功能传送到其他智能装置，或将它们打印制表。数据处理一般用于大型控制系统，如无人控制的柔性制造系统；也可用于过程控制系统，如造纸、冶金、食品工业中的一些大型控制系统。

6. 通信及联网

PLC 通信含 PLC 间的通信及 PLC 与其他智能设备间的通信。随着计算机控制技术和网络技术的发展，工厂自动化网络发展得很快，各 PLC 厂商都十分重视 PLC 的通信功能，纷纷推出各自的网络系统。新近生产的 PLC 都具有支持以太网通信的接口，通信非常方便。

PLC 的应用范围已从传统的产业设备和机械的自动控制，扩展到以下应用领域：中小型过程控制系统、远程维护服务系统、节能监视控制系统，以及与生活相关联的机器、与环境相关联的机器，而且均有急速上升趋势。值得注意的是，随着 PLC、DCS（分散控制系统）的相互渗透，二者的界线日趋模糊，PLC 从传统的应用于离散的制造业向应用到连续的流程工业扩展。

5.4 PLC 的分类

微课：PLC 的
分类

5.4.1 PLC 的分类方法

目前，PLC 的不同厂家或同一厂家的不同产品种类繁多，功能各有侧重，根据不同的角度可将 PLC 分成不同的类型，其常用的分类方法有如下两种。

1. 按容量分类

为了适应信息处理量和系统复杂程度的不同需求，PLC 具有不同的 I/O 点数、用户程序存储器容量和功能范围，PLC 在 20 世纪 90 年代已经形成微、小、中、大、巨型等多种类型。PLC 按 I/O 点数 PLC 可分为：微型 PLC（几十点 I/O）、小型 PLC（几百点 I/O）、中型 PLC（上千点 I/O）、大型 PLC（几千点 I/O）和巨型 PLC（上万点 I/O 及以上）。

2. 按硬件结构形式分类

PLC 的结构形式从大的方面来说分为整体式和模块式两大类，另外还出现了内插板式的 PLC，也可以作为模块式 PLC。

1）整体式结构的 PLC 是把电源、CPU、I/O、存储器、通信接口和外部设备接口等集成为一个整体，构成一个独立的复合模块，通常微型、小型 PLC 如西门子 S7-200 和 S7-1200 系列都是整体式结构。这种结构体积小，安装调试方便。

2）模块式结构是将 PLC 按功能分为电源模块、主机模块、开关量输入模块、开关量输出模块、模拟量输入模块、模拟量输出模块、机架接口模块、通信模块（Communication Module，CM）和专用功能模块等，根据需要搭建 PLC 结构。这种积木式结构可以灵活地配置成小、中、大型系统。

从结构上讲，由模块组合成系统有以下 3 种方法。

① 无底板：靠模块间接口直接相连，然后再固定到相应导轨上。OMRON 公司的 CJ1M 机型就是这种结构，比较紧凑。西门子的 S7-300 也是类似结构，还要采用接线插头连接，如要单独固定，还需另外定购固定支架。

② 有底板：所有模块都固定在底板上，比较牢固，但底板的槽数是固定的，如 3、5、8、10 槽等。这个槽数与实际的模块数不一定相等，所以配置时难免有空槽，既浪费又多占空间，甚至有时还得用占空单元把多余的槽覆盖好。西门子的 S7-400 即是此类结构。

③ 用机架代替底板：所有模块都固定在机架上。这种结构比底板式复杂，但更牢靠。采用此种组合时，它的模块不用外壳，但有小面板，用于组合后密封与信号显示。

模块式结构的优点为：用户根据生产要求，可以灵活地配置成小、中、大系统，这种积木式结构可以供用户逐步扩展系统和增加功能；模块有密封外壳，既安全又防尘；模块采用独立接线方式，安装和维护方便。

3）内插板式：为了适应机电一体化的要求，有的 PLC 制造成内插板式，可嵌入有关装置中。如有的数控系统，其逻辑量控制用的内置 PLC，就可用内插板式的 PLC 代替。它有输入点、输出点，以及通信口、扩展口和编程口等。PLC 有的功能它都有，但它只是一个控制板，可很方便地镶嵌到有关装置中。

5.4.2 PLC 与单片机、计算机的比较

目前，应用于控制场合的控制装置除了 PLC，还包括单片机系统以及各种工业计算机等，它们拥有不同的特点，适合不同的应用环境。

单片机是指一个集成在一块芯片上的完整计算机系统，它具有一个完整计算机所需要的大部分部件：CPU、内存、内部和外部总线系统，目前大部分还会具有外存，同时集成通信接口、定时器、实时时钟等外部设备。现在最强大的单片机系统甚至可以将声音、图像、网络、复杂的输入和输出系统集成在一块芯片上。它不是完成某一个逻辑功能的芯片，而是把一个计算机系统集成到一个芯片上。

采用单片机系统具有成本低、效益高的优点，但是由于稳定性和抗电磁干扰能力比较差，需要有相当的研发力量和行业经验才能使系统稳定。

而计算机系统与 PLC 相比较，计算机的编程语言为汇编语言或高级语言，其门槛高于梯形图等编程语言，另外计算机系统的工作环境要求很高，为满足工业级的可靠性要求需要进行很多的特殊设计，也大大提高了其应用成本。

5.5 习题

1. 当选择 PLC 时，通常需要考虑哪些性能指标？
2. 请总结 S7-1200 PLC 与 S7-200 PLC 的异同。
3. 请总结 S7-1200 PLC 与 S7-1500 PLC 的异同。
4. PLC 根据不同的分类方法有哪些类型？
5. 试举例描述 PLC 的应用场合。

第6章　S7-1200 PLC 的硬件结构与安装维护

S7-1200 PLC 是西门子公司 2009 年研发的充分满足中小型自动化系统需求的产品，其设计精巧，结构紧凑，安装简单，维护方便。S7-1200 PLC 的硬件都内置安装夹，可以方便地安装在一个标准的 35 mm DIN 导轨上。硬件都配备了可拆卸的端子板，接线方便快捷。

6.1　PLC 的基本结构

微课：PLC 的
基本结构

从结构形式上 PLC 可分为整体式和模块式两大类。无论哪种类型的 PLC，其基本结构都是相同的，如图 6-1 所示。

1. CPU

与通用计算机相同，PLC 中 CPU 是整个系统的核心部件，主要由控制器、运算器、寄存器及实现它们之间联系的地址总线、数据总线和控制总线构成。此外，还有外围芯片、总线接口及有关电路。CPU 在很大程度上决定了 PLC 的整体性能，如整个系统的控制规模、工作速度和内存容量等。

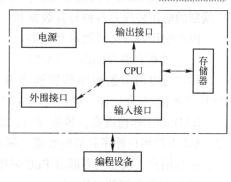

CPU 中的控制器控制 PLC 工作，由它读取指令，解释并执行命令。工作的时序（节奏）则由振荡信号控制。

图 6-1　PLC 的基本结构示意图

CPU 中的运算器用于完成算术或逻辑运算，在控制器的指挥下工作。

CPU 中的寄存器参与运算，并存储运算的中间结果。它也是在控制器的指挥下工作。

作为 PLC 的核心，CPU 的功能主要包括以下 8 个方面：

1）CPU 接收从编程器或计算机输入的程序和数据，并送入用户程序存储器中存储。

2）监视电源、PLC 内部各个单元电路的工作状态。

3）诊断编程过程中的语法错误，对用户程序进行编译。

4）在 PLC 进入运行状态后，从用户程序存储器中逐条读取指令，并分析、执行该指令。

5）采集由现场输入装置送来的数据，并存入指定的寄存器中。

6）按程序进行处理，根据运算结果，更新有关标志位的状态和输出状态或数据寄存器的内容。

7）根据输出状态或数据寄存器的有关内容，将结果送到输出接口。

8）响应中断和各种外部设备（如编程器、打印机等）的任务处理请求。

当 PLC 处于运行状态时，首先以扫描的方式接收现场各输入装置的状态和数据，并分别存入相应的输入缓冲区。然后从用户程序存储器中逐条读取用户程序，经过命令解释后，按指令的规定执行。最后将 I/O 缓冲区的各输出状态或输出寄存器内的数据传送到相应的输出装置。如此循环运行，直到 PLC 处于停机状态，用户程序停止运行。

CPU 模块一般有相应的状态指示灯，如电源指示、运行停止指示、I/O 指示和故障指示等。总线接口用于扩展连接 I/O 模块或特殊功能模块，内存接口用于外部存储器，外设接口用于连接编程器等外部设备，通信接口则用于通信。此外，CPU 模块上还有用来设定工作方式和内存区等的设定开关。

CPU 模块的工作电压一般是 5 V，而 PLC 的 I/O 信号电压一般较高，有直流 24 V 和交流 220 V，在使用时，要防止外部尖峰电压和干扰噪声侵入，以免损坏 CPU 模块中的部件或影响 PLC 正常工作。因此，CPU 模块不能直接与外部 I/O 装置相连接，I/O 模块除了传递信号外，还需进行电平转换与噪声隔离。

2. 存储器

PLC 的内部存储器分为系统程序存储器和用户程序及数据存储器。系统程序存储器用于存放系统工作程序（或监控程序）、调用管理程序以及各种系统参数等。系统程序相当于个人计算机的操作系统，能够完成 PLC 设计者规定的各种工作。系统程序由 PLC 生产厂家设计并固化在 ROM（只读存储器）中，用户不能读取。用户程序及数据存储器主要存放用户编制的应用程序及各种暂存数据和中间结果，使 PLC 完成用户要求的特定功能。

PLC 使用以下几种物理存储器：

（1）随机存取存储器（RAM）

用户可以用可编程序装置读出 RAM 中的内容，也可以将用户程序写入 RAM，因此 RAM 又叫读/写存储器。它是易失性的存储器，电源中断后，储存的信息将丢失。

RAM 的工作速度高，价格便宜，改写方便。在关断 PLC 的外部电源后，可用锂电池保存 RAM 中的用户程序和某些数据。锂电池可用 2~5 年，需要更换锂电池时，由 PLC 发出信号，通知用户。现在仍有部分 PLC 采用 RAM 来储存用户程序。

（2）只读存储器（ROM）

ROM 的内容只能读出，不能写入。它是非易失的，它的电源消失后，仍能保存储存的内容。ROM 一般用来存放 PLC 的系统程序。

（3）电擦除可编程只读存储器（EEPROM）

它可以用编程装置对它编程，兼有 ROM 的非易失性和 RAM 的随机存取等优点，但是将信息写入它所需的时间比 RAM 长得多。EEPROM 用来存放用户程序及需要长期保存的重要数据。

3. 输入、输出模块

输入模块和输出模块简称为 I/O 模块，是联系外部设备与 CPU 的桥梁。

（1）输入模块

输入模块一般由输入接口、光电耦合器、PLC 内部电路输入接口和驱动电源 4 部分组成。输入模块可以接收和采集两种类型的输入信号：一种是由按钮、选择开关、数字拨码开关、限位开关、接近开关、光电开关、压力继电器或速度继电器等提供的开关量（或数字量）输入信号；另一种是由电位器、热电偶、测速发电机或各种变送器等提供的连续变化的模拟信号。

各种 PLC 输入电路结构大都相同，其输入方式有两种类型：一种是直流输入（直流 12 V 或 24 V），其外部输入器件可以是无源触点如按钮、行程开关等，也可以是有源器件如各类传感器、接近开关、光电开关等。在 PLC 内部电源容量允许的前提下，有源输入器件可以采用 PLC 输出电源，否则必须外接电源。另一种是交流输入（交流 100~120 V 或 200~240 V）。

当输入信号为模拟量时，信号必须经过专用的模拟量输入模块进行 A/D 转换，然后通过输入电路进入 PLC。输入信号通过输入端子经 *RC* 滤波、光隔离进入内部电路。

（2）输出模块

数字量输出模块用来控制接触器、电磁阀、电磁铁、指示灯、数字显示装置和报警装置等设备。为适应不同负载需要，各类 PLC 的数字量输出都有 3 种方式，即继电器输出、晶体管输出、晶闸管输出。继电器输出方式最常用，适用于交、直流负载，其特点是带负载能力强，但动作频率与响应速度慢；晶体管输出适用于直流负载，其特点是动作频率高、响应速度快，但带负载能力小；晶闸管输出适用于交流负载，响应速度快，带负载能力不大的场合。

模拟量输出模块用来控制调节阀、变频器等执行装置。

输入、输出模块除了传递信号外，还具有电平转换与隔离的作用。此外，输入、输出点的通断状态由发光二极管显示，外部接线一般接在模块面板的接线端子上，或使用可拆卸的插座型端子板，无须断开端子板上的外部连线，就可以迅速地更换模块。

4. 编程设备

编程设备用来对 PLC 进行编程和设置各种参数。通常 PLC 编程有两种方法：一是采用手持式编程器，体积小、价格便宜，它只能输入和编辑指令表程序，又叫作指令编程器，便于现场调试和维护；另一种方法是采用安装有编程软件的计算机和连接计算机与 PLC 的通信电缆，这种方式可以在线观察梯形图中触点和线圈的通断情况及运行时 PLC 内部的各种参数，便于程序调试和故障查找。程序编译后下载到 PLC，也可将 PLC 中的程序上载到计算机。程序可以存盘或打印，还可以通过网络实现远程编程和传送。

5. 电源

PLC 使用 220 V 交流电源或 24 V 直流电源。内部的开关电源为各模块提供 5 V、±12 V、24 V 等直流电源。小型 PLC 一般可以为输入电路和外部的电子传感器（如接近开关等）提供 24 V 直流电源，驱动 PLC 负载的直流电源一般由用户提供。

6. 外围接口

通过各种外围接口，PLC 可以与编程器、计算机、PLC、变频器、EEPROM 写入器和打印机等连接，总线扩展接口用来扩展 I/O 模块和智能模块等。

微课：PLC 的
硬件结构

6.2　S7-1200 PLC 的硬件结构

S7-1200 PLC CPU 将微处理器、集成电源、输入电路和输出电路组合到一个设计紧凑的外壳中以形成功能强大的 PLC。S7-1200 PLC 作为紧凑型自动化产品的新成员，如图 6-2 所示。目前有 5 款 CPU，CPU 1211C、CPU 1212C、CPU 1214C、CPU 1215C和 CPU 1217C。

每款 CPU 根据电源信号和输入、输出信号的类型有不同的型号，其本机自带数字量I/O点数有所差异，具体数据见表 5-1。

S7-1200 PLC CPU 支持扩展最多一个信号板（Signal Board，SB），而信号模块（Signal

Module，SM）CPU 1211C 不支持，CPU 1212C 支持 2 个，CPU 1214C、CPU 1215C、CPU 1217C 支持最多 8 个。S7-1200 PLC 都自带至少一个 PROFINET 接口，支持最多 3 个扩展通信模块。

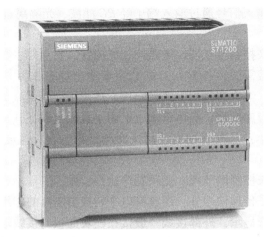

图 6-2　S7-1200 PLC 产品图片

　　S7-1200 PLC 的附件还包括存储卡、电源和以太网交换机等。通过存储卡，将一个程序转移到多个 CPU，只需简单地将内存卡安装到 CPU 中并执行一个上电周期，处理过程中 CPU 中的用户程序不会丢失。

6.2.1　S7-1200 PLC 的 CPU 模块

　　S7-1200 PLC 不同型号的 CPU 面板是类似的，图 6-3 所示为 CPU 1214C 面板示意图。

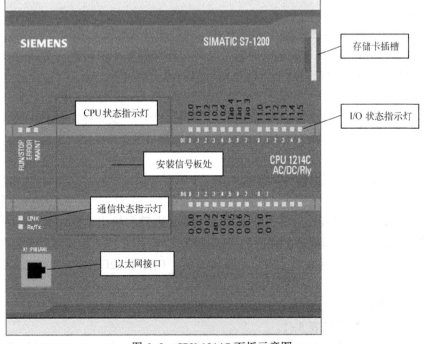

图 6-3　CPU 1214C 面板示意图

CPU 有 3 类状态指示灯，用于提供 CPU 模块的运行状态信息。

（1）RUN/STOP 指示灯

该指示灯纯绿色指示 RUN 模式，纯橙色指示 STOP 模式，绿色和橙色交替闪烁指示 CPU 正在启动。

（2）ERROR 指示灯

该指示灯红色闪烁指示有错误，如 CPU 内部错误、存储卡错误或组态错误（模块不匹配）等，纯红色指示硬件出现故障。

（3）MAINT 指示灯

该指示灯在每次插入存储卡时闪烁。

CPU 模块上的 I/O 状态指示灯用来指示各数字量输入或输出的信号状态。

CPU 模块上还提供一个以太网接口用于实现以太网通信，以及两个可指示以太网通信状态的指示灯，其中，"LINK"（绿色）点亮指示连接成功，"Rx/Tx"（黄色）点亮指示传输活动。掀起模块下端盖左下角可以看到这两个指示灯。

拆下 CPU 上的挡板可以安装一个信号板，如图 6-4 所示。通过信号板可以在不增加空间的前提下给 CPU 增加 I/O 和 RS485 通信功能。

另外，S7-1200 PLC 的 I/O 接线端子是可拆卸的。

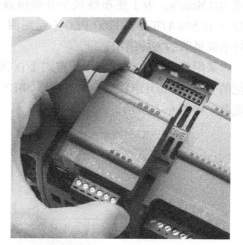

图 6-4　信号板的使用

6.2.2　S7-1200 PLC 的信号模块

S7-1200 PLC 提供了各种 I/O 信号模块，用于扩展其 CPU 能力，信号模块包括数字量输入模块、数字量输出模块、数字量输入/直流输出模块、数字量输入/交流输出模块、模拟量输入模块、模拟量输出模块、热电偶和热电阻模拟量输入模块、模拟量输入/输出模块等。

各数字量信号模块还提供了指示模块状态的诊断指示灯。其中，绿色指示模块处于运行状态，红色指示模块有故障或处于非运行状态。

各模拟量信号模块为各路模拟量输入和输出提供了 I/O 状态指示灯。其中，绿色指示通道已组态且处于激活状态，红色指示个别模拟量输入或输出处于错误状态。此外，各模拟量信号模块还提供有指示模块状态的诊断指示灯。其中，绿色指示模块处于运行状态，而红色指示模块有故障或处于非运行状态。

6.2.3　S7-1200 PLC 的通信模块

SIMATIC S7-1200 PLC CPU 最多可以添加 3 个通信模块，支持 PROFIBUS 主从站通信，RS485 和 RS232 通信模块可以实现点对点（PtP）的串行通信。SIMATIC STEP 7 Basic 工程组态系统中有各种扩展指令或库功能，如 USS（Universal Serial Interface，通用串行接口）驱动协议、Modbus RTU 主站和从站协议等，实现相关通信的组态和编程。

S7-1200 家族提供各种各样的通信选项以满足用户的网络要求，如 PROFINET、PROFI-

BUS、远程控制通信、点对点通信、Modbus RTU、USS 通信、I-Device、AS-i 和 IO Link MASTER 等。

1. PROFINET

S7-1200 PLC 本机集成的 PROFINET 接口允许与编程设备、HMI（人机交互）设备和其他 SIMATIC 控制器等设备通信，支持 TCP/IP、ISO-on-TCP 和 S7 通信（服务器端）协议。

SIMATIC S7-1200 PLC 通信接口由一个抗干扰的 RJ45 连接器组成。该连接器具有自动交叉网线（auto-cross-over）功能，支持最多 23 个以太网连接，数据传输速率达 10 Mbit/s 或 100 Mbit/s。为了使布线最少并提供最大的组网灵活性，可以将紧凑型交换机模块 CSM 1277 和 SIMATIC S7-1200 PLC 一起使用，从而组建成一个统一或混合的网络（具有线形、树形或星形的拓扑结构）。

采用公开的用户通信和分布式 I/O 指令，S7-1200 PLC CPU 可以和以下设备通信：其他的 CPU、PROFINET IO 设备（例如 ET 200 和 SINAMICS）、使用标准的 TCP 通信协议的设备，如图 6-5 所示。

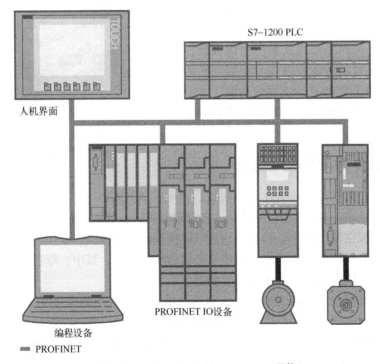

图 6-5　S7-1200 PLC 的 PROFINET 通信

2. PROFIBUS

通过使用 PROFIBUS 主站和从站通信模块，S7-1200 PLC CPU 支持 PROFIBUS 通信标准。PROFIBUS 主站通信模块同时支持下列通信连接，如图 6-6a 所示。

- 为人机界面与 CPU 通信提供 3 个连接。
- 为编程设备与 CPU 通信提供 1 个连接。
- 为主动通信提供 8 个连接，采用分布式 I/O 指令。

● 为被动通信提供 3 个连接,采用 S7 通信指令。

通过使用 PROFIBUS-DP 从站通信模块 CM 1242-5,S7-1200 PLC 可以作为一个智能 DP 从站设备与任何 PROFIBUS-DP 主站设备通信,如图 6-6b 所示。

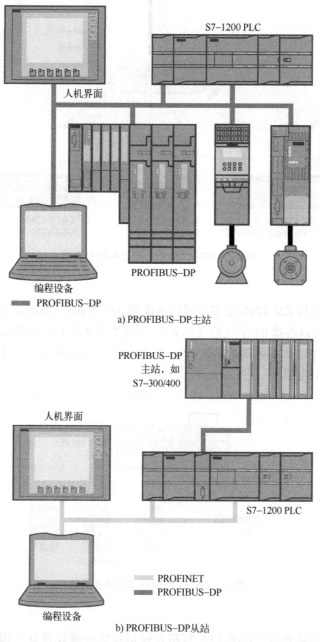

a) PROFIBUS-DP主站

b) PROFIBUS-DP从站

图 6-6 S7-1200 PLC 的 PROFIBUS 通信

3. 远程控制通信

通过使用 GPRS 通信处理器,S7-1200 PLC CPU 支持通过 GPRS 实现简单远程监视和控制,示意图如图 6-7 所示。

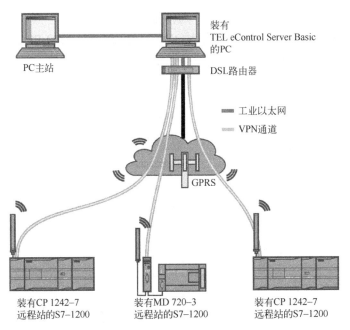

图 6-7　S7-1200 PLC 的远程控制通信

4. AS-i 通信

S7-1200 PLC 使用 CM 1243-2 模块可以连接到 AS-i 网络，如图 6-8 所示。该模块支持 AS-i V3.0 规范，可以连接 62 个从站（A/B），支持扩展 3 个 CM 1243-2 模块。需要为每个 CM 1243-2 配置一个带数据解耦功能的 AS-i 专用电源，或者配置一个 DCM 1271 数据解耦模块和普通 DC 24 V 电源。

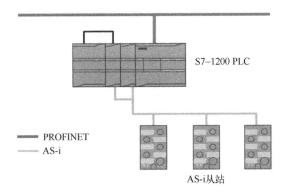

图 6-8　S7-1200 PLC 的 AS-i 通信

5. 点对点通信

点对点通信可以实现 S7-1200 PLC 直接发送信息到外部设备如打印机等，或者从其他设备如条形码阅读器、RFID 读写器和视觉系统等接收信息，以及与 GPS 装置、无线电调制解调器和许多其他类型的设备交换信息，如图 6-9 所示。

6. Modbus RTU

通过 Modbus 指令，S7-1200 PLC 可以作为 Modbus 主站或从站与支持 Modbus RTU 协议

的设备进行通信。通过使用 CM 1241 RS485 通信模块或 CB 1241 RS485 通信板，Modbus 指令可以用来与多个设备进行通信，如图 6-10 所示。

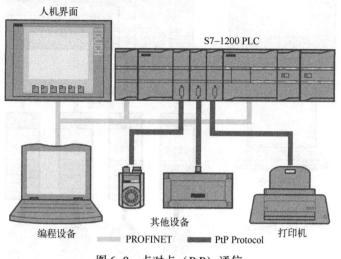

图 6-9　点对点（PtP）通信

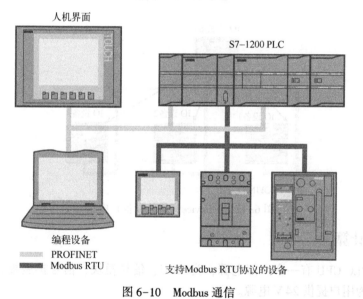

图 6-10　Modbus 通信

7. USS 通信

通过 USS 指令，S7-1200 PLC CPU 可以控制支持 USS 协议的驱动器。通过 CM 1241 RS485 通信模块或者 CB 1241 RS485 通信板，使用 USS 指令可与多个驱动器进行通信，如图 6-11所示。

8. I-Device（智能设备）

通过简单组态，S7-1200 PLC 控制器通过对 I/O 映射区的读写操作可实现主从架构的分布式 I/O 应用，如图 6-12 所示。

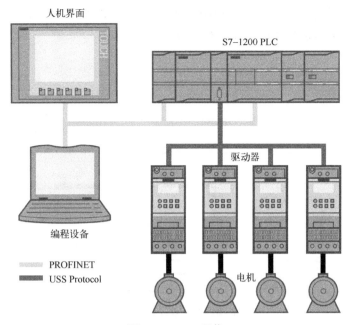

图 6-11　USS 通信

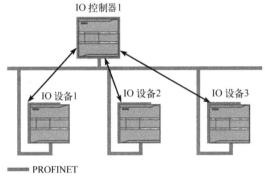

图 6-12　I-Device（智能设备）应用

6.2.4　电源计算

S7-1200 PLC CPU 有一个内部电源，为 CPU、信号模块、信号扩展板、通信模块提供电源，也可以为用户提供 24 V 电源。

CPU 将为信号模块、信号扩展板、通信模块提供 5 V 直流电源，不同的 CPU 能够提供的功率是不同的。在硬件选型时，需要计算所有扩展模块的功率总和，检查该数值是否在 CPU 提供功率范围之内，如果超出则必须更换容量更大的 CPU 或减少扩展模块数量。

S7-1200 PLC CPU 也可以为信号模块的 24 V 输入点、继电器输出模块或其他设备提供电源（称作传感器电源），如果实际负载超过了此电源的能力，则需要增加一个外部 24 V 电源，此电源不可与 CPU 提供的 24 V 电源并联。建议将所有 24 V 电源的负端连接到一起。

传感器 24 V 电源与外部 24 V 电源应当供给不同的设备，否则将会产生冲突。

如果 S7-1200 PLC 系统的一些 24 V 电源输入端互联，此时用一个公共电路连接多个 M 端子。例如当设计下述电路为"非隔离"，CPU 的 24 V 电源供给、信号模块继电器的 24 V

电源供给、非隔离模拟量输入的 24 V 电源供给时，所有非隔离的 M 端子必须连接到同一个外部参考点上。

下面通过例子说明电源的计算方法。

某工程项目经统计：I/O 点数为 20 个 DI，直流 24 V 输入，10 个 DO 中继电器输出 8 个，DC 输出 2 个，1 路模拟量输入，1 路模拟量输出，选用 S7-1200 PLC，CPU 选型如下。

由于数字量 I/O 点数较多，且为继电器输出，选用 CPU 1214C AC/DC/继电器，订货号为 6ES7 214-1BE30-0XB0。由于需要 2 个 DC 输出，选用扩展的信号模块 SM 1223 8×DC 24 V 输入/8×DC 24 V 输出，订货号为 6ES7 222-1BF30-0XB0，1 路模拟量输入 CPU 自带，1 路模拟量输出可以选用信号板 SB 1232，订货号为 6ES7 232-4HA30-0XB0。

电源需求的计算示例见表 6-1。本例中，CPU 为信号模块提供了足够的 DC 5 V 电源，同时为所有数字量输入和扩展的继电器线圈提供 DC 24 V 电源，故不再需要额外的 DC 24 V 电源。

表 6-1　电源需求的计算示例

CPU 提供的电源电压		DC 5 V		DC 24 V
CPU 1214C AC/DC/RLY 电流（减数）		1600 mA		400 mA
系统要求 （被减数）	CPU 1214C，14 点输入电流	145 mA	—	14×4 mA = 56 mA
	1 个 SM 1223，5 V 电源电流		145 mA	—
	1 个 SM 1223，8 点输入电流		—	8×4 mA = 32 mA
	1 个 SM 1223，8 点继电器输出电流	176 mA	—	8×11 mA = 88 mA
总电流差额（差）		1455 mA		224 mA

6.3　S7-1200 PLC 的安装和拆卸

微课：S7-1200 PLC 的安装和拆卸

S7-1200 PLC 尺寸较小，易于安装，可以有效地利用空间。其安装时要注意以下几点：

1）可以将 S7-1200 PLC 安装在面板或标准导轨上，并且可以水平或垂直安装。

2）S7-1200 PLC 采用自然冷却方式，因此要确保其安装位置的上、下部分与邻近设备之间至少留出 25 mm 的空间，并且其与控制柜外壳之间的距离至少为 25 mm（安装空间）。

3）当采用垂直安装方式时，其允许的最大环境温度要比水平安装方式降低 10℃，此时要确保 CPU 被安装在最下面。

6.3.1　安装和拆卸 CPU

通过导轨卡夹可以很方便地安装 CPU 到标准 DIN 导轨或面板上。首先要将全部通信模块连接到 CPU 上，然后将它们作为一个单元来安装。将 CPU 安装到 DIN 导轨上的步骤如下：

1）安装 DIN 导轨，每隔 75 mm 将导轨固定到安装板上。

2）将 CPU 挂到 DIN 导轨上方。

3）拉出 CPU 下方的 DIN 导轨卡夹，以便能将 CPU 安装到导轨上。

4）向下转动 CPU 使其在导轨上就位。

5) 推入卡夹将 CPU 锁定到导轨上。

若要准备拆卸 CPU,先断开 CPU 的电源及其 I/O 连接器、接线或电缆。将 CPU 和所有相连的通信模块作为一个完整单元拆卸。所有信号模块应保持安装状态。如果信号模块已连接到 CPU,则需要先缩回总线连接器。拆卸步骤如下:

1) 将螺钉旋具放到信号模块上方的小接头旁。

2) 向下按使连接器与 CPU 相分离。

3) 将小接头完全滑到右侧。

4) 拉出 DIN 导轨卡夹从导轨上松开 CPU。

5) 向上转动 CPU 使其脱离导轨,然后从系统中卸下 CPU。

6.3.2　安装和拆卸信号模块

在安装 CPU 之后安装信号模块,步骤如下:

1) 卸下 CPU 右侧的连接器盖。将螺钉旋具插入盖上方的插槽中,将其上方的盖轻轻撬出并卸下盖。收好以备再次使用。

2) 将信号模块挂到 DIN 导轨上方,拉出下方的 DIN 导轨卡夹以便将信号模块安装到导轨上。

3) 向下转动 CPU 旁的信号模块,使其就位并推入下方的卡夹将信号模块锁定到导轨上。

4) 伸出总线连接器,为信号模块建立了机械和电气连接。

可以在不卸下 CPU 或其他信号模块处于原位时卸下任何信号模块,步骤如下:

1) 使用螺钉旋具缩回总线连接器。

2) 拉出信号模块下方的 DIN 导轨卡夹,从导轨上松开信号模块,向上转动信号模块使其脱离导轨。

3) 盖上 CPU 的总线连接器。

若要拆卸信号模块,断开 CPU 的电源并卸下信号模块的 I/O 连接器和接线。

6.3.3　安装和拆卸通信模块

要安装通信模块,首先将通信模块连接到 CPU 上,然后再将整个组件作为一个单元安装到 DIN 导轨或面板上,步骤如下:

1) 卸下 CPU 左侧的总线盖。将螺钉旋具插入总线盖上方的插槽中,轻轻撬出上方的盖。

2) 使通信模块的总线连接器和接线柱与 CPU 上的孔对齐。

3) 用力将两个单元压在一起直到接线柱卡入到位。

4) 将该组合单元安装到 DIN 导轨或面板上即可。

拆卸时,将 CPU 和通信模块作为一个完整单元从 DIN 导轨或面板上卸下。

6.3.4　安装和拆卸信号板

给 CPU 安装信号板,要断开 CPU 的电源并卸下 CPU 上部和下部的端子板盖子,步骤如下:

1）将螺钉旋具插入 CPU 上部接线盒盖背面的槽中。

2）轻轻将盖撬起并从 CPU 上卸下。

3）将信号板直接向下放入 CPU 上部的安装位置中。

4）用力将信号板压入该位置直到卡入就位。

5）重新装上端子板盖子。

从 CPU 上卸下信号板，要断开 CPU 的电源并卸下 CPU 上部和下部的端子板盖子，步骤如下：

1）将螺钉旋具插入信号模块上部的槽中。

2）轻轻将信号板撬起使其与 CPU 分离。

3）将信号板直接从 CPU 上部的安装位置中取出。

4）重新装上信号板盖。

5）重新装上端子板盖子。

6.3.5　安装和拆卸端子板

拆卸 S7-1200 PLC 端子板连接器先要断开 CPU 的电源，拆卸步骤如下：

1）打开连接器上方的盖子。

2）查看连接器的顶部并找到可插入螺钉旋具的槽。

3）将螺钉旋具插入槽中。

4）轻轻撬起连接器顶部使其与 CPU 分离，连接器从夹紧位置脱离。

5）抓住连接器并将其从 CPU 上卸下。

安装端子板连接器步骤如下：

1）断开 CPU 的电源并打开端子板的盖子，准备端子板安装的组件。

2）使连接器与单元上的插针对齐。

3）将连接器的接线边对准连接器座沿的内侧。

4）用力按下并转动连接器直到卡入到位。

5）仔细检查以确保连接器已正确对齐并完全啮合。

6.4　S7-1200 PLC 的接线

微课：S7-1200 PLC 的接线

6.4.1　安装现场的接线

在安装和移动 S7-1200 PLC 模块及其相关设备时，一定要切断所有的电源。S7-1200 PLC 设计安装和现场接线的注意事项如下：

1）使用正确的导线，采用 0.50～1.50 mm² 的导线。

2）尽量使用短导线（最长 500 m 屏蔽线或 300 m 非屏蔽线），导线要尽量成对使用，用一根中性或公共导线与一根热线或信号线相配对。

3）将交流线和高能量快速开关的直流线与低能量的信号线隔开。

4）针对闪电式浪涌，安装合适的浪涌抑制设备。

5）外部电源不要与 DC 输出点并联用作输出负载，这可能导致反向电流冲击输出，除非在安装时使用二极管或其他隔离栅。

6.4.2 隔离电路时的接地与电路参考点

使用隔离电路时的接地与电路参考点应遵循以下几点：

1）为每一个安装电路选一个合适的参考点（0 V）。

2）隔离元件用于防止安装中不期望的电流产生。应考虑到哪些地方有隔离元件，哪些地方没有，同时要考虑相关电源之间的隔离以及其他设备的隔离等。

3）选择一个接地参考点。

4）在现场接地时，一定要注意接地的安全性，并且要正确地操作隔离保护设备。

6.4.3 电源连接方式

S7-1200 PLC 的供电电源可以是 110 V 或 220 V 交流电源，也可以是 24 V 直流电源，接线时有一定的区别及相应的注意事项。

1. 交流供电接线

图 6-13 为交流供电的 PLC 电源接线示意图，其注意事项如下：

① 用一个刀开关将电源与 CPU、所有的输入电路和输出（负载）电路隔离开。

② 用一台过电流保护设备保护 CPU 的电源、输出点以及输入点，也可以为每个输出点加上熔丝进行范围更广的保护。

③ 当使用 PLC DC 24 V 传感器电源时，可以取消输入点的外部过电流保护，因为该传感器电源具有短路保护功能。

④ 将 S7-1200 PLC 的所有地线端子同最近接地点相连接，以获得最好的抗干扰能力。建议所有的接地端子都使用 14 AWG 或 1.5 mm² 的电线连接到独立导电点上（也称一点接地）。

⑤ 本机单元的直流传感器电源可作为本机单元的输入。

⑥、⑦ 扩展 DC 输入和继电器线圈供电，这一传感器电源具有短路保护功能。

⑧ 在大部分的安装中，如果把传感器的供电 M 端子接地可以获得最佳的噪声抑制。

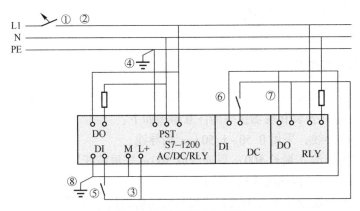

图 6-13 交流供电示意图

2. 直流供电接线

图 6-14 为直流供电的 PLC 电源接线示意图，其注意事项如下：

① 用一个单刀开关将电源同 CPU、所有的输入电路和输出（负载）电路隔离开。

② 用过电流保护设备保护 CPU 电源、输出点③和输入点④。也可以在每个输出点加熔丝进行过电流防护。当使用 DC 24 V 传感器电源时，可以取消输入点的外部过电流保护，因为传感器电源内部具有限流功能。

⑤ 确保 DC 电源有足够的抗冲击能力，以保证在负载突变时可以维持一个稳定的电压，这时需要一个外部电容。

⑥ 在大部分应用中，把所有的 DC 电源接地可以得到最佳的噪声抑制。在未接地 DC 电源的公共端与保护地之间并联电阻与电容⑦。电阻提供了静电释放通路，电容提供高频噪声通路，它们的典型值是 1 MΩ 和 4700 pF。

⑧ 将 S7-1200 PLC 所有的接地端子同最近接地点连接，以获得最好的抗干扰能力。建议所有的接地端子都使用 14 AWG 或 $1.5\,\text{mm}^2$ 的电线连接到独立导电点上（也称一点接地）。

DC 24 V 电源回路与设备之间，以及 AC 120 V/230 V 电源与危险环境之间，必须提供安全电气隔离。

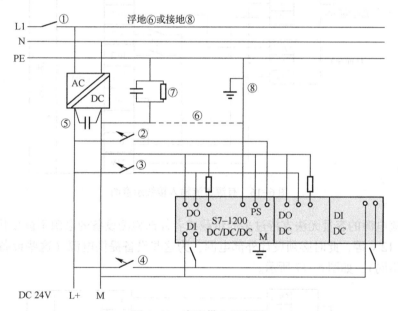

图 6-14　直流供电示意图

6.4.4　数字量输入接线

数字量输入类型有源型和漏型两种。S7-1200 PLC CPU 集成的输入点和信号模板的所有输入点都既支持漏型输入又支持源型输入，而信号板的输入点只支持其中一种。

DI 为无源触点（行程开关、接点温度计、压力计）时，其接线示意图如图 6-15 所示。

直流有源输入信号电压一般是 5 V、12 V、24 V 等。而 PLC 输入模块输入点的最大电压为 30 V，但和其他无源开关量信号及其他来源的直流电压信号混合接入 PLC 输入点时一定注意电压的 0 V 点一定要连接，如图 6-16 所示。

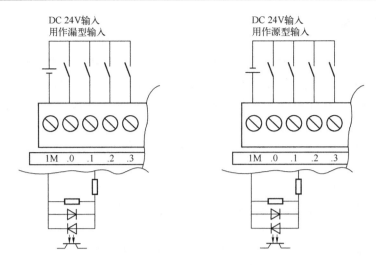

图 6-15　无源触点接线示意图

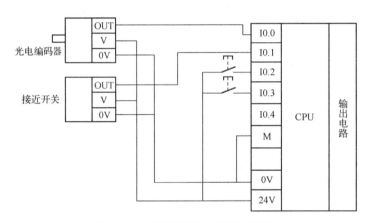

图 6-16　有源直流输入接线示意图

PLC 直流电源的容量无法支持过多的负载或者外部检测设备的电源不能使用 24 V 电源，而必须 5 V、12 V 等，此时必须设计外部电源，为这些设备提供电源（这些设备输出的信号电压也可能不同），如图 6-17 所示。

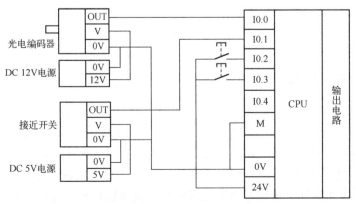

图 6-17　外部不同电源供电示意图

关于 S7-1200 PLC 数字量输入模块接线的更多详细内容请参考系统手册。

6.4.5　数字量输出接线

晶体管输出形式的 DO 负载能力较弱（能驱动小型的指示灯、小型继电器线圈等），响应相对较快，其接线示意图如图 6-18 所示。

继电器输出形式的 DO 负载能力较强（能驱动接触器等），响应相对较慢，其接线示意图如图 6-19 所示。

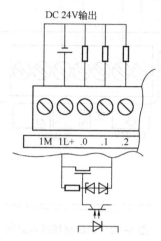

图 6-18　晶体管输出形式的 DO 接线示意图

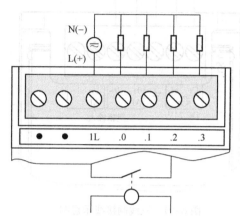

图 6-19　继电器输出形式的 DO 接线示意图

S7-1200 PLC 数字量的输出信号类型，只有 200 kHz 的信号板既支持漏型输出又支持源型输出，其他信号板、信号模块和 CPU 集成的晶体管输出都只支持源型输出。

关于 S7-1200 PLC 数字量输出模块接线的更多详细内容请参考系统手册。

6.4.6　模拟量输入/输出接线

S7-1200 PLC 模拟量模块的接线有下面 3 种接线方式。

1）两线制：两根线既传输电源又传输信号，即传感器输出的负载和电源串联在一起，电源从外部引入，和负载串联在一起来驱动负载。

2）三线制：三线制传感器就是电源正端和信号输出的正端分离，但它们共用一个 COM 端。

3）四线制：电源两根线，信号两根线，电源和信号是分开工作的。

图 6-20~图 6-22 分别为各种方式下的接线示意图。关于 S7-1200 PLC 模拟量模块接线

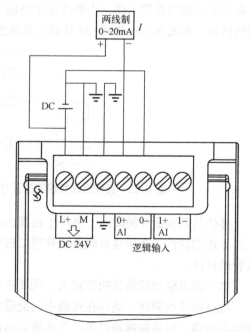

图 6-20　两线制接线示意图

103

的更多详细内容请参考系统手册。

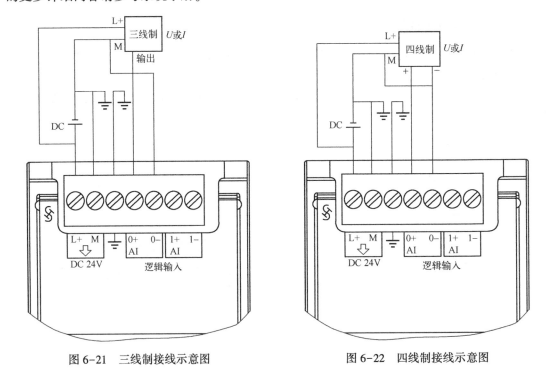

图 6-21　三线制接线示意图　　　　图 6-22　四线制接线示意图

6.4.7　外部电路抗干扰的其他措施

外部感性负载在断电时，将通过电磁干扰的方式释放出大量的能量，可能引起器件的损坏并影响系统的正常工作。为解决这个问题，需根据驱动电路的形式和电源的类型，采取不同的措施，如图 6-23~图 6-25 分别为直流感性负载和交流感性负载情况下的保护。

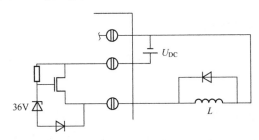

图 6-23　直流感性负载情况下对晶体管输出电路采用二极管旁路保护

感性负载在断开的瞬间，将产生极高的电压，要特别保护晶体管不被击穿。借助二极管正向导通的特性，在感性负载两端并联二极管，可有效地消除瞬间高压。在连接中要注意二极管的极性。

触点输出驱动的负载能量较大，既要正常工作又要消除高频电磁干扰，这是主要矛盾。

触点断开的瞬间，储存在负载中的能量将立即释放（以高频形式），在感性负载两端并联阻容电路，对高频能量提供一条泄放的通路，不致形成空间干扰。触点闭合时，这段阻容电路视同断路。

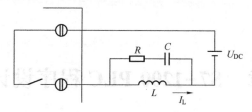

图 6-24　直流感性负载情况下对触点输出模块采用阻容电路旁路电磁能量

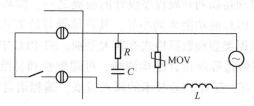

图 6-25　交流感性负载情况下采用触点并联阻容电路消除触点间的电火花

交流感性负载在断电的瞬间会在触点间产生电火花（高频干扰），触点并联阻容电路可提供高频泄放通路。

对于灯负载，接通时会产生较高的浪涌电流，因此灯负载对于继电器触点是有破坏性的。一个钨灯泡的起动浪涌电流将是稳定电流的 10~15 倍，对于灯负载建议使用可更换继电器或者浪涌限制器。

6.5　习题

1. PLC 通常是由哪些部分组成的？
2. S7-1200 PLC 由哪几部分组成？
3. S7-1200 PLC 支持的通信类型有哪些？
4. 请总结 S7-300 PLC 与 S7-1200 PLC 的差异。
5. S7-1200 PLC 采用哪种供电方式？
6. S7-1200 PLC 的数字量输入点支持哪些信号类型？
7. S7-1200 PLC 的数字量输出点支持哪些信号类型？
8. S7-1200 PLC 的模拟量模块有哪几种接线方式？

第7章　S7-1200 PLC 程序设计基础

深刻理解 PLC 工作原理是顺利开展程序设计的前提之一，循环扫描工作方式是 PLC 工作的基本模式。不同厂家 PLC 的功能大同小异，其存储器寻址方式的不同是一个主要的差异点，进而导致 PLC 中数据类型和数据格式有较大差别。S7 PLC 中引入了块的概念，配合模块化编程和结构化编程使得程序设计结构清晰，可理解性和易维护性强。梯形图是 PLC 最基本、最普遍的编程语言，随着 PLC 技术的深入发展，编程语言多样化成为 PLC 软件发展的一个方向。

7.1　S7-1200 PLC 的工作原理

7.1.1　PLC 的基本工作原理

微课：S7-1200
的工作原理

PLC 采用循环执行用户程序的方式，也称为循环扫描工作方式，其运行模式下的扫描过程如图 7-1 所示。当 PLC 上电或者从停止模式转为运行模式时，CPU 执行启动操作，消除没有保持功能的位存储器、定时器和计数器、清除中断堆栈和块堆栈的内容、复位保存的硬件中断等，此外还要执行用户可以编写程序的启动组织块（Organization Block，OB），即启动程序，完成用户设定的初始化操作，然后进入周期性循环运行。一个扫描过程周期可分为输入采样、程序执行、输出刷新 3 个阶段。

（1）输入采样阶段

此阶段 PLC 依次读入所有输入信号的状态和数据，并将它们存入 I/O 映像区中的相应单元内。输入采样结束后，转入用户程序执行和输出刷新阶段。在这两个阶段中，即使输入状态和数据发生变化，I/O 映像区中的相应单元的状态和数据也不会改变。因此，如果输入是脉冲信号，则该脉冲信号的宽度必须大于一个扫描周期，才能保证在任何情况下该输入均能被读入。

（2）程序执行阶段

PLC 按照从左到右、从上至下的顺序对用户程序进行扫描，并分别从输入映像区和输出映像区中获得所需的数据进行运算、处理，再将程序执行的结果写入寄存执行结果的输出映像区中保存。这个结果在程序执行期间可能发生变化，但在整个程序未执行完毕之前不会送到输出端口。

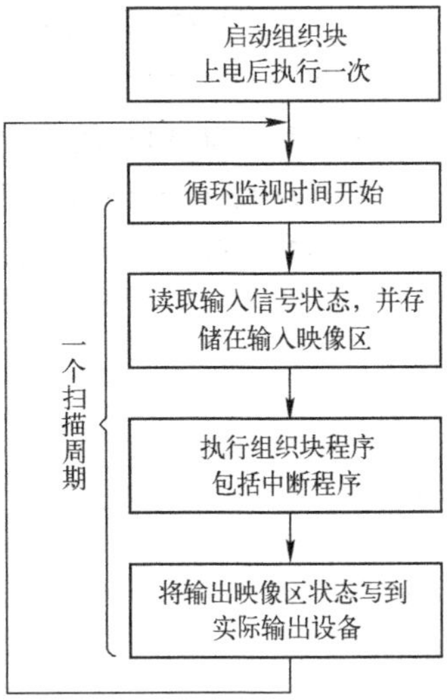

（3）输出刷新阶段

在执行完用户所有程序后，PLC 将输出映像区中的内容送到寄存输出状态的输出锁存

图 7-1　PLC 循环扫描工作过程

器中，这一过程称为输出刷新。输出电路要把输出锁存器的信息传送给输出点，再去驱动实际设备。

由此可以看出 PLC 的工作特点如下：

1）所有输入信号在程序处理前统一读入，并在程序处理过程中不再变化，而程序处理的结果也是在扫描周期的最后时段统一输出，将一个连续的过程分解成若干静止的状态，便于面向对象的思维。

2）PLC 仅在扫描周期的起始时段读取外部输入状态，该时段相对较短，对输入信号的抗干扰极为有利。

3）PLC 循环扫描执行输入采样、程序执行、输出刷新 "串行" 工作方式，这样既可避免继电器、接触器控制系统因 "并行" 工作方式存在的触点竞争，又可提高 PLC 的运算速度，这是 PLC 系统可靠性高、响应快的原因。但是，对于高速变化的过程可能漏掉变化的信号，也会带来系统响应的滞后，可利用立即输入和输出、脉冲捕获、高速计数器或中断技术等克服上述问题。

图 7-1 所示的工作过程是简化的过程，实际的 PLC 工作流程还要复杂些。除了 I/O 刷新及运行用户程序外，还要做些公共处理工作，如循环时间监控、外设服务及通信处理等。

PLC 一个扫描周期的时间是指操作系统执行一次图 7-1 所示的循环操作所需的时间，包括执行组织块中的程序和中断该程序的系统操作时间。循环扫描周期时间与用户程序的长度、指令的种类和 CPU 执行指令的速度有关系。当用户程序比较大时，指令执行时间在循环时间中占很大的比例。

在 PLC 处于运行模式时，利用编程软件的监控功能，在 "在线和诊断" 数据中，可以获得 CPU 运行的最大循环时间、最小循环时间和上一次的循环时间等。循环时间会由于以下事件而延长：中断处理、诊断和故障处理、测试和调试功能、通信、传送和删除块、压缩用户程序存储器、读/写微存储器卡 MMC 等。

结合 PLC 的循环扫描工作方式，分析图 7-2 所示的梯形图程序，I0.1 代表外部的按钮，可知当按钮动作后，图 7-2a 的程序只需要一个扫描周期就可完成对 M0.4 的刷新，而图 7-2b 的程序要经过 4 个扫描周期才能完成对 M0.4 的刷新。

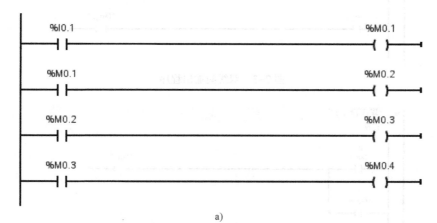

a)

图 7-2　梯形图程序例子

b)

图 7-2　梯形图程序例子（续）

对于图 7-3 所示的双线圈输出程序，结合 PLC 循环扫描工作方式可知：当 I0.0 按下时，扫描程序段 1 时 Q0.0 为 1，扫描程序段 2 时 Q0.0 又被写为 0，最终输出 Q0.0 为 0；当 I0.1 按下时，扫描程序段 1 时 Q0.0 为 0，扫描程序段 2 时 Q0.0 又被写为 1，最终输出 Q0.0 为 1。若希望 I0.0 和 I0.1 分别按下时，Q0.0 都为 1，则应该编写如图 7-4 所示程序。注意：图 7-3 和图 7-4 中，"%I0.0" 表示绝对地址，其下面的 "Tag_1" 为其符号名称，而图 7-2 中只显示了绝对地址。

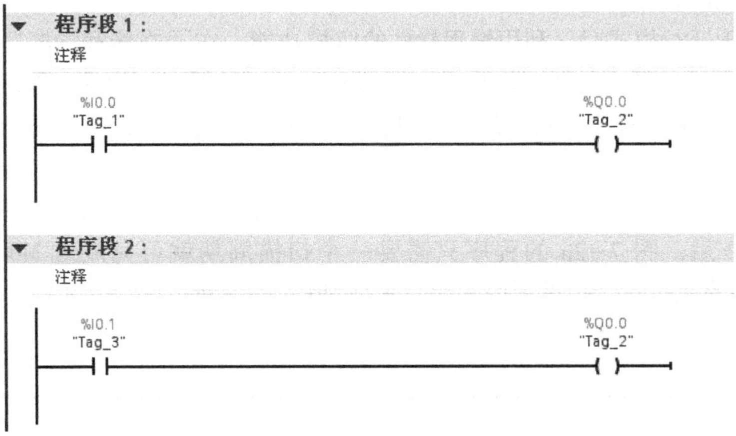

图 7-3　双线圈输出程序

图 7-4　程序例子

7.1.2　S7-1200 PLC CPU 的工作模式

S7-1200 PLC CPU 有 3 种工作模式：STOP（停止）模式、STARTUP（启动）模式和 RUN（运行）模式。CPU 的状态 LED 指示当前工作模式。

在 STOP 模式下，CPU 处理所有通信请求（如果有的话）并执行自诊断，但不执行用户程序，过程映像也不会自动更新。只有 CPU 处于 STOP 模式时，才能下载项目。

在 STARTUP 模式下，执行一次启动组织块（如果存在的话）。在 RUN 模式的启动阶段，不处理任何中断事件。

在 RUN 模式下，重复执行扫描周期，即重复执行程序循环组织块 OB1。中断事件可能会在程序循环阶段的任何点发生并进行处理。处于 RUN 模式时，无法下载任何项目。

CPU 支持通过暖启动进入 RUN 模式。在暖启动时，所有非保持性系统及用户数据都将被复位为来自装载存储器的初始值，保留保持性用户数据。

可以使用编程软件在项目视图项目树中，CPU 下的"设备配置"属性对话框"启动"项指定 CPU 的上电模式及重启动方法等，如图 7-5 所示。通电后，CPU 将执行一系列上电诊断检查和系统初始化操作，然后 CPU 进入适当的上电模式。检测到的某些错误将阻止 CPU 进入 RUN 模式。CPU 支持以下启动模式：

1）不重新启动模式：CPU 保持在 STOP 模式。

2）暖启动-RUN 模式：CPU 暖启动后进入运行模式。

3）暖启动-断电前的工作模式：CPU 暖启动后进入断电前的模式。

使用编程软件在线工具"CPU 操作员面板"上的"RUN/STOP"命令，如图 7-6 所示，可以更改当前工作模式；也可在程序中使用"STP"指令将 CPU 切换到 STOP 模式，可以根据程序逻辑停止程序的执行。

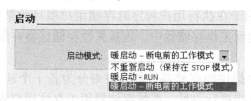

图 7-5　设置 CPU 的启动模式

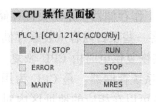

图 7-6　CPU 操作员面板

存储器复位"MRES"将清除所有工作存储器、保持性及非保持性存储区，并将装载存储器复制到工作存储器。存储器复位不会清除诊断缓冲区，也不会清除永久保存的 IP 地址值。

S7-1200 PLC 的运行模式示意图如图 7-7 所示。

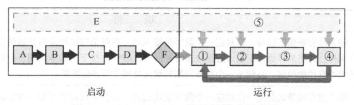

图 7-7　S7-1200 PLC 的运行模式示意图

启动过程中，CPU 依次执行以下步骤：A 清除输入映像存储器，B 使用上一个值或替换值对输出执行初始化，C 执行启动组织，D 将物理输入的状态复制到输入映像存储器，F 启用将输出映像存储器的值写入到物理输出，同时 E 将所有中断事件存储到要在 RUN 模式下处理的队列中。

运行时，依次执行以下步骤：

① 将输出映像存储器写入物理输出。

② 将物理输入的状态复制到输入映像存储器。

③ 执行程序循环组织。

④ 执行自检诊断。

注意：运行时在扫描周期的任何阶段都可以处理中断和通信。

7.2 存储器及其寻址

7.2.1 S7-1200 PLC 的存储器

微课：存储器及其寻址

S7-1200 PLC 的 CPU 提供了以下用于存储用户程序、数据和组态的存储器。

1）装载存储器：用于非易失性地存储用户程序、数据和组态。项目被下载到 CPU 后，首先存储在装载存储器中。每个 CPU 都具有内部装载存储器。该内部装载存储器的大小取决于所使用的 CPU。该内部装载存储器可以用外部存储卡来替代。如果未插入存储卡，CPU 将使用内部装载存储器；如果插入了存储卡，CPU 将使用该存储卡作为装载存储器。但是，可使用的外部装载存储器的大小不能超过内部装载存储器的大小，即使插入的存储卡有更多空闲空间。该非易失性存储区能够在断电后继续保持。

2）工作存储器：是易失性存储器，用于在执行用户程序时存储用户项目的某些内容。CPU 会将一些项目内容从装载存储器复制到工作存储器中。该易失性存储区将在断电后丢失，而在恢复供电时由 CPU 恢复。

3）系统存储器：是 CPU 为用户程序提供的存储器组件，被划分为若干个地址区域。使用指令可以在相应的地址区内对数据直接进行寻址。系统存储器用于存放用户程序的操作数据，包括输入/输出过程映像、位存储区、数据块、局部数据和 I/O 输入、输出区域等。

S7-1200 PLC CPU 的系统存储器分为表 7-1 所示的地址区。在用户程序中使用相应的指令可以在相应的地址区直接对数据进行寻址。

表 7-1 系统存储器的地址区

地 址 区	说 明
输入过程映像 I	输入过程映像区的每一位对应一个数字量输入点，在每个扫描周期的开始阶段，CPU 对输入点进行采样，并将采样值存于输入过程映像寄存器中。CPU 在接下来的本周期各阶段不再改变输入过程映像寄存器中的值，直到下一个扫描周期的输入处理阶段进行更新
输出过程映像 Q	输出过程映像区的每一位对应一个数字量输出点，在扫描周期的开始，CPU 将输出过程映像寄存器的数据传送给输出模块，再由输出模块驱动外部负载
位存储区 M	用来保存控制继电器的中间操作状态或其他控制信息

(续)

地　址　区	说　　明
数据块 DB	在程序执行的过程中存放中间结果，或用来保存与工序或任务有关的其他数据。可以对其进行定义以便所有程序块都可以访问它们（全局数据块），也可将其分配给特定的 FB（功能块）或 SFB（背景数据块）
局部数据 L	可以作为暂时存储器或给子程序传递参数，局部变量只在本单元有效
I/O 输入区域	I/O 输入区域允许直接访问集中式和分布式输入模块
I/O 输出区域	I/O 输出区域允许直接访问集中式和分布式输出模块

表 7-1 中，通过外设 I/O 存储区域，可以不经过输入过程映像和输出过程映像直接访问输入模块和输出模块。注意不能以位（bit）为单位访问外设 I/O 存储区，只能以字节、字和双字为单位访问。临时存储器即局域数据（L 堆栈），用来存储程序块被调用时的临时数据。访问局域数据比访问数据块中的数据更快。用户生成块时，可以声明临时变量（TEMP），它们只在执行该块时有效，执行完就被覆盖。

另外，还可以组态保持性存储器，用于非易失性地存储限量的工作存储器值。保持性存储器用于在断电时存储所选用户存储单元的值。发生掉电时，CPU 留出了足够的缓冲时间来保存几个有限的指定单元的值，这些保持性值随后在上电时恢复。

7.2.2　寻址

SIMATIC S7 CPU 中可以按照位、字节、字和双字对存储单元进行寻址。

二进制数的 1 位（bit）只有 0 和 1 两种取值，可用来表示数字量的两种状态，如触点的断开和接通、线圈的通电和断电等。8 位二进制数组成 1 个字节（Byte，B），其中第 0 位为最低位、第 7 位为最高位。两个字节组成 1 个字（Word，W），其中第 0 位为最低位、第 15 位为最高位。两个字组成 1 个双字（Double Word，DW），其中第 0 位为最低位、第 31 位为最高位。位、字节、字和双字示意图如图 7-8 所示。

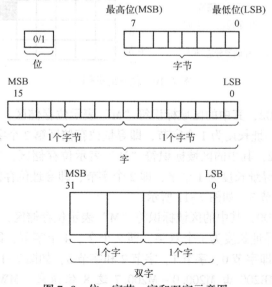

图 7-8　位、字节、字和双字示意图

S7-1200 PLC CPU 不同的存储单元都是以字节为单位，示意图如图 7-9 所示。

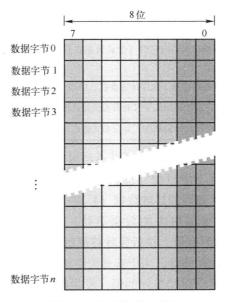

图 7-9　存储单元示意图

对位数据的寻址由字节地址和位地址组成，如 I3.2，其中的区域标识符"I"表示寻址输入（Input）映像区，字节地址为 3，位地址为 2，这种存取方式称为"字节.位"寻址方式，如图 7-10 所示。

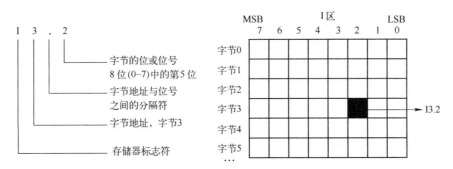

图 7-10　位寻址举例

对字节的寻址如 MB2，其中的区域标识符"M"表示位存储区，2 表示寻址单元的起始字节地址为 2，B 表示寻址长度为 1 个字节，即寻址位存储区第 2 个字节，如图 7-11 所示。

对字的寻址如 MW2，其中的区域标识符"M"表示位存储区，2 表示寻址单元的起始字节地址为 2，W 表示寻址长度为 1 个字，即 2 个字节，即寻址位存储区第 2 个字节开始的一个字，即字节 2 和字节 3，如图 7-11 所示。

对双字的寻址如 MD0，其中的区域标识符"M"表示位存储区，0 表示寻址单元的起始字节地址为 0，D 表示寻址长度为 1 个双字，即 2 个字、4 个字节，即寻址位存储区第 0 个字节开始的一个双字，即字节 0、字节 1、字节 2 和字节 3，如图 7-11 所示。

注意：输入字节 MB200 由 M200.0～M200.7 这 8 位组成。MW200 表示由 MB200 和 MB201 组成的 1 个字。MD200 表示由 MB200～MB203 组成的双字。可以看出，M200.2、

MB200、MW200 和 MD200 等地址有重叠现象，在使用时一定注意，以免产生错误。

另外，需要注意 S7 CPU 中的 "高地址、低字节" 的规律，如果将 16#12 送入 MB200，将 16#34 送入 MB201，则 MW200 = 16#1234。

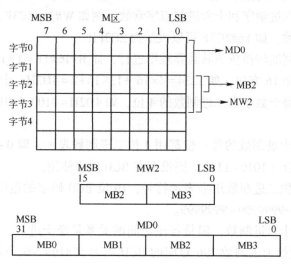

图 7-11　字节、字和双字寻址示意图

关于数据块的内容请参考 7.4.3 节和 10.4 节。关于局部数据的使用请参看 10.5 节。

7.3　数据格式与数据类型

微课：数据格式与数据类型

数据在用户程序中以变量形式存储，具有唯一性。根据访问方式的不同，变量分为全局变量和局部变量，全局变量在全局符号表或全局数据块中声明，局部变量在 OB、FC（函数）和 FB 的变量声明表中声明。当块被执行时，变量永久地存储在过程映像区、位存储区或数据块，或者动态地建立在局部堆栈中。

数据类型决定了数据的属性，如要表示元素的相关地址及其值的允许范围等，数据类型也决定了所采用的操作数。S7-1200 PLC 中使用的数据类型有：

1) 基本数据类型。

2) 复杂数据类型，通过链接基本数据类型构成。

3) 参数类型，使用该类型可以定义要传送到功能函数或功能块的参数。

4) 由系统提供的系统数据类型，其结构是预定义的并且不可编辑。

5) 由 CPU 提供的硬件数据类型。

7.3.1　数制

1. 二进制数

二进制数的 1 位（bit）只有 0 和 1 两种取值，可用来表示开关量（或称数字量）的两种不同状态，如触点的断开和接通、线圈的通电和断电等。如果该位为 1，则正逻辑情况下表示梯形图中对应的编程元件的线圈 "通电"，其常开触点接通、常闭触点断开，反之相反。二进制常数用 2# 表示，如 2#1111_0110_1001_0001 是一个 16 位二进制常数等。

2. 十六进制数

十六进制数的 16 个数字是由 0~9 共 10 个数字以及 A~F（对应于十进制数 10~15）6 个字母构成，其运算规则为逢 16 进 1，在 SIMATIC 中 B#16#、W#16#、DW#16#分别用来表示十六进制字节、十六进制字和十六进制双字常数，例如 W#16#2C3F。在数字后面加"H"也可以表示十六进制数，如 16#2C3F 可以表示为 2C3FH。

十六进制与十进制的转换按照其运算规则进行，如 B#16#1F＝1×16＋15＝31；十进制转换为十六进制则采用除 16 方法，如 1234＝4×16²＋13×16＋2＝4D2H。十六进制与二进制的转换要注意十六进制中每个数字占二进制数的 4 位，如 4D2H＝0100_1101_0010。

3. BCD 码

BCD 码是将一个十进制数的每一位都用 4 位二进制数表示，即 0~9 分别用 0000~1001 表示，而剩余 6 种组合（1010~1111）则没有在 BCD 码中使用。

BCD 码的最高 4 位二进制数用来表示符号，16 位 BCD 码字的范围为 -999~999，32 位 BCD 码双字的范围为 -9999999~9999999。

BCD 码实际上是十六进制数，但是各位之间的关系是逢十进一。十进制数可以很方便地转换为 BCD 码，例如十进制数 296 对应的 BCD 码为 W#16#296，或 2#0000_0010_1001_0110。

7.3.2 基本数据类型

S7-1200 PLC 的基本数据类型见表 7-2。

表 7-2 S7-1200 PLC 的基本数据类型

数据类型	长/bit	范 围	常量输入举例
布尔（Bool）	1	0~1	TRUE，FALSE 和 0，1
字节（Byte）	8	16#00~16#FF	16#12，16#AB
字（Word）	16	16#0000~16#FFFF	16#ABCD，16#0001
双字（DWord）	32	16#00000000~16#FFFFFFFF	16#02468ACE
字符（Char）	8	16#00~16#FF	'A' 't' '@'
短整数（SInt）	8	-128~127	123，-123
整型（Int）	16	-32768~32767	123，-123
双整型（DInt）	32	-2147483648~2147483647	123，-123
无符号短整型（USInt）	8	0~255	123
无符号整型（UInt）	16	0~65535	123
无符号双整型（UDInt）	32	0~4294967295	123
浮点型（Real）	32	$\pm1.18\times10^{-38}~\pm3.40\times10^{-38}$	123.456，-3.4，-1.2×10^{12}
长浮点数（LReal）	64	$\pm2.23\times10^{-308}~\pm1.79\times10^{-308}$	12345.123456789，-1.2×10^{40}
时间（Time）	32	T#-24d_20h_31m_23s_648ms ~ T#24d_20h_31m_23s_647ms 存储形式：-2147483648~2147483647ms	T#5m_30s，T#-2d，T#1d_2h_15m_30s_45ms
BCD16	16	-999~999	-123，123
BCD32	32	-9999999~9999999	1234567，-1234567

注：尽管 BCD 数字格式不能用作数据类型，但它们受转换指令支持，故将其列入此表中。

从表 7-2 可以看出字节、字和双字数据类型都是无符号数，其取值范围分别为：B#16# 00 ~ FF、W#16#0000 ~ FFFF 和 DW#16#0000_0000 ~ FFFF_FFFF。字节、字和双字数据类型中的特殊形式是 BCD 数据以及以 ASCII 码形式表示一个字符的 Char 类型。

8 位、16 位和 32 位整数（SInt、Int、DInt）是有符号数，整数的最高位为符号位，最高位为 0 时为正数，为 1 时为负数。整数用补码来表示，正数的补码就是它的本身，将一个正数对应的二进制数的各位求反码后加 1，可以得到绝对值与它相同的负数的补码。

8 位、16 位和 32 位无符号整数（USInt、UInt、UDInt）只取正值，使用时要根据情况选用正确的数据类型。

32 位浮点数又称实数（Real），其格式如图 7-12 所示。可以看出，浮点数共占用一个双字（32 位），其最高位（第 31 位）为浮点数的符号位，最高位为 0 时是正数，为 1 时是负数；8 位指数占用第 23~30 位；因为规定尾数的整数部分总是为 1，只保留了尾数的小数部分 m（第 0~22 位）。标准浮点数格式表达式为

$$S * (1.f) * 2^{e-127}$$

其中，S=符号位，（0 对应于+，1 对应于−）；f= 23 位尾数，最高有效位 MSB = 2^{-1} 及最低有效位 LSB = 2^{-23}，e= 二进制整数形式的指数（0<e<255）。

浮点数的表示范围为 -3.402823×10^{38} ~ $-1.175495 \times 10^{-38}$，$1.175495 \times 10^{-38}$ ~ 3.402823×10^{38}。

图 7-12　浮点数的格式

长实数（LReal）为 64 位数据，比 32 位实数有更大的取值范围。

浮点数的优点是可以用很小的存储空间（4B）表示非常大和非常小的数。PLC 输入和输出的数值多数是整数（如模拟量输入值和模拟量输出值），用浮点数来处理这些数据需要进行整数和浮点数之间的相互转换。需要注意的是，浮点数的运算速度比整数运算慢得多。

时间型数据为 32 位数据，其格式为 T#天（Day，d）时（Hour，h）分（Minute，m）秒（Second，s）毫秒（Millisecond，ms）。Time 数据类型以表示毫秒时间的有符号双精度整数形式存储。

7.3.3　复杂数据类型

基本数据类型组合构成复杂数据类型，这对于组织复杂数据十分有用。用户可以生成适合特定任务的数据类型，将逻辑上有关联的基本信息单元组合成一个拥有自己名称的"新"单元，如电动机的数据记录，将其描述为一个属性（性能、状态）记录，包括速度给定值、速度实际值、起停状态等各种信息。另外，通过复杂数据类型可以使复杂数据在块调用中作为一个单元被传递，即在一个参数中传递到被调用块，符合结构化编程的思想。这种方式使众多基本信息单元高效而简洁地在主调用块和被调用块之间传递，同时保证了已编制程序的高度可重复性和稳定性。

复杂数据类型见表 7-3，包括以下 4 种：

1）DTL。

2）字符串（String）是最多有 254 个字符（Char）的一维数组。

3）数组（Array）将一组同一类型的数据组合在一起，形成一个单元。

4）结构（Struct）将一组不同类型的数据组合在一起，形成一个单元。

表 7-3　复杂数据类型

数据类型	描　　述
DTL	表示由日期和时间定义的时间点
String	表示最多包含 254 个字符的字符串
Array	表示由固定数目的同一数据类型的元素组成的域
Struct	表示由固定数目的元素组成的结构。不同的结构元素可具有不同的数据类型

1. DTL（长格式日期和时间）数据类型

DTL 数据类型是一种 12B 的结构，以预定义的结构保存日期和时间信息，见表 7-4。可以在块的临时存储器中或者数据块中定义 DTL。

表 7-4　DTL 举例

长度/B	格　　式	取值范围	输入值实例
12	时钟和日历（年-月-日-时:分:秒.纳秒）	最小值：DTL#1970-01-01-00:00:00.0 最大值：DTL#2554-12-31-23:59:59.999 999 999	DTL # 2008 - 12 - 16 - 20:30:20.250

DTL 变量的结构由若干元素构成，各元素可以有不同的数据类型和取值范围。指定值的数据类型必须与相应元素的数据类型相匹配。表 7-5 给出了 DTL 变量的结构元素及其属性。

表 7-5　DTL 结构

字　节	元　素	数据类型	取值范围
0 1	年	UInt	1970~2554
2	月	USInt	0~12
3	日	USInt	1~31
4	星期	USInt	1（星期日）~7（星期六）值输入中不考虑工作日
5	时	USInt	0~23
6	分	USInt	0~59
7	秒	USInt	0~59
8 9 10 11	纳秒	UDInt	0~999999999

2. 字符串

字符串（String）数据类型的变量将多个字符保存在一个字符串中，该字符串最多由

254 个字符组成。每个变量的 String 最大长度可由方括号中的关键字 String 指定（如 String[4]）。如果省略了最大长度信息，则为相应的变量设置 254 个字符的标准长度。在内存中，String 数据类型的变量比指定最大长度多占用两个字节，见表 7-6。

表 7-6　String 变量的属性

长度/B	格　式	取 值 范 围	输入值实例
$n+2$	ASCII 字符串	0~254 个字符	'Name'

可为 String 数据类型的变量分配字符。字符在单引号中指定。如果指定字符串的实际长度小于声明的最大长度，则剩余的字符空间留空。在值处理过程中仅考虑已占用的字符空间。

表 7-7 所示实例定义了一个最大字符数为 10 而当前字符数为 3 的 String，这表示该 String 当前包含 3 个单字节字符，但可以扩展到包含最多 10 个单字节字符。

表 7-7　String 举例

总字符数	当前字符数	字符 1	字符 2	字符 3	…	字符 10
10	3	'C'(16#43)	'A'(16#41)	'T'(16#54)	…	—
字节 0	字节 1	字节 2	字节 3	字节 4	…	字节 11

3. 数组

数组（Array）数据类型表示由固定数目的同一数据类型的元素组成的域。所有基本数据类型的元素都可以组合在 Array 变量中。Array 元素的范围信息显示在关键字 Array 后面的方括号中。范围的下限值必须小于或等于上限值，见表 7-8。

表 7-8　Array 的属性

长　度	格　式	取 值 范 围
元素的数目 * 数据类型的长度	<数据类型> 的 Array[下限值...上限值]	[−32 768...+32 767]

表 7-9 的例子说明如何声明一维 Array 变量。

表 7-9　Array 举例

名　称	数 据 类 型	注　释
Op_Temp	Array[1..3] of Int	具有 3 个元素的一维 Array 变量
My_Bits	Array[1..3] of Bool	该数组包含 10 个 Bool 值
My_Data	Array[−5..5] of SInt	该数组包含 11 个 SInt 值，其中包括下标 0

访问 Array 元素通过下标访问来进行。第一个 Array 元素的下标为[1]，第二个 Array 元素的下标为[2]，第三个 Array 元素的下标为[3]。在本例中要访问第二个 Array 元素的值，需要在程序中指定"Op_Temp[2]"。

变量"Op_Temp"也可声明为 Array[−1..1] of Int，则第一个 Array 元素的下标为[−1]，第二个元素的下标为[0]，第三个元素的下标为[1]。例如，"#My_Bits[3]"表示引用数组"My_Bits"的第三位，"#My_Data[−2]"表示引用数组"My_Data"的第四个 SInt 元素。注意，符号"#"由程序编辑器自动插入。

4. 结构

结构（Struct）数据类型的变量将值保存在一个由固定数目的元素组成的结构中。不同的结构元素可具有不同的数据类型。注意：不能在 Struct 变量中嵌套结构。Struct 变量始终以具有偶地址的一个字节开始，并占用直到下一个字限制的内存。

关于复杂数据类型的使用将在 10.4 节中详细介绍。

7.3.4 参数类型

参数类型是为在逻辑块之间传递参数的形式参数（Formal Parameter，形参）定义的数据类型，包括 Variant 和 Void 两种。

Variant 类型的参数是一个可以指向各种数据类型或参数类型变量的指针。Variant 参数类型可识别结构并指向这些结构。使用参数类型 Variant 还可以指向 Struct 变量的各元素，见表 7-10。Variant 参数类型变量在内存中不占用任何空间。

表 7-10 Variant 参数类型的属性

表示法	格　　式	长度/B	输入值实例
符号寻址	操作数	0	MyTag
	数据块名称 . 操作数名称 . 元素		MyDB. StructTag. FirstComponent
绝对地址寻址	操作数		%MW10
	数据块编号 . 操作数 类型长度		P#DB10. DBX10. 0 Int 12

Void 数据类型不保存任何值。如果某个功能不需要任何返回值，则使用此数据类型。

7.3.5 系统数据类型

系统数据类型（SDT）由系统提供并具有预定义的结构。系统数据类型的结构由固定数量的可具有各种数据类型的元素构成。不能更改系统数据类型的结构。系统数据类型只能用于特定指令。表 7-11 给出了可用的系统数据类型。

表 7-11 系统数据类型

系统数据类型	以字节为单位的结构长度	描　　述
IEC_TIMER	16	定时器结构 此数据类型用于 "TP" "TOF" "TON" 和 "TONR" 指令
IEC_SCOUNTER	3	计数器结构，其计数为 SInt 数据类型 此数据类型用于 "CTU" "CTD" 和 "CTUD" 指令
IEC_USCOUNTER	3	计数器结构，其计数为 USInt 数据类型 此数据类型用于 "CTU" "CTD" 和 "CTUD" 指令
IEC_COUNTER	6	计数器结构，其计数为 Int 数据类型 此数据类型用于 "CTU" "CTD" 和 "CTUD" 指令
IEC_UCOUNTER	6	计数器结构，其计数为 UInt 数据类型 此数据类型用于 "CTU" "CTD" 和 "CTUD" 指令
IEC_DCOUNTER	12	计数器结构，其计数为 DInt 数据类型 此数据类型用于 "CTU" "CTD" 和 "CTUD" 指令

（续）

系统数据类型	以字节为单位的结构长度	描　　述
IEC_UDCOUNTER	12	计数器结构，其计数为 UDInt 数据类型 此数据类型用于"CTU""CTD"和"CTUD"指令
ERROR_STRUCT	28	编程或 I/O 访问错误的错误信息结构 此数据类型用于"GET_ERROR"指令
CONDITIONS	52	定义的数据结构，定义了数据接收开始和结束的条件 此数据类型用于"RCV_GFG"指令
TCON_Param	64	指定数据块结构，用于存储通过工业以太网（PROFINET）进行的开放式通信的连接说明
Void	—	Void 数据类型不保存任何值。如果输出不需要任何返回值，则使用此数据类型。例如，如果不需要错误信息，则可以在输出 STATUS 上指定 Void 数据类型

7.3.6　硬件数据类型

硬件数据类型由 CPU 提供。可用硬件数据类型的数目取决于 CPU。根据硬件配置中设置的模块存储特定硬件数据类型的常量。在用户程序中插入用于控制或激活已组态模块的指令时，可将这些可用常量用作参数。表 7-12 给出了可用的硬件数据类型及其用途。

表 7-12　硬件数据类型

数据类型	基本数据类型	描　　述
HW_ANY	Word	任何硬件组件（如模块）的标识
HW_IO	HW_ANY	I/O 组件的标识
HW_SUBMODULE	HW_IO	中央硬件组件的标识
HW_INTERFACE	HW_SUBMODULE	接口组件的标识
HW_HSC	HW_SUBMODULE	高速计数器的标识 此数据类型用于"CTRL_HSC"指令
HW_PWM	HW_SUBMODULE	脉冲宽度调制的标识 此数据类型用于"CTRL_PWM"指令
HW_PTO	HW_SUBMODULE	高速脉冲的标识 此数据类型用于运动控制
AOM_IDENT	DWord	AS 运行系统中对象的标识
EVENT_ANY	AOM_IDENT	用于标识任意事件
EVENT_ATT	EVENT_ANY	用于标识可动态分配给 OB 的事件 此数据类型用于"ATTACH"和"DETACH"指令
EVENT_HWINT	EVENT_ATT	用于标识硬件中断事件
OB_ANY	Int	用于标识任意 OB
OB_DELAY	OB_ANY	用于标识发生延时中断时调用的 OB 此数据类型用于"SRT_DINT"和"CAN_DINT"指令
OB_CYCLIC	OB_ANY	用于标识发生循环中断时调用的 OB
OB_ATT	OB_ANY	用于标识可动态分配给事件的 OB 此数据类型用于"ATTACH"和"DETACH"指令
OB_PCYCLE	OB_ANY	用于标识可分配给"循环程序"事件类别事件的 OB

(续)

数据类型	基本数据类型	描　　述
OB_HWINT	OB_ATT	用于标识发生硬件中断时调用的 OB
OB_DIAG	OB_ANY	用于标识发生诊断错误中断时调用的 OB
OB_TIMEERROR	OB_ANY	用于标识发生时间错误时调用的 OB
OB_STARTUP	OB_ANY	用于标识发生启动事件时调用的 OB
PORT	UInt	用于标识通信端口 此数据类型用于点对点通信
CONN_ANY	Word	用于标识任意连接
CONN_OUC	CONN_ANY	用于标识通过工业以太网（PROFINET）进行开放式通信的连接

前面介绍了 S7-1200 PLC 中的各种数据类型，如果在一个指令中使用多个操作数，必须确保这些数据类型是兼容的。在分配或提供块参数时也是同样的道理。如果操作数不是同一种数据类型，则必须执行转换。可选择两种转换方式：隐式转换或执行指令时自动进行转换。显式转换是指在执行实际指令之前使用显式转换指令，而隐式转换则是当操作数的数据类型兼容时自动执行隐式转换。

7.4　程序结构

微课：程序结构

S7-1200 PLC 编程采用块的概念，即将程序分解为独立、自成体系的各个部件，块类似于子程序的功能，但类型更多、功能更强大。在工业控制中，程序往往是非常庞大和复杂的，采用块的概念便于大规模程序的设计和理解，可以设计标准化的块程序进行重复调用，程序结构清晰明了，修改方便，调试简单。采用块结构显著地增加了 PLC 程序的组织透明性、可理解性和易维护性。

S7-1200 PLC 程序提供了多种不同类型的块，见表 7-13。

表 7-13　S7-1200 PLC 用户程序中的块

块（Block）	简　要　描　述
组织块（OB）	操作系统与用户程序的接口，决定用户程序的结构
功能块（FB）	用户编写、包含经常使用的功能的子程序，有存储区
功能（FC）	用户编写、包含经常使用的功能的子程序，无存储区
数据块（DB）	存储用户数据的数据区域

7.4.1　组织块

组织块（OB）是 CPU 中操作系统与用户程序的接口，由操作系统调用，用于控制用户程序扫描循环和中断程序的执行、PLC 的启动和错误处理等。

OB1 即程序循环 OB，是用于扫描循环处理的组织块，相当于主程序，操作系统调用 OB1 来启动用户程序的循环执行，每一次循环中调用一次 OB1。在项目中插入 PLC 站将自动在项目树中"程序块"下生成"Main[OB1]"，双击打开即可编写主程序。

OB 中除 OB1 外，还包括启动 OB、时间错误中断 OB、诊断 OB、硬件中断 OB、循环中断 OB 和延时中断 OB 等。其中，程序循环 OB、启动 OB、时间错误中断 OB 和诊断 OB 编程相对容易，在项目中无须分配参数或调用。而硬件中断 OB 和循环中断 OB 插入程序后，需要为其设置参数。硬件中断 OB 还可以在运行时使用 ATTACH 指令连接到事件或使用 DETACH 再次断开连接。可以在项目中插入延时中断 OB 并对其进行编程，必须使用 SRT_DINT 指令激活，无须进行参数分配。

每个 OB 的编号必须唯一。200 以下的某些默认 OB 编号被保留，其他 OB 编号必须大于或等于 200。

CPU 中的特定事件将触发 OB 的执行。OB 无法互相调用或通过 FC 或 FB 调用。只有启动事件（如诊断中断或时间间隔）可以启动 OB 的执行。CPU 按优先等级处理 OB，即先执行优先级较高的 OB，然后执行优先级较低的 OB。最低优先级为 1（对应主程序循环），最高优先级为 27（对应时间错误中断）。

（1）程序循环 OB

程序循环 OB 在 CPU 处于 RUN 模式时循环执行。用户在其中放置控制程序的指令以及调用其他用户块。允许使用多个程序循环 OB，它们按编号顺序执行。OB1 是默认循环组织块，其他程序循环 OB 必须标识为 OB200 或更大。需要连续执行的程序存在循环 OB 中。

（2）启动 OB

启动 OB 用于系统初始化，在 CPU 的工作模式从 STOP 切换到 RUN 时执行一次，之后将开始执行主"程序循环"OB。允许有多个启动 OB。OB100 是默认启动 OB，其他启动 OB 必须是 OB200 或更大。可以在启动 OB 中编程通信的初始化设置。

（3）时间错误中断 OB

时间错误中断 OB 在检测到时间错误时执行。如果超出最大循环时间，时间错误中断 OB 将中断正常的循环程序执行。最大循环时间在 PLC 的属性中定义。OB80 是唯一支持时间错误事件的 OB。可以组态不存在 OB80 时的动作：忽略错误或切换到 STOP 模式。

（4）诊断 OB

诊断 OB 在检测到和报告诊断错误时执行。如果具有诊断功能的模块发现错误（前提是模块已启用诊断错误中断），诊断组织块将中断正常的循环程序执行。OB82 是唯一支持诊断错误事件的 OB。如果程序中没有诊断 OB，则可以组态 CPU 使其忽略错误或切换到 STOP 模式。

（5）硬件中断 OB

硬件中断 OB 在发生相关硬件事件时执行，包括内置数字输入端的上升沿和下降沿事件以及 HSC（高速计数器）事件。硬件中断 OB 将中断正常的循环程序执行来响应硬件事件信号。可以在硬件配置的属性中定义事件。每个组态的硬件事件只允许对应一个 OB，该 OB 必须是 OB200 或更大。

（6）循环中断 OB

循环中断 OB 以指定的时间间隔执行。循环中断 OB 将按用户定义的时间间隔（如每隔 2 s）中断循环程序执行。最多可以组态 4 个循环中断事件，每个组态的循环中断事件只允许对应一个 OB，该 OB 必须是 OB200 或更大。

（7）延时中断 OB

通过启动中断（SRT_DINT）指令组态事件后，时间延迟 OB 将以指定的时间间隔执行。延迟时间在扩展指令 SRT_DINT 的输入参数中指定。指定的延迟时间结束时，时间延迟 OB

将中断正常的循环程序执行。对任何给定的时间最多可以组态 4 个时间延迟事件，每个组态的时间延迟事件只允许对应一个 OB。延时中断 OB 必须是 OB200 或更大。

当多个 OB 启动时，操作系统将输出相应 OB 的启动信息，可以在用户程序中对该信息进行分析评估。

S7-1200 PLC CPU 提供的各种 OB 采用中断的方式，在特定的时间或特定情况执行相应的程序和响应特定事件的程序。理解中断的工作过程及相关概念对 OB 的编程有着重要的意义。

1. 中断过程

中断处理用来实现对特殊内部事件或外部事件的快速响应。如果没有中断，CPU 循环执行组织块 OB1 和其他存在的循环 OB。OB1 的中断优先级最低，CPU 检测到中断源的中断请求时，操作系统在执行完当前程序的当前指令（即断点处）后，立即响应中断。CPU 暂停正在执行的程序，调用中断源对应的中断程序。执行完中断程序后，返回到被中断程序的断点处继续执行原来的程序。

如果在执行中断程序（OB）时，又检测到一个中断请求，CPU 将比较两个中断源的中断优先级。如果优先级相同，按照产生中断请求的先后次序进行处理。如果后者的优先级比正在执行的 OB 的优先级高，将中止当前正在处理的 OB，改为调用较高优先级的 OB。这种处理方式称为中断程序的嵌套调用。

当系统检测到一个 OB 块中断时，则被中断块的累加器和寄存器上的当前信息将被作为一个中断堆栈（I 堆栈）存储起来。如果新的 OB 调用 FB 和 FC，则每一个块的处理数据将被存储在块堆栈（B 堆栈）中。当新的 OB 执行结束后，操作系统将把 I 堆栈中的信息重新装载并在中断发生处继续执行被中断的块。如果 CPU 转换到 STOP 模式（可能是由于程序中的错误），用户可以使用模块信息选项来检查 I 堆栈和 B 堆栈，将有助于确定模式转换的原因。

中断程序不是由程序块调用，而是在中断事件发生时由操作系统调用。因为不能预知系统何时调用中断程序，中断程序不能改写其他程序中可能正在使用的存储器，应在中断程序中尽可能地使用局域变量。

只有设置了中断的参数，并且在相应的 OB 中有用户程序存在，中断才能被执行。如果不满足上述条件，操作系统将会在诊断缓冲区中产生一个错误信息，并执行异步错误处理。

编写中断程序时，应使中断程序尽量短小，以减少中断程序的执行时间和对其他处理的延迟，否则可能引起主程序控制的设备操作异常。设计中断程序时应遵循"越短越好"的原则。

2. 中断的优先级

PLC 的中断源可能来自 I/O 模块的硬件中断或 CPU 模块内部的软件中断，如延时中断、循环中断和编程错误引起的中断等。中断的优先级即 OB 的优先级，较高优先级的 OB 可以中断较低优先级的 OB 的处理过程。如果同时产生的中断请求不止一个，先执行优先级最高的 OB，然后按照优先级由高到低的顺序执行其他 OB。

表 7-14 列出了支持 CPU 事件的队列深度、优先级组及优先级，优先级数字越大表示优先级越高。可以看到，每个 CPU 事件都有一个关联的优先级，而事件优先级分为若干个优先级组。

表 7-14　各种事件优先级

事件类型	数量	有效 OB 编号	队列深度	优先级组	优先级
程序循环	1 个程序循环事件 允许多个 OB	1（默认） ≥200	1	1	1
启动	1 个启动事件 允许多个 OB	100（默认） ≥200	1		1
延时	4 个延时事件 每个事件 1 个 OB	≥200	8	2	3
循环	4 个循环事件 每个事件 1 个 OB	≥200	8		4
沿	16 个上升沿事件 16 个下降沿事件 每个事件 1 个 OB	≥200	32		5
HSC	6 个 CV=PV 事件 6 个方向改变事件 6 个外部复位事件 每个事件 1 个 OB	≥200	16		6
诊断错误	1 个事件	仅限 82	8	3	9
时间错误事件/ MaxCycle 时间事件	1 个时间错误事件 1 个 MaxCycle 时间事件	仅限 80	8		26
2×MaxCycle 时间事件	1 个 2×MaxCycle 时间事件	不调用 OB	—		27

3. 事件驱动的程序处理

循环程序处理可以被某些事件中断。如果一个事件出现，当前正在执行的块将在语句边界被中断，并且另一个被分配给特定事件的 OB 被调用。一旦该 OB 执行结束，循环程序将从断点处继续执行。

事件驱动的程序处理方式意味着部分用户程序可以不必循环处理，只在需要的时候才进行处理。用户程序可以分割为"子程序"，分布在不同的 OB 中。如果用户程序是对一个重要信号的响应，这个信号出现的次数相对较少（如用于测量罐中液位的一个限位传感器报警达到了最大上限），当这个信号出现时，要处理的子程序就可以放在一个事件驱动处理的OB 中。

关于 OB 的使用方法和举例等内容请参考 10.6 节。

7.4.2　功能和功能块

功能（FC）和功能块（FB）都是属于用户编程的块。

FC 是一种不带"存储区"的逻辑块。FC 的临时变量存储在局部数据堆栈中，当 FC 执行结束后，这些临时数据就会丢失；要将这些数据永久存储，FC 要使用共享数据块或者位存储区。

FC 类似于子程序，子程序仅在被其他程序调用时执行，可以简化程序代码并减少扫描时间。用户可以将不同的任务编写到不同的 FC 中去，同一 FC 可以在不同的地方被多次调用。

由于 FC 没有自己的存储区，所以必须为其指定实际参数，不能为一个 FC 的局部数据分配初始值。

FB 与 FC 一样，类似于子程序，但 FB 是一种带"存储功能"的块。背景数据块作为存储器被分配给 FB。传递给 FB 的参数和静态变量都保存在背景数据块中，临时变量存在本地数据堆栈中。当 FB 执行结束时，存在背景数据块中的数据不会丢失，但存在本地数据堆栈中的数据将丢失。

在编写调用 FB 的程序时，必须指定背景数据块的编号，调用时背景数据块被自动打开。可以在用户程序中或通过人机界面接口访问这些背景数据。一个 FB 可以有多个背景数据块，使 FB 用于不同的被控对象，称为多重背景模型。关于多重背景模型的内容将在后续章节详细介绍。

关于 FB 和 FC 的使用方法和举例将在 10.5 节介绍。

7.4.3 数据块

用户程序中除了逻辑程序外，还需要对存储过程状态和信号信息的数据进行处理。数据以变量的形式存储，通过存储地址和数据类型来确保数据的唯一性。数据的存储地址包括 I/O 映像区、位存储器、局部存储区和数据块（DB）等。数据块用于存放执行用户程序时所需变量数据的数据区。用户程序以位、字节、字或双字操作访问 DB 中的数据，可以使用符号或绝对地址。DB 与暂时数据不同，当逻辑块执行结束或 DB 关闭时，DB 中的数据不被覆盖。DB 同逻辑块一样占用用户存储器的空间，但不同的是，DB 中没有指令而只是一个数据存储区，S7 按数据生成的顺序自动为 DB 中的变量分配地址。

根据使用方法，DB 可以分为共享 DB（也叫全局 DB）和背景 DB。用户程序的所有逻辑块（包括 OB1）都可以访问共享 DB 中的信息，而背景 DB 分配给特定的 FB。背景 DB 中的数据是自动生成的，它们是 FB 的变量声明表中的数据（临时变量 TEMP 除外）。编程时，应首先生成 FB，然后生成它的背景 DB。在生成背景 DB 时，应指明它的类型为背景 DB（Instance），并指明它的 FB 编号。

DB 用来存储过程的数据和相关的信息，用户程序中需要对 DB 中的数据进行访问。DB 的数目依赖于 CPU 的型号，DB 的最大块长度因 CPU 的不同而各异。

DB 中的数据单元按字节进行寻址，图 7-13 为 DB 的存储单元示意图。可以看出，数据块就像一个大柜子，每个字节类似一个抽屉，可以存放"东西"。DB 的存储单元从字节 0 开始依次增加，根据需要寻址相应单元的数据。

S7-1200 PLC 中访问 DB 数据有两种方法：符号访问和绝对地址访问。默认情况下，在编程软件中建立 DB 时系统会自动选择"仅符号访问"项，则此时 DB 仅能通过符号寻址的方式进行数据的存取。例如，"Values. Start"即为符号访问的例子，其中，Values 为 DB 的符号名称，Start 为 DB 中定义的变量。而"DB10. DBW0"则为绝对地址访问的例子，其中，DB10 指明了数据块 DB10，DBW 的"W"指明了寻址一个字长，其寻址的起始字节为 0，即寻址的是 DB10 中的数据字节 0 和数据字节 1，如图 7-13 所示。同样，DBB0、DBD0 和 DBX4. 1 分别寻址的是一个字节、双字和位。

数据块存储单元的绝对地址访问方式具有以下缺点：

1）必须确定访问的是 DB "正确"的值，例如若装载 DBW3，而该 DB 中的 DBW3 不是一个有效值。

2）由于 DB 中变量声明区的地址是根据变量的顺序确定的，采用绝对地址访问就限制了对 DB 变量的修改并使程序难读。

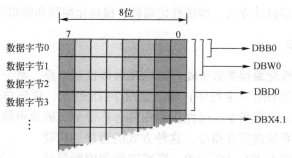

图 7-13　DB 的存储单元示意图

当 DB 和它的存储单元都用符号表示时，可以使用符号访问 DB 中的变量。输入时允许"混合"使用绝对和符号地址，输入确认后转换为完全的符号。另外，符号访问能够实现复杂数据类型变量的使用。故建议使用符号寻址 DB 存储单元。需要注意的是当需要与 HMI 设备进行通信时，必须支持绝对地址访问，即编程软件中建立 DB 时要取消"仅符号访问"项，否则将无法通信。

关于 DB 的使用介绍将在 10.4 节介绍。

7.4.4　块的调用

块调用即子程序调用，调用者可以是 OB、FB、FC 等各种逻辑块，被调用的块是除 OB 之外的逻辑块。调用 FB 时需要指定背景 DB。块可以嵌套调用，即被调用的块又可以调用别的块，允许嵌套调用的层数（嵌套深度）与 CPU 的型号有关。块嵌套调用的层数还受到 L 堆栈大小的限制。每个 OB 需要至少 20B 的 L 内存。当块 A 调用块 B 时，块 A 的临时变量将压入 L 堆栈。

图 7-14 中，OB1 调用了 FB1，FB1 又调用了 FC1，应创建块的顺序是：先创建 FC1，然后创建 FB1 及其背景 DB，即在编程时要保证被调用的块已经存在了。图 7-14 中，OB1 还调用了 FB2，FB2 调用了 FB1，FB1 调用了 FC21，这些都是嵌套调用的例子。

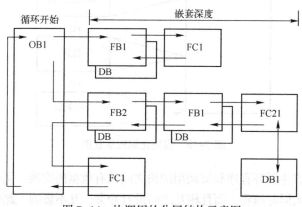

图 7-14　块调用的分层结构示意图

7.5 编程方法

S7 提供了 3 种程序设计方法，即线性化编程、模块化编程和结构化编程。

7.5.1 线性化编程

微课：编程方法

线性化编程类似于硬件继电接触器控制电路，整个用户程序放在循环控制组织块 OB1（主程序）中，如图 7-15 所示。循环扫描时不断地依次执行 OB1 中的全部指令。线性化编程具有不带分支的简单结构：一个简单的程序块包含系统的所有指令。这种方式的程序结构简单，不涉及 FB、FC、DB、局域变量和中断等较复杂的概念，容易入门。

由于所有的指令都在一个块中，即使程序中的某些部分在大多数时候并不需要执行，但循环扫描工作方式中每个扫描周期都要扫描执行所有的指令，CPU 额外增加了不必要的负担，没有充分利用。此外如果要求多次执行相同或类似的操作，线性化编程的方法需要重复编写相同或类似的程序。

通常不建议用户采用线性化编程的方式，除非是刚入门或者程序非常简单。

```
                           OB1
          ┌──────────────────────────────┐
          │ Network 1                     │
          │        电动机控制               │
          ├──────────────────────────────┤
          │ Network 2                     │
          │          信息                  │
          ├──────────────────────────────┤
          │ Network 3                     │
          │        运行时间                 │
          └──────────────────────────────┘
```

图 7-15 线性化编程示意图

7.5.2 模块化编程

模块化编程是将程序分为不同的逻辑块，每个块中包含完成某部分任务的功能指令。组织块 OB1 中的指令决定块的调用和执行，被调用的块执行结束后，返回到 OB1 中程序块的调用点，继续执行 OB1，该过程如图 7-16 所示。模块化编程中 OB1 起着主程序的作用，FC 或 FB 控制着不同的过程任务，如电动机控制、电动机相关信息及其运行时间等，相当于主循环程序的子程序。模块化编程中被调用块不向调用块返回数据。

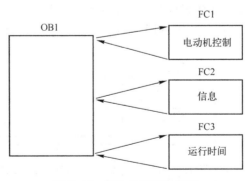

图 7-16 模块化编程示意图

模块化编程中，在主循环程序和被调用的块之间没有数据的交换。同时，控制任务被分成不同的块，易于几个人同时编程，而且相互之间没有冲突，互不影响。此外，将程序分成若干块，将易于程序的调试和故障的查找。OB1 中的程序包含调用不同块的指令，由于每次循环中不是所有的块都执行，只有需要时才调用有关的程序块，这将有助于提高 CPU 的利用率。

建议编程时采用模块化编程，程序结构清晰、可读性强、调试方便。

7.5.3　结构化编程

结构化编程是通过抽象的方式将复杂的任务分解成一些能够反映过程的工艺、功能或可以反复使用的可单独解决的小任务，这些任务由相应的程序块（或称逻辑块）来表示，程序运行时所需的大量数据和变量存储在 DB 中。某些程序块可以用来实现相同或相似的功能。这些程序块是相对独立的，它们被 OB1 或其他程序块调用。

在块调用中，调用者可以是各种逻辑块，包括用户编写的 OB、FB、FC 和系统提供的 SFB 与 SFC，被调用的块是 OB 之外的逻辑块。调用 FB 时需要为它指定一个背景 DB，背景 DB 随 FB 的调用而打开，在调用结束时自动关闭，如图 7-17 所示。

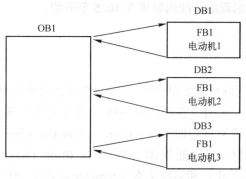

图 7-17　结构化编程示意图

和模块化编程不同，结构化编程中通用的数据和代码可以共享。结构化编程具有以下优点：

1）各单个任务块的创建和测试可以相互独立地进行。

2）通过使用参数，可将块设计得十分灵活。例如，可以创建一个钻孔程序块，其坐标和钻孔深度可以通过参数传递进来。

3）块可以根据需要在不同的地方以不同的参数数据记录进行调用。

4）在预先设计的库中，能够提供用于特殊任务的"可重用"块。

建议用户在编程时根据实际工程特点可以采用结构化编程方式，通过传递参数使程序块重复调用，结构清晰、调试方便。

结构化编程中用于解决单个任务的块使用局部变量来实现对其自身数据的管理。它仅通过其块参数来实现与"外部"的通信，即与过程控制的传感器和执行器，或者与用户程序中其他块之间的通信。在块的指令段中，不允许访问如输入、输出、位存储器或 DB 中的变量等全局地址。

局部变量分为临时变量和静态变量。临时变量是当块执行时，用来暂时存储数据的变量，局部变量可以应用于所有的块（OB、FC、FB）中。在块调用结束后还需要保持原值的变量，必须存储为静态变量，静态变量只能用于 FB 中。

当块执行时，临时变量被用来临时存储数据，当退出该块时这些数据将丢失，这些临时数据都存储在局部数据堆栈（L Stack）中。

临时变量的定义是在块的变量声明表中定义的，在"temp"行中输入变量名和数据类型，临时变量不能赋初值。当块保存后，地址栏中将显示该临时变量在局部数据堆栈中的位置。可以采用符号地址和绝对地址来访问临时变量，但为了使程序可读性强，最好采用符号地址来访问。

程序编辑器可以自动地在局部变量名前加上"#"号进行标识以区别于全局变量，局部变量只能在变量表中对其进行定义的块中使用。

在给 FB 编程时使用的是"形参（形式参数）"，调用它时需要将"实参（实际参数）"赋值给形参。形参有 3 种类型：输入参数 In 类型，输出参数 Out 类型和输入/输出参数 In_Out 类型。In 类型参数只能读，Out 类型参数只能写，In_Out 类型参数可读可写。在一个项目中，可以多次调用同一个块，例如在调用控制电动机的块时，将不同的实参赋值给形参，就可以实现对类似但是不完全相同的被控对象（如水泵 1、水泵 2 等）的控制。

模块化编程和结构化编程的详细内容将在 10.5 节介绍。

7.6 编程语言

微课：编程语言

IEC（国际电工委员会）于 1994 年 5 月公布的可编程序控制器标准（IEC 1131）的第三部分（IEC 1131—3）"编程语言"部分说明了 5 种编程语言的表达方式，即顺序功能图（Sequential Function chart，SFC）、梯形图（Ladder Diagram，LAD）、功能块图（Function Block Diagram，FBD）、指令表（Instruction List，IL）和结构文本（Structured Text，ST）。

STEP 7 标准软件包配置了梯形图、语句表（STL，即 IEC 1131—3 中的指令表）和功能块图 3 种基本编程语言，通常它们在 STEP 7 中可以相互转换。此外，STEP 7 还有多种编程语言作为可选软件包，如 CFC、SCL（西门子中的结构文本）、S7 Graph 和 S7 HiGraph。这些编程语言中，LAD、FBD 和 S7 Graph 为图形语言，STL、SCL 和 S7 HiGraph 为文字语言，CFC 则是一种结构块控制程序流程图。S7-1200 PLC 仅支持梯形图和功能块图两种编程语言，但基于兼容性考虑，此处列举了各种编程语言。

7.6.1 梯形图编程语言

梯形图是国内使用最多的 PLC 编程语言。梯形图与继电接触器控制电路图很相似，直观易懂，很容易被工厂熟悉继电接触器控制的电气人员掌握，特别适用于开关量逻辑控制。梯形图由触点、线圈和用方框表示的功能块组成。触点代表逻辑输入条件，如外部的开关、按钮和内部条件等。线圈通常代表逻辑输出结果，用来控制外部的指示灯、交流接触器和内部的输出条件等。功能块用来表示定时器、计数器或者数学运算等附加指令。图 7-18 为梯形图编程的例子。

7.6.2 功能块图编程语言

功能块图是一种类似于数字逻辑门电路的编程语言，有数字电路基础的人很容易掌握。该编程语言用类似与门、或门的方框来表示逻辑运算关系，方框的左侧为逻辑运算的输入变量，右侧为输出变量，输入、输出端的小圆圈表示"非"运算，方框被"导线"连接在一起，信号自左向右流动。图 7-19 中的控制逻辑与图 7-18 中的相同。西门子公司的"LOGO"系列微型 PLC 就使用功能块图编程语言。

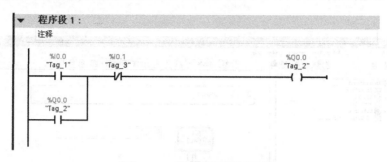

图 7-18　梯形图编程的例子

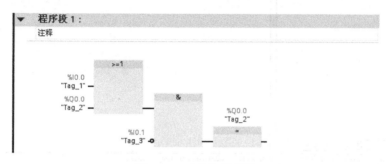

图 7-19　功能块图例子

7.6.3　语句表编程语言

S7 系列 PLC 将指令表称为语句表（STL），是一种与微机汇编语言中的指令相似的助记符表达式，类似于机器码，如图 7-20 所示，每条语句对应 CPU 处理程序中的一步。CPU 执行程序时则按每一条指令一步一步地执行。为编程容易，语句表已进行了扩展，还包括一些高层语言结构（如结构数据的访问和块参数等）。

```
Network 1: Title:

Comment:

      A(
      O     I      0.0
      O     Q      0.0
      )
      AN    I      0.1
      =     Q      0.0
```

图 7-20　语句表例子

语句表比较适合熟悉 PLC 和逻辑程序设计经验丰富的程序员，语句表可以实现某些不能用梯形图或功能块图实现的功能。

7.6.4　S7 Graph 编程语言

S7 Graph 是用于编制顺序控制的编程语言，它包括将工业过程分割为步即生成一系列顺序步，确定每一步的内容即每一步中包含控制输出的动作，以及步与步之间的转换条件等主要内容。S7 Graph 编程语言中编写每一步的程序要用特殊的类似于语句表的编程语言，转换条件则是在梯形逻辑编程器中输入（梯形逻辑语言的流线型版本）。图 7-21 为 S7 Graph 编程界面。

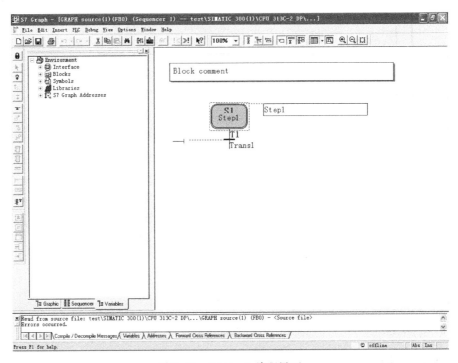

图 7-21　S7 Graph 编程界面

S7 Graph 表达复杂的顺序控制非常清晰，用于编程及故障诊断更为有效。

7.6.5　S7-HiGraph 编程语言

S7-HiGraph 是以状态图的形式描述异步、非顺序过程的编程语言。S7-HiGraph 将项目分成不同的功能单元，每个单元有不同的状态。不同状态之间的切换要定义转换条件。用类似于语句表的放大型语言描述赋给状态的功能及状态之间转换的条件。每个功能单元都用一个图形来描述该单元的特性。整个项目的各个图形组合成图形组。各功能单元的同步信息可在图形之间交换。各功能单元的状态条件的清晰表示，使得系统编程成为可能，故障诊断简单易行。与 S7 Graph 不同，在 S7-HiGraph 中任何时候只能有一个状态（在 S7 Graph 中为"步"）是激活的。

图 7-22 为 S7-HiGraph 编程实例。

7.6.6　S7 SCL 编程语言

编程语言 SCL（结构化控制语言）是按照国际电工技术委员会 IEC 1131—3 标准定义的高级的文本语言，语言结构类似于 PASCAL 类型语言，在编写诸如回路和条件分支时，用其高级语言指令要比 STL 容易。因此，SCL 适合于公式计算、复杂的最优化算法、管理大量的数据或重复使用的功能等。SIMATIC S7 SCL 程序是在源代码编辑器中编写的，如图 7-23 所示。

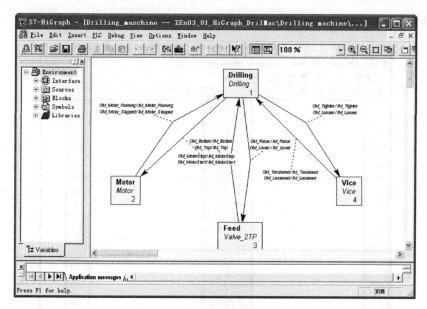

图 7-22　S7-HiGraph 编程实例

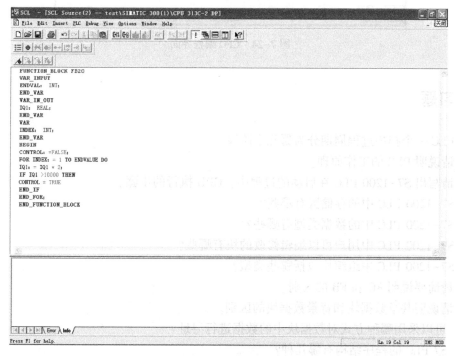

图 7-23　SCL 编程实例

7.6.7　S7 CFC 编程语言

CFC（Continuous Function Chart，连续功能图）编程语言是一种用图形的方法连接复杂功能的编程语言，如图 7-24 所示。程序提供了大量的标准功能块（如逻辑、算术、控制和数据处理等功能）的程序库，无须编程，用户只需要具有行业所必需的工艺技术方面的知识，将这些标准功能块连接起来即可。

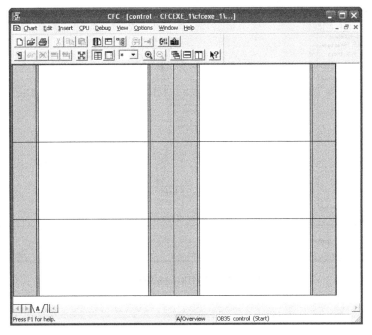

图 7-24 CFC 编程界面

7.7 习题

1. PLC 一个扫描过程周期分为哪几个阶段？
2. 请说明 PLC 的工作原理。
3. 请写出 S7-1200 PLC 在启动的过程中，CPU 执行的步骤。
4. S7-1200 PLC 中的存储区有哪些？
5. S7-1200 PLC 中的数据类型有哪些？
6. S7-1200 PLC 中用户可以编辑修改的块有哪些？
7. S7-1200 PLC 中组织块包括哪些类型？
8. 请简要说明 FC 和 FB 的区别。
9. 请说明共享数据块和背景数据块的区别。
10. 可以采用哪种方式对数据块中的数据进行寻址？
11. S7 PLC 的程序结构有哪几种？
12. S7-1200 PLC 支持哪些编程语言？

第8章 项目入门

PLC 厂家提供相应的编程软件用来实现对 PLC 的编程及其工作进程的监控。S7-1200 PLC 的编程软件是 TIA Portal，中文名称为博途。作为工业软件开发领域的重要代表，博途是一款努力将所有自动化任务整合在一个工程设计环境下的软件。本章主要介绍博途软件的基本使用步骤和基础编程调试工具。

8.1 TIA Portal 概述

TIA Portal 是西门子开发的高度集成的工程组态软件，其内部集成了 STEP 7 和 WinCC，提供了通用的工程组态框架，可以用来对 S7-1200、S7-1500、S7-300/400 PLC 和 HMI 面板、PC 系统进行高效组态。

STEP 7 作为 S7-1200 PLC 的编程软件，提供两种视图：Portal 视图和项目视图，如图 8-1 所示。Portal 视图提供了面向任务的视图，类似于向导操作，一级一级进行相应的选择。项目视图是一个包含所有项目组件的结构视图，在项目视图可以直接访问所有的编辑器、参数和数据，并进行高效的工程组态和编程。

Portal 视图的布局如图 8-1a 所示。选择不同的"任务入口"可处理不同的工程任务，包括："启动""设备与网络""PLC 编程""可视化"和"在线与诊断"。在已经选择的任务入口中可以找到相应的操作，例如选择"启动"任务后，可以进行"打开现有项目""创建新项目"和"移植项目"等操作。"与已选操作相关的列表"显示的内容与所选的操作相匹配，例如选择"打开现有项目"操作后，列表将显示最近使用的项目，可以从中选择打开。

项目视图的布局如图 8-1b 所示，类似于 Windows 界面，也包括了标题栏、工具栏、编辑区和状态栏等。项目视图左侧为项目树，可以访问所有设备和项目数据，也可以在项目树中直接执行任务，例如添加新组件、编辑已存在的组件和打开编辑器处理项目数据等；项目视图右侧任务卡根据已编辑或已选择的对象，在编辑器中可得到一些任务卡，并允许执行一些附加操作，例如从库或硬件目录中选择对象，查找和替换项目中的对象，拖拽预定义的对象到工作区等；项目视图下部为检查窗口，用来显示工作区中已选择对象或执行操作的附加信息。其中，"属性"选项卡显示已选择对象的属性，并可对属性进行设置。"信息"选项卡显示已选择对象的附加信息，以及操作执行的报警，例如编译过程信息。"诊断"选项卡提供了系统诊断事件和已配置的报警事件。

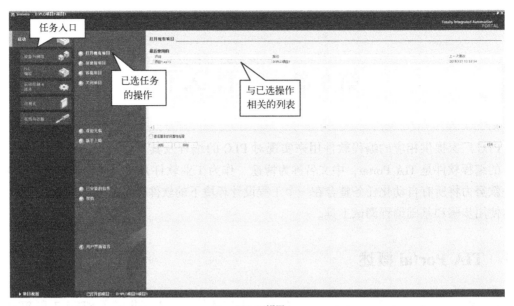

a) Portal视图

b) 项目视图

图 8-1　TIA Portal 的两种视图

8.2　TIA Portal 使用入门

　　本节基于图 8-2 所示例子来说明 S7-1200 PLC 的编程组态软件 STEP 7 的基本使用步骤。其中，按下 S7-1200 PLC 的按钮 I0.0 使输出 Q0.0 亮，按下按钮 I0.1 则 Q0.0 灭，且在触摸屏 KTP 上通过一个 I/O 域显示 Q0.0 的值。

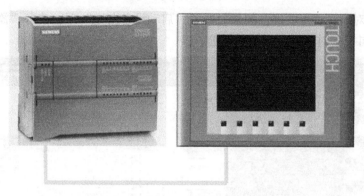

图 8-2 例子

8.2.1 通过 Portal 视图创建一个项目

打开 TIA Portal，在图 8-1a 所示 Portal 视图选择"创建新项目"，输入项目名称"项目1"，单击"创建"按钮则自动进入"新手上路"画面，如图 8-3 所示。

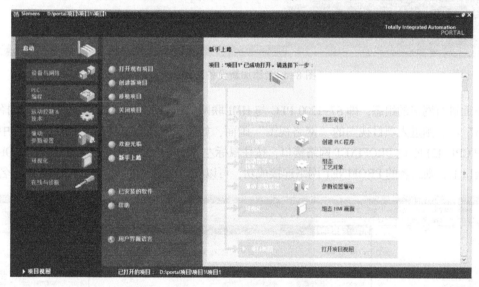

图 8-3 "新手上路"画面

8.2.2 组态硬件设备及网络

在图 8-3 中单击"组态设备"项开始对 S7-1200 PLC 的硬件进行组态，选择"添加新设备"项，右侧显示如图 8-4 所示"添加新设备"画面，单击"SIMATIC PLC"按钮先组态 PLC 硬件，在"设备名称"栏中输入将要添加的设备的用户定义名称如"DEMOPLC"，在中间的目录树中通过单击每项前的 ▼ 图标或双击打开"PLC"→"SIMATIC S7-1200"→"CPU"，选择对应订货号的 CPU，则其右侧显示选中设备的产品介绍及性能，如果勾选了"打开设备视图"项，单击"添加"按钮，则进入"设备视图"界面。此处不勾选"打开设备视图"项。

重新选择"添加新设备"，单击"SIMATIC HMI"按钮，在中间的目录树中则显示 HMI 设备，通过单击每项前的 ▼ 图标或双击打开"HMI"→"SIMATIC 精简系列面板"→"6″

显示屏"，选择对应订货号的屏，如果勾选了"启动设备向导"项，单击"添加"按钮将启动"HMI 设备向导"对话框，此处不勾选。

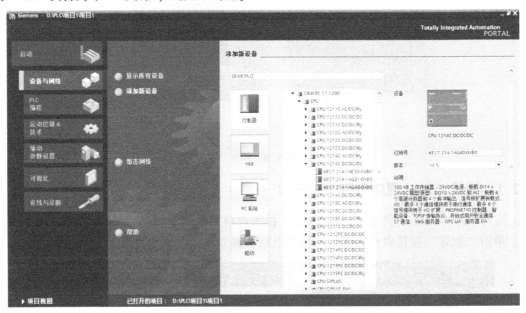

图 8-4 "添加新设备"画面

下面进行网络的组态，即 S7-1200 PLC 与 HMI 联网的组态。添加完 HMI 设备后，选择"组态网络"项，则进入项目视图的"网络视图"画面，如图 8-5 所示。单击"网络视图"中呈现绿色的 CPU 1214C 的 PROFINET 网络接口，按住鼠标左键拖动至呈现绿色的 KTP 屏的 PROFINET 网络接口上，则二者的 PROFINET 网络连接成功，可以在"网络属性"对话框中修改网络名称。

图 8-5 网络配置视图

下面对 PLC 进行各模块的设备组态。

在项目视图中，打开项目树下的"DEMOPLC"项，双击"设备组态"项，打开"设备视图"，如图 8-6 所示，从右侧"硬件目录"中选择"AI/AQ"→"AI4×13 位/AQ2×14 位"下对应订货号的设备，拖动至 CPU 右侧的第 2 槽；以同样的方法拖动通信模块 CM 1241（RS485）到 CPU 左侧的第 101 槽。至此，S7-1200 PLC 的硬件设备组态完毕。

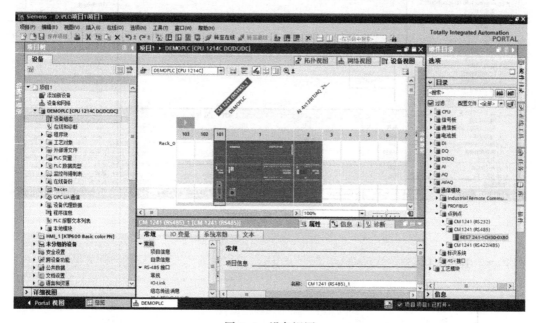

图 8-6　设备视图

8.2.3　PLC 编程

下面开始对 PLC 进行编程。

单击图 8-6 左下角的"Portal 视图"返回，单击 Portal 视图左侧的"PLC 编程"项，可以看到选中"显示所有对象"时，右侧显示了当前所选择 PLC 中的所有块。双击"main [OB1]"块，打开程序块编辑界面，如图 8-7 所示，也可以在图 8-6 项目树下直接双击打开 PLC 设备下程序块里的"main [OB1]"程序块。拖动编辑区工具栏上的一个常开触点"⊢⊢"、一个常闭触点"⊢/⊢"和一个输出线圈"⟨ ⟩"到"程序段 1"，分别输入地址为 I0.0、I0.1 和 Q0.0，则在地址下出现系统自动分配的符号名称，名称可以修改，此处不修改。拖动常开触点到 I0.0 所在触点的下部，单击编辑区工具栏关闭分支"⤴"按钮或者鼠标直接向上拖动得到完整的梯形图，输入地址 Q0.0。

上面的常开、常闭触点和线圈等也可以从"指令"→"位逻辑运算"项中选择，更多的指令从指令树中选择。

注意：S7-200/300/400 PLC 中 LAD 程序的编辑要求每一段完整的程序只能编写到一个"程序段"（也称为"网络"）里，即图 8-8 所示的编辑方式是不允许的，而在 TIA Portal 中编写 S7-1200/1500 PLC 程序时，图 8-8 所示的编辑方式是允许的。但为程序清晰考虑，建议仍然采用一个程序段编写一段完整程序的方式。

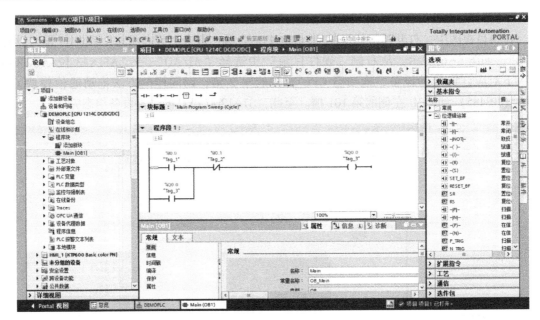

图 8-7　编写程序

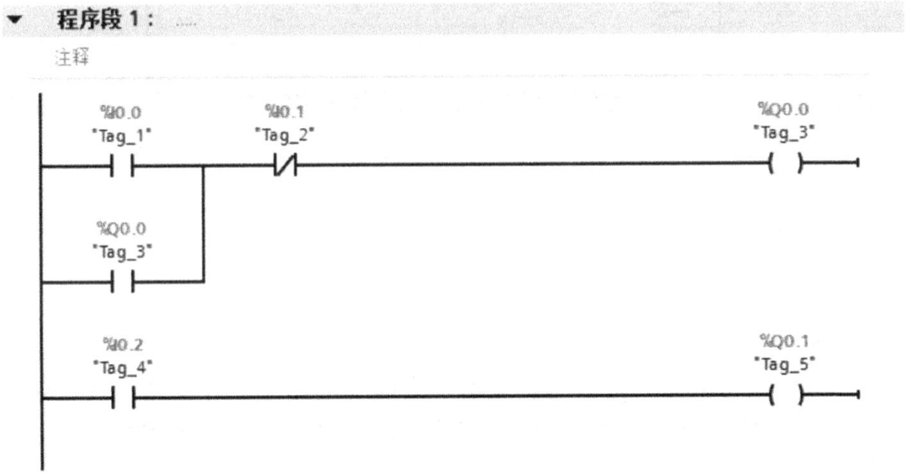

图 8-8　程序编辑方式

8.2.4　组态可视化

下面开始 KTP 面板的组态，此处仅是为了演示项目。在面板画面上组态一个 I/O 域，当按下按钮 I0.0 而 Q0.0 亮时，面板上的 I/O 域显示 "1"，否则显示 "0"。

单击项目视图左下角的 "Portal 视图" 按钮返回到 Portal 视图，单击左侧的 "可视化" 项开始 HMI 的组态。在中间部分选择 "编辑 HMI 变量"，双击右侧表格中的 "HMI 变量" 对象，则打开 HMI 变量组态画面，如图 8-9 所示。也可以在项目视图项目树中双击 HMI 设备下的 HMI 变量来打开 HMI 变量组态画面。双击 "名称" 栏下的 "添加"，添加的 HMI 变量名称为 "指示灯"，单击 "PLC 变量" 下 ___ 按钮，选择 "PLC 变量" Q0.0，则属性对话框中的"连接"项出现系统自动建立的新连接"HMI_连接_1"。

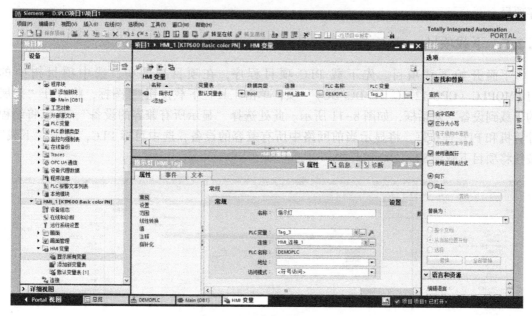

图 8-9　组态 HMI 变量

单击图 8-9 左侧项目树中 HMI_1 下的"画面",双击"添加新画面",新建"画面_1"对象,打开画面编辑界面,拖动右侧"工具箱"下"元素"里的 I/O 域图标 0.12 到画面中,在 I/O 域的属性对话框"常规"→"过程"项下,单击"变量"编辑框右侧的 按钮添加"HMI 变量"→"指示灯",则属性对话框中的"显示格式"自动根据变量的类型更改为"二进制",如图 8-10 所示。

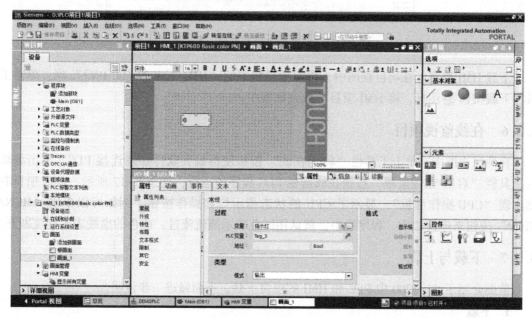

图 8-10　编辑画面

至此，一个简单的 PLC-SCADA 项目组态完成，单击工具栏的"保存项目"按钮来保存项目。

8.2.5　下载项目

下面开始下载项目。先下载 PLC 项目程序，在项目视图中，选中项目树中的"DEMOPLC（CPU 1214C DC/DC/DC）"项，单击工具栏下载按钮 ⬇ 图标，将打开"扩展的下载到设备"对话框，如图 8-11 所示。此处选择"显示所有兼容的设备"，若已将编程计算机和 PLC 连接好，将显示当前网络中所有兼容的设备，选中目标 PLC，单击"下载"按钮将项目下载到 S7-1200 PLC 中。

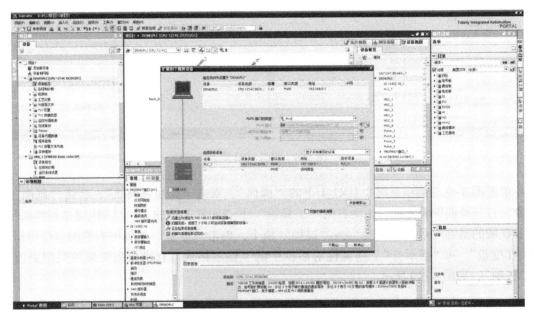

图 8-11　"扩展的下载到设备"对话框

下载 HMI 程序：在项目视图中，选中项目树中的"HMI_1［KTP 600 PN］"项，单击工具栏下载按钮 ⬇ 图标，将 HMI 项目下载到面板中。

8.2.6　在线监视项目

在项目视图中，单击工具栏"转至在线"按钮使得编程软件在线连接 PLC，单击编辑区工具栏"启用/禁用监视"按钮在线监视 PLC 程序的运行，如图 8-12 所示，此时项目右侧出现"CPU 操作面板"，显示了 CPU 的状态指示灯和操作按钮，例如可以单击"RUN/STOP"按钮来停止 CPU。程序段中，默认用绿色表示能流流过，蓝色的虚线表示能流断开。

8.2.7　下载与上载

前面介绍了 S7-1200 中 PLC 和 HMI 的项目下载，下面做进一步说明。

1. 下载

在项目视图的项目树选中 PLC 设备，如图 8-13 所示，单击工具栏"下载"按钮，系统

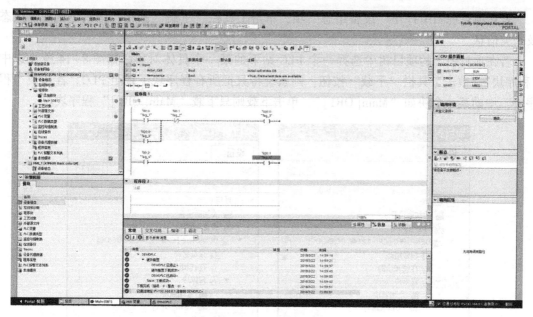

图 8-12　在线监视

将把设备组态、所有程序及 PLC 变量和监视表格等都下载至 PLC，即所有项目树该项下的
内容全部下载。

图 8-13　选中项目树中的一个站

若在项目视图中打开"设备组态"项，单击工具栏"下载"按钮，则只下载硬件组态及相关信息。

若在项目视图的项目树中选择一个 PLC 站下的某一个具体对象，如图 8-14 所示选中"程序块"，单击工具栏"下载"按钮，则系统将只把所有程序块下载至 PLC。若选中"程序块"中的某一个块如"Main[OB1]"，单击下载则只下载"Main[OB1]"程序块。

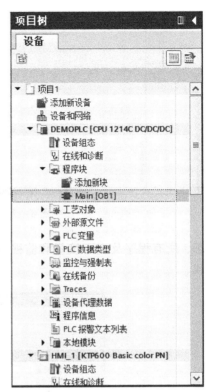

图 8-14　选中"程序块"

同样，若选中项目树 PLC 设备下的"PLC 变量""监视表格"或"本地模块"等将下载相应的对象。

2. 上载

若需要上载硬件到编程计算机上，则可以在项目中添加一个"非特定的 CPU 1200"，如图 8-15 所示，单击 CPU 上的"获取"链接，则打开"硬件检测"对话框，在此可以浏览到网络上的所有 S7 设备，选中 S7-1200，单击"检测"即可上载硬件信息。上载成功后，可以在设备视图中看到所有模块的类型，包括 CPU、通信模块、信号模板和 I/O 模块等。

注意：硬件信息上载的只是 CPU（包含以太网地址）及模块的型号，而参数配置是不能上载的，必须进入硬件组态重新配置所需参数并下载，才能保证 CPU 正常运行。

若需要上载整个站的项目数据到编程计算机上，则可以新建一个项目，在"项目视图"中单击菜单"在线"中的"将设备作为新站上传（硬件和软件）"项，即可打开"将设备上传到 PG/PC"对话框，如图 8-16 所示，单击"从设备上传"按钮即将可整个站上传到项目中。

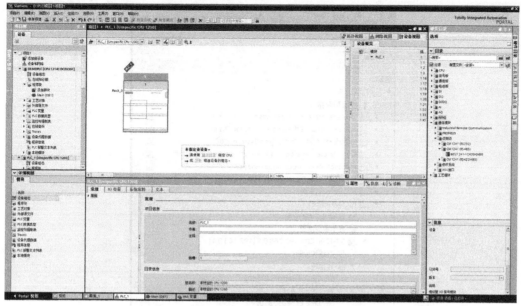

图 8-15　添加非特定 CPU

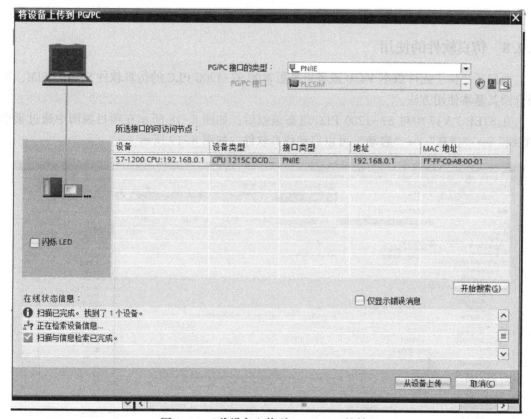

图 8-16　"将设备上传到 PG/PC" 对话框

另外，在项目视图项目树中打开"在线访问"项，则显示编程计算机可以访问到的
PLC，如图 8-17 所示，可以将 PLC 中的程序块打开或者复制。

图 8-17 "在线访问"项

8.2.8 仿真软件的使用

西门子提供了固件版本 V4.0 或者更高版本的 S7-1200 PLC 的仿真软件 S7-PLCSIM，本节介绍其基本使用方法。

在 STEP 7 V17 中对 S7-1200 PLC 组态编程后，如图 8-18 所示在项目视图中通过菜单"在线"→"仿真"→"启动"可以启动仿真软件，如图 8-19 所示。

图 8-18 启动仿真软件

在打开的下载对话框中将站点下载后，会发现仿真软件更新为项目中组态的 CPU 类型，如图 8-20 所示。

图 8-19　PLCSIM 仿真软件　　　　　　图 8-20　下载站点后的仿真软件

单击图 8-20 右上角的 ▦ 图标进入扩展的项目视图，新建一个仿真项目，如图 8-21 所示，在左边的"项目树"中打开"SIM 表格"下的 SIM 表格_1，在"地址"列分别输入 I0.0、I0.1 和 Q0.0，"名称"列会自动出现其变量名称。勾选"位"列 I0.0 对应的复选框，即表示将 I0.0 置为 1，可以看到 Q0.0 的"位"列的复选框被勾选，且呈现灰色，表示其由起保停程序运行置为 1，仿真软件中无法更改，如图 8-22 所示。

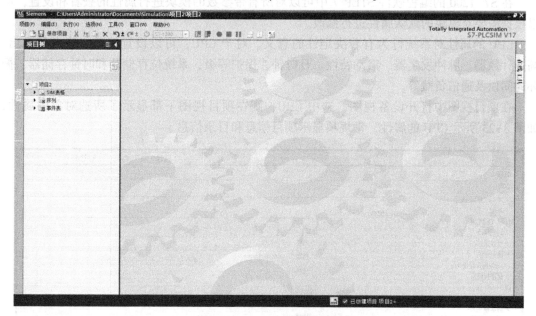

图 8-21　新建一个仿真项目

默认情况下，仿真软件只允许更改输入 I 区、Q 区和 M 区变量的"监视/修改值"列的背景为灰色，只能监视不能更改非输入变量的值。单击 SIM 表工具栏"启动/禁用非输入修改"按钮🔧，便可以修改非输入变量。

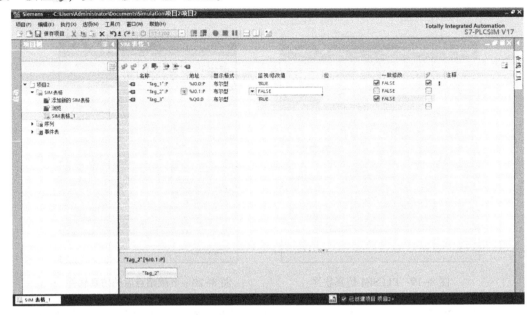

图 8-22　程序仿真

8.3　设备属性

在 S7-1200 的编程软件 STEP 7 中可以对所有带参数的模块进行属性的查看和设置，可以根据需要对模块的默认属性进行修改。

CPU 的属性对系统行为有着决定性的意义。对于 CPU，可以设置接口、输入和输出、高速计数器、脉冲发生器、启动特性、日时钟、保护等级，系统位存储器和时钟存储器，循环时间以及通信负载等。

在项目视图中打开设备视图，选中 CPU，则在项目视图下部显示了所选对象的属性，如图 8-23 所示 CPU 的属性，常规项显示项目信息和目录信息。

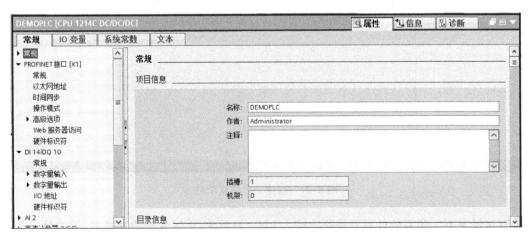

图 8-23　CPU 属性对话框

"PROFINET 接口"项中，"常规"项描述所插入的 CPU 的常规信息，"以太网地址"项设置以太网接口是否联网，如图 8-24 所示。如果已在项目中创建了子网，则可在下拉列表中进行选择。如果未创建子网，则可使用"添加新子网"按钮创建新子网。IP 协议中提供了有关子网中 IP 地址、子网掩码和 IP 路由器的使用信息。如果使用 IP 路由器，则需要有关 IP 路由器的 IP 地址信息。"高级选项"中描述了以太网接口的名称和端口注释，可以修改。"时间同步"项中可以启用 NTP 模式的日时间同步。NTP（Network Time Protocol，网络时间协议）是用于同步局域网和全域网中系统时钟的一种通用机制。在 NTP 模式下，CPU 的接口按固定时间间隔将时间查询发送到子网的 NTP 服务器，同时，必须在此处的参数中设置地址；将根据服务器的响应计算并同步最可靠、最准确的时间。这种模式的优点是它能够实现跨子网的时间同步。精确度取决于所使用的 NTP 服务器的质量。

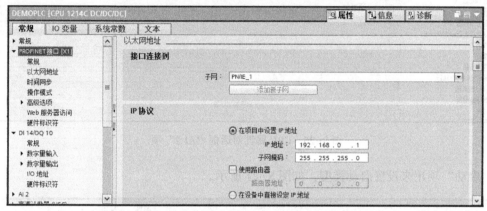

图 8-24 CPU 属性对话框"PROFINET 接口"项

"DI 14/DQ 10"项中分别描述了常规信息、数字量输入和输出通道的设置及 I/O 地址等，如图 8-25 所示。"数字量输入"项可为数字量输入设置输入延迟，分组设置输入延迟，为每个数字量输入启用上升沿和下降沿检测，为该事件分配名称和硬件中断。根据 CPU 的不同，可激活各个输入的脉冲捕捉。"数字量输出项"可为所有数字量输出设置 RUN 到 STOP 模式切换的响应，可以将状态冻结，相当于保留上一个值，也可以设置替换值（"0"或"1"）。"I/O 地址"项可以查看和修改输入输出地址。

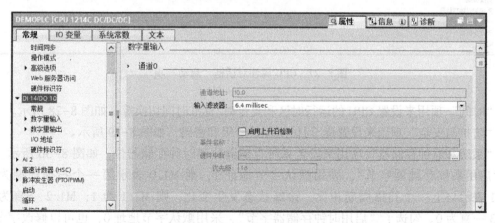

图 8-25 CPU 属性对话框"DI 14/DQ 10"项

"AI 2"项中描述了常规信息、模拟量输入通道的设置及 I/O 地址等,如图 8-26 所示。在"模拟量输入"项中,指定的积分时间会在降低噪声时抑制指定频率大小的干扰频率。必须在通道组中指定通道地址、测量类型、电压范围、滤波和溢出诊断。CPU 自带的模拟量输入测量类型和电压范围被永久设置为"电压"和"0 到 10 V",无法更改。如果启用溢出诊断,则发生溢出时会生成诊断事件。

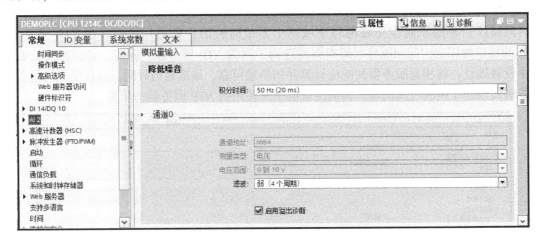

图 8-26 CPU 属性对话框"AI 2"项

"启动"项用来设置启动类型,如图 8-27 所示。

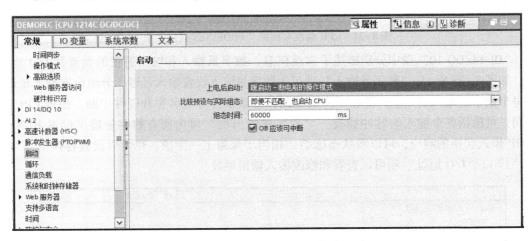

图 8-27 CPU 属性对话框"启动"项

"时间"项用来设置 CPU 的运行时区和夏令时/标准时间切换等,如图 8-28 所示。

"防护与安全"项用来设置读/写访问保护等级和密码,如图 8-29 所示。

"系统和时钟存储器"项用来设置系统存储器位和时钟存储器位,如图 8-30 所示。勾选"启用系统存储器字节",采用默认字节地址 1,则 M1.0 表示第一个扫描周期为 1,M1.1 表示与上一个扫描周期相比,诊断状态发生变化,则 M1.1 为 1,M1.2 一直为 1,M1.3 一直为 0。勾选了"启用时钟存储器字节",采用默认字节地址 0,也可以修改字节地址,则在 MB0 的不同位提供了不同频率的时钟信号。如 M0.5 的时钟频率为 1 Hz,当需要以

1 Hz 的频率闪烁时，则可以利用 M0.5。

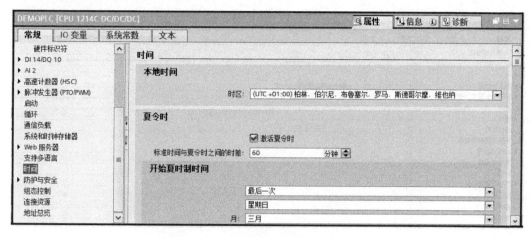

图 8-28　CPU 属性对话框"时间"项

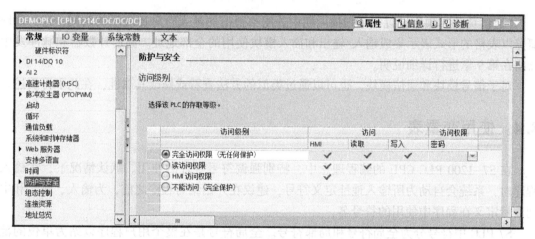

图 8-29　CPU 属性对话框"防护与安全"项

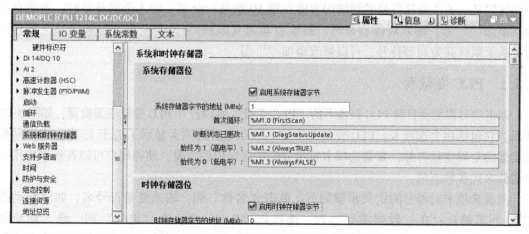

图 8-30　CPU 属性对话框"系统和时钟存储器"项

"循环"项可以设置最大和最小循环时间，如图 8-31 所示。

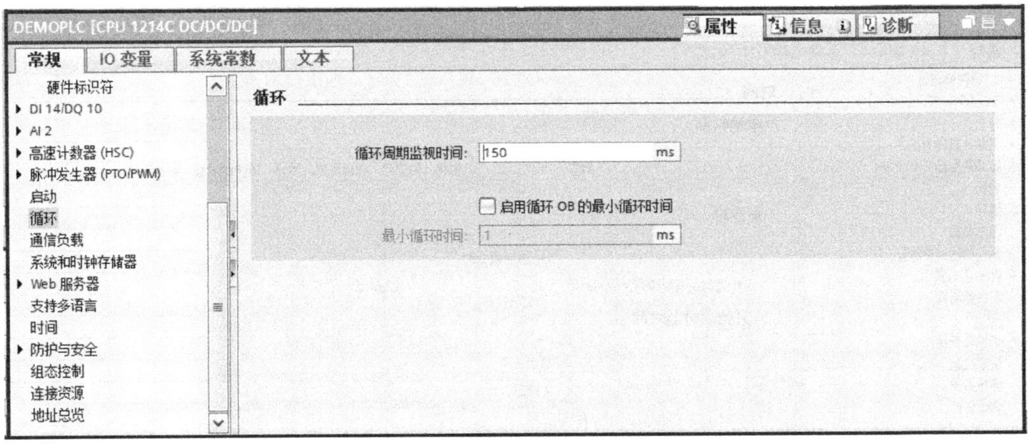

图 8-31　CPU 属性对话框"循环"项

"通信负载"项中设置每个扫描周期中分配给通信的最大百分比表示的时间。I/O 地址概览以表格的形式表示集成输入/输出和插入模块使用的全部地址。高速计数器和脉冲发生器将在第 9 章进行详细说明。

对于信号模块和通信模块，也可以通过类似的方法查看或修改其属性，在此不再赘述。

8.4　使用变量表

在 S7-1200 PLC CPU 的编程理念中，特别强调符号寻址的使用。默认情况下，在输入程序时，系统会自动为所输入地址定义符号，建议在开始编写程序之前，为输入、输出和中间变量定义在程序中使用的符号名。

S7 PLC 中符号分为全局符号和局部符号。全局符号是在整个用户程序以站为单位的范围内有效的，在 PLC 变量表中定义；局部符号是仅仅在一个块中有效的符号，在块的变量声明区定义。关于局部符号的详细内容将在第 10 章进行介绍。输入全局符号时，系统自动为其添加""号；输入局部符号时，系统自动为其添加#号。当全局符号和局部符号相同时，系统默认其为局部符号，可以修改添加""号。

8.4.1　PLC 变量表

双击项目视图项目树 PLC 设备下的"PLC 变量"可以打开 PLC 变量表编辑器，如图 8-32 所示。它包括两个选项卡：PLC 变量和常量。PLC 变量选项卡显示了关于 I、Q、M 不同数据类型的全局变量符号，常量选项卡显示分配了固定值的变量，使得用户可以在程序中用一个名称来代替静态值。

变量选项卡对符号的定义步骤如下：单击"名称"列，输入变量符号名，如"启动按钮"，回车确认；在"数据类型"列，选择如"Bool"型；在"地址"列，输入地址如"I0.0"，回车确认；在"注释"列可以根据需要输入注释。同样，也可以在 PLC 变量表编辑器中修改系统自动定义的变量名称。注意：PLC 变量表每次输入后系统都会执行语法检查，并且找到的所有错误都将以红色显示，可以继续编辑进行更正。但如果变量声明包含语法错误，将无法编译程序。

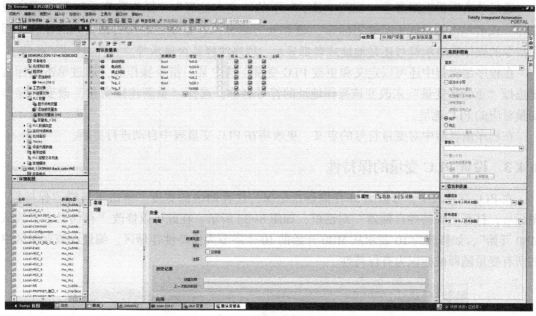

a) 变量选项卡

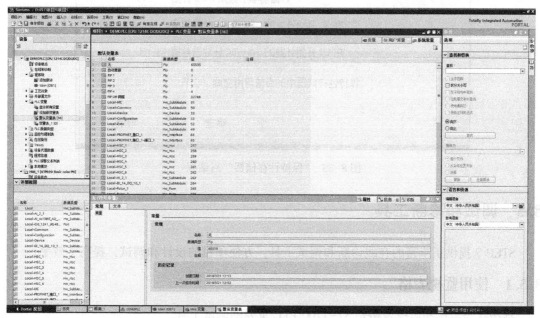

b) 常量选项卡

图 8-32 PLC 变量表

8.4.2 在程序编辑器中使用和显示变量

由图 8-7 和图 8-8 可以看出，默认情况下编辑程序时将自动显示地址的符号名称。另外，输入地址时可以单击输入域旁的按钮打开"变量符号选择"对话框，选择期望的变量符号即可。

通过单击项目视图菜单"视图→显示"下的"空白注释""操作数表示"和"程序段注释"或者单击编辑区工具栏图标 ⊡、🖥 和 ≡ 可以分别设置是否启用自由格式的注释、程序指令的操作数显示符号还是地址或者都显示、程序注释是否显示等。

在程序编辑器中还可以定义和更改 PLC 变量。选中某一指令操作数，通过单击鼠标右键选择"重命名变量"来改变该操作地址的符号名称，选择"重新连接变量"改变该操作变量对应的 PLC 地址。

在程序编辑器中对变量符号的定义、更改将在 PLC 变量表中自动进行更新。

8.4.3　设置 PLC 变量的保持性

在 PLC 变量表中，可以为 M 存储器指定保持性存储区的宽度。单击工具栏"保持性"图标 🖹，打开"保持性存储器"对话框，如图 8-33 所示。在此可以修改"存储器字节数从 MB0 开始"，如修改为 10 表示从 MB0 开始的 10 个字节为保持性存储区。编址在该存储区中的所有变量随即被标识为有保持性。

图 8-33　"保持性存储器"对话框

8.5　调试和诊断工具

STEP 7 提供了丰富的在线诊断和调试工具，方便项目的设计和调试，提高了效率。

8.5.1　使用监视表格

程序状态监视和监视表格是 S7-1200 PLC 重要的调试工具。

图 8-12 所示的"启用监视"即是在程序编辑器中对程序的状态进行监视。可以对显示的一些变量通过单击鼠标右键选择不同的"显示格式"来显示变量的值，单击鼠标右键选择"修改"功能对选中变量的数值进行修改，如选中 MW10，右键选择"修改"输入修改值"20"，格式选择"带符号十进制"，如图 8-34 所示，确定后可以看到其值被修改为 20。

在项目视图项目树 PLC 设备下，双击"添加新监视表格"，则自动建立并打开一个名称

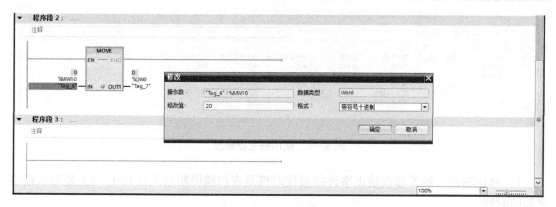

图 8-34　通过程序状态监视修改变量值

为"监视表格_1"的监视表格，通过鼠标右键选择"重命名"将名称修改为"Test_Ver"，在监视表格的"地址"列分别输入地址 I0.0、I0.1、Q0.0、MW10 和 QW0，如图 8-35 所示。单击监视表格的工具栏"全部监视" 图标，则在监视表格中显示所输入地址的监视值。注意需要根据情况选择变量地址的"显示格式"，例如修改 MW10 的显示格式为"带符号十进制"。单击 图标（立即一次性监视所有值）仅立即监视变量一次。

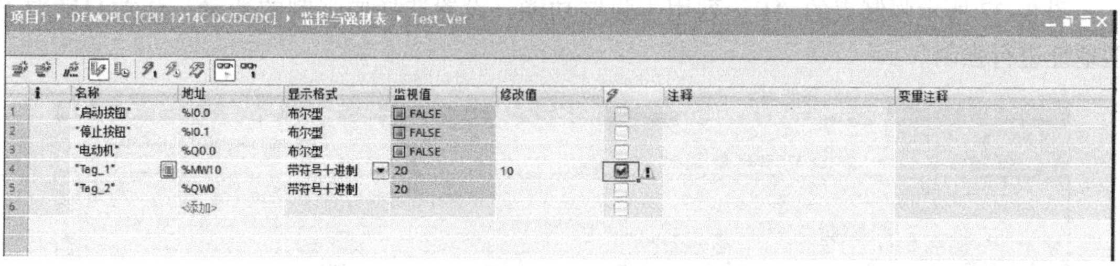

图 8-35　监视表格

图 8-35 中，在 MW10 对应行后的"修改值"列输入 MW10 的修改值 10，单击工具栏"立即一次性修改所有选定值"按钮或者右键选择"修改"→"立即修改"，即可将 MW10 的值修改为 10。采用类似的方法修改 I0.0 为 1 时，可以看到无法修改。同样，QW0 的值也无法修改。这是因为结合 PLC 循环扫描工作原理分析，一次性修改 I0.0 的值时，其值又被外部输入所更新，而 QW0 无法修改的原因是一次性修改其值后，程序循环运行又对其进行了更新。这种情况下，可以通过触发器来进行修改。

单击监视表格工具栏"显示/隐藏高级设置列" 图标，使用触发器监视和修改，则可以看到监视表格增加了若干列，如图 8-36 所示。要设置 I0.0 为 1，则在对应"修改值"列输入 1，设置"使用触发器进行修改"列的选项为"永久"，单击工具栏"通过触发器修改" 图标可以永久设置 I0.0 的值为 1。

可以根据需要设置"使用触发器监视"或"使用触发器进行修改"的选项是"扫描周期开始永久"还是"扫描周期结束永久"，"扫描周期开始仅一次"还是"扫描周期结束仅一次"，"切换到 STOP 时永久"还是"切换到 STOP 时仅一次"。

要在给定触发点修改 PLC 变量，选择扫描周期开始或结束。

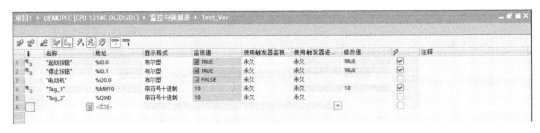

图 8-36　使用触发器修改

1）修改输出：触发修改输出事件的最佳时机是在扫描周期结束且 CPU 马上要写入输出之前的时间。

在扫描周期开始时，监视输出的值以确定写入到物理输出中的值。此外，在 CPU 将值写入物理输出前监视输出以检查程序逻辑并与实际 I/O 行为进行比较。

2）修改输入：触发修改输入事件的最佳时机是在周期开始、CPU 刚读取输入且用户程序要使用输入值之前的时间。

如果怀疑扫描周期开始时输入值变化，则还应在扫描周期结束时监视输入值，以确保扫描周期结束时的输入值与扫描周期开始时相同。如果值不同，则用户程序可能会错误地写入输入值。

图 8-37 所示强制表的 "F" 列用于强制功能，设置选择要强制的变量，注意只能对 P 型地址进行强制。

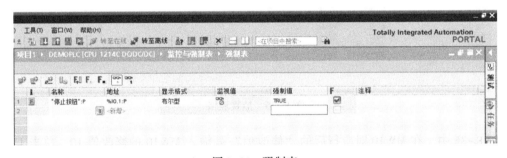

图 8-37　强制表

监视表格允许用户在 CPU 处于 STOP 模式时写入输出。"启用外部外设输出" 功能允许在 CPU 处于 STOP 模式时改变输出，且仅在 CPU 处于 STOP 模式时可用。如果任何输入或输出被强制，则处于 STOP 模式时不允许 CPU 启用输出，必须先取消强制功能。

注意：在设备配置期间将数字量 I/O 点的地址分配给高速计数器（HSC）、脉冲宽度调制（PWM）和脉冲串输出（PTO）设备后，无法通过监视表格的强制功能修改所分配的 I/O 点的地址值。

8.5.2　显示 CPU 中的诊断事件

诊断缓冲区是 CPU 系统存储器的一部分。诊断缓冲区包含由 CPU 或具有诊断功能的模块所检测到的事件和错误等。诊断缓冲区中记录以下事件：CPU 的每次模式切换如上电、切换到 STOP 模式、切换到 RUN 模式等，以及每次诊断中断。

诊断缓冲区是环形缓冲区。S7-1200 PLC CPU 可保存最多 50 个条目。最上面的条目包含最新发生的事件。当诊断缓冲区已满而又需要创建新条目时，则系统自动删除最旧的条目，并在当前空闲的顶部位置创建新条目，即先进先出的原则。

诊断缓冲区有以下优点：

1）在 CPU 切换到 STOP 模式后，可以评估切换到 STOP 模式之前发生的最后几个事件，从而可以查找并确定导致进入 STOP 模式的原因。

2）可以更快地检测并排除出现错误的原因，从而提高系统的可用性。

3）可以评估和优化动态系统响应。

在项目视图项目树中，双击 PLC 设备下的"在线和诊断"，即打开了在线诊断对话框，单击工具栏"转至在线"按钮，则处于在线连接状态。单击"诊断缓冲区"项，查看诊断缓冲区的内容。诊断缓冲区条目由编号、日期和时间及事件等组成，如图 8-38 所示。事件 1 记录了最近时刻的事件，依次查看各个事件，综合这些事件的信息对 CPU 停机的原因进行分析判断。需要注意的是：某个错误可能导致多个记录的事件，故障分析时需注意相近时刻内的事件要结合起来分析。另外，选中某一提示事件时，可以单击"打开块"按钮，则直接可以打开出错的块。

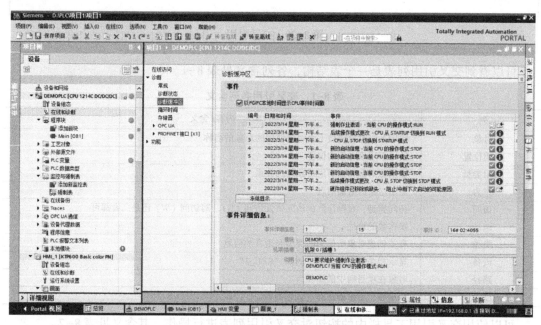

图 8-38 诊断缓冲区

连接到在线 CPU 后，可以查看系统循环时间和存储器使用情况，如图 8-38 右侧所示。

8.5.3 参考数据

对于复杂的程序，当排除故障时特别需要有一个概览，在哪里、哪个地址被扫描或赋值、哪个输入或输出被实际使用或整个用户程序关于调用层次的基本结构如何等。"参考数据"工具将提供一个用户程序结构的概览以及所用地址的查看。参考数据从离线存储的用户程序生成。

1. 交叉引用

交叉引用列表提供项目对象如用户程序中操作数和变量的使用概况，可以看到哪些对象相互依赖以及各对象所在的位置。作为项目文档的一部分，交叉引用全面概述了已用的所有操作数、存储区、块、变量和画面，例如可以显示对象的使用位置以修改或删除对象，可以显示已删除对象的使用位置并在必要时进行修改。

在项目视图中，选中目录树中的 PLC 设备项，单击菜单"工具"→"交叉引用"或者单击右键选择"交叉引用"，即可以打开所选项目的 PLC 站的交叉引用列表，如图 8-39 所示。

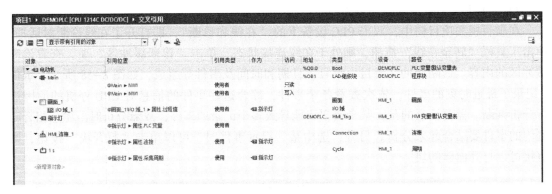

图 8-39　交叉引用

可以看到交叉引用列表是一个表结构，各列含义见表 8-1。

表 8-1　交叉引用各列含义

列	内容/含义
对象	使用下级对象或被下级对象使用的对象的名称
引用位置	显示引用该对象的位置
引用类型	显示源对象和被引用对象间的关系
作为	显示对象的附加信息
访问	访问类型，对操作数的访问是读访问（R）、写访问（W）还是二者都可
地址	操作数的地址
类型	有关创建对象所使用的类型和语言的信息
设备	显示相关的设备名称，例如"CPU_1"
路径	对象在项目树中的路径
注释	显示各个对象的注释（如果有）

可以使用交叉引用工具栏中的按钮对交叉引用列表进行操作，其含义见表 8-2。

表 8-2　交叉引用工具栏中的按钮

图　标	名　称	功　能
⟳	更新交叉引用列表	当前交叉引用列表
ⓎⓏ	设置当前交叉引用列表的常规选项	在此处选中相关复选框以指定显示已引用、未引用、已存在或不存在的对象
▤	折叠条目	通过关闭下级对象减少当前交叉引用列表中的条目
▤	展开条目	通过打开下级对象展开当前交叉引用列表中的条目

交叉引用列表有以下优点：

1）创建和更改程序时，保留已使用的操作数、变量和块调用的总览。

2）从交叉引用可直接跳转到操作数和变量的使用位置，以及对象的使用位置。

3）在程序测试或故障排除期间，系统将提供以下信息，如哪个块中的哪条命令处理了哪个操作数，哪个画面使用了哪个变量，哪个块被其他哪个块调用。

2. 从属性结构

从属性结构是对象交叉引用列表的扩展，显示程序中每个块与其他块的从属关系。显示从属性结构时会显示用户程序中使用的块的列表，块显示在最左侧，调用或使用此块的块缩进排列在其下方。

在项目视图中，选中目录树中的 PLC 设备项，单击菜单"工具"→"从属性结构"或者单击右键选择"从属性结构"，即可以打开所选项目的 PLC 站的从属性结构，如图 8-40 所示。

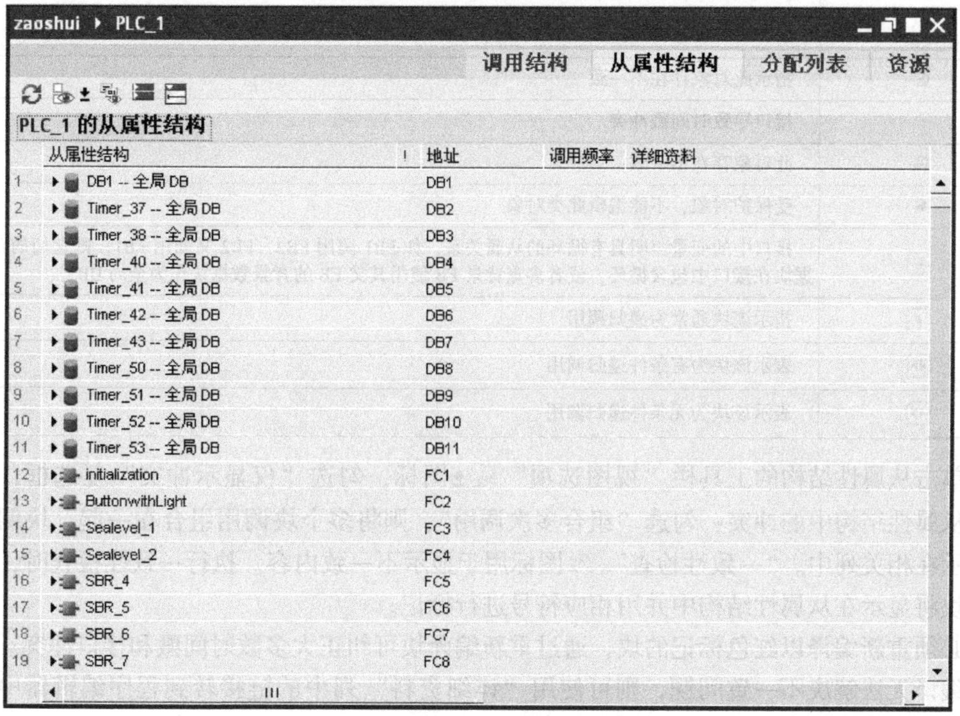

图 8-40 从属性结构

可以看到从属性结构是一个表结构，各列含义见表 8-3。

表 8-3 从属性结构各列含义

列	内容/含义
从属性结构	指示程序中的每个块与其他块之间的从属关系
调用类型（!）	显示调用类型
地址	显示块的绝对地址
调用频率	指示多个块调用的数目
详细资料	显示被调用块的程序段或接口，此链接可跳转到程序编辑器中的块调用位置

从属性结构中符号的含义见表 8-4。

表 8-4　从属性结构中符号的含义

符　　号	含　　义
▆	组织块（OB）
▆	功能块（FB）
▆	功能（FC）
▌	数据块（DB）
▤	该块已声明为多重背景
⊡	该对象与连接到左侧的对象之间存在着接口从属性
⊏▯⊐	需要重新编译该块
▯	指示需要重新编译该数据块
◷	指示此对象存在不一致
⊐	接口导致时间戳冲突
◷	此对象存在不一致
▬	受保护对象，不能编辑此类对象
⊡	接口中的变量声明具有循环的从属关系，如 FB1 调用 FB2，FB2 又调用 FB1，则它们的背景数据块在接口中包含循环，或者多重背景 FB 使用其父 FB 的背景数据块作为全局 DB
⊡	指示该块通常为递归调用
⊕	表示该块为有条件递归调用
⊡	表示该块为无条件递归调用

　　单击从属性结构的工具栏"视图选项" ▤ 图标，勾选"仅显示冲突"复选框，则仅显示从属性结构中的冲突；勾选"组合多次调用"，则将多个块调用组合在一起。块调用数会显示在相关列中。"一致性检查" ▤ 图标用于显示不一致内容。执行一致性检查时，不一致的块将显示在从属性结构中并用相应符号进行标记。

　　必须重新编译以红色标记的块，通过重新编译块可纠正大多数时间戳和接口冲突。如果通过编译无法解决不一致问题，则可使用"详细资料"列中的链接转到程序编辑器中的问题源，然后手动解决所有不一致问题。

3. 调用结构

　　调用结构描述了用户程序中块的调用层级，它提供了以下几个方面的概要信息：所用的块、对其他块的调用、各个块之间的关系、每个块的数据要求以及块的状态等。

　　在项目视图中，选中目录树中的 PLC 设备，单击菜单"工具"→"调用结构"或者单击右键选择"调用结构"可以打开调用结构，如图 8-41 所示，也可以在图 8-40 中单击右上角的"调用结构"选项卡打开调用结构页面。

　　调用结构显示用户程序中使用的块的列表，第一级以彩色高亮显示，并显示未被程序中的其他块调用的块。OB 始终在调用结构的第一级显示，FC、FB 和 DB 仅当未被组织块调用时显示在第一级。当某个块调用其他块时，被调用块以缩进形式列在调用块下。

　　调用结构各列的含义见表 8-5。调用结构中的符号参见表 8-4。

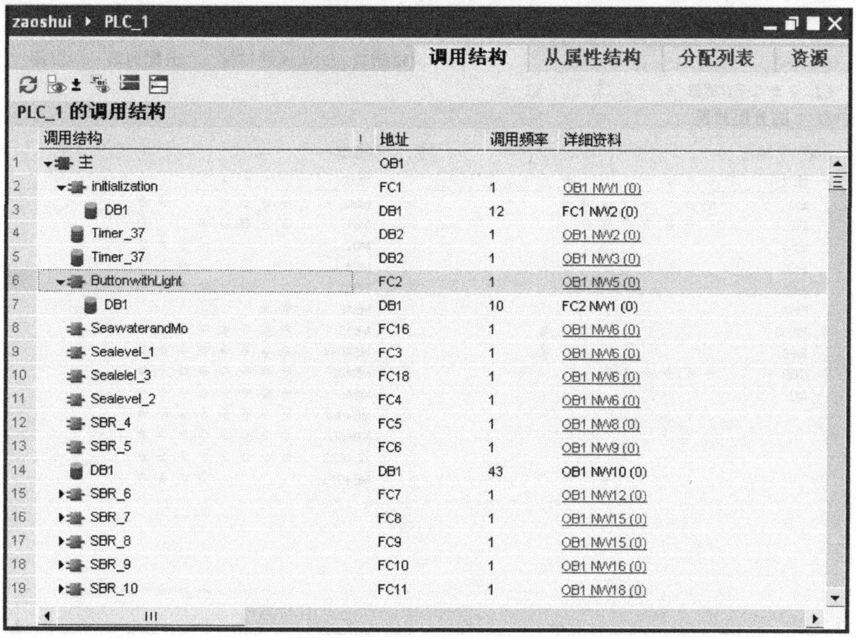

图 8-41 调用结构

表 8-5 调用结构各列含义

列	内容/含义
调用结构	显示被调用块的总览
调用类型（!）	显示调用类型
地址	显示块的绝对地址。对于 FB，还会显示其相应背景数据块的绝对地址
调用频率	显示对一个块多次调用的次数
详细资料	显示被调用块的程序段或接口，此链接可跳转到程序编辑器中的块调用位置
本地数据（在路径中）	指示完整路径的局部数据要求
本地数据（用于块）	显示块的局部数据要求

4. 分配列表

分配列表显示 S7-1200 PLC 程序中分配的地址，是查找用户程序错误或修改的重要基础。

在项目视图中，选中目录树中的 PLC 设备，单击菜单"工具"→"分配列表"或者单击右键选择"分配列表"可以打开分配列表，如图 8-42 所示。分配列表概要说明了输入、输出和位存储器等存储区字节中位的占用。

分配列表中的每一行对应存储区的一个字节，该字节包括相应的 8 位，即第 7~0 位。根据其访问进行标记。通过"条形"指示是按字节、字还是双字进行访问。

分配列表工具栏"视图选项"中，如果勾选了"使用的地址"复选框，将显示程序中使用的地址、I/O 和指针；如果勾选了"空闲的硬件地址"复选框，则仅显示空闲的硬件地址。

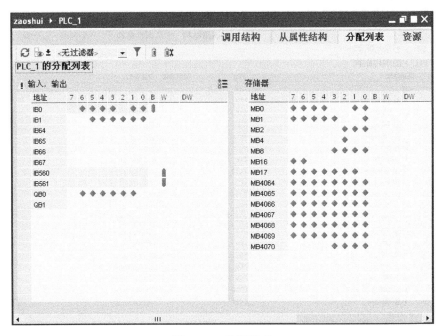

图 8-42　分配列表

5. 资源

资源页面概要说明了 CPU 上用于以下对象的硬件资源：

1) CPU 中使用的编程对象，如 OB、FC、FB、DB、PLC 变量和用户定义的数据类型等。

2) CPU 上可用的存储区，如装载存储器、内存、保持性存储器，其最大容量及上述编程对象使用的大小。

3) 可为 CPU 组态的模块的 I/O，包括已使用的 I/O 等。

在项目视图中，选中目录树中的 PLC 设备，单击菜单"工具"→"资源"或者单击右键选择"资源"可以打开资源列表，如图 8-43 所示。资源列表中未经过编译的块的大小用问号来标识。

资源列表的各列含义见表 8-6。

表 8-6　资源的各列含义

列	内容/含义
对象	"详细资料"区概要说明了 CPU 中可用的编程对象，包括它们的存储器分配
装载存储器	以百分比和绝对值形式显示 CPU 的最大装载存储器资源 "总计"下显示的值提供了有关装载存储器的最大可用存储空间的信息 "已使用"下显示的值提供有关装载存储器中实际使用的存储空间的信息 如果值显示为红色，则表示超出了可用的存储空间
内存	以百分比和绝对值形式显示 CPU 的最大工作存储器资源 工作存储器取决于 CPU。例如，对于 S7-400 CPU 或 S7-1500 系列 CPU，可分为"代码工作存储器"和"数据工作存储器" "总计"下显示的值提供了有关内存中最大可用存储空间的信息 "已使用"下显示的值为工作存储器中实际已使用的存储空间的相关信息 如果值显示为红色，则表示超出了可用的存储空间

（续）

列	内容/含义
保持性存储器	以百分比和绝对值形式显示 CPU 中保持性存储器的最大资源 "总计"下显示的值提供了保持性存储器中最大可用存储空间的信息 "已使用"下显示的值为保持性存储器中实际已使用的存储空间的相关信息 如果值显示为红色，则表示超出了可用的存储空间
I/O	显示 CPU 上可用的 I/O，包括随后几列中其模块特定的可用性 "已组态"中显示的值提供有关最大可用 I/O 数的信息 "已使用"下显示的值提供有关装载存储器中实际使用的存储空间的信息
DI/DQ/AI/AQ	显示已组态和已使用的输入/输出数 DI =数字输入 DQ =数字输出 AI =模拟输入 AQ =模拟输出 "已组态"中显示的值提供有关最大可用 I/O 数的信息 "已使用"下显示的值提供有关实际使用的输入和输出的信息

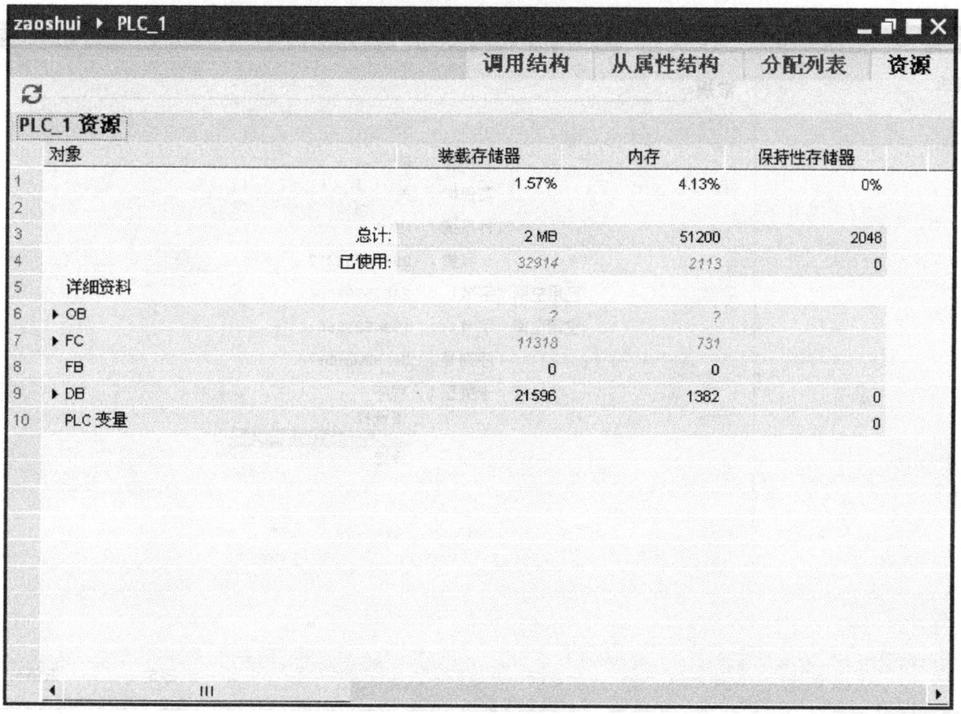

图 8-43　资源

8.6　存储卡的使用

S7-1200 PLC CPU 使用的存储卡为 SD 卡，存储卡中可以存储用户项目文件，有以下 4 种功能：

1）作为 CPU 的装载存储区，用户项目文件可以仅存储在卡中，CPU 中没有项目文件，离开存储卡无法运行。

2）在有编程器的情况下，作为向多个 S7-1200 PLC 传送项目文件的介质。

3）忘记密码时，清除 CPU 内部的项目文件和密码。

4）24 MB 卡可以用于更新 S7-1200 CPU 的固件版本。

存储卡有两种工作模式：程序卡和传输卡。

以程序卡工作时，存储卡作为 S7-1200 PLC CPU 的装载存储区，所有程序和数据存储在卡中，CPU 内部集成的存储区中没有项目文件，设备运行中存储卡不能被拔出。

以传输卡工作时，用于从存储卡向 CPU 传送项目，传送完成后必须将存储卡拔出。CPU 可以离开存储卡独立运行。

8.6.1　修改存储卡的工作模式

在 STEP 7 软件的项目视图项目树下，单击"SIMATIC 卡读卡器"项，找到读卡器型号，右击存储卡的盘符选择"属性"，打开图 8-44 所示的存储卡属性对话框，在"卡类型"项中选择期望的类型。

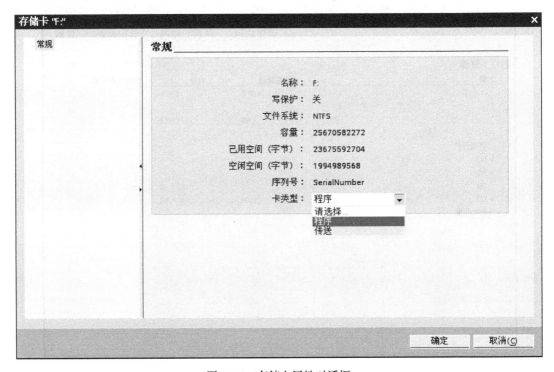

图 8-44　存储卡属性对话框

8.6.2　使用程序卡模式

若使用程序卡，则更换 CPU 时不需要重新下载项目文件。使用程序卡步骤如下：

1）将存储卡设定为"程序卡"模式。建议设定前先清除存储卡中的所有文件。

2）设置 CPU 的启动状态为"暖启动"→"RUN"。

3）将 CPU 断电。

4）将存储卡插到 CPU 卡槽内。

5）将 CPU 上电。

6）在 STEP 7 编程软件中下载，将项目文件全部下载到存储卡中。此时下载是将项目文件（包括用户程序、硬件组态和强制值）下载到存储卡中，而不是 CPU 内部集成的存储区中。

完成上述步骤后，CPU 可以带卡正常运行。此时如果将存储卡拔出，CPU 会报错，"故障"红灯闪烁。

8.6.3 使用传输卡模式

通过传输卡可以在没有编程器的情况下，方便快捷地向多个 S7-1200 PLC 复制项目文件。

使用传输卡的步骤如下：

1）将存储卡设定为"传输卡"模式，建议设定前先清除存储卡中的所有文件。

2）设置 CPU 的启动状态为"暖启动"→"RUN"。

3）在项目视图项目树中直接拖拽 PLC 设备到存储卡盘符中。

4）将 CPU 断电。

5）插传输卡到 CPU 卡槽。

6）将 CPU 上电，会看到 CPU 的"MAINT"黄灯闪烁。

7）将 CPU 断电，将存储卡拔出。

8）将 CPU 上电。

8.6.4 使用存储卡清除密码

如果忘记了之前设定到 S7-1200 PLC 的密码，通过"恢复出厂设置"无法清除 S7-1200 PLC 内部的程序和密码，因此唯一的清除方式是使用存储卡，步骤如下：

1）将 S7-1200 PLC 设备断电。

2）插入一张存储卡到 S7-1200 PLC CPU 上，存储卡中的程序不能有密码保护。

3）将 S7-1200 PLC 设备上电。

4）S7-1200 PLC CPU 上电后，会将存储卡中的程序复制到内部的 FLASH 寄存器中，即执行清除密码操作。

也可以用相同的方法插入一张全新或者空白的存储卡到 S7-1200 PLC CPU，设备上电后，S7-1200 PLC CPU 会将内部存储区的程序转移到存储卡中，拔下存储卡后，S7-1200 PLC CPU 内部将不存在用户程序，即实现了清除密码。

8.6.5 使用 24 MB 存储卡更新 S7-1200 PLC CPU 的固件版本

可以使用 24 MB 存储卡更新 S7-1200 PLC CPU 的固件版本，2 MB 存储卡不能用于 CPU 固件升级。S7-1200 PLC CPU 的固件版本可以从西门子官方网站下载。注意：不同订货号的 S7-1200 PLC CPU 的固件文件不同，下载地址也不同。在下载和更新固件之前要核对好产品订货号。

更新 CPU 固件版本的步骤如下：

1）使用计算机通过读卡器清除存储卡中内容，不要格式化存储卡。

2) 下载最新版本的固件文件并解压文件，可以得到一个 "S7_JOB. SYS" 文件和 "FWUOPDATE. S7S" 文件夹。

3) 将 "S7_JOB. SYS" 文件和 "FWUOPDATE. S7S" 文件夹复制到存储卡中。

4) 将存储卡插到 CPU 1200 卡槽中。此时 CPU 会停止，"MAINT" 指示灯闪烁。

5) 将 CPU 断电、上电，CPU 的 "RUN/STOP" 指示灯红、绿交替闪烁说明固件正在被更新中。"RUN/STOP" 指示灯亮，"MAINT" 指示灯闪烁说明固件更新已经结束。

6) 拔出存储卡。

7) 再次将 CPU 断电、上电。

可以在 STEP 7 软件中通过菜单 "在线" → "在线和诊断" 打开诊断对话框，在 "常规" 项中可以查看 CPU 目前的固件版本。固件升级前 CPU 内部存储的项目文件（程序块、硬件组态等）不受影响，不会被清除。如果存储卡中的固件文件订货号与实际 CPU 的订货号不一致，则执行上述操作也不能更新固件版本。

8.7 习题

1. TIA Portal 提供哪两种视图？
2. 在 Portal 视图中选择不同的 "任务入口" 可处理哪些工程任务？
3. 如何在 TIA Portal 软件中进行 S7-1200 PLC 硬件的组态？
4. 以 S7-1200 PLC 与 HMI 通信为例，说明如何进行网络的组态。
5. TIA Portal 软件中如何对 PLC 进行编程？
6. TIA Portal 软件中如何下载 PLC 项目？
7. 在 CPU 的属性窗口中可以设置 CPU 的哪些属性？
8. S7 PLC 中的全局符号和局部符号有什么不同？
9. 如何定义 PLC 的变量？
10. 诊断缓冲区可以记录的事件有哪些？
11. 请说明交叉引用的功能。
12. 请说明存储卡的功能。

第9章 指令系统

不同厂家 PLC 的指令系统差别较大，熟悉其指令系统是 PLC 程序设计的关键。S7-1200 PLC 的指令从功能上大致可分为 4 类：基本指令、扩展指令、工艺指令和通信指令。

9.1 基本指令

微课：基本
指令（上）

基本指令包括位逻辑指令、定时器、计数器、比较指令、数学指令、移动指令、转换指令、程序控制指令、字逻辑运算指令及移位和循环指令等。

9.1.1 位逻辑指令

位逻辑指令使用 1 和 0 两个数字，将 1 和 0 两个数字称作二进制数字或位。在触点和线圈中，1 表示激活状态，0 表示未激活状态。位逻辑指令是 PLC 中最基本的指令，见表 9-1。

表 9-1 常用的位逻辑指令

图形符号	功能	图形符号	功能
─┤ ├─	常开触点（地址）	─（S）─	置位线圈
─┤/├─	常闭触点（地址）	─（R）─	复位线圈
─┤ ├─	输出线圈	─[SET_BF]─	置位域
─┤/├─	反向输出线圈	─（RESET_BF）─	复位域
─┤ NOT ├─	取反	─┤P├─	P 触点，上升沿检测
RS 触发器（R, S1, Q）	RS 置位优先型 RS 触发器	─┤N├─	N 触点，下降沿检测
SR 触发器（S, R1, Q）	SR 复位优先型 SR 触发器	─（P）─	P 线圈，上升沿
R_TRIG（EN, ENO, CLK, Q）	检测信号上升沿	─（N）─	N 线圈，下降沿
"F_TRIG_DB" F_TRIG（EN, ENO, false CLK, Q）	检测信号下降沿	P_TRIG（CLK, Q）	P_Trig，上升沿
		N_TRIG（CLK, Q）	N_Trig，下降沿

1. 基本逻辑指令

常开触点对应的存储器地址位为 1 状态时，该触点闭合。常闭触点对应的存储器地址位为 0 状态时，该触点闭合。触点符号中间的 "/" 表示常闭，触点指令中变量的数据类型为 Bool 型。输出指令与线圈相对应，驱动线圈的触点电路接通时，线圈流过 "能流"，指定位对应的映像寄存器为 1，反之则为 0。输出线圈指令可以放在梯形图的任意位置，变量为 Bool 型。常开触点、常闭触点和输出线圈的例子如图 9-1 所示，I0.0 和 I0.1 是 "与" 的关系，当 I0.0=1，I0.1=0 时，输出 Q4.0=1；当 I0.0=1 和 I0.1=0 的条件不同时满足时，Q4.0=0。

图 9-1　常开触点、常闭触点和输出线圈的例子

取反指令的应用如图 9-2 所示，其中 I0.0 和 I0.1 是 "或" 的关系，当 I0.0=0，I0.1=0 时，取反指令后的 Q4.0=1。

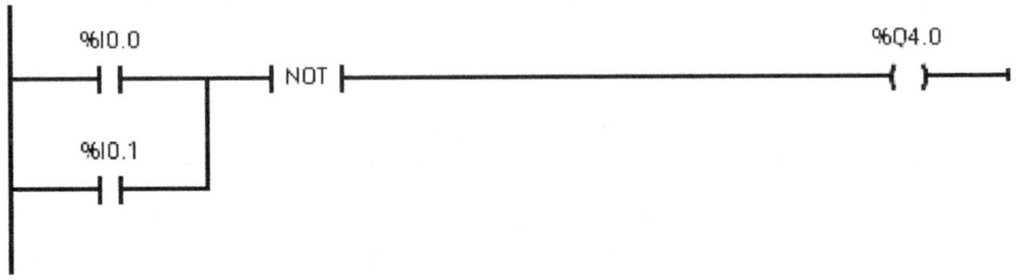

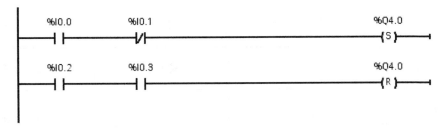

图 9-2　取反指令

2. 置位/复位指令

对于置位指令，如果 RLO = "1"，指定的地址被设定为状态 "1"，而且一直保持到它被另一个指令复位为止；对于复位指令，如果 RLO = "1"，指定的地址被复位为状态 "0"，而且一直保持到它被另一个指令置位为止。图 9-3 中，当 I0.0=1，I0.1=0 时，Q4.0 被置位，此时即使 I0.0 和 I0.1 不再满足上述关系，Q4.0 仍然保持为 1，直到 Q4.0 对应的复位条件满足，即当 I0.2=1，I0.3=1 时，Q4.0 被复位为零。

图 9-3　置位/复位指令

置位域指令 SET_BF 激活时，为从地址 OUT 处开始的 "n" 位分配数据值 1。SET_BF 不激活时，OUT 不变。复位域 RESET_BF 为从地址 OUT 处开始的 "n" 位写入数据值 0。

RESET_BF 不激活时，OUT 不变。置位域和复位域指令必须在程序段的最右端。图 9-4 中，当 I0.0 = 1，I0.1 = 0 时，Q4.0~Q4.3 被置位，此时即使 I0.0 和 I0.1 不再满足上述关系，Q4.0~Q4.3 仍然保持为 1。当 I0.2 = 1，I0.3 = 1 时，Q4.0~Q4.6 被复位为零。

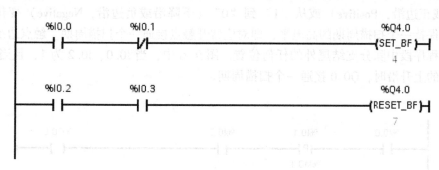

图 9-4　置位域/复位域指令

触发器的置位/复位指令如图 9-5 所示。可以看出，触发器有置位输入和复位输入两个输入端，分别用于根据输入端的 RLO = 1，对存储器位置位或复位。当 I0.0 = 1 时，Q4.0 被复位，Q4.1 被置位；当 I0.1 = 1 时，Q4.0 被置位，Q4.1 被复位。若 I0.0 和 I0.1 同时为 1，则输入端后标注 1 的起作用，即触发器的置位/复位指令分为置位优先和复位优先两种。

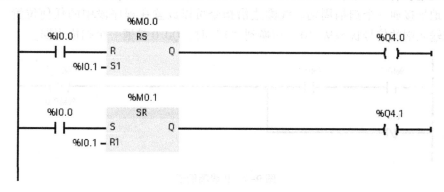

图 9-5　触发器的置位/复位指令

触发器指令上的 M0.0 和 M0.1 称为标志位，R、S 输入端首先对标志位进行复位和置位，再将标志位的状态送到输出。如果用置位指令把输出置位，当 CPU 全启动时输出被复位。若在图 9-5 所示的例子中，将 M0.0 声明为保持，当 CPU 全启动时，它将一直保持置位状态，被启动复位的 Q4.0 会再次赋值为 "1"。

后面介绍的诸多指令通常也带有标志位，其含义类似。

【例 9-1】抢答器有 I0.0、I0.1 和 I0.2 三个输入，对应输出分别为 Q4.0、Q4.1 和 Q4.2，复位输入是 I0.4。要求：三人中任意抢答，谁先按动瞬时按钮，谁的指示灯优先亮，且只能亮一盏灯，进行下一问题时主持人按复位按钮，抢答重新开始。

编写程序扫码查看。注意，SR 指令的标志位地址不能重复，否则出错。

例程：例 9-1 程序

3. 边沿指令

（1）触点边沿

触点边沿检测指令包括 P 触点和 N 触点指令，是当触点地址位的值从"0"到"1"（上升沿或正边沿，Positive）或从"1"到"0"（下降沿或负边沿，Negative）变化时，该触点地址保持一个扫描周期的高电平，即对应常开触点接通一个扫描周期。触点边沿指令可以放置在程序段中除分支结尾外的任何位置。图 9-6 中，当 I0.0、I0.2 为 1，且当 I0.1 有从 0 到 1 的上升沿时，Q0.0 接通一个扫描周期。

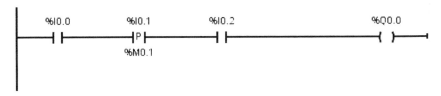

图 9-6　P 触点例子

（2）线圈边沿

线圈边沿包括 P 线圈和 N 线圈，当进入线圈的能流中检测到上升沿或下降沿时，线圈对应的位地址接通一个扫描周期。线圈边沿指令可以放置在程序段中的任何位置。图 9-7 中，线圈输入端的信号状态从"0"切换到"1"时，Q0.0 接通一个扫描周期。

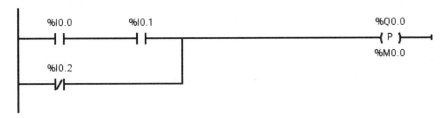

图 9-7　P 线圈例子

（3）TRIG 边沿

TRIG 边沿指令包括 P_TRIG 和 N_TRIG 指令，当在"CLK"输入端检测到上升沿或下降沿时，输出端接通一个扫描周期。图 9-8 中，当 I0.0 和 I0.1 相"与"的结果有一个上升沿时，Q0.0 接通一个扫描周期，I0.0 和 I0.1 相"与"的结果保存在 M0.0 中。

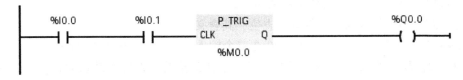

图 9-8　P_TRIG 例子

由此可以看出，边沿检测常用于只扫描一次的情况，如图 9-9 所示程序表示按一下瞬时按钮 I0.0，MW10 加 1，此时必须使用边沿检测指令。注意：图 9-9a、b 的程序功能是一致的。

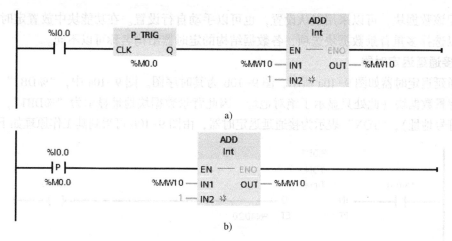

图 9-9 边沿检测指令例子

【例 9-2】按动一次瞬时按钮 I0.0，输出 Q4.0 亮，再按动一次按钮，输出 Q4.0 灭；重复以上操作。编写程序可扫码查看。

例程：例 9-2 程序

【例 9-3】若故障信号 I0.0 为 1，使 Q4.0 控制的指示灯以 1 Hz 的频率闪烁。操作人员按复位按钮 I0.1 后，如果故障已经消失，则指示灯熄灭，如果没有消失，指示灯转为常亮，直至故障消失。

编写程序扫码查看。其中，M1.5 为 CPU 时钟存储器 MB1 的第 5 位，其时钟频率为 1 Hz。

例程：例 9-3 程序

9.1.2 定时器

S7-1200 PLC 提供 IEC 定时器，见表 9-2。

微课：基本指令（下）

表 9-2　S7-1200 PLC 的定时器

类　型	描　述	
TP	脉冲定时器可生成具有预设宽度时间的脉冲	
TON	接通延迟定时器输出 Q 在预设的延时过后设置为 ON	
TOF	关断延迟定时器输出 Q 在预设的延时过后重置为 OFF	
TONR	时间累加器输出在预设的延时过后设置为 ON	
（TP）	直接启动指令	启动脉冲定时器
（TON）		启动接通延时定时器
（TOF）		启动关断延时定时器
（TONR）		时间累加器
（RT）	复位定时器	
（PT）	加载持续时间	

使用 S7-1200 PLC 的定时器需要注意的是：每个定时器都使用一个存储在数据块中的结构来保存定时器数据，即 7.3.5 节所述系统数据类型。在程序编辑器中放置定时器指令时

即可分配该数据块，可以采用默认设置，也可以手动自行设置。在功能块中放置定时器指令后，可以选择多重背景数据块选项，各数据结构的定时器结构名称可以不同。

1. 接通延迟定时器

接通延迟定时器如图 9-10a 所示，图 9-10b 为其时序图。图 9-10a 中，"%DB1"表示定时器的背景数据块（此处只显示了绝对地址，因此背景数据块地址显示为"%DB1"，也可设置显示符号地址），"TON"表示为接通延迟定时器，由图 9-10b 可得到其工作原理如下。

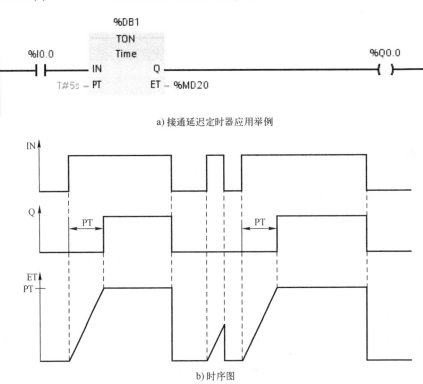

a) 接通延迟定时器应用举例

b) 时序图

图 9-10　接通延迟定时器及其时序图

启动：当定时器的输入端"IN"由"0"变为"1"时，定时器启动，进行由 0 开始的加定时；到达预设值后，定时器停止计时且保持为预设值；只要输入端 IN=1，定时器就一直起作用。

预设值：在输入端"PT"输入格式如"T#5 s"的定时时间，表示定时时间为 5 s。TIME 数据使用 T#标识符，可以采用简单时间单元"T#200 ms"或复合时间单元"T#2s_200 ms"的形式输入。

定时器的当前计时时间值可以在输出端"ET"输出。预设值时间 PT 和计时时间 ET 以表示毫秒时间的有符号双精度整数形式存储在存储器中。定时器的当前值不为负，若设置预设值为负，则定时器指令执行时将被设置为 0。

输出：当定时器定时时间到，没有错误且输入端 IN=1 时，输出端"Q"置位变为"1"。

如果在定时时间到达前输入端"IN"从"1"变为"0"，则定时器停止运行，当前计时值为 0，此时输出端 Q=0。若"IN"端又从"0"变为"1"，则定时器重新由 0 开始加定时。

打开定时器的背景数据块，可以看到其结构含义如图 9-11 所示，其他定时器的背景数据块也是类似，不再赘述。

	名称	数据类型	起始值	保持	可从HMI/..	从H...	在HMI...	设定值	注释
1	▼ Static								
2	PT	Time	T#0ms	☐	☑	☑	☑	☐	
3	ET	Time	T#0ms	☐	☑	☑	☑	☐	
4	IN	Bool	false	☐	☑	☑	☑	☐	
5	Q	Bool	false	☐	☑	☐	☑	☐	

图 9-11　定时器的背景数据块结构

【例 9-4】按下瞬时启动按钮 I0.0，延时 5 s 后电动机 Q4.0 起动，按下瞬时停止按钮，延时 10 s 后电动机 Q4.0 停止。

由于为瞬时按钮，而接通延迟定时器要求 S 端一直为高电平，故采用位存储区 M 作为中间变量，编写程序扫码查看。注意：起动电动机后要将中间变量 M 复位。

例程：例 9-4 程序

【例 9-5】用接通延迟定时器实现一个周期振荡电路，编写程序扫码查看。

例程：例 9-5 程序

如程序所示，当 CPU 运行时，第二个定时器（T2）未启动，则其输出 M0.1 对应的常闭触点接通，第一个定时器（T1）开始定时，当 T1 定时未到时，T2 无法启动，Q0.0 为 0；当 T1 定时时间到，则其输出 M0.0 对应的常开触点闭合，T2 启动，Q0.0 为 1，此时 T2 定时未到，其常闭触点仍然接通，故 T1 保持；当 T2 定时到，其常闭触点断开，T1 停止定时，其常开触点断开，Q0.0 为 0，T2 停止定时，则其常闭触点接通，则 T1 重新启动，重复上述过程。

2. 时间累加器

时间累加器如图 9-12a 所示，图 9-12b 为其时序图。图 9-12a 中，"%DB3"表示定时器的背景数据块，"TONR"表示时间累加器，由图 9-12b 可得到其工作原理如下。

启动：当定时器的输入端"IN"从"0"变为"1"时，定时器启动开始加定时，当"IN"端变为 0 时，定时器停止工作并保持当前计时值。当定时器的输入端"IN"又从"0"变为"1"时，定时器继续计时，当前值继续增加；如此重复，直到定时器当前值达到预设值时，定时器停止计时。

复位：当复位输入端"R"为"1"时，无论"IN"端如何，都清除定时器中的当前定时值，而且输出端"Q"复位。

输出：当定时器计时时间到达预设值时，输出端"Q"端变为"1"。

时间累加器常用于累计定时时间的场合，如记录一台设备（制动器、开关等）运行的时间。当设备运行时，输入 I0.0 为高电平，当设备不工作时 I0.0 为低电平。I0.0 为高电平时，开始测量时间；I0.0 为低电平时，中断时间的测量，而当 I0.0 重新为高电平时继续测量。可知本项目需要使用时间累加器。程序例子如图 9-13 所示，累计的时间以毫秒的形式存储在 MD24 中，此处的定时时间不需要，故设为较大的数值如 2000 天。

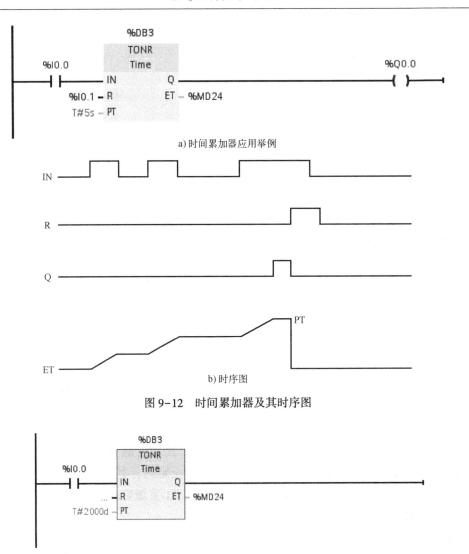

a)时间累加器应用举例

b)时序图

图 9-12　时间累加器及其时序图

图 9-13　程序例子

3. 关断延迟定时器

关断延迟定时器如图 9-14a 所示，图 9-14b 为其时序图。图 9-14a 中，"%DB4"表示定时器的背景数据块，"TOF"表示关断延迟定时器，由图 9-14b 可得到其工作原理如下。

启动：当定时器的输入端"IN"从"0"变为"1"时，定时器尚未开始定时且当前定时值清零；当"IN"端由"1"变为"0"时，定时器启动开始加定时。当定时时间到达预设值时，定时器停止计时并保持当前值。

输出：当输入端"IN"从"0"变为"1"时，输出端 Q=1，如果输入端"IN"又变为"0"，则输出端"Q"继续保持"1"，直到到达预设值时间。

4. 脉冲定时器

脉冲定时器如图 9-15a 所示，图 9-15b 为其时序图。图 9-15a 中，"%DB1"表示定时器的背景数据块，"TP"表示脉冲定时器，由图 9-15b 可得到其工作原理如下。

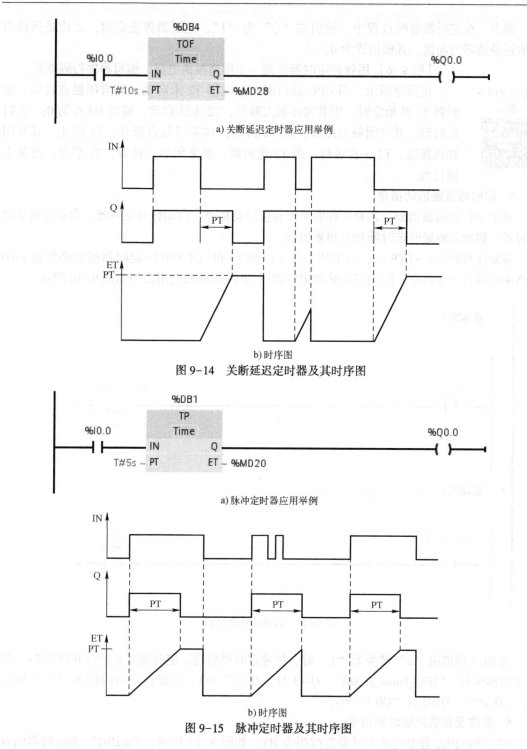

a) 关断延迟定时器应用举例

b) 时序图

图 9-14 关断延迟定时器及其时序图

a) 脉冲定时器应用举例

b) 时序图

图 9-15 脉冲定时器及其时序图

启动：当输入端 "IN" 从 "0" 变为 "1" 时，定时器启动，此时输出端 "Q" 也置为 "1"。在脉冲定时器定时过程中，即使输入端 "IN" 发生了变化，定时器也不受影响，直到到达预设值时间。到达预设值后，如果输入端 "IN" 为 "1"，则定时器停止定时且保持当前定时值；若输入端 "IN" 为 "0"，则定时器定时时间清零。

输出：在定时器定时过程中，输出端"Q"为"1"，定时器停止定时，无论是保持当前值还是清零当前值，其输出皆为 0。

【例 9-6】用脉冲定时器实现一个周期振荡电路，编写程序扫码查看。

例程：例 9-6
程序

由程序所示，当 CPU 运行时，定时器 T2 未启动，其常闭触点接通，定时器 T1 开始定时，则其常闭触点断开，T2 无法启动，输出 Q4.0 为 0；当 T1 定时到，其常闭触点接通，则 T2 启动，其常闭触点断开，T1 停止，其常闭触点接通，T2 一直运行；当 T2 定时到，其常闭触点接通，T1 启动，重复上述过程。

5. 定时器直接启动指令

对于 IEC 定时器指令，还有 4 种简单的直接启动指令：启动脉冲定时器、启动接通延时定时器、启动关断延时定时器和时间累加器。

需要注意的是：-(TP)-、-(TON)-、-(TOF)-和-(TONR)-定时器线圈必须是 LAD 网络中的最后一个指令。应用启动脉冲定时器-(TP)-实现的应用实例如图 9-16 所示。

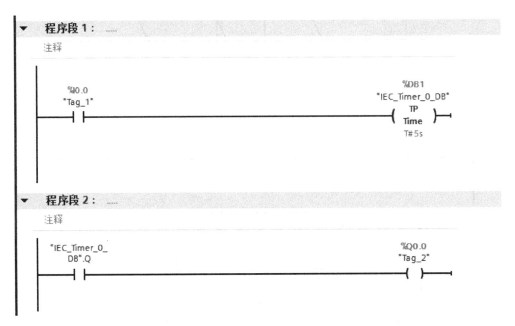

图 9-16　启动脉冲定时器

当 I0.0 的值由"0"转换为"1"时，脉冲定时器启动。定时器开始运行并持续 5 s。只要定时器运行，"IEC_Timer_0_DB".Q=1 且"Q0.0"=1。当经过定时时间 5 s 后，"IEC_Timer_0_DB".Q=0 且"Q0.0"=0。

6. 复位及加载持续时间指令

S7-1200 PLC 有专门的定时器复位指令 RT，如图 9-17 所示，"%DB2"为定时器的背景数据块，其功能为通过清除存储在指定定时器背景数据块中的时间数据来重置定时器。

可以使用"加载持续时间"指令为定时器设置时间。如果该指令输入逻辑运算结果（RLO）的信号状态为"1"，则每个周期都执行该指令。该指令将指定时间写入指定定时器的结构中。如果在指令执行时指定定时器正在计时，指令将覆盖该指定定时器的当前值，从而改变定时器的状态。

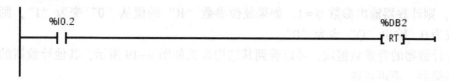

图 9-17 复位定时器指令

9.1.3 计数器

STEP 7 中的计数器有 3 类：加计数器 CTU、减计数器 CTD 和加减计数器 CTUD。与定时器类似，使用 S7-1200 PLC 的计数器需要注意的是每个定时器都使用一个存储在数据块中的结构来保存计数器数据，即 7.3.5 节所述系统数据类型。在程序编辑器中放置计数器指令时即可分配该数据块，可以采用默认设置，也可以手动自行设置。

使用计数器需要设置计数器的计数数据类型，计数值的数值范围取决于所选的数据类型。如果计数值是无符号整数，则可以减计数到零或加计数到范围限值。如果计数值是有符号整数，则可以减计数到负整数限值或加计数到正整数限值。支持的数据类型包括 SInt、Int、DInt、USInt、UInt 和 UDInt 等。

1. 加计数器

加计数器如图 9-18a 所示，图 9-18b 为其时序图。图 9-18a 中，"%DB5"表示计数器的背景数据块，"CTU"表示加计数器，由图 9-18b 可得到其工作原理如下。图 9-18 中，计数值数据类型是无符号整数，预设值 PV=3。

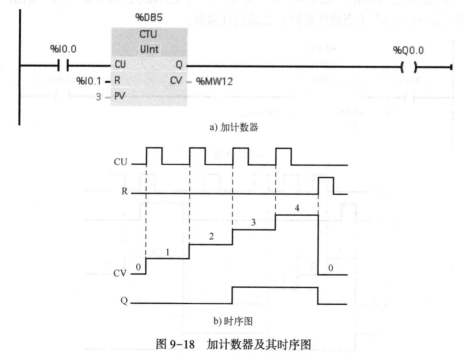

a) 加计数器

b) 时序图

图 9-18 加计数器及其时序图

输入参数"CU"（Count Up）的值从"0"变为"1"（上升沿）时，加计数器的当前计数值"CV"加1。如果参数"CV"(当前计数值)的值大于或等于参数"PV"的值(预设计数值),则计数器输出参数 Q=1。如果复位参数"R"的值从"0"变为"1",则当前计数值复位为0,输出"Q"也为"0"。

打开计数器的背景数据块,可以看到其结构含义如图 9-19 所示,其他计数器的背景数据块也是类似,不再赘述。

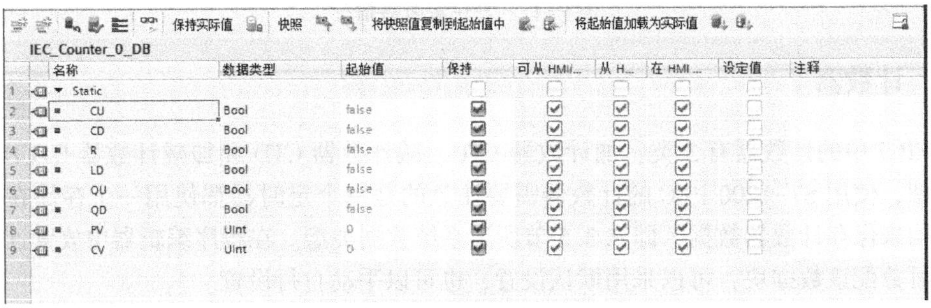

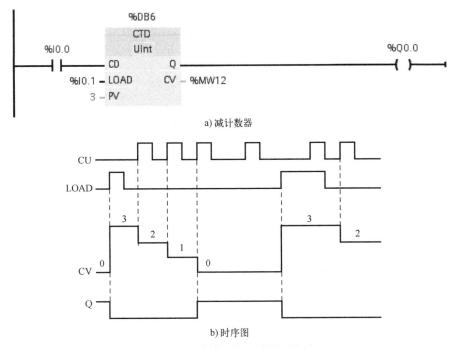

图 9-19 计数器的背景数据块结构

2. 减计数器

减计数器如图 9-20a 所示,图 9-20b 为其时序图。图 9-20a 中,"%DB6"表示计数器的背景数据块,"CTD"表示减计数器,图中计数值数据类型是无符号整数,预设值 PV=3。由图 9-20b 可得到其工作原理如下。

输入参数"CD"(Count Down)的值从"0"变为"1"(上升沿)时,减计数器的当前计数值"CV"减1。如果参数"CV"的值(当前计数值)等于或小于0,则计数器输出参数 Q=1。如果参数"LOAD"的值从"0"变为"1"(上升沿),则参数"PV"的值(预设值)将作为新的"CV"(当前计数值)装载到计数器。

a) 减计数器

b) 时序图

图 9-20 减计数器及其时序图

3. 加减计数器

加减计数器如图 9-21a 所示，图 9-21b 为其时序图。图 9-21a 中，"%DB3"表示计数器的背景数据块，"CTUD"表示加减计数器，图中计数值数据类型是无符号整数，预设值 PV=4。由图 9-21b 可得到其工作原理如下。

加计数或减计数输入的值从"0"变为"1"时，"CTUD"会使当前计数值加 1 或减 1。如果参数"CV"的值（当前计数值）大于或等于参数 PV 的值（预设值），则计数器输出参数 QU=1。如果参数"CV"的值小于或等于 0，则计数器输出参数 QD=1。如果参数"LOAD"的值从"0"变为"1"，则参数"PV"（预设值）的值将作为新的"CV"（当前计数值）装载到计数器。如果复位参数"R"的值从"0"变为"1"，则当前计数值复位为"0"。

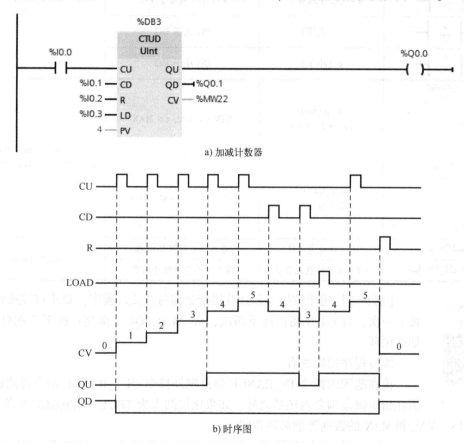

a) 加减计数器

b) 时序图

图 9-21 加减计数器及其时序图

需要注意的是：S7-1200 PLC 的计数器指令使用的是软件计数器，软件计数器的最大计数速率受其所在 OB 的执行速率限制。计数器指令所在 OB 的执行频率必须足够高，才能检测 CU 或 CD 输入端的所有信号，若需要更高频率的计数操作，需要使用高速计数 CTRL_HSC 指令，将在 9.2 节予以介绍。

9.1.4 比较指令

S7-1200 PLC 的比较指令见表 9-3。使用比较指令时可以通过单击指令从下拉菜单中选择比较的类型和数据类型。比较指令只能是两个相同数据类型的操作数进行比较。

表 9-3　比较指令

指　　　令	关系类型	满足以下条件时比较结果为真	支持的数据类型
┤ == ??? ├	=（等于）	IN1 等于 IN2	SInt、Int、DInt、USInt、UInt、UDInt、Real、LReal、String、Char、Time、DTL、Constant
┤ <> ??? ├	<>（不等于）	IN1 不等于 IN2	
┤ >= ??? ├	>=（大于或等于）	IN1 大于或等于 IN2	
┤ <= ??? ├	<=（小于或等于）	IN1 小于或等于 IN2	
┤ > ??? ├	>（大于）	IN1 大于 IN2	
┤ < ??? ├	<（小于）	IN1 小于 IN2	
IN_RANGE ??? ─ MIN ─ VAL ─ MAX	IN_RANGE （值在范围内）	MIN <= VAL <= MAX	SInt、Int、DInt、USInt、UInt、UDInt、Real、Constant
OUT_RANGE ??? ─ MIN ─ VAL ─ MAX	OUT_RANGE （值在范围外）	VAL < MIN 或 VAL > MAX	
┤OK├	OK（检查有效性）	输入值为有效 Real 数	Real、LReal
┤NOT_OK├	NOT_OK（检查无效性）	输入值不是有效 Real 数	

例程：例 9-7
程序

【例 9-7】用比较指令和计数器指令编写开关灯程序，要求灯控按钮 I0.0 按下一次，灯 Q4.0 亮；按下两次，灯 Q4.0、Q4.1 全亮；按下三次灯全灭，如此循环。

编写程序扫码查看。

值在范围内指令 IN_RANGE 和范围外指令 OUT_RANGE 指令可测试输入值在指定值范围之内还是之外。如果比较结果为 TRUE，则其输出为真。输入参数 MIN、VAL 和 MAX 的数据类型必须相同。

例程：例 9-8
程序

【例 9-8】在 HMI 设备上可以设定电动机的转速，设定值 MW20 的范围为 100～1440 r/min，若输入的设定值在此范围内，则延时 5 s 起动电动机 Q0.0，否则 Q0.1 长亮提示。编写程序扫码查看。

使用 OK 和 NOT_OK 指令可测试输入的数据是否为符合标准 IEEE754—2019 的有效实数。图 9-22 中，当 MD0 和 MD4 中为有效浮点数时，会激活"实数乘"（MUL）运算并置位输出，即将 MD0 的值与 MD4 的值相乘，结果存储在 MD10 中，同时 Q4.0 输出为 1。

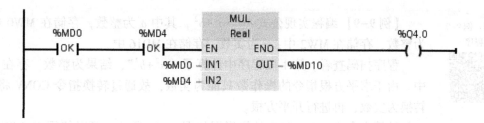

图 9-22 例子程序

9.1.5 数学函数指令

数学函数指令有很多, 如图 9-23 所示, 主要包含加、减、乘、除、计算平方、计算平方根、计算自然对数、计算指数值、计算三角函数、取幂等运算类指令, 以及返回除法的余数、返回小数、求二进制补码、递增、递减、计算绝对值、获取最大/小值、设置限值等其他数学函数指令。

名称	描述
▼ 🕀 数学函数	
CALCULATE	计算
ADD	加
SUB	减
MUL	乘
DIV	除法
MOD	返回除法的余数
NEG	求二进制补码
INC	递增
DEC	递减
ABS	计算绝对值
MIN	获取最小值
MAX	获取最大值
LIMIT	设置限值
SQR	计算平方
SQRT	计算平方根
LN	计算自然对数
EXP	计算指数值
SIN	计算正弦值
COS	计算余弦值
TAN	计算正切值
ASIN	计算反正弦值
ACOS	计算反余弦值
ATAN	计算反正切值
FRAC	返回小数
EXPT	取幂

图 9-23 数学函数指令

使用数学指令时可以通过单击指令从下拉菜单中选择运算类型和数据类型。数学指令的输入输出参数的数据类型要一致。

【例 9-9】 编程实现公式 $c=\sqrt{a^2+b^2}$，其中 a 为整数，存储在 MW0 中；b 为整数，存储在 MW2 中；c 为实数，存储在 MD16 中。

程序扫码查看。第 1 段程序中计算了 "a^2+b^2"，结果为整数，存在 MW8 中。由于求平方根指令的操作数只能为实数，故通过转换指令 CONV 将整数转换为实数，再进行开平方根。

计算指令 CALCULATE 的梯形图如图 9-24 所示，可以使用 CALCULATE 指令定义并执行表达式，根据所选数据类型计算数学运算或复杂逻辑运算。

可以从 "计算" 指令框内 "CAL-CULATE" 指令名称下方的 "<???>" 下拉列表中选择该指令的数据类型。根据所选数据类型，可以组合特定指令的功能，依据表达式执行复杂计算。

在初始状态下，指令包含两个输入（IN1 和 IN2），单击指令框左下角的 *，可以自动添加输入。

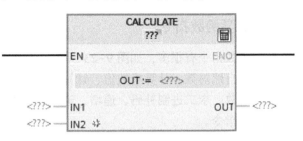

图 9-24　CALCULATE 指令的梯形图

单击计算器图标可打开对话框，如图 9-25 所示，在 "OUT：=" 处定义数学函数。表达式中可以包含输入参数的名称和允许使用的指令，但不允许指定操作数的名称或操作数的地址。单击 "确定" 按钮保存函数时，对话框会自动生成 CALCULATE 指令。

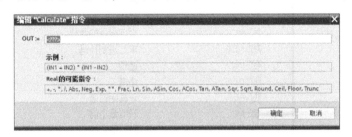

图 9-25　编辑 "CALCULATE" 指令对话框

例如，将自动灌装生产线上未成功灌装的瓶子数量（成品数量和空瓶数量的差值）视为废品，则应用 CALCULATE 指令计算灌装废品率的程序段如图 9-26 所示。其中，灌装废品数量存储在 MW44 中，灌装废品率（%）存储在 MD46 中。

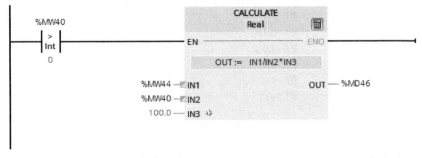

图 9-26　统计灌装废品率

9.1.6 移动指令

使用移动指令将数据元素复制到新的存储器地址并从一种数据类型转换为另一种数据类型。移动过程不会更改源数据。S7-1200 的移动指令见表 9-4。

表 9-4 移动指令

指 令	功 能
MOVE EN ENO IN OUT1	将存储在指定地址的数据元素复制到新地址
MOVE_BLK EN ENO IN OUT COUNT	将数据元素块复制到新地址的可中断移动，参数 COUNT 指定要复制的数据元素个数
MOVE_BLK_VARIANT EN ENO SRC Ret_Val COUNT DEST SRC_INDEX DEST_INDEX	将源存储区域的内容移动到目标存储区域 可以将一个完整的数组或数组中的元素复制到另一个具有相同数据类型的数组中。源数组和目标数组的大小（元素数量）可以不同。可以复制数组中的多个或单个元素。源数组和目标数组都可以用 Variant 数据类型来指代
UMOVE_BLK EN ENO IN OUT COUNT	将数据元素块复制到新地址的不中断移动，参数 COUNT 指定要复制的数据元素个数
FILL_BLK EN ENO IN OUT COUNT	可中断填充指令使用指定数据元素的副本填充地址范围，参数 COUNT 指定要填充的数据元素个数
UFILL_BLK EN ENO IN OUT COUNT	不中断填充指令使用指定数据元素的副本填充地址范围，参数 COUNT 指定要填充的数据元素个数
SWAP ??? EN ENO IN OUT	用于调换两字节和四字节数据元素的字节顺序，但不改变每个字节中的位顺序，需要指定数据类型
Deserialize EN ENO SRC_ARRAY Ret_Val POS DEST_VARIABLE	将按顺序表达的 PLC 数据类型（UDT）转换回 PLC 数据类型，并填充整个内容
Serialize EN ENO SRC_VARIABLE Ret_Val POS DEST_ARRAY	将 PLC 数据类型（UDT）转换为按顺序表达的版本

（续）

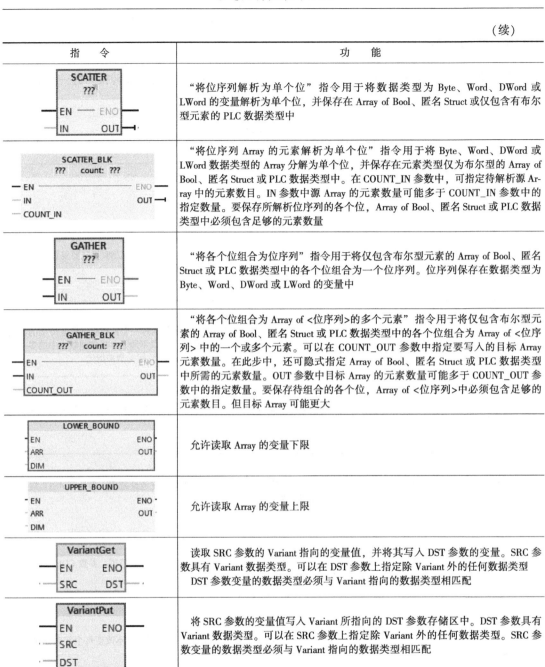

指　　令	功　　能
SCATTER ???	"将位序列解析为单个位"指令用于将数据类型为 Byte、Word、DWord 或 LWord 的变量解析为单个位，并保存在 Array of Bool、匿名 Struct 或仅包含有布尔型元素的 PLC 数据类型中
SCATTER_BLK ???　count: ???	"将位序列 Array 的元素解析为单个位"指令用于将 Byte、Word、DWord 或 LWord 数据类型的 Array 分解为单个位，并保存在元素类型仅为布尔型的 Array of Bool、匿名 Struct 或 PLC 数据类型中。在 COUNT_IN 参数中，可指定待解析源 Array 中的元素数目。IN 参数中源 Array 的元素数量可能多于 COUNT_IN 参数中的指定数量。要保存所解析位序列的各个位，Array of Bool、匿名 Struct 或 PLC 数据类型中必须包含足够的元素数量
GATHER ???	"将各个位组合为位序列"指令用于将仅包含布尔型元素的 Array of Bool、匿名 Struct 或 PLC 数据类型中的各个位组合为一个位序列。位序列保存在数据类型为 Byte、Word、DWord 或 LWord 的变量中
GATHER_BLK ???　count: ???	"将各个位组合为 Array of <位序列>的多个元素"指令用于将仅包含布尔型元素的 Array of Bool、匿名 Struct 或 PLC 数据类型中的各个位组合为 Array of <位序列> 中的一个或多个元素。可以在 COUNT_OUT 参数中指定要写入的目标 Array 元素数量。在此步中，还可隐式指定 Array of Bool、匿名 Struct 或 PLC 数据类型中所需的元素数量。OUT 参数中目标 Array 的元素数量可能多于 COUNT_OUT 参数中的指定数量。要保存待组合的各个位，Array of <位序列>中必须包含足够的元素数目。但目标 Array 可能更大
LOWER_BOUND	允许读取 Array 的变量下限
UPPER_BOUND	允许读取 Array 的变量上限
VariantGet	读取 SRC 参数的 Variant 指向的变量值，并将其写入 DST 参数的变量。SRC 参数具有 Variant 数据类型。可以在 DST 参数上指定除 Variant 外的任何数据类型 DST 参数变量的数据类型必须与 Variant 指向的数据类型相匹配
VariantPut	将 SRC 参数的变量值写入 Variant 所指向的 DST 参数存储区中。DST 参数具有 Variant 数据类型。可以在 SRC 参数上指定除 Variant 外的任何数据类型。SRC 参数变量的数据类型必须与 Variant 指向的数据类型相匹配
CountOfElements	查询 Variant 指令所包含的 Array 元素数量。如果是一维 Array，则输出 Array 元素的个数；如果是多维 Array，则输出所有维的数量

对于数据复制操作有以下规则：

1）要复制 Bool 型数据，应使用 SET_BF、RESET_BF、R、S 或输出线圈指令。

2）要复制单个基本数据类型、结构或字符串中的单个字符，使用 MOVE 指令。

3）要复制基本数据类型数组，使用 MOVE_BLK 或 UMOVE_BLK 指令。

4）要复制字符串，使用 S_CONV 指令。

5) MOVE_BLK 和 UMOVE_BLK 指令不能用于将数组或结构复制到 I、Q 或 M 存储区。

另外需要注意，MOVE_BLK 和 UMOVE_BLK 指令在处理中断的方式上有以下不同：

1) MOVE_BLK 指令执行期间排队并处理中断事件。在中断 OB 中未使用移动目标地址的数据，或者虽然使用了该数据，但目标数据不必一致时，使用 MOVE_BLK 指令。如果 MOVE_BLK 操作被中断，则最后移动的一个数据元素在目标地址中是完整且一致的。MOVE_BLK 操作会在中断 OB 执行完成后继续执行。

2) UMOVE_BLK 指令完成执行前排队但不处理中断事件。如果在执行中断 OB 前移动操作必须完成且目标数据必须一致，则使用 UMOVE_BLK 指令。

对于数据填充操作有以下规则：

1) 要使用 Bool 数据类型填充，使用 SET_BF、RESET_BF、R、S 或输出线圈指令。

2) 要使用单个基本数据类型填充或在字符串中填充单个字符，使用 MOVE 指令。

3) 要使用基本数据类型填充数组，使用 FILL_BLK 或 UFILL_BLK 指令。

4) FILL_BLK 和 UFILL_BLK 指令不能用于将数组填充到 I、Q 或 M 存储区。

另外需要注意，FILL_BLK 和 UFILL_BLK 指令在处理中断的方式上有以下不同；

1) FILL_BLK 指令执行期间排队并处理中断事件。在中断 OB 未使用移动目标地址的数据，或者虽然使用了该数据，但目标数据不必一致时，使用 FILL_BLK 指令。

2) UFILL_BLK 指令完成执行前排队但不处理中断事件。如果在执行中断 OB 子程序前移动操作必须完成且目标数据必须一致，则使用 UFILL_BLK 指令。

9.1.7 转换指令

S7-1200 PLC 的转换指令包括：转换、取整、截尾取整、向上取整、向下取整、缩放和标准化指令，见表 9-5。

表 9-5 转换指令

指　令	名　称	指　令	名　称
CONV ??? to ??? — EN　　ENO — — IN　　OUT —	转换	FLOOR Real to ??? — EN　　ENO — — IN　　OUT —	向下取整
ROUND Real to ??? — EN　　ENO — — IN　　OUT —	取整	SCALE_X Real to ??? — EN　　ENO — — MIN　　OUT — — VALUE — MAX	缩放
TRUNC Real to ??? — EN　　ENO — — IN　　OUT —	截尾取整	NORM_X ??? to Real — EN　　ENO — — MIN　　OUT — — VALUE — MAX	标准化
CEIL Real to ??? — EN　　ENO — — IN　　OUT —	向上取整		

1. 转换指令

CONVERT 指令将数据从一种数据类型转换为另一种数据类型。使用时单击指令"问号"位置，可以从下拉列表中选择输入和输出数据类型。

转换指令支持的数据类型包括整数型、双整数型、实数型、无符号短整数型、无符号整数型、无符号双整数型、短整数型、长实数型、字、双字、字节、BCD16 和 BCD32 等。

例 9-9 中使用了转换指令。

2. 取整和截尾取整指令

取整指令用于将实数转换为整数。实数的小数部分舍入为最接近的整数值。如果实数刚好是两个连续整数的一半，则实数舍入为偶数，如 ROUND(10.5)= 10 或 ROUND(11.5)= 12。

截尾取整指令用于将实数转换为整数，实数的小数部分被截成零。

3. 向上取整和向下取整指令

向上取整指令用于将实数转换为大于或等于该实数的最小整数。

向下取整指令用于将实数转换为小于或等于该实数的最大整数。

4. 缩放和标准化指令

缩放指令用于按参数 MIN 和 MAX 所指定的数据类型和值范围对标准化的实参数 VALUE 进行标定，OUT=VALUE ∗ (MAX-MIN)+MIN，其中 0.0 <= VALUE <= 1.0。

对于缩放指令，参数 MIN、MAX 和 OUT 的数据类型必须相同。

标准化指令用于标准化通过参数 MIN 和 MAX 指定的值范围内的参数 VALUE，OUT=(VALUE-MIN)/(MAX-MIN)，其中 0.0 <= OUT <= 1.0。

对于标准化指令，参数 MIN、VALUE 和 MAX 的数据类型必须相同。

例程：例 9-10
程序

【例 9-10】 S7-1200 PLC 的模拟量输入 IW64 为温度信号，0~100℃对应 0~10 V 电压，对应于 PLC 内部 0~27648 的数，求 IW64 对应的实际整数温度值。

根据上述对应关系，得到公式：$T = \dfrac{IW64-0}{27648-0} \times (100-0) +0$。编写程序扫码查看。

9.1.8 程序控制指令

程序控制指令用于有条件地控制执行顺序，主要包括跳转类指令，测量程序运行时间、设置等待时间、重置循环周期监视时间和关闭目标系统等运行控制类指令。程序控制指令集如图 9-27 所示。

其中，跳转类指令的梯形图和功能描述见表 9-6。

表 9-6 跳转类指令的梯形图和功能

指　　令	功　　能
─(JMP)─	如果有能流通过该指令线圈，则程序将从指定标签后的第一条指令继续执行
─(JMPN)─	如果没有能流通过该指令线圈，则程序将从指定标签后的第一条指令继续执行
<???>	LABEL 指令，JMP 或 JMPN 跳转指令的目标标签

（续）

指　令	功　能
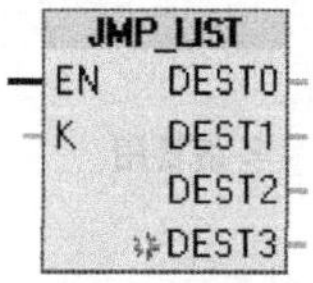JMP_LIST EN K DEST0 DEST1 DEST2 DEST3	用作程序跳转分配器，与 LABEL 指令配合使用。根据 K 的值跳转到相应的程序标签。在指令的输出中，只能指定跳转标签，不能指定指令或操作数。当 EN 为“1”时，执行该指令，程序将跳转到由 K 参数指定的输出编号所对应的目标程序段开始执行。如果 K 参数值大于可用的输出编号，则顺序执行程序
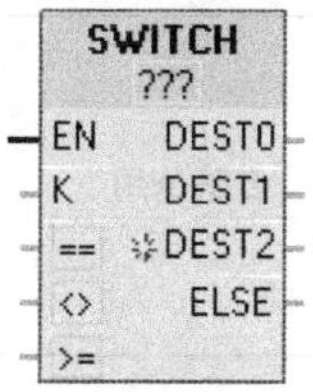SWITCH ??? EN K == <> >= DEST0 DEST1 DEST2 ELSE	用作程序跳转分配器，与 LABEL 指令配合使用。可以在指令框中为每个输入指定比较类型，为每个输出指定跳转标签，在参数 K 中输入要比较的值。将该值与各个输入依次比较，根据比较结果，跳转到与第一个为 TRUE 的结果对应输出的程序标签。如果比较结果都不为 TRUE，则跳转到分配给 ELSE 的标签。程序从目标跳转标签后面的程序指令继续执行
—(RET)—	用于终止当前块的执行

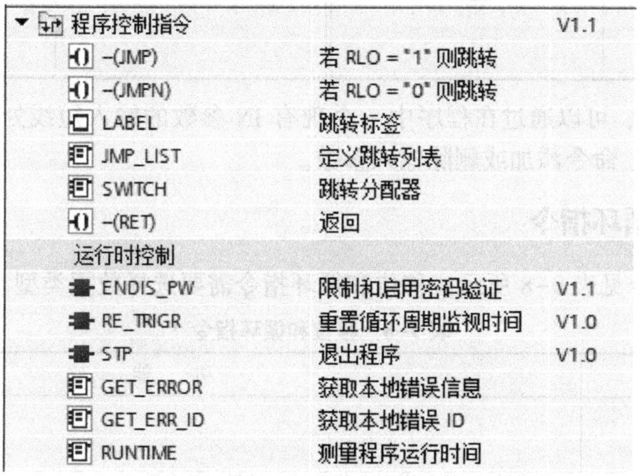
程序控制指令　V1.1
-(JMP)　若 RLO = "1" 则跳转
-(JMPN)　若 RLO = "0" 则跳转
LABEL　跳转标签
JMP_LIST　定义跳转列表
SWITCH　跳转分配器
-(RET)　返回
运行时控制
ENDIS_PW　限制和启用密码验证　V1.1
RE_TRIGR　重置循环周期监视时间　V1.0
STP　退出程序　V1.0
GET_ERROR　获取本地错误信息
GET_ERR_ID　获取本地错误 ID
RUNTIME　测量程序运行时间

图 9-27　程序控制指令集

9.1.9　字逻辑运算指令

字逻辑运算指令见表 9-7。字逻辑运算指令需要选择数据类型。

表 9-7　字逻辑运算指令

指　令	名　称	指　令	名　称
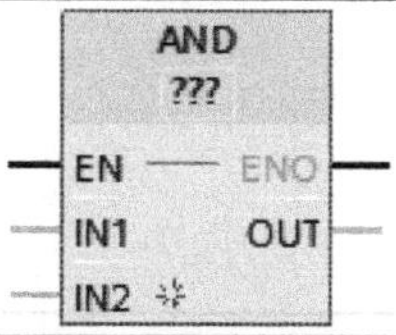AND ??? EN ENO IN1 OUT IN2	与逻辑运算	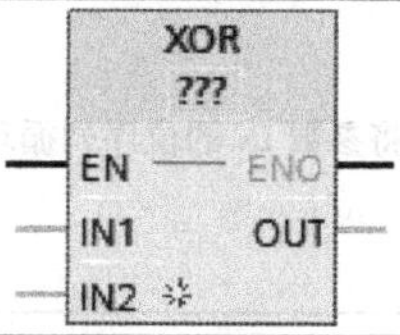XOR ??? EN ENO IN1 OUT IN2	异或逻辑运算
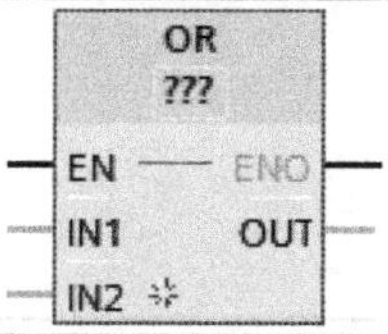OR ??? EN ENO IN1 OUT IN2	或逻辑运算	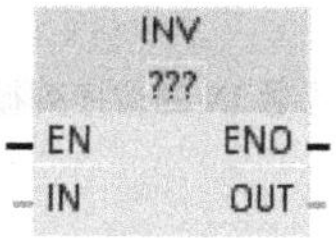INV ??? EN ENO IN OUT	反码

（续）

指 令	名 称	指 令	名 称
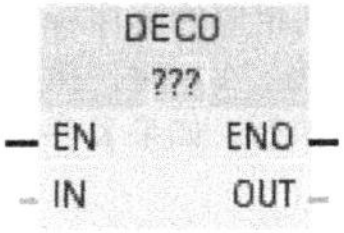 DECO ??? — EN ENO — — IN OUT —	解码	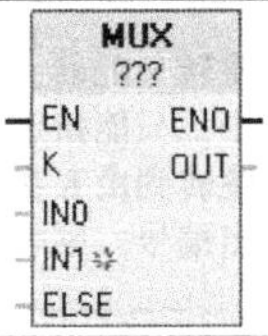 MUX ??? — EN ENO — — K OUT — — IN0 — IN1 — ELSE	多路复用
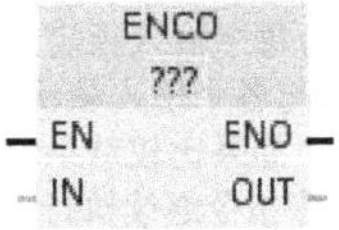 ENCO ??? — EN ENO — — IN OUT —	编码	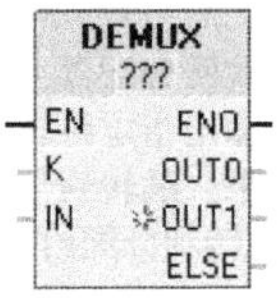 DEMUX ??? — EN ENO — — K OUT0 — — IN OUT1 — ELSE	多路分用
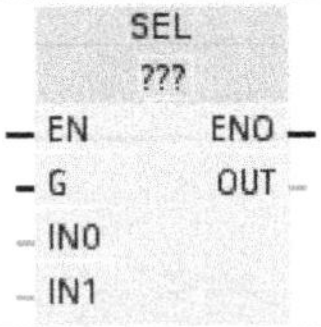 SEL ??? — EN ENO — — G OUT — — IN0 — IN1	选择		

对于 MUX 指令，可以通过在程序中一个现有 IN 参数的输入短线处单击右键选择"插入输入"或"删除"命令添加或删除输入参数。

9.1.10 移位和循环指令

移位和循环指令见表 9-8 所示。移位和循环指令需要选择数据类型。

表 9-8 移位和循环指令

指 令	功 能
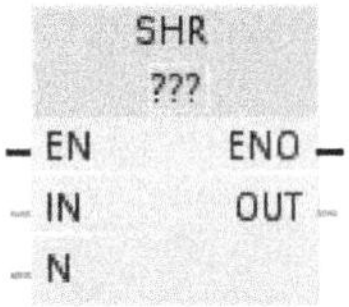 SHR ??? — EN ENO — — IN OUT — — N	将参数 IN 的位序列右移 N 位，结果送给参数 OUT
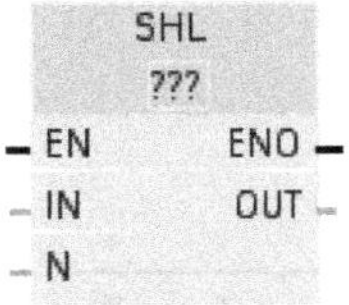 SHL ??? — EN ENO — — IN OUT — — N	将参数 IN 的位序列左移 N 位，结果送给参数 OUT
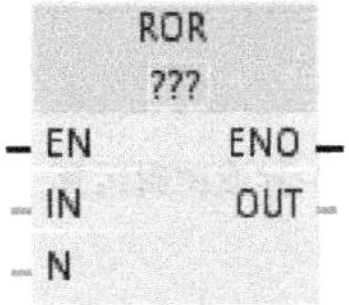 ROR ??? — EN ENO — — IN OUT — — N	将参数 IN 的位序列循环右移 N 位，结果送给参数 OUT
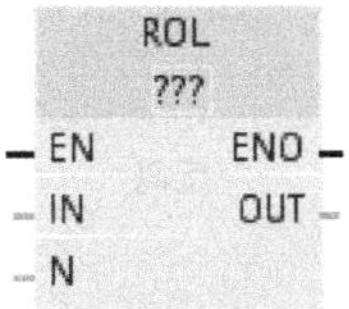 ROL ??? — EN ENO — — IN OUT — — N	将参数 IN 的位序列循环左移 N 位，结果送给参数 OUT

对于移位指令，需要注意：

1）N=0 时，不进行移位，直接将 IN 值分配给 OUT。

2）用 0 填充移位操作清空的位。

3）如果要移位的位数（N）超过目标值中的位数（Byte 为 8 位、Word 为 16 位、DWord 为 32 位），则所有原始位值将被移出并用 0 代替，即将 0 分配给 OUT。

对于循环指令，需要注意：

1）N=0 时，不进行循环移位，直接将 IN 值分配给 OUT。

2）从目标值一侧循环移出的位数据将循环移位到目标值的另一侧，因此原始位值不会丢失。

3）如果要循环移位的位数（N）超过目标值中的位数（Byte 为 8 位、Word 为 16 位、DWord 为 32 位），仍将执行循环移位。

【例 9-11】通过循环指令实现彩灯控制。

编写程序扫码查看。其中 I0.0 为控制开关，M1.5 为周期为 1s 的时钟存储器位，实现的功能为当按下 I0.0 时，QD4 中为 1 的输出位每秒向左移动 1 位。第 1 段程序的功能是赋初值，即将 QD4 中的 Q7.0 置位，第 2 段程序的功能是每秒 QD4 循环左移 1 位。

例程：例 9-11 程序

9.2　扩展指令

微课：扩展指令

S7-1200 PLC 的扩展指令包括日期和时间、字符串和字符、分布式 I/O、PROFIenergy、中断、报警、诊断、脉冲、配方和数据记录、数据块控制和寻址指令。

9.2.1　日期和时间指令

日期和时间指令用于日期和时间计算，见表 9-9。

表 9-9　日期和时间指令

指　　令	功　　能
T_CONV ??? to ??? EN　ENO IN　OUT	用于转换时间值的数据类型：Time 转换为 DInt 或 DInt 转换为 Time
T_ADD ??? PLUS Time EN　ENO IN1　OUT IN2	将输入 IN1 的值（DTL 或 Time 数据类型）与输入 IN2 的 Time 值相加。参数 OUT 提供 DTL 或 Time 值结果。允许以下两种数据类型的运算： • Time+Time=Time • DTL+Time=DTL
T_SUB ??? MINUS Time EN　ENO IN1　OUT IN2	从 IN1（DTL 或 Time 值）中减去 IN2 的 Time 值。参数 OUT 以 DTL 或 Time 数据类型提供差值。可进行以下两种数据类型操作： • Time-Time=Time • DTL-Time=DTL

（续）

指　令	功　能
T_DIFF ??? TO ??? EN　　　ENO IN1　　　OUT IN2	从 IN1 中减去 IN2 的值，从 OUT 中输出
T_COMBINE Time_Of_Day TO DTL EN　　　　　　ENO IN1　　　　　　OUT IN2	将 Date 值和 Time_of_Day 值组合在一起生成 DTL 值
WR_SYS_T DTL EN　　　ENO IN　　　RET_VAL	写入系统时间，使用参数 IN 中的 DTL 值设置 PLC 日时钟
RD_SYS_T DTL EN　　　ENO 　　　RET_VAL 　　　OUT	读取系统时间，从 PLC 读取当前系统时间
RD_LOC_T DTL EN　　　ENO 　　　RET_VAL 　　　OUT	读取本地时间指令，以 DTL 数据类型提供 PLC 的当前本地时间
WR_LOC_T DTL EN　　　　ENO LOCTIME　Ret_Val DST	写入本地时间指令，设置 CPU 时钟的日期与时间。以 DTL 数据类型在 LOCTIME 中将日期和时间信息指定为本地时间
"SET_ TIMEZONE_DB" **SET_TIMEZONE** EN　　　　ENO REQ　　　DONE TimeZone　BUSY 　　　　ERROR 　　　　STATUS	设置本地时区和夏令时参数，以用于将 CPU 系统时间转换为本地时间
RTM EN　　　ENO NR　　　RET_VAL MODE　　CQ PV　　　CV	运行时间计时器指令，可以设置、启动、停止和读取 CPU 中的运行时间小时计时器

9.2.2　字符串和字符指令

字符串转换指令中，可以使用表 9-10 所示指令将数字字符串转换为数值或将数值转换为数字字符串。

表 9-10 字符串转换指令

指 令	功 能
S_MOVE EN　　ENO IN　　OUT	将源 IN 字符串复制到 OUT 位置。S_MOVE 的执行并不影响源字符串的内容
S_CONV ??? to ??? EN　　ENO IN　　OUT	将字符串转换成相应的值或将值转换成相应的字符串
STRG_VAL String to ??? EN　　ENO IN　　OUT FORMAT P	将数字字符串转换为相应的整型或浮点型表示法
VAL_STRG ??? TO ??? EN　　ENO IN　　OUT SIZE PREC FORMAT P	将整数值、无符号整数值或浮点值转换为相应的字符串
Strg_TO_Chars ??? EN　　ENO Strg　　Cnt pChars Chars	将整个输入字符串 Strg 复制到 IN_OUT 参数 Chars 的字符数组中。该操作会从 pChars 参数指定的数组元素编号开始覆盖字节,结束分隔符不会被写入
Chars_TO_Strg ??? EN　　ENO Chars　　Strg pChars Cnt	将字符数组的全部或一部分复制到字符串
ATH Int EN　　ENO IN　　RET_VAL N　　OUT	将 ASCII 字符转换为压缩的十六进制数字
HTA EN　　ENO IN　　RET_VAL N　　OUT	将压缩的十六进制数字转换为相应的 ASCII 字符字节

1. S_CONV 指令

使用 S_CONV 指令可以将字符串转换成相应的值,或将值转换成相应的字符串。S_CONV 指令没有输出格式选项。因此,S_CONV 指令比 STRG_VAL 指令和 VAL_STRG 指令更简单,可实现以下转换。

（1）字符串（String）转换为数字值（见表 9-11）

表 9-11　字符串转换为数字值的数据类型

参数和类型		数 据 类 型	说　明
IN	IN	String, WString	输入字符串
OUT	OUT	String, WString, Char, WChar, SInt, Int, DInt, USInt, UInt, UDInt, Real, LReal	输出数值

在输入 IN 中指定的字符串的所有字符都将进行转换。允许的字符为数字 0~9、小数点以及加号和减号。字符串的第一个字符可以是有效数字或符号。前导空格和指数表示将被忽略。无效字符可能会中断字符转换，使能输出 ENO 将设置为 "0"。可以通过选择输出 OUT 的数据类型来决定转换的输出格式。

（2）数字值转换为字符串（String）（见表 9-12）

表 9-12　数字值转换为字符串的数据类型

参数和类型		数 据 类 型	说　明
IN	IN	String, WString, Char, WChar, SInt, Int, DInt, USInt, UInt, UDInt, Real, LReal	输入数值
OUT	OUT	String, WString	输出字符串

通过选择输入 IN 的数据类型来决定要转换的数字值格式。必须在输出 OUT 中指定一个有效的 String 数据类型的变量。转换后的字符串长度取决于输入 IN 的值。由于第一个字节包含字符串的最大长度，第二个字节包含字符串的实际长度，因此转换的结果从字符串的第三个字节开始存储。输出正数字值时不带符号。

（3）复制字符串

如果在指令的输入和输出均输入 String 数据类型，则输入 IN 的字符串将被复制到输出 OUT。如果输入 IN 字符串的实际长度超出输出 OUT 字符串的最大长度，则将复制 IN 字符串中完全适合 OUT 的字符串的部分，并且使能输出 ENO 将设置为 "0"。

2. STRG_VAL 指令

STRG_VAL（字符串到值）指令将数字字符串转换为相应的整型或浮点型表示法。转换从字符串 IN 中的字符偏移量 P 位置开始，并一直进行到字符串的结尾，或者一直进行到遇到第一个不是 "+" "-" "." "," "e" "E" 或 "0" ~ "9" 的字符为止，结果放置在参数 OUT 中指定的位置；同时，还将返回参数 P 作为原始字符串中转换终止位置的偏移量计数。必须在执行前将 String 数据初始化为存储器中的有效字符串。无效字符可能会中断转换。

STRG_VAL 指令的 FORMAT 参数格式见表 9-13。未使用的位必须设置为零。

表 9-13　STRG_VAL 指令的 FORMAT 参数格式

位 16								位 8	位 7						位 0
0	0	0	0	0	0	0	0	0	0	0	0	0	0	f	r

注：1. f=表示法格式，1=指数表示法，0=小数表示法。
　　2. r=小数点格式，1=","（逗号字符），0="."（周期字符）。

使用参数 FORMAT 可指定要如何解释字符串中的字符，其含义见表 9-14，注意只能为参数 FORMAT 指定 USInt 数据类型的变量。

表 9-14　参数 FORMAT 的可能值及其含义

值（W#16#...）	表示法	小数点表示法
0000	小数	"."
0001		","
0002	指数	"."
0003		","
0004~FFFF	无效值	

3. VAL_STRG 指令

VAL_STRG（值到字符串）将整数值、无符号整数值或浮点值转换为相应的字符串表示法。参数 IN 表示的值将被转换为参数 OUT 所引用的字符串。在执行转换前，参数 OUT 必须为有效字符串。

转换后的字符串将从字符偏移量计数 P 位置开始替换 OUT 字符串中的字符，一直到参数 SIZE 指定的字符数。SIZE 中的字符数必须在 OUT 字符串长度范围内（从字符位置 P 开始计数）。该指令对于将数字字符嵌入文本字符串中很有用。例如，可以将数字"120"放入字符串"Pump pressure = 120 psi"中。

参数 PREC 用于指定字符串中小数部分的精度或位数。如果参数 IN 的值为整数，则 PREC 指定小数点的位置。例如，如果数据值为 123 而 PREC=1，则结果为"12.3"。

对于 Real 数据类型支持的最大精度为 7 位。

如果参数 P 大于 OUT 字符串的当前大小，则会添加空格，一直到位置 P，并将该结果附加到字符串末尾。如果达到了最大 OUT 字符串长度，则转换结束。

VAL_STRG 指令的 FORMAT 参数格式见表 9-15。未使用的位必须设置为零。

表 9-15　VAL_STRG 指令的 FORMAT 参数格式

位 16								位 8	位 7						位 0
0	0	0	0	0	0	0	0	0	0	0	0	0	s	f	r

注：1. s=数字符号字符，1=使用符号字符"+"和"-"，0=仅使用符号字符"-"。
　　2. f=表示法格式，1=指数表示法，0=小数表示法。
　　3. r=小数点格式，1=","（逗号字符），0="."（周期字符）。

表 9-16 列出了参数 FORMAT 的可能值及其含义。

表 9-16　参数 FORMAT 的可能值及其含义

值（W#16#...）	表示法	符号	小数点表示法
0000	小数	"-"	"."
0001			","
0002	指数		"."
0003			","
0004	小数	"+"和"-"	"."
0005			","
0006	指数		"."
0007			","
0008~FFFF	无效值		

字符串操作指令见表 9-17。

表 9-17　字符串操作指令

指　　令	功　　能
LEN String — EN ENO — — IN OUT —	获取字符串长度
CONCAT String — EN ENO — — IN1 OUT — — IN2	合并两个字符串
LEFT String — EN ENO — — IN OUT — — L	获取字符串的左侧子串
RIGHT String — EN ENO — — IN OUT — — L	获取字符串的右侧子串
MID String — EN ENO — — IN OUT — — L — P	获取字符串的中间子串
DELETE String — EN ENO — — IN OUT — — L — P	删除字符串的子串
INSERT String — EN ENO — — IN1 OUT — — IN2 — P	在字符串中插入子串
REPLACE String — EN ENO — — IN1 OUT — — IN2 — L — P	替换字符串中的子串
FIND String — EN ENO — — IN1 OUT — — IN2	查找字符串中的子串或字符

运行信息指令见表9-18。

表 9-18　运行信息指令

指　　令	功　　能
GetSymbolName EN　　　　　ENO variable　　　OUT size	返回对应来自块接口的变量名称的字符串
GetSymbolPath EN　　　　　ENO variable　　　OUT size	读取块（FB 或 FC）本地接口处输入参数的复合全局名称。此名称包含存储路径与变量名
GetInstanceName EN　　　　　ENO size　　　　　OUT	在函数块中读取实例数据块的名称
GetInstancePath EN　　　　　ENO size　　　　　OUT	在函数块中读取块实例的组合全局名称
GetBlockName EN　　　　　ENO SIZE　　　RET_VAL	读取在其中调用指令的块的名称

9.2.3　分布式I/O指令

可对 PROFINET、PROFIBUS 或 AS-i 使用分布式 I/O 指令，其中 DP&PROFINET 指令见表9-19。

表 9-19　DP&PROFINET 指令

指　　令	功　　能
RDREC **Variant** EN　　　　ENO REQ　　　VALID ID　　　　BUSY INDEX　　ERROR MLEN　　STATUS RECORD　　LEN	从通过 ID 寻址的组件，如中央机架或分布式组件（PROFIBUS-DP 或 PROFINET IO）读取编号为 INDEX 的数据记录。在 MLEN 中分配要读取的最大字节数。目标区域 RECORD 的选定长度至少应该为 MLEN 个字节
WRREC **UInt to DInt** EN　　　　ENO REQ　　　DONE ID　　　　BUSY INDEX　　ERROR LEN　　　STATUS RECORD	将记录号为 INDEX 的数据 RECORD 传送到通过 ID 寻址的 DP 从站/PROFINET IO 设备组件，如中央机架上的模块或分布式组件（PROFIBUS-DP 或 PROFINET IO）。分配要传送的数据记录的字节长度。因此，源区域 RECORD 的选定长度至少应该为 LEN 个字节

（续）

指　　令	功　　能
GETIO EN　　　　ENO ID　　　　STATUS INPUTS　　LEN	一致性地读取 DP 标准从站/PROFINET IO 设备的所有输入
SETIO EN　　　　ENO ID　　　　STATUS OUTPUTS	一致性地从参数 OUTPUTS 定义的源范围传输数据到寻址的 DP 标准从站/PROFINET IO 设备中
GETIO_PART EN　　　　ENO ID　　　　STATUS OFFSET　　ERROR LEN INPUTS	一致性地读取 IO 模块输入的相关部分
SETIO_PART EN　　　　ENO ID　　　　STATUS OFFSET　　ERROR LEN OUTPUTS	一致性地将数据从 OUTPUTS 覆盖的源区域写入 IO 模块的输出中
RALRM EN　　　　ENO MODE　　　NEW F_ID　　　STATUS MLEN　　　ID TINFO　　　LEN AINFO	从 PROFIBUS 或 PROFINET IO 模块/设备读取诊断中断信息。输出参数中的信息包含被调用 OB 的启动信息以及中断源的信息。在中断 OB 中调用 RALRM，可返回导致中断的事件的相关信息
D_ACT_DP EN　　　　ENO REQ　　　RET_VAL MODE　　　BUSY LADDR	禁用和启用组态的 PROFINET IO 设备并确定每个指定的 PROFINET IO 设备当前处于激活还是取消激活状态

其他指令包括：读/写一致性数据，智能设备/智能从站接收数据记录，智能设备/智能从站使数据记录可用，读取 PROFIBUS-DP 从站的诊断数据指令。

9.2.4　PROFIenergy 指令

PROFIenergy(PE)是一个使用 PROFINET 进行能源管理且与制造商和设备无关的配置文件。要降低生产间歇期和意外停产过程中的能源损耗，可使用 PROFIenergy 统一协同地关断相应设备。

PROFINET IO 控制器（PE 控制器）通过用户程序中的特殊命令关闭 PROFINET 设备/电源模块，无须附加硬件。PROFINET 设备可直接解译 PROFIenergy 指令。S7-1200 PLC CPU 不支持 PE 控制器功能，只能作为 PROFIenergy 实体。PROFIenergy 指令如图 9-28 所示。

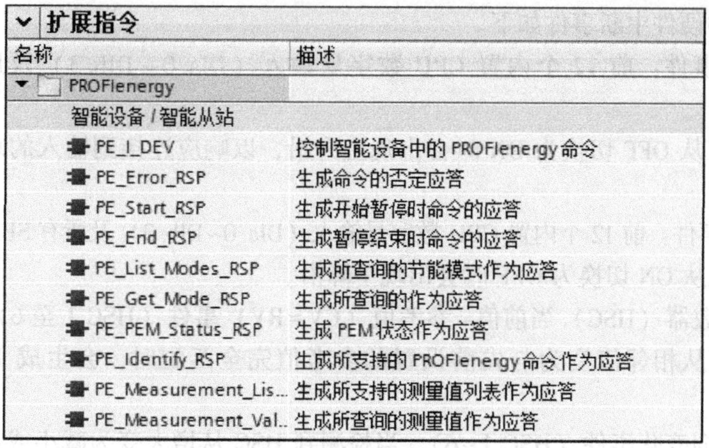

扩展指令	
名称	描述
PROFIenergy	
智能设备 / 智能从站	
PE_I_DEV	控制智能设备中的 PROFIenergy 命令
PE_Error_RSP	生成命令的否定应答
PE_Start_RSP	生成开始暂停时命令的应答
PE_End_RSP	生成暂停结束时命令的应答
PE_List_Modes_RSP	生成所查询的节能模式作为应答
PE_Get_Mode_RSP	生成所查询的作为应答
PE_PEM_Status_RSP	生成 PEM 状态作为应答
PE_Identify_RSP	生成所支持的 PROFIenergy 命令作为应答
PE_Measurement_Lis...	生成所支持的测量值列表作为应答
PE_Measurement_Val...	生成所查询的测量值作为应答

图 9-28　PROFIenergy 指令

PE 控制器为较高级别的 CPU（如 S7-1500 PLC），可激活或禁用较低级别设备的空闲状态。PE 控制器通过用户程序禁用或重新启用特定生产组件或整个生产线。下位空闲设备通过相应指令（FB）接收来自用户程序的命令。用户程序使用 PROFINET 通信协议发送命令。PI 命令可以是将 PE 实体切换为节能模式的控制命令，也可以是读取状态或测量值的命令。可以使用 PE_I_DEV 指令请求模块中的数据。用户程序必须确定 PE 控制器正在请求的信息，并通过数据记录从能源模块中进行检索。模块本身不直接支持 PE 命令。模块将能源测量信息存储于共享区域，较低级别的 CPU（如 S7-1200 PLC）会触发 PE_I_DEV 指令，以将其返回至 PE 控制器。

PE 实体（如 S7-1200 PLC）接收 PE 控制器（如 S7-1500 PLC）的 PROFIenergy 命令，然后相应地执行这些命令（如通过返回一个测量值或通过激活节能模式）。在具有 PROFIenergy 功能的设备中实现 PE 实体这一过程是特定于设备和制造商的。

9.2.5　中断指令

S7-1200 PLC 中的中断指令包括关联/断开 OB 和中断事件、循环中断、时间中断、延时中断、异步错误事件指令。

1. 关联/断开 OB 和中断事件指令

关联/断开 OB 和中断事件指令可激活和禁用由中断事件驱动的子程序，见表 9-20。

表 9-20　关联/断开 OB 和中断事件指令

指　　令	功　　能
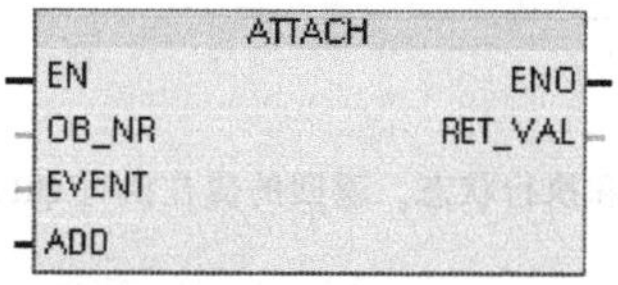	启用响应硬件中断事件的中断 OB 子程序执行
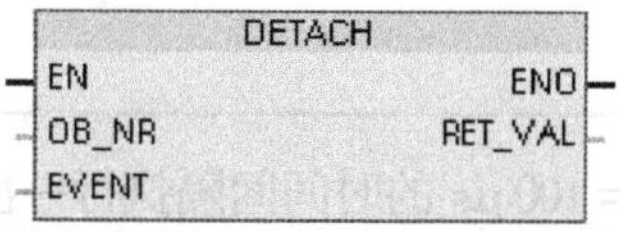	禁用响应硬件中断事件的中断 OB 子程序执行

CPU 支持的硬件中断事件如下。

1）上升沿事件：前 12 个内置 CPU 数字量输入（DIa. 0 ~ DIb. 3）及所有 SB 数字量输入。

数字量输入从 OFF 切换为 ON 时会出现上升沿，以响应连接到输入的现场设备的信号变化。

2）下降沿事件：前 12 个内置 CPU 数字量输入（DIa. 0 ~ DIb. 3）及所有 SB 数字量输入。

数字量输入从 ON 切换为 OFF 时会出现下降沿。

3）高速计数器（HSC）当前值=参考值（CV=RV）事件（HSC 1 至 6）。

当前计数值从相邻值变为与先前设置的参考值完全匹配时，会生成 HSC 的 CV = RV 中断。

4）HSC 方向变化事件（HSC 1~6）。当检测到 HSC 从增大变为减小或从减小变为增大时，会发生方向变化事件。

5）HSC 外部复位事件（HSC 1~6）。某些 HSC 模式允许分配一个数字量输入作为外部复位端，用于将 HSC 的计数值重置为零。当该输入从 OFF 切换为 ON 时，会发生此类 HSC 的外部复位事件。

必须在设备组态中启用硬件中断，才能在组态或运行期间附加此事件，因此在设备组态中应为数字量输入通道或 HSC 选中启用该事件框。

数字量输入启用的事件有：启用上升沿检测和启用下降沿检测。

HSC 启用的事件有：启用此高速计数器、生成计数器值等于参考计数值的中断、生成外部复位事件的中断、生成方向变化事件的中断。

分离指令 DETACH 将特定事件或所有事件与特定 OB 分离。如果指定了 EVENT，则仅将该事件与指定的 OB_NR 分离；当前附加到此 OB_NR 的其他事件仍保持附加状态。如果未指定 EVENT，则分离当前连接到 OB_NR 的所有事件。

2. 循环中断指令

循环中断指令见表 9-21。

表 9-21　循环中断指令

指　　　令	功　　　能
SET_CINT EN　ENO OB_NR　RET_VAL CYCLE PHASE	设置特定的中断 OB 以开始循环中断程序扫描过程
QRY_CINT EN　ENO OB_NR　RET_VAL CYCLE PHASE STATUS	获取循环中断 OB 的参数和执行状态。返回的值在执行 QRY_CINT 时已存在

如图 9-29 所示的程序段中，SET_CINT 指令按照 CYCLE=100 μs 的时间间隔执行一次 OB_NR 引用的中断 OB40。中断 OB40 在执行后会返回主程序，从而继续从中断位置开始执行。

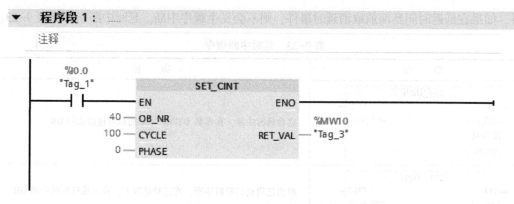

图 9-29　SET_CINT 指令举例

如果 CYCLE=0，则中断事件被禁用，并且不会执行中断 OB。

PHASE（相移）时间是 CYCLE 时间间隔开始前的指定延迟时间。可使用 PHASE 来控制优先级较低的 OB 的执行时间。如果以相同的时间间隔调用优先级较高和优先级较低的 OB，则只有在优先级较高的 OB 完成处理后才会调用优先级较低的 OB。低优先级 OB 的执行起始时间会根据优先级较高的 OB 的处理时间来延迟。

3. 时间中断指令

时间中断指令见表 9-22。

表 9-22　时间中断指令

指　令	功　能
SET_TINTL EN　　　　ENO OB_NR　　RET_VAL SDT LOCAL PERIOD ACTIVATE	设置日期和时钟中断。程序中断 OB 可以设置为执行一次，或者在分配的时间段内多次执行
CAN_TINT EN　　　　ENO OB_NR　　RET_VAL	为指定的中断 OB 取消起始日期和时钟中断事件
ACT_TINT EN　　　　ENO OB_NR　　RET_VAL	为指定的中断 OB 激活起始日期和时钟中断事件
QRY_TINT EN　　　　ENO OB_NR　　RET_VAL 　　　　　STATUS	为指定的中断 OB 查询日期和时钟中断状态

4. 延时中断指令

S7-1200 PLC 可使用 SRT_DINT 和 CAN_DINT 指令启动和取消延时中断处理过程，或使用 QRY_DINT 指令查询中断状态。每个延时中断都是一个在指定的延迟时间过后发生的一次性事件。如果在延迟时间到期前取消延时事件，则不会发生程序中断。延时中断指令见表 9-23。

表 9-23　延时中断指令

指　　令	功　　能
SRT_DINT EN　ENO OB_NR　RET_VAL DTIME SIGN	启动延时中断，在参数 DTIME 指定的延迟过后执行 OB
CAN_DINT EN　ENO OB_NR　RET_VAL	取消已启动的延时中断。在这种情况下，将不执行延时中断 OB
QRY_DINT EN　ENO OB_NR　RET_VAL STATUS	查询通过 OB_NR 参数指定的延时中断的状态

SRT_DINT 指令的时序图如图 9-30 所示。

当 EN = 1 时，SRT_DINT 指令启动内部时间延时定时器（DTIME）。延迟时间过去后，CPU 将生成可触发相关延时中断 OB 执行的程序中断。在指定的延时发生之前执行 CAN_DINT 指令可取消进行中的延时中断。激活延时中断事件的总次数不能超过 4 次。

当 EN = 1 时，SRT_DINT 指令会在每次扫描时开启时间延时定时器。需要注意的是：EN = 1 作为单触发而不是设置 EN = 1 开始延时。

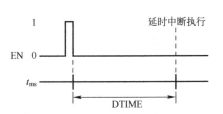

图 9-30　SRT_DINT 指令的时序图

5. 异步错误事件指令

使用 DIS_AIRT 和 EN_AIRT 指令可禁用和启用报警中断处理过程，其指令见表 9-24。

表 9-24　异步错误事件指令

指　　令	功　　能
DIS_AIRT EN　ENO RET_VAL	可延迟新中断事件的处理
EN_AIRT EN　ENO RET_VAL	对使用 DIS_AIRT 指令禁用的中断事件，可使用 EN_AIRT 指令来启用。每一次 DIS_AIRT 指令的执行都必须通过一次 EN_AIRT 指令的执行来取消

对通过 DIS_AIRT 指令禁用的中断事件，必须在同一个 OB 中或从同一个 OB 调用的任意 FC 或 FB 中完成 EN_AIRT 指令的执行后，才能再次启用此 OB 的中断。

9.2.6　报警指令

报警指令见表 9-25。

表9-25 报警指令

指 令	功 能
Gen_UsrMsg - EN ENO - - Mode Ret_Val - - TextID - TextListID - AssocValues	生成用户诊断报警

Gen_UsrMsg 指令生成用户诊断报警，可以是到达的报警也可以是离去的报警。通过用户诊断报警，可以将用户条目写入诊断缓冲区并发送相应报警。条目在诊断缓冲区中同时创建，而报警却将进行异步传送。如果指令在执行过程中出错，则将在参数 RET_VAL 处输出该错误。

在项目导航中打开"文本列表"，在文本列表中定义报警内容。在 TextListID 中输入文本列表的 ID 值。使用参数 TextID 选择要写入诊断缓冲区的文本列表条目。为此，可通过应用参数 TextID 中"起始范围/终止范围"（Range from/range to）列的数字值，从"文本列表条"中选择一个条目。在文本列表条目中，"起始范围"和"终止范围"列的值必须相同。

参数 Mode 是用于选择报警状态的参数。Mode = 1 代表到达的报警；Mode = 2 代表离去的报警。

9.2.7 诊断指令

诊断指令适用于 PROFINET 或 PROFIBUS，其指令见表9-26。

表9-26 诊断指令

指 令	功 能

RD_SINFO
- EN   ENO
           RET_VAL
           TOP_SI
       START_UP_SI
	读取下列两种情况下 OB 的启动信息：
	1）上一次调用但尚未执行完成的 OB
	2）上一次 CPU 启动的启动 OB

LED - EN ENO - LADDR Ret_Val - LED	读取某 CPU 或接口上 LED 的状态。通过 RET_VAL 输出返回指定 LED 的状态
Get_IM_Data - EN ENO - LADDR DONE - IM_TYPE BUSY - DATA ERROR STATUS	检查指定模块或子模块的标识和维护（I&M）数据

Get_Name
- EN   ENO
- LADDR   DONE
- STATION_NR   BUSY
- DATA   ERROR
           LEN
           STATUS
	读取 PROFINET IO 设备或 PROFIBUS 从站的名称

（续）

指　令	功　能
GetStationInfo EN ENO REQ DONE LADDR BUSY DETAIL ERROR MODE STATUS DATA	读取 PROFINET IO 设备的 IP 或 MAC 地址。通过该指令，还可以读取下级 IO 系统中 IO 设备的 IP 或 MAC 地址（使用 CP/CM 模块连接）
GetChecksum EN ENO Scope Done Checksum Busy Error Status	读取对象组的校验和
DeviceStates EN ENO LADDR Ret_Val MODE STATE	获取 I/O 子系统的 I/O 设备运行状态。指令执行后，STATE 参数将以位列表形式包含各个 I/O 设备的错误状态（针对分配的 LADDR 和 MODE） DeviceStates 的 LADDR 输入使用分布式 I/O 接口的硬件标识符
ModuleStates EN ENO LADDR Ret_Val MODE STATE	获取 I/O 模块的运行状态。指令执行后，参数 STATE 将以位列表形式包含各个 I/O 模块的错误状态（针对分配的 LADDR 和 MODE）
GET_DIAG EN ENO MODE RET_VAL LADDR CNT_DIAG DIAG DETAIL	从分配的硬件设备读取诊断信息

例程：用 LED 指令读取模块 LED 的状态

LED 指令用来读取模块 LED 的状态。例如，通过程序查询 PN 网络上硬件标识符为 "64" 所对应的 CPU 模块上的 LED 指示灯的状态。扫码查看程序步骤。

待查询的 LED 标识号的说明见表 9-27。

表 9-27　LED 标识号

参　数		说　明	
	1	RUN/STOP	颜色 1=绿色，颜色 2=黄色
	2	出错	颜色 1=红色
	3	维护	颜色 1=黄色
LED	4	冗余	不适用
	5	链接	颜色 1=绿色
	6	Tx/Rx	颜色 1=黄色

9.2.8 脉冲指令

1. CTRL_PWM 脉宽调制指令

脉宽调制指令如图 9-31a 所示,指令提供占空比可变的固定循环时间输出。PWM 输出以指定频率(循环时间)启动之后将连续运行。脉冲宽度会根据需要进行变化以影响所需的控制。

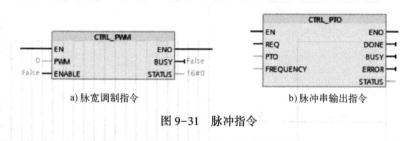

a)脉宽调制指令   b)脉冲串输出指令

图 9-31 脉冲指令

CPU 第一次进入 RUN 模式时,脉冲宽度将设置为在设备组态中"脉冲发生器"组态的初始值,如图 9-32 所示。根据需要将值写入设备配置中指定的 Q 位置("输出地址"/"起始地址")以更改脉冲宽度。使用指令(如移动、转换、数学)或 PID 功能框将所需脉冲宽度写入相应的 Q 地址。

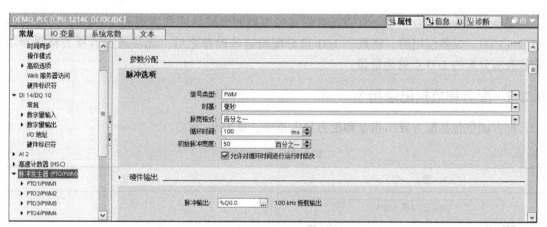

图 9-32 PWM 组态

当指令的 ENABLE=1 时,启动脉冲发生器;当 ENABLE=0 时,停止脉冲发生器。

2. CTRL_PTO 脉冲串输出指令

脉冲串输出指令如图 9-31b 所示,指令以指定频率提供 50% 占空比输出的方波。执行该指令必须在硬件配置中激活脉冲发生器并选中信号类型。

CTRL_PTO 指令只启动 PTO,PTO 启动后,CTRL_PTO 指令立即结束。当 EN 输入为 TRUE 时,CTRL_PTO 指令启动 PTO;当 EN 输入为 FALSE 时,不执行 CTRL_PTO 指令且 PTO 保留其当前状态。

当将 REQ 输入设置为 TRUE 时,FREQUENCY 值生效。如果 REQ 为 FALSE,则无法修改 PTO 的输出频率,PTO 按照原来的频率输出脉冲。

当用户用给定的频率激活 CTRL_PTO 指令时，S7-1200 PLC 以给定的频率输出脉冲串。用户可随时更改所需频率。在修改频率时，S7-1200 PLC 会在当前脉冲结束后，修改为新的频率。如图 9-33 所示，如果当前脉冲频率为 1 Hz（用时 1000 ms 完成），用户在 500 ms 后将频率修改为 10 Hz，那么频率将会在 1000 ms 周期结束时被修改。

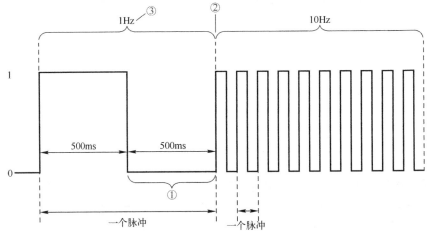

图 9-33　PTO 脉冲输出

需要说明的是，数字量 I/O 点是在设备组态期间分配脉冲宽度调制（PWM）和脉冲串输出（PTO）设备使用的。将数字 I/O 点分配给这些设备之后，无法通过监视表格强制功能修改所分配的 I/O 点的地址值。

9.2.9　配方和数据记录指令

配方函数包括配方导出指令和配方导入指令，见表 9-28。

表 9-28　配方函数

指　　令	功　　能
RecipeExport EN　　ENO REQ　　DONE RECIPE_DB　　BUSY ERROR STATUS	将所有配方记录从配方数据块导出到 CSV 文件格式
RecipeImport EN　　ENO REQ　　DONE RECIPE_DB　　BUSY ERROR STATUS	将配方数据从 CPU 装载存储器中的 CSV 文件导入 RECIPE_DB 参数引用的配方数据块中。导入过程中，配方数据块中的起始值被覆盖

执行配方导出指令 RecipeExport 时，在配方可以导出之前，必须创建配方数据块。配方数据块的名称用作新 CSV 文件的文件名。如果具有相同名称的 CSV 文件已经存在，则在导出操作期间会被覆盖。

在执行配方导入指令 RecipeImport 时，只有配方数据块中包含一个与 CSV 文件数据结构一致的结构，才能执行配方导入操作。CSV 文件的名称必须与 RECIPE_DB 参数中的数据块名称相匹配。

数据记录指令见表 9-29。

表 9-29 数据记录指令

指 令	功 能
DataLogCreate EN ENO REQ DONE RECORDS BUSY FORMAT ERROR TIMESTAMP STATUS NAME ID HEADER DATA	创建和初始化数据日志文件
DataLogOpen EN ENO REQ DONE MODE BUSY NAME ERROR ID STATUS	打开已有数据日志文件，必须先打开数据日志，才能向该日志写入新记录
DataLogWrite EN ENO REQ DONE ID BUSY ERROR STATUS	将数据记录写入指定的数据日志
DataLogClear EN ENO REQ DONE ID BUSY ERROR STATUS	删除现有数据记录中的所有数据记录。该指令不会删除 CSV 文件的可选标题
DataLogClose EN ENO REQ DONE ID BUSY ERROR STATUS	关闭打开的数据日志文件

（续）

指　　令	功　　能
DataLogDelete EN　　　　　ENO REQ　　　　DONE NAME　　　BUSY DelFile　　　ERROR ID　　　　　STATUS	删除数据日志文件
DataLogNewFile EN　　　　　ENO REQ　　　　DONE RECORDS　BUSY NAME　　　ERROR ID　　　　　STATUS	允许程序根据现有数据日志文件创建新的数据日志文件

9.2.10　数据块控制指令

数据块控制指令见表 9-30。

表 9-30　数据块控制指令

指　　令	功　　能
CREATE_DB EN　　　　　　ENO REQ　　　　RET_VAL LOW_LIMIT　BUSY UP_LIMIT　DB_NUM COUNT ATTRIB SRCBLK	在工作存储器中创建新的数据块
READ_DBL Variant EN　　　　　ENO REQ　　　RET_VAL SRCBLK　　BUSY 　　　　　DSTBLK	将 DB 的全部或部分起始值从装载存储器复制到工作存储器的目标 DB 中。在复制期间，装载存储器的内容不变
WRIT_DBL Variant EN　　　　　ENO REQ　　　RET_VAL SRCBLK　　BUSY 　　　　　DSTBLK	将 DB 全部当前值或部分值从工作存储器复制到装载存储器的目标 DB 中。在复制期间，工作存储器的内容不变
ATTR_DB EN　　　　　　ENO REQ　　　RET_VAL DB_NUMBER　DB_LENGTH 　　　　　　ATTRIB	获取有关 CPU 的工作存储器中某个 DB 的信息
DELETE_DB EN　　　　　ENO REQ　　　Ret_Val DB_NUMBER　BUSY	删除通过调用 CRE ATE_DB 指令由用户程序创建的 DB

9.2.11 寻址指令

寻址指令见表 9-31。

表 9-31 寻址指令

指 令	功 能
GEO2LOG EN　　　　ENO GEOADDR　RET_VAL 　　　　　LADDR	根据插槽信息确定硬件标识符
LOG2GEO EN　　　　ENO LADDR　　RET_VAL GEOADDR	根据硬件标识符来确定逻辑地址的地理地址
IO2MOD EN　　　　ENO ADDR　　RET_VAL 　　　　LADDR	根据（子）模块的 I/O 地址（I、Q、PI、PQ）确定该模块的硬件标识符
RD_ADDR EN　　　　ENO LADDR　　Ret_Val 　　　　PIADDR 　　　　PICount 　　　　PQADDR 　　　　PQCount	根据子模块的硬件标识符确定输入或输出的长度和起始地址

GEOADDR 系统数据类型定义：在 DB 中输入"GEOADDR"作为数据类型，将自动创建结构 GEOADDR，见表 9-32。

表 9-32 GEOADDR 数据结构

参数名称	数据类型	描 述
GEOADDR	STRUCT	
HWTYPE	UInt	硬件类型： • 1：IO 系统（PROFINET/PROFIBUS） • 2：IO 设备/DP 从站 • 3：机架 • 4：模块 • 5：子模块 如果指令不支持某种硬件类型，则输出 HWTYPE"0"
AREA	UInt	区域 ID： • 0 = CPU • 1 = PROFINET IO • 2 = PROFIBUS-DP • 3 = AS-i
IOSYSTEM	UInt	PROFINET IO 系统（0 = 机架中的中央单元）

（续）

参 数 名 称	数 据 类 型	描　　述
STATION	UInt	• 区域标识符 AREA = 0 时表示机架号（中央模块） • 区域标识符 AREA > 0 时表示站号
SLOT	UInt	插槽号
SUBSLOT	UInt	子模块编号。如果无子模块可用或无法插入任何子模块，则此参数的值为"0"

系统数据类型 GEOADDR 包含模块地理地址（或插槽信息）。

（1）PROFINET IO 的地理地址

对于 PROFINET IO，地理地址由 PROFINET IO 系统 ID、设备号、插槽号和子模块（如果使用子模块）组成。

例程：读取
模块的硬件
标识符

（2）PROFIBUS-DP 的地理地址

对于 PROFIBUS-DP，地理地址由 DP 主站系统的 ID、站号和插槽号组成。可在每个模块的硬件配置中找到模块的插槽信息。

例如，读取插槽号为 2 的 AI/AO 模块的硬件标识符，程序扫码查看。

9.3　习题

1. S7-1200 PLC 提供了哪些类型的定时器？

2. 编写程序来记录一台设备的运行时间，其设计要求为：当输入 I0.0 为高电平时，设备运行；当 I0.0 为低电平时，设备不工作。

3. 编写程序实现以下控制功能：第一次扫描时将 MB0 清零，每 100 ms 将 MB0 加 1，MB0 = 100 时将 Q0.0 立即置 1。

4. 设计一个 8 位彩灯控制程序，要求彩灯的移动速度和移动方向可调。

5. 将 8 个 16 位二进制数存放在 MW10 开始的存储区内，在 I0.3 的上升沿，用循环指令求它们的平均值，并将结果存放在 MW0 中。

6. 设计一个圆周长的计算程序，将半径存放在 MW10 中，取圆周率为 3.1416，用浮点数运算指令计算圆周长，运算结果四舍五入后转换为整数，存放在 MW20 中。

7. S7-1200 PLC 包括哪些中断指令？

8. 读取系统时间与读取本地时间指令的区别是什么？请编程测试。

9. 字符串和字符指令有哪些，其功能各是什么？

10. 数据块控制指令有哪些，其功能各是什么？

11. 寻址指令有哪些，其功能各是什么？

第 10 章 程 序 设 计

不同厂家 PLC 的程序设计方法是类似的，差别在具体指令的应用上。PLC 程序设计除了经验设计法外，顺序控制设计法是非常重要的标准化设计方法，学习 PLC 必须要掌握。本章除了介绍 PLC 程序设计的通用方法，还系统讲述了 S7-1200 PLC 数据块的使用、结构化编程方法和组织块的使用等。

10.1 经验设计法

PLC 的产生和发展与继电接触器控制系统密切相关，可以采用继电接触器电路图的设计思路来进行 PLC 程序的设计，即在一些典型梯形图程序的基础上，结合实际控制要求和 PLC 的工作原理不断修改和完善，这种方法称为经验设计法。

微课：经验
设计法

下面给出经验设计法中常用的典型梯形图电路。

10.1.1 常用典型梯形图电路

1. 起保停电路

图 10-1 所示电路中，按下 I0.0，其常开触点接通，此时没有按下 I0.1，其常闭触点是接通的，Q0.0 线圈通电，同时 Q0.0 对应的常开触点接通；如果放开 I0.0，"能流"经 Q0.0 常开触点和 I0.1 流过 Q0.0，Q0.0 仍然接通，这就是"自锁"或"自保持"功能。按下 I0.1，其常闭触点断开，Q0.0 线圈"断电"，其常开触点断开，此后即使放开 I0.1，Q0.0 也不会通电，这就是"停止"功能。

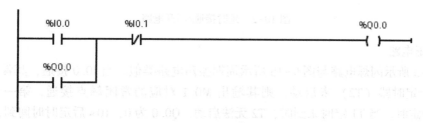

图 10-1 起保停电路

通过分析可以看出这种电路具备起动（I0.0）、保持（Q0.0）和停止（I0.1）的功能，这也是其名称的由来。在实际的电路中，起动信号和停止信号可能由多个触点或者比较等其他指令的相应位触点串、并联构成。

2. 延时接通/断开电路

图 10-2a 为 I0.0 控制 Q0.1 的梯形图电路，当 I0.0 常开触点接通后，第一个定时器开始定时，10 s 后其输出 M0.0 接通，Q0.1 输出接通，由于此时 I0.0 常闭触点断开，所以第

二个定时器未开始定时。当断开 I0.0 常开触点后，第二个定时器开始定时，5 s 后其输出接通，常闭触点断开，Q0.1 断开，第二个定时器被复位。时序图如图 10-2b 所示。

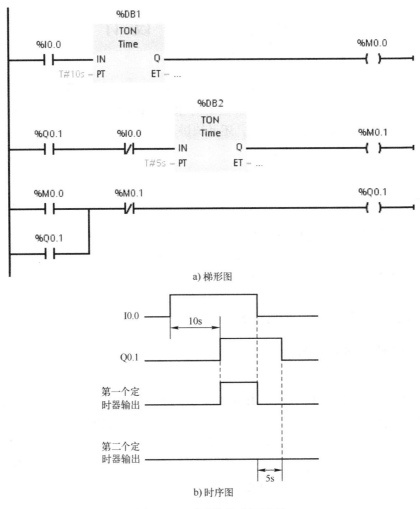

a) 梯形图

b) 时序图

图 10-2　延时接通/断开电路

3. 闪烁电路

图 10-3 所示闪烁电路与图 9-15 所示周期振荡电路类似。当 I0.0 接通，其常开触点接通，第二个定时器（T2）未启动，则其输出 M0.1 对应的常闭触点接通，第一个定时器（T1）开始定时。当 T1 定时未到时，T2 无法启动，Q0.0 为 0；10 s 后定时时间到，T1 的输出 M0.0 接通，其常开触点接通，Q0.0 接通，同时 T2 开始定时，5 s 后 T2 定时时间到，其输出 M0.1 接通，其常闭触点断开，使 T1 停止定时，M0.0 的常开触点断开，Q0.0 就断开，同时使 T2 断开，M0.1 的常闭触点接通，T1 又开始定时，周而复始，Q0.0 将周期性地"接通"和"断开"，直到 I0.0 断开，Q0.0 线圈"接通"和"断开"的时间分别等于 T2 和 T1 的定时时间。

闪烁电路也可以看作是振荡电路，在实际 PLC 程序具有广泛的应用。

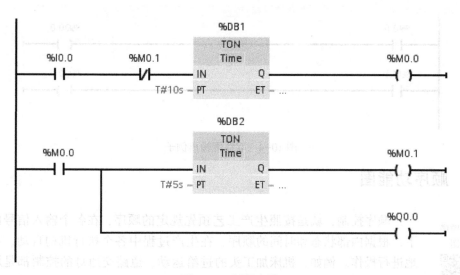

图 10-3　闪烁电路

　　经验设计法是在上面几种典型电路的基础上进行综合应用编程，但是它没有固定的方法和步骤可以遵循，具有很大的试探性和随意性，最后的结果也不是唯一的，设计程序的质量与设计者的经验有密切的关系，通常需要反复调试和修改，增加一些中间环节的编程元件和触点，最后才能得到一个较为满意的结果。在设计复杂系统的梯形图时，需要用大量的中间单元来完成记忆、联锁和互锁等功能，同时分析和阅读非常困难，修改局部程序时，容易对程序的其他部分产生意想不到的影响，因此用经验法设计出的梯形图维护和改进非常困难。

10.1.2　PLC 的编程原则

　　PLC 是由继电接触器控制发展而来的，但是与之相比，PLC 的编程应该遵循以下基本原则：

　　1）外部输入和输出、内部继电器（位存储器）等器件的触点可多次重复使用。

　　2）梯形图每一行都是从左侧母线开始。

　　3）线圈不能直接与左侧母线相连。

　　4）梯形图程序必须符合顺序执行的原则，即从左到右、从上到下地执行，不符合顺序执行的电路不能直接编程。

　　5）应尽量避免双线圈输出。使用线圈输出指令时，同一编号的线圈指令在同一程序中使用两次以上，称为双线圈输出。双线圈输出容易引起误动作或逻辑混乱，因此一定要慎重。

　　例如图 10-4 中，设 I0.0 为 ON 、I0.1 为 OFF。由于 PLC 是按扫描方式执行程序的，执行第一行时 Q0.0 对应的输出映像寄存器为 ON，而执行第二行时 Q0.0 对应的输出映像寄存器为 OFF。本次扫描执行程序的结果是，Q0.0 的输出状态是 OFF。显然 Q0.0 前面的输出状态无效，最后一次输出才是有效的。

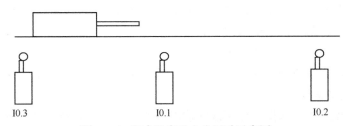

图 10-4　双线圈输出例子

10.2　顺序功能图

顺序控制，就是按照生产工艺预先规定的顺序，在各个输入信号的作用下，根据内部状态和时间的顺序，在生产过程中各个执行机构自动、有秩序地进行操作。例如，机床加工头的进给运动、道路交通灯的控制都是顺序控制的例子。对于此类顺序控制的 PLC 实例，可以采用顺序控制设计法来进行 PLC 程序的设计。使用顺序控制设计法时首先根据系统的工艺过程，画出顺序功能图，然后根据顺序功能图编写梯形图程序。有的 PLC 提供了顺序功能图编程语言，用户在编程软件中生成顺序功能图后便完成了编程工作，如西门子 S7-300/400 PLC 中的 S7 Graph 编程语言。顺序控制设计法是一种先进的设计方法，很容易被初学者接受，对于有经验的工程师，也会提高设计的效率，程序的调试、修改和阅读也很方便。

10.2.1　顺序功能图的含义及绘制方法

以图 10-5 所示组合机床动力头的进给运动控制为例来说明顺序功能图的含义及绘制方法。动力头初始位置停在左侧，由限位开关 I0.3 指示，按下起动按钮 I0.0，动力头向右快进（Q0.0 和 Q0.1 控制），到达限位开关 I0.1 后，转入工作进给（Q0.1 控制），到达限位开关 I0.2 后，快速返回（Q0.2 控制）至初始位置（I0.3）停下。再按一次起动按钮，动作过程重复。

图 10-5　组合机床动力头运动示意图

可以看出，上述组合机床动力头的进给运动控制是典型的顺序控制，可以采用图 10-6 所示的顺序功能图来描述该控制过程。

观察图 10-6 所示的顺序功能图，可以发现它包含以下几部分：内有编号的矩形框，如 M0.3 等，将其称为步，双线矩形框代表初始步，步里面的编号称为步序；连接矩形框的带箭头的线称为有向连线；有向连线上与其相垂直的短线称为转换，旁边的符号如 I0.0 等表示转换条件；步的旁边与步并列的矩形框如 Q0.2 等表示该步对应的动作或命令。

1. 步

将系统的一个工作周期划分为若干个顺序相连的阶段，这些阶段称为步（Step）。步是如何划分的呢？主要是根据系统输出状态的改变，即将系统输出的每一个不同状态划分为一步，如图 10-7 所示。在任何一步之内，系统各输出量的状态是不变的，但是相邻两步输出量的状态是不同的。

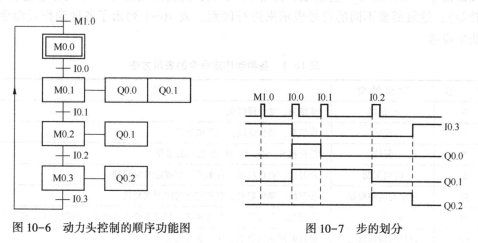

图 10-6　动力头控制的顺序功能图　　　　　　图 10-7　步的划分

与系统的初始状态相对应的步称为初始步，初始状态一般是系统等待起动命令的相对静止的状态。初始步用双线方框表示，可以看出图 10-6 中 M0.0 为初始步，每一个顺序功能图至少应该有一个初始步。

步中可以用数字表示该步的编号，也可以用代表该步的编程元件的地址如 M0.0 等作为步的编号，这样在根据顺序功能图设计梯形图时较为方便。

2. 活动步

当系统正处于某一步所在的阶段时，称该步处于活动状态，即该步为活动步，可以通过编程元件的位状态来表征步的状态。步处于活动状态时，执行相应的动作。

3. 有向连线与转换条件

有向连线表明步的转换过程，即系统输出状态的变化过程。顺序控制中，系统输出状态的变化过程是按照规定的程序进行的，顺序功能图中的有向连线就是该顺序的体现。有向连线的方向若是从上到下或从左至右，则有向连线上的箭头可以省略；否则应在有向连线上用箭头注明步的进展方向，通常为易于理解加上箭头。

如果在绘制顺序功能图时有向连线必须中断（如在复杂的顺序功能图中，或用几个图来表示一个顺序功能图时），应在有向连线中断处标明下一步的标号和所在的页数，如步 21、20 页等。

转换将相邻两步分隔开，表示不同的步或者说系统不同的状态。步的活动状态的进展是由转换的实现来完成的，并与控制过程的发展相对应。

转换条件是实现步的转换的条件，即系统从一个状态进展到下一个状态的条件。转换条件可以是外部的输入信号，如按钮、指令开关、限位开关的接通／断开等，也可以是 PLC 内部产生的信号，如定时器、计数器常开触点的接通等。转换条件还可能是若干个信号的与、或、非逻辑组合。可以用文字语言、布尔代数表达式或图形符号标注表示转换条件。

4. 与步对应的动作或命令

系统每一步中输出的状态或者执行的操作标注为步对应的动作或命令，用矩形框中的文字或符号表示。根据需要，指令与对象的动作响应之间可能有多种情况，如有的动作仅在指令存续的时间内有响应，指令结束则动作终止（如常见的点动控制）；而有的一旦发出指令，动作就将一直继续，除非再发出停止或撤销指令（如开车、急停、左转、右转等），这就需要不同的符号表示来进行区别。表10-1列出了各种动作或命令的表示方法供参考。

表10-1　各种动作或命令的表示方法

符　　号	动 作 类 型	说　　　　　明
N	非记忆	步结束，动作即结束
S	记忆	步结束，动作继续，直至被复位
R	复位	终止被S、SD、SL及DS启动的动作
L	时间限制	步开始，动作启动，直至步结束或定时时间到
SL	记忆与时间限制	步开始，动作启动，直至定时时间到或复位
D	时间延迟	步开始，先延时，延时时间到，如果步仍为活动步，动作启动，直至步结束
SD	记忆与时间延迟	延迟时间到后启动动作，直至被复位
DS	延迟与记忆	延时时间到，如果步仍为活动步，启动动作，直至被复位
P	脉冲	当步变为活动步时动作被启动，并且只执行一次

如果某一步有几个动作，则要将几个动作全部标注在步的后面，可以平行并列排放，也可以上下排放，如图10-8所示，但同一步的动作之间无顺序关系。

5. 子步（Microstep）

在顺序功能图中，某一步可以包含一系列子步和转换，如图10-9所示，通常这些序列表示系统的一个完整的子功能。使用子步可以在总体设计时突出系统的主要矛盾，使设计者用更加简洁的方式表示系统的整体功能和概貌，而不是一开始就陷入某些细节之中。设计者可以从最简单的对整个系统的全面描述开始，然后画出更详细的顺序功能图，子步中还可以包含更详细的子步。这种设计方法的逻辑性很强，可以减少设计中的错误，缩短总体设计和查错需要的时间。

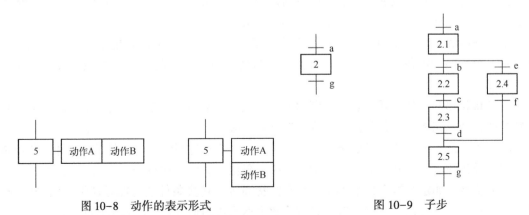

图10-8　动作的表示形式　　　　　　　　　　图10-9　子步

综上所述，顺序功能图是描述控制系统的控制过程、功能和特性的一种图形，并不涉及所描述的控制功能的具体技术，而是一种通用的技术语言，可以供进一步设计和不同专业的人员之间进行技术交流。

1994 年 5 月公布的 IEC 可编程序控制器标准（IEC 1131）中，顺序功能图被确定为可编程序控制器位居首位的编程语言。我国也在 1986 年颁布了顺序功能图的国家标准 GB 6988.6—1986（现行标准为 GB/T 21654—2008）。

10.2.2 顺序控制的设计思想

顺序控制设计法的基本思想是将系统的一个工作周期划分为称为步的若干个顺序相连的阶段，并用编程元件（例如位存储器 M）来代表各步。用转换条件控制代表各步的编程元件，让它们的状态按一定的顺序变化，然后用代表各步的编程元件去控制 PLC 的各输出位，如图 10-10 所示。

引入两类对象的概念使转换条件与操作动作在逻辑关系上分离。步序发生器根据转换条件发出步序标志，而步序标志再控制相应的操作动作。步序标志类似于令牌，只有取得令牌，才能操作相应的动作。

经验设计法通过记忆、联锁、互锁等方法来处理复杂的输入、输出关系，而顺序控制设计法则是用输入控制代表各步的编程元件（如位存储器 M），再通过编程元件来控制输出，实现了输入输出的分离，如图 10-11 所示。

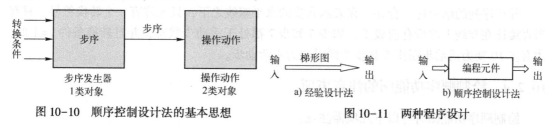

图 10-10 顺序控制设计法的基本思想   图 10-11 两种程序设计

10.2.3 顺序功能图的基本结构

1. 单序列

图 10-6 所示的顺序功能图由一系列顺序连接的步组成，每一步的后面仅有一个转换，每一个转换的后面只有一个步，这样的顺序功能图结构称为单序列，图 10-12a 所示为单序列的结构。

2. 选择序列

图 10-12b 所示的结构称为选择序列，选择序列的开始称为分支，可以看出步序 5 后面有一条水平连线，其后两个转换分别对应着转换条件。如果步 5 是活动步，并且转换条件 h=1，则步 8 变为活动步而步 5 变为不活动步；如果步 5 是活动步，并且 k=1，则步 10 变为活动步而步 5 变为不活动步。如果步 5 为活动步，而 h=k=1，则存在一个优先级的问题。一般只允许选择一个序列。

选择序列的结束称为合并，几个选择序列合并到一个公共序列时，都需要有转换和转换条件来连接它们。如果步 9 是活动步，并且转换条件 j=1，则步 12 变为活动步而步 9 变为不活动步；如果步 11 是活动步，并且 n=1，则步 12 变为活动步而步 11 变为不活动步。

3. 并列序列

图 10-12c 所示的结构称为并列序列，并行序列用来表示系统的几个同时工作的独立部分的工作情况。并行序列的开始称为分支，当转换的实现导致几个序列同时激活时，这些序列称为并行序列。如果步 3 是活动的，并且转换条件 e=1，则步 4 和步 6 同时变为活动步而步 3 变为不活动步。为了强调转换的同步实现，水平连线用双线表示。步 4 和步 6 被同时激活后，每个序列中活动步的进展将是独立的。在表示同步的水平双线之上，只允许有一个转换符号。

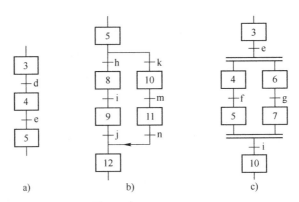

图 10-12 顺序功能图的 3 种结构

并行序列的结束称为合并，在表示同步的水平双线之下，只允许有一个转换符号。只有当直接连在双线上的所有前级步，如步 5 和步 7 都处于活动步状态，并且转换条件 i=1 时，才有步 10 变为活动步而步 5 和步 7 同时变为不活动步。

10.2.4 绘制顺序功能图的注意事项

绘制顺序功能图时有以下几项需注意：

1）顺序功能图中两个步绝对不能直接相连，必须用一个转换将它们隔开。

2）顺序功能图中两个转换不能直接相连，必须用一个步将它们隔开。

3）顺序功能图中的初始步一般对应于系统等待启动的初始状态，不要遗漏这一步。

4）实际控制系统应能多次重复执行同一工艺过程，因此在顺序功能图中一般应有由步和有向连线组成的闭环回路，即在完成一次工艺过程的全部操作之后，应该根据工艺要求返回到初始步或下一工作周期开始运行的第一步。

5）在顺序功能图中，只有当某一步的前级步是活动步时，该步才有可能变成活动步。如果用没有断电保持功能的编程元件代表各步，进入 RUN 工作方式时，它们均处于 OFF 状态，必须用第一个扫描周期置位的 M 存储器（系统存储器位默认为 M1.0，本节下同）的常开触点或者在启动 OB 中置位作为转换条件，将初始步预置为活动步，否则因顺序功能图中没有活动步，系统将无法工作。

微课：顺序控制设计法

10.3 顺序控制设计法

学习了绘制顺序功能图的方法后，对于提供顺序功能图编程语言的 PLC，在编程软件中生成顺序功能图后便完成了编程工作，而对于没有提供顺序功能图编程语言的PLC，则需要根据顺序功能图编写梯形图程序，编程的基础是顺序功能图的规则。

10.3.1 根据顺序功能图编程的基本规则

1. 转换实现的条件

在顺序功能图中，步的活动状态的进展是由转换的实现来完成的。转换实现必须同时满足两个条件：

1）该转换的所有前级步都是活动步。

2）相应的转换条件得到满足。

如果转换的前级步或后续步不止一个，转换的实现称为同步实现，如图 10-13 所示。为了强调同步实现，有向连线的水平部分用双线表示。

转换实现的基本规则是根据顺序功能图设计梯形图的基础。

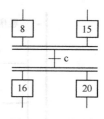

图 10-13 转换的同步实现

2. 转换实现应完成的操作

转换实现时应完成以下两个操作：

1）使所有由有向连线与相应转换符号相连的后续步都变为活动步。

2）使所有由有向连线与相应转换符号相连的前级步都变为不活动步。

绘制顺序功能图的以上规则针对不同的功能图结构有一定的区别，具体如下：

1）在单序列中，一个转换仅有一个前级步和一个后续步。

2）在并行序列的分支处，转换有几个后续步，在转换实现时应同时将它们对应的编程元件置位；在并行序列的合并处，转换有几个前级步，它们均为活动步时才有可能实现转换，在转换实现时应将它们对应的编程元件全部复位。

在选择序列的分支与合并处，一个转换实际上只有一个前级步和一个后续步，但是一个步可能有多个前级步或多个后续步。

10.3.2 使用起保停电路

1. 单序列

对于图 10-14 所示的单序列结构的顺序功能图，采用起保停方法实现的梯形图程序如图 10-15 所示。图 10-15a 所示的梯形图是根据转换条件实现的步序标志的转换，由图 10-14 所示，M0.0 变为活动步的条件是上电运行的第一个扫描周期（即 M1.0）或者 M0.3 为活动步且转换条件 I0.3 满足，故 M0.0 的启动条件为两个，即 M1.0 和 M0.3+I0.3。由于这两个信号是瞬时起作用，需要 M0.0 来自锁，那么 M0.0 什么时候变为不活动步呢？根据图 10-14 顺序功能图和顺序功能图编程规则可

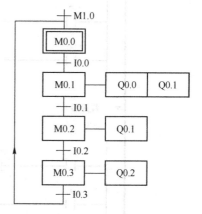

图 10-14 单序列结构的顺序功能图

以知道，当 M0.0 为活动步而转换条件 I0.0 满足时，M0.1 变为活动步而 M0.0 变为不活动步，故 M0.0 的停止条件为 M0.1=1。所以采用起保停典型电路即可实现顺序功能图中 M0.0

的控制，如图 10-15a 所示的"程序段 1"。

同理可以写出 M0.1~M0.3 的控制梯形图，如图 10-15a 的"程序段 2"~"程序段 4"所示。

图 10-15b 所示为步序标志控制操作动作的梯形图。根据图 10-14 所示顺序功能图，M0.1 步输出 Q0.0 和 Q0.1，图 10-15b 所示的"程序段 5"实现了步序 M0.1 输出 Q0.0，M0.1 步和 M0.2 步都输出动作 Q0.1，M0.3 步输出 Q0.2。想一想，为什么不把图 10-15b 所示程序写成图 10-16 所示的程序，图 10-16 所示程序的问题在哪里？

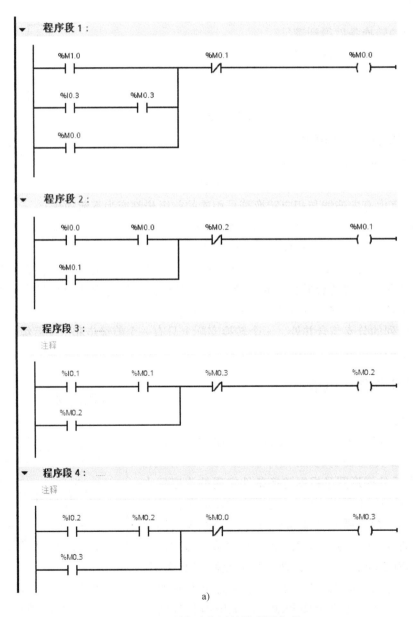

a)

图 10-15　顺序功能图的梯形图实现

程序段 5：

%M0.1 ── %Q0.0

%M0.1 ── %Q0.1
%M0.2

%M0.3 ── %Q0.2

b)

图 10-15　顺序功能图的梯形图实现（续）

%M0.1 ── %Q0.0

── %Q0.1

%M0.2 ── %Q0.1

%M0.3 ── %Q0.2

图 10-16　错误的梯形图程序

通过图 10-15 所示梯形图可以看出：整个程序分为两大部分，转换条件控制步序标志部分和步序标志实现输出部分，这样程序结构非常清晰，为后续的调试和维护提供了极大的方便。

2. 选择序列

对于图 10-17 所示的选择序列顺序功能图，采用起保停方法实现的梯形图程序如图 10-18 所示。由于步序标志控制输出动作的程序是类似的，在此省略步序后面的动作，而只是说明如何实现步序标志的状态控制。

由图 10-17 所示，M0.1 步变为活动步的条件是 M0.0+I0.0，而 M0.4 步变为活动步的条件是 M0.0+I0.4，故起保停电路如图 10-18 的"程序段 2"和"程序段 3"所示。这就是选择序列分支的处理，对于每一分支，可以按照单序列的方法进行编程。

由图 10-17 所示，M0.3 步变为活动步的条件是 M0.2+I0.2 或者 M0.5+I0.5 &T2，故控制 M0.3 的起保停电路如图 10-18 的"程序段 5"所示。这就是选择序列合并的处理。

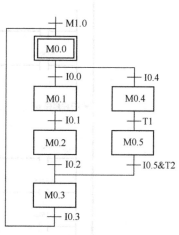

图 10-17　选择序列顺序功能图

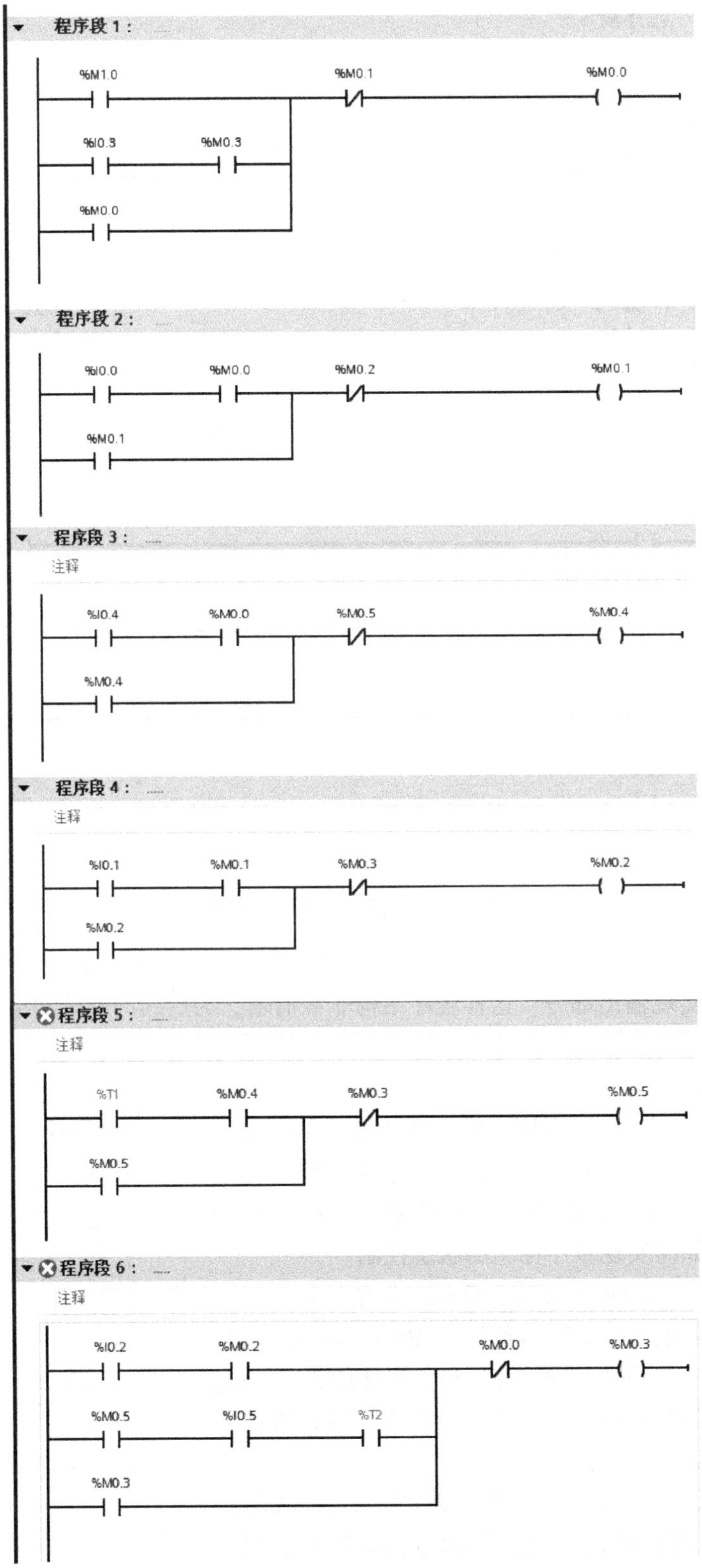

图 10-18　选择序列的梯形图实现

3. 并列序列

对于图 10-19 所示的并列序列顺序功能图，采用起保停方法实现的梯形图程序如图 10-20 所示。

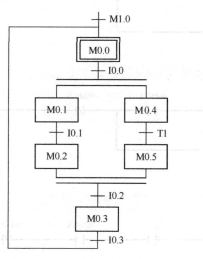

图 10-19 并列序列顺序功能图

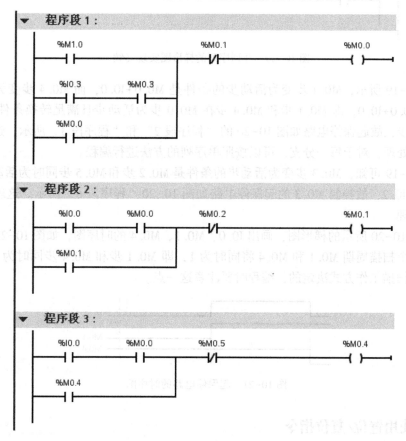

图 10-20 并列序列的梯形图实现

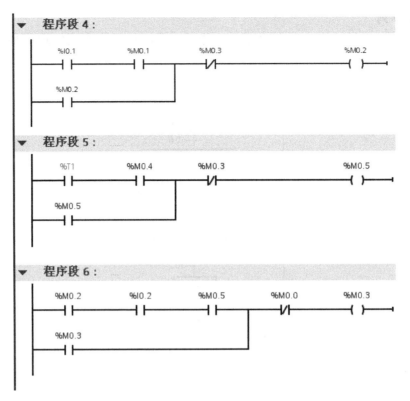

图 10-20　并列序列的梯形图实现（续）

　　由图 10-19 所示，M0.1 步变为活动步的条件是 M0.0+I0.0，而 M0.4 步变为活动步的条件也是 M0.0+I0.0，即 M0.1 步和 M0.4 步在 M0.0 步为活动步且满足转换条件 I0.0 时同时变为活动步，故起保停电路如图 10-20 的"程序段 2"和"程序段 3"所示。这就是并列序列分支的处理，对于每一分支，可以按照单序列的方法进行编程。

　　由图 10-19 可知，M0.3 步变为活动步的条件是 M0.2 步和 M0.5 步同时为活动步，且满足转换条件 I0.2，故控制 M0.3 的起保停电路如图 10-20 "程序段 6"所示。这就是并列序列合并的处理。

　　分析图 10-20 所示的梯形图，画出 I0.0、M0.1、M0.4 的时序图，如图 10-21 所示，可以看出有一个扫描周期 M0.1 和 M0.4 将同时为 1，即 M0.1 步和 M0.4 步同时为 1，这是由 PLC 的循环扫描工作方式决定的，编程时要注意这一点。

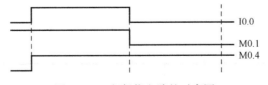

图 10-21　起保停电路的时序图

10.3.3　使用置位/复位指令

　　前面学过的置位/复位指令具有记忆功能，每步正常的维持时间不受转换条件信号持续时间的影响，因此不需要自锁。另外，采用置位/复位指令在步序的传递过程中能避免两个及以上的标志同时有效，故不用考虑步序间的互锁。

1. 单序列

对于图 10-14 所示的单序列顺序功能图，采用置位/复位法实现的梯形图程序如图 10-22 所示。图 10-22 所示"程序段 1"的作用是初始化所有将要用到的步序标志，在实际工程中程序初始化是非常重要的。

由图 10-14 可知，上电运行或者 M0.3 步为活动步且满足转换条件 I0.3 时都将使 M0.0 步变为活动步，且将 M0.3 步变为不活动步，采用置位/复位法编写的梯形图程序如图 10-22 的"程序段 2"所示。同样，M0.0 步为活动步且转换条件 I0.0 满足时，M0.1 步变为活动步而 M0.0 步变为不活动步，如图 10-22"程序段 3"所示。

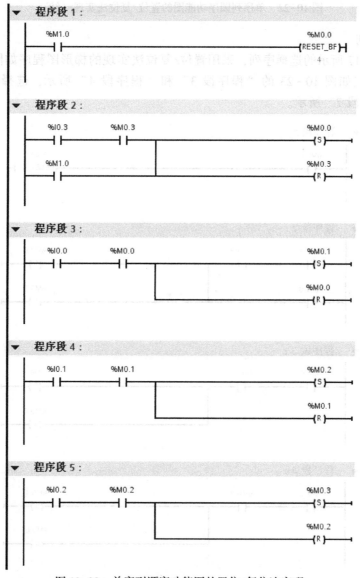

图 10-22　单序列顺序功能图的置位/复位法实现

▼ **程序段 6：**

```
    %M0.1                                    %Q0.0
────┤├────────────────────────────────────( )────

    %M0.2                                    %Q0.1
────┤├──┬─────────────────────────────────( )────
        │
    %M0.1│
────┤├──┘

    %M0.3                                    %Q0.2
────┤├────────────────────────────────────( )────
```

图 10-22 单序列顺序功能图的置位/复位法实现（续）

2. 选择序列

对于图 10-17 所示的选择序列，采用置位/复位法实现的梯形图程序如图 10-23 所示。选择序列的分支如图 10-23 的"程序段 3"和"程序段 4"所示，选择序列的合并如图 10-23"程序段 7"所示。

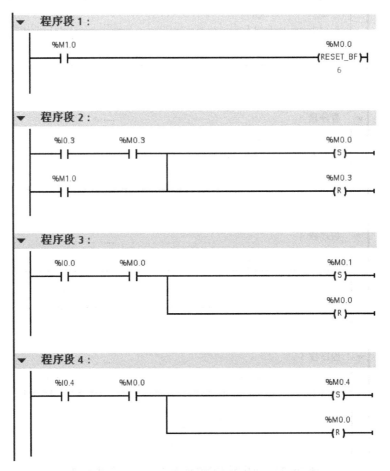

图 10-23 选择序列的置位/复位法实现

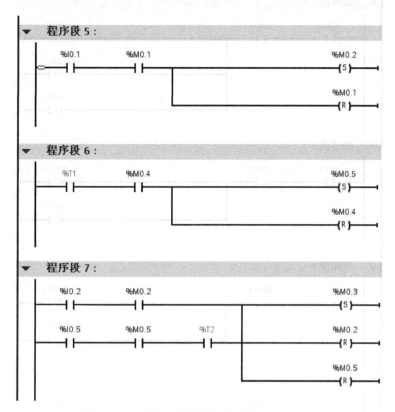

图 10-23　选择序列的置位/复位法实现（续）

3. 并列序列

对于图 10-19 所示的并列序列，采用置位/复位法实现的梯形图程序如图 10-24 所示。并列序列的分支如图 10-24 的"程序段 3"所示，并列序列的合并如图 10-24"程序段 6"所示。

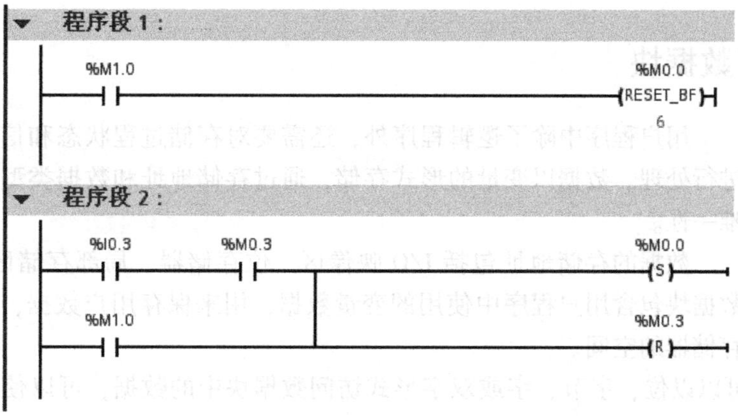

图 10-24　并列序列的置位/复位法实现

程序段 3：

```
        %I0.0        %M0.0                              %M0.1
      ──┤ ├────────┤ ├────────┬─────────────────────( S )──
                              │                       %M0.0
                              ├─────────────────────( R )──
                              │                       %M0.4
                              └─────────────────────( S )──
```

程序段 4：

```
        %I0.1        %M0.1                              %M0.2
      ──┤ ├────────┤ ├────────┬─────────────────────( S )──
                              │                       %M0.1
                              └─────────────────────( R )──
```

程序段 5：

```
        %T1          %M0.4                              %M0.5
      ──┤ ├────────┤ ├────────┬─────────────────────( S )──
                              │                       %M0.4
                              └─────────────────────( R )──
```

程序段 6：

```
        %M0.2        %M0.5        %I0.2                 %M0.3
      ──┤ ├────────┤ ├────────┤ ├────┬───────────────( S )──
                                     │                 %M0.2
                                     ├───────────────( R )──
                                     │                 %M0.5
                                     └───────────────( R )──
```

图 10-24   并列序列的置位/复位法实现（续）

10.4   使用数据块

微课：使用
数据块

　　用户程序中除了逻辑程序外，还需要对存储过程状态和信号信息的数据进行处理。数据以变量的形式存储，通过存储地址和数据类型来确保数据的唯一性。

　　数据的存储地址包括 I/O 映像区、位存储器、局部存储区和数据块等。数据块包含用户程序中使用的变量数据，用来保存用户数据，需要占用用户存储器的空间。

　　用户程序可以以位、字节、字或双字形式访问数据块中的数据，可以使用符号或绝对地址。

　　根据使用方法，数据块可以分为全局数据块（也叫共享数据块）和背景数据块。用户程序的所有逻辑块（包括 OB1）都可以访问全局数据块中的信息，而背景数据块分配给特定的函数块，仅在所分配的函数块中使用。本节主要介绍全局数据块，背景数据块将在 10.5 节介绍。

全局数据块用于存储全局数据，所有逻辑块都可以访问所存储的信息。用户需要编辑全局数据块，通过在数据块中声明必需的变量以存储数据。

背景数据块用作 FB 的"私有存储器区"，功能块 FB 的参数和静态变量安排在它对应的背景数据块中。背景数据块不是由用户编辑的，而是由编辑器生成的。

10.4.1 定义数据块

在项目视图左侧项目树中的 PLC 设备项下双击"程序块"下的"添加新块"，打开"添加新块"对话框，如图 10-25 所示。单击左侧的"数据块（DB）"按钮选择添加数据块，类型选择"全局 DB"，编号建议选择"自动"分配，能够最优化分配数据块所占的存储区。

图 10-25 "添加新块"对话框

单击图 10-25 中的"确定"按钮，可以打开新建的数据块，如图 10-26 所示，其变量声明区中各列含义见表 10-2。

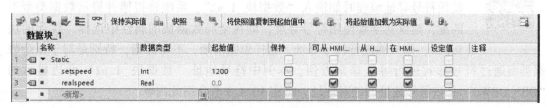

		名称	数据类型	起始值	保持	可从 HMI/...	从 H...	在 HMI...	设定值	注释
1		▼ Static			☐					
2		▪ setspeed	Int	1200	☐	☑	☑	☑	☐	
3		▪ realspeed	Real	0.0	☐	☑	☑	☑	☐	
4		▪ <新增>								

图 10-26 数据块编辑器

225

表 10-2　数据块中变量声明区的列含义

列　名　称	说　　　　明
名称	变量的符号名
数据类型	变量的数据类型
起始值	当数据块第一次生成或编辑时为变量设定一个默认值，如果不输入，就自动以 0 为初始值
保持	将变量标记为具有保持性，则断电后变量的值仍将保留
注释	变量的注释，可以忽略

数据块也需要下载到 CPU 中，单击工具栏中的"下载"按钮进行下载，也可以通过选中项目树中的 PLC 设备统一下载。

单击数据块工具栏中的"全部监视"按钮，可以在线监视数据块中的变量当前值（CPU 中变量的值）。

使用全局数据块中的区域进行数据的存取，一定要先在数据块中正确地命名变量，特别是数据类型要匹配。

注意：

1）通过设置"仅符号访问"，可指定全局数据块的变量声明方式，即仅符号方式或者混用符号方式和绝对方式。如果启用"仅符号访问"，则只能通过输入符号名来声明变量。这种情况下会自动寻址变量，从而以最佳方式利用存储容量。如果未启用"仅符号访问"，变量将获得一个固定的绝对地址，存储区的分配取决于所声明变量的地址。

2）如果启用了符号访问，则可指定全局数据块中各个变量的保持特性。如果将变量定义为具有保持性，则该变量会自动存储在全局数据块的保持性存储区中。如果在全局数据块中禁用"仅符号访问"，则无法指定各个变量的保持特性。在这种情况下，保持性设置对全局数据块的所有变量都有效。

10.4.2　使用全局数据块举例

本节通过一个计算平方根的例子介绍全局数据块的使用。

【例 10-1】 计算 $c = \sqrt{a^2 + b^2}$，其中 a 为整数，存储在 MW0 中，b 为整数，存储在 MW2 中，c 为实数，存储在 MD4 中。

例程：例 10-1
实现步骤

扫码查看程序步骤。

需要说明的是，如果在数据块中定义的数据类型和程序中使用指令要求的数据类型不一致，例如将本例图中的"$a2$"的数据类型定义为"Real"，则使用符号寻址编程时如输入"数据块_1. a2"，系统将报错并提示数据类型不匹配，建议初学者使用符号寻址，即在全局数据块的属性中选择"优化的块访问"，则只能进行符号寻址，这样思路清晰，不易弄错，特别是对于复杂数据类型通过符号形式进行寻址非常方便。本例中符号地址"数据块_1. a2"旁边显示的"DB1. DBW0"是该符号地址的绝对地址，将在 10.4.3 节介绍此内容。

10.4.3　访问数据块

数据块用来存储过程的数据和相关的信息，用户程序中需要对数据块中的数据进行访问。由前面可以看到，访问数据单元有两种方法：符号寻址和绝对地址寻址。符号寻址通常是最简单和方便的，但是在某些特殊情况下系统不支持符号寻址，则只能使用绝对地址寻址。

先来介绍数据块的数据单元示意图，这是绝对地址寻址的基础。

数据块的数目和最大块长度依赖于 CPU 的型号。S7-300 PLC 数据块的最大块长度是 8 KB，S7-400 PLC 的最大块长度是 64 KB。

数据块中的数据单元按字节进行寻址，图 10-27 为数据块的数据单元示意图。可以看出，数据块类似于一个大柜子，每个字节类似于一个抽屉，可以存放 8 位的数据。因此，对数据块的直接地址寻址和存储区寻址是类似的。数据块位数据的绝对地址寻址格式如：DB1.DBX4.1，其中 DB1 表示数据块的编号，DB 表示寻址数据块地址，X 表示寻址位数据，4 表示位寻址的字节地址，1 表示寻址的位数；数据块字节、字和双字数据的绝对地址寻址格式如：DB10.DBB0，DB10.DBW2，DB1.DBD2，其中 DB10、DB1 表示数据块编号，DB 表示寻址数据块，最末的数字 0、2，2 表示寻址的起始字节地址，B、W、D 表示寻址宽度。各字节、字和双字的寻址示意图如图 10-27 所示。

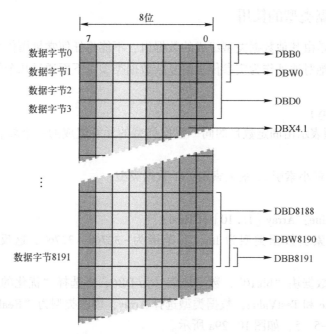

图 10-27　数据单元示意图

下面新建一个数据块"数据块_3"，其编号为 DB5，打开数据块，单击右键，选择显示偏移量，如图 10-28 所示。可以看出，此时数据块列多了"偏移量"项，"偏移量"指的是定义符号的地址，例如 tag1 的偏移量为 0.0，表示 Bool 型变量 tag1 的绝对地址为"DB5.DBX0.0"，tag3 的偏移量为 2.0，表示该符号变量的起始位为 2.0，由于 tag3 为 Int

型，16 位数据，1 个字，故 tag3 的绝对地址为 "DB5. DBW2"。同理，tag4 的绝对地址为 "DB5. DBD4"。

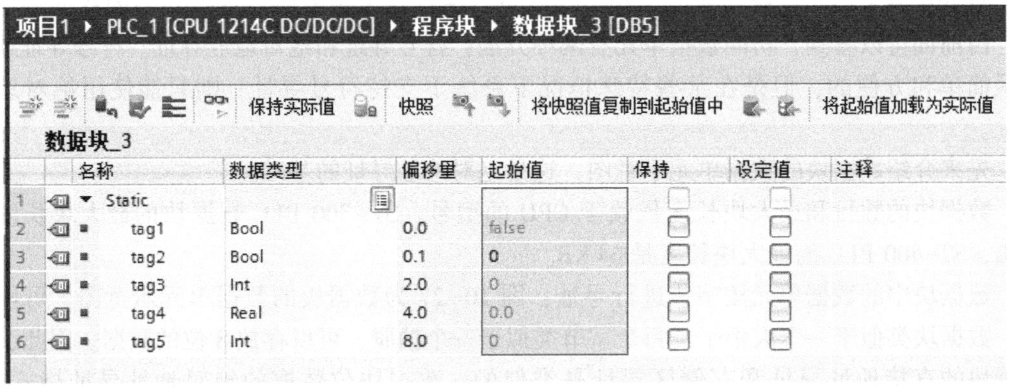

图 10-28　数据块

在用户程序中使用绝对地址寻址时，一定要结合指令和数据块的符号列表仔细核对绝对地址和数据类型。

在图 10-28 中勾选任何符号的 "保持"，全部符号的 "保持" 将自动被选择。

10.4.4　复杂数据类型的使用

复杂数据类型是由其他数据类型组成的数据组，不能将任何常量用作复杂数据类型的实参，也不能将任何绝对地址作为实参传送给复杂数据类型。下面通过几个例子说明复杂数据类型的定义和使用。

1. 数组（Array）

Array 数据类型表示由固定数目的同一数据类型的元素组成的一个域。一维数组声明的形式为

域名：Array ［最小索引 .. 最大索引］of 数据类型；

如一维数组

MeasurementValue：Array ［1 .. 10］of Real；

数组声明中的索引数据类型为 Int，其范围为 $-32768 \sim 32767$，这反映了数组的最大数目。

新建一个全局数据块 "blk10"，数据块编号为 DB6，不选择 "优化的块访问"，新建变量 MeasurementValue 和 TestValue，数据类型选择 Array，修改类型为 "Real"，数组上下限分别修改为 1 .. 10 和 -5 .. 5，如图 10-29a 所示。

数组元素可以在声明中进行初始化赋值，初始值的数据类型必须与数组元素的数据类型相一致，例如对初始值列为 Array 型变量 MeasurementValue 的第一个元素 MeasurementValue［1］赋初始值 20.23，如图 10-29b 所示。

对数组元素的访问，图 10-29b 扩展模式显示了 Array 型变量的元素，例如 MeasurementValue 的上下限为 1 .. 10，则其 10 个元素为 MeasurementValue［1］~ MeasurementValue［10］；而 TestValue 的上下限为 -5 .. 5，则其 11 个元素为 TestValue［-5］~ TestValue［5］。因此，访

问数据块中数组类型变量元素的方法为 blk10. MeasurementValue［1］、blk10. TestValue［0］等，其中 blk10 为数据块名称，MeasurementValue 和 TestValue 为数组型变量，［1］或者［0］表示第 1 或第 0 个元素。

		名称	数据类型	偏移量	起始值	保持	设定值	注释
blk10								
1	▼	Static						
2	■ ▼	MeasurementValue	Array[1..10] of Real	0.0		☐	☐	
3	▼	TestValue	Array[-5..5] of Real	40.0		☐	☐	

a)

		名称	数据类型	偏移量	起始值	保持	设定值	注释
blk10								
1	▼	Static						
2	■ ▼	MeasurementValue	Array[1..10] of Real	0.0		☐	☐	
3	■	MeasurementValu...	Real	0.0	20.23	☐	☐	
4	■	MeasurementValu...	Real	4.0	0.0	☐	☐	
5	■	MeasurementValu...	Real	8.0	0.0	☐	☐	
6	■	MeasurementValu...	Real	12.0	0.0	☐	☐	
7	■	MeasurementValu...	Real	16.0	0.0	☐	☐	
8	■	MeasurementValu...	Real	20.0	0.0	☐	☐	
9	■	MeasurementValu...	Real	24.0	0.0	☐	☐	
10	■	MeasurementValu...	Real	28.0	0.0	☐	☐	
11	■	MeasurementValu...	Real	32.0	0.0	☐	☐	
12	■	MeasurementValu...	Real	36.0	0.0	☐	☐	
13	■ ▼	TestValue	Array[-5..5] of Real	40.0		☐	☐	
14		TestValue[-5]	Real	40.0	0.0	☐	☐	
15		TestValue[-4]	Real	44.0	0.0	☐	☐	
16		TestValue[-3]	Real	48.0	0.0	☐	☐	
17		TestValue[-2]	Real	52.0	0.0	☐	☐	
18		TestValue[-1]	Real	56.0	0.0	☐	☐	
19		TestValue[0]	Real	60.0	0.0	☐	☐	
20		TestValue[1]	Real	64.0	0.0	☐	☐	
21		TestValue[2]	Real	68.0	0.0	☐	☐	
22		TestValue[3]	Real	72.0	0.0	☐	☐	
23		TestValue[4]	Real	76.0	0.0	☐	☐	
24		TestValue[5]	Real	80.0	0.0	☐	☐	

b)

图 10-29　新建 Array 类型变量

图 10-29 中，变量 MeasurementValue 的偏移量为 0.0，表示该数组变量的起始位为 0.0，则其第 1 个元素的绝对地址为 DB6. DBD0，第 2 个元素的绝对地址为 DB6. DBD4，依次类推，第 10 个元素的绝对地址为 DB6. DBD36。变量 TestValue 的起始地址位为 40.0，则元素 TestValue［-5］的绝对地址为 DB6. DBD40，其他类推。

2. 结构（Struct）

Struct 数据类型表示一组指定数目的数据元素，而且每个元素可以具有不同的数据类型。S7-1200 PLC 中结构型变量不支持嵌套。

新建一个全局数据块 "blk20"，数据块编号为 DB7，不选择 "优化的块访问"，新建变量 MotorPara，数据类型选择 Struct，在下一行新建变量 Speed，数据类型为 Real，继续新建 Bool 型变量 Status 和 Real 型变量 Temp，如图 10-30 所示。

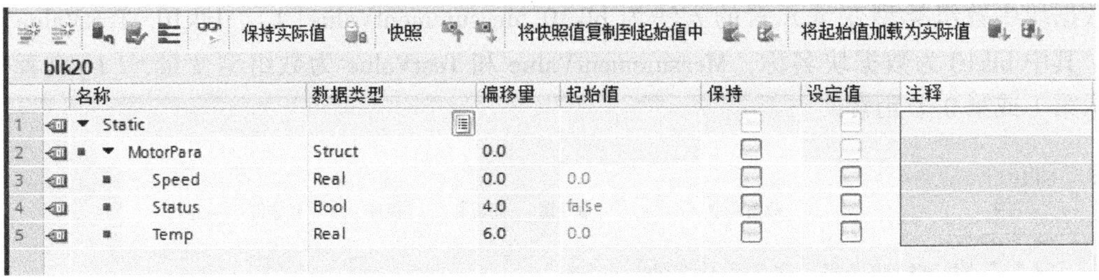

保持实际值 快照 将快照值复制到起始值中 将起始值加载为实际值

blk20

	名称	数据类型	偏移量	起始值	保持	设定值	注释
1	▼ Static						
2	▼ MotorPara	Struct	0.0				
3	Speed	Real	0.0	0.0			
4	Status	Bool	4.0	false			
5	Temp	Real	6.0	0.0			

图 10-30　新建 Struct 类型变量

结构元素可以在声明中进行初始化赋值，初始值的数据类型必须与结构元素的数据类型相一致，如图 10-30 所示在扩展模式的数据块中输入结构变量相应元素的初始值。

可以使用下列方式来访问结构元素：StructureName（结构名称）. ComponentName（结构元素名称）。例如访问数据块 blk20 中 MotorPara 变量的 Status 元素的方法为：blk20. MotorPara. Status，blk20 为数据块名称，MotorPara 为结构型变量，Status 为结构型变量中的元素。

图 10-30 中，变量 MotorPara 的偏移量为 0. 0，表示该结构变量的起始位为 0. 0，则其第 1 个元素 Speed 的偏移量为 0. 0，因为 Speed 为 Real 型变量，则其绝对地址为 DB7. DBD0，第 2 个元素的偏移量为 4. 0，因为 Status 为 Bool 型变量，则其绝对地址为 DB7. DBX4. 0，第 3 个元素的偏移量为 6. 0，为 Real 型变量，其绝对地址为 DB7. DBD6。

3. 字符串（String）

String 数据类型变量用来存储字符串如消息文本。通过字符串数据类型变量，在 S7-1200 CPU 中就可以执行一个简单的“(消息）字处理系统”。String 数据类型的变量将多个字符保存在一个字符串中，该字符串最多由 254 个字符组成。每个变量的字符串最大长度可由方括号中的关键字 String 指定（如 String[4]）。如果省略了最大长度信息，则为相应的变量设置 254 个字符的标准长度。在存储器中，String 数据类型的变量比指定最大长度多占用两个字节，在存储区中前两个字节分别为总字符数和当前字符数。

新建一个全局数据块“blk30”，数据块编号为 DB8，不选择“优化的块访问”，新建变量 ErrMsg，数据类型选择 String，在下一行新建变量 tag1，数据类型选择 String 并输入 String [10]，表示该变量包含 10 个字符，新建变量 tag2，数据类型选择 String 并输入 String[12]，表示该变量包含 12 个字符，如图 10-31 所示。

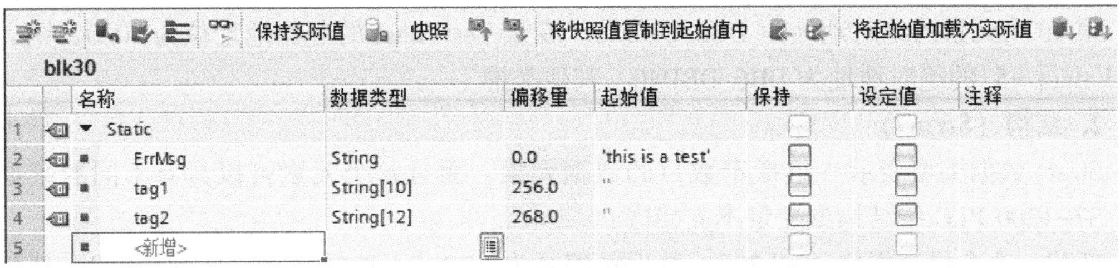

保持实际值 快照 将快照值复制到起始值中 将起始值加载为实际值

blk30

	名称	数据类型	偏移量	起始值	保持	设定值	注释
1	▼ Static						
2	ErrMsg	String	0.0	'this is a test'			
3	tag1	String[10]	256.0	''			
4	tag2	String[12]	268.0	''			
5	<新增>						

图 10-31　新建 String 类型变量

字符串变量可以在声明时用初始文本对 String 数据类型变量进行初始化。字符串变量的声明方法为

字符串名称：String[最大数目]

图 10-31 中，声明了字符串变量 ErrMsg，没有指明最大数目，则程序编辑器认为该变量的长度为 254 个字符，输入其初始值为"This is a test"。而 tag1 变量的最大数目为 10，其长度为 10 个字符，默认初始值为空。

如果用 ASCII 编码的字符进行初始化，则该 ASCII 编码的字符必须用单引号括起来，而如果包含用于控制术语的特殊字符，那么必须在这些字符前面加字符（$）。

可以使用的特殊字符有：$$(简单的美元字符)，$L、$I（换行（LF）符），$P、$p（换页符），$R、$r（回车符），$T、$t（空格符）等。

对字符串变量的访问，可以访问字符串 String 变量的各个字符，还可以使用扩展指令中"字符串"项下的"字符"指令实现对字符串变量的访问和处理。例如，符号寻址图 10-31 字符串的方法为 blk30. ErrMsg 或者 blk30. tag1，其中 blk30 为数据块名称，ErrMsg 和 tag1 为字符串型变量；寻址单个元素的方法为 blk30. ErrMsg[23]，表示寻址数据块 blk30 中的字符串型变量 ErrMsg 的第 23 个字符。

String 数据类型的变量具有最大 256 字节的长度，因此可以接收的字符数达 254 个，称为"净数"。

图 10-31 中，变量 ErrMsg 的长度为默认的 254 个字符，每个字符占用存储区 1 个字节，又因为在存储器中，String 数据类型的变量比指定最大长度多占用 2 个字节，故变量 ErrMsg 在存储区中共占用 256 字节。变量的 ErrMsg 的偏移量为 0.0，表示它的存储起始地址位是 0.0，共占用 256 字节，故变量 tag1 的偏移量为 256.0，变量 tag2 的偏移量为 268.0，因为变量 tag1 最大数目为 10，共占用了 12 字节的存储区。对变量 ErrMsg，由于其前两个字节分别为总字符数和当前字符数，故在存储区第 3 个字节开始存储字符，即图 10-31 所示变量 ErrMsg 的第 1 个字符"T"的绝对地址为 DB8. DBB3，"a"的绝对地址为 DB8. DBB11。

4. 长格式日期和时间（DTL）

DTL 数据类型表示一个日期时间值，共 12 字节。

新建一个全局数据块"blk40"，数据块编号为 DB9，不选择"优化的块访问"，新建变量 tag5，数据类型选择 DTL，如图 10-32a 所示，图 10-32b 为扩展模式的 DTL 变量。

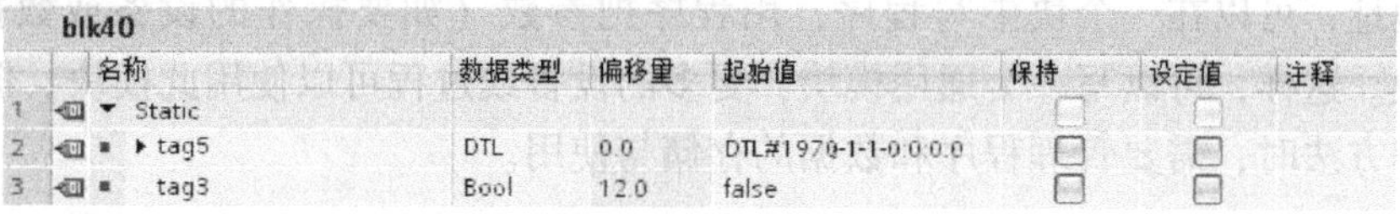

		名称	数据类型	偏移量	起始值	保持	设定值	注释
1		▼ Static						
2		▶ tag5	DTL	0.0	DTL#1970-1-1-0:0:0.0			
3		tag3	Bool	12.0	false			

a)

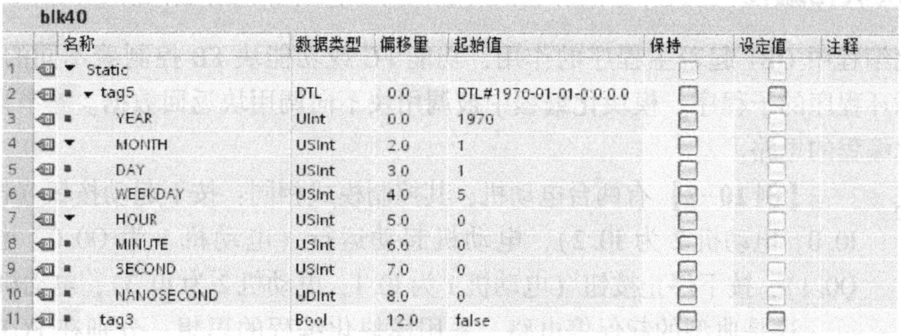

		名称	数据类型	偏移量	起始值	保持	设定值	注释
1		▼ Static						
2		▼ tag5	DTL	0.0	DTL#1970-01-01-0:0:0.0			
3		YEAR	UInt	0.0	1970			
4		MONTH	USInt	2.0	1			
5		DAY	USInt	3.0	1			
6		WEEKDAY	USInt	4.0	5			
7		HOUR	USInt	5.0	0			
8		MINUTE	USInt	6.0	0			
9		SECOND	USInt	7.0	0			
10		NANOSECOND	UDInt	8.0	0			
11		tag3	Bool	12.0	false			

b)

图 10-32 新建 DTL 类型变量

可以在声明部分为变量预设一个初始值。初始值必须具有如下形式：DTL#年-月-日-周-小时-分钟-秒-毫秒，具体结构如图 10-32b 所示。

对于 DTL 数据类型的变量，可以通过符号寻址来访问其中的元素，例如符号寻址月元素的格式为 blk40. tag5. MONTH，blk40 为数据块名称，tag5 为 DTL 类型变量，MONTH 为 DTL 变量的元素，该元素的数据类型由图 10-32b 可以看出为 USInt 型。

还可以通过绝对地址寻址访问 DTL 类型变量的各个内部元素。图 10-32 中，变量 tag5 的偏移量为 0.0，表示其存储起始地址位是 0.0，共占用 12 字节，第 1 个元素为年，是无符号整型数据，偏移量为 0.0，则该元素的绝对地址寻址格式为 DB9. DBW0，第 2 个元素月的偏移量为 2.0，为无符号短整型数据，则其绝对地址寻址格式为 DB9. DBB2。

10.5 编程方法

第 7 章提到了 PLC 有 3 种编程方法：线性化编程、模块化编程和结构化编程。线性化编程是将整个用户程序放在主程序 OB1 中，在 CPU 循环扫描时执行 OB1 中的全部指令。其特点是结构简单，但效率低下。另外，某些相同或相近的操作需要多次执行，这样会造成不必要的重复工作。另外，由于程序结构不清晰，会造成管理和调试的不方便。所以，在编写大型程序时，应避免线性化编程。

模块化编程是将程序根据功能分为不同的逻辑块，且每一逻辑块完成的功能不同。在 OB1 中可以根据条件调用不同的功能 FC 或功能块 FB。其特点是易于分工合作，调试方便。由于逻辑块是有条件的调用，所以可以提高 CPU 的利用率。

结构化编程是将过程要求类似或相关的任务归类，在功能 FC 或功能块 FB 中编程，形成通用解决方案。通过不同的参数调用相同的功能 FC 或通过不同的背景数据块调用相同的功能块 FB。其特点是结构化编程必须对系统功能进行合理分析、分解和综合，所以对设计人员的要求较高。另外，当使用结构化编程方法时，需要对数据进行管理。

结构化编程中，OB1 或其他块调用这些通用块，通用的数据和代码可以共享，这与模块化编程是不同的。结构化编程的优点是不需要重复编写类似的程序，只需对不同的设备代入不同的地址，可以在一个块中写程序，用程序把参数（如要操作的设备或数据的地址）传给程序块。这样，可以写一个通用模块，更多的设备或过程可以使用此模块。但是，使用结构化编程方法时，需要管理程序和数据的存储与使用。

10.5.1 模块化编程

模块化编程中 OB1 起着主程序的作用，功能 FC 或功能块 FB 控制着不同的过程任务，相当于主循环程序的子程序。模块化编程中被调用块不向调用块返回数据。本节以两个实例说明模块化编程的思路。

例程：例 10-2 实现步骤

【例 10-2】有两台电动机，其控制模式相同：按下起动按钮（电动机 1 为 I0.0，电动机 2 为 I0.2），电动机起动运行（电动机 1 为 Q0.0，电动机 2 为 Q0.1），按下停止按钮（电动机 1 为 I0.1，电动机 2 为 I0.3），电动机停止运行。

这是典型的起保停电路，采用模块化编程的思想，分别在 FC1 和 FC2 中编写控制程序，在主程序 OB1 中进行 FC1 和 FC2 的调用。扫码查看程序。

由本例可以看出，电动机 1 的控制电路 FC1 和电动机 2 的控制电路 FC2 在形式上完全相同，只是具体的地址不同，编写一个通用的程序分别赋给电动机 1 和电动机 2 的相应地址即可。

【例 10-3】 采用模块化编程思想实现公式 $c=\sqrt{a^2+b^2}$。

假设 a 为整数，存放于 MW0 中，b 也为整数，存放在 MW2 中，c 为实数，存放于 MD4，建立 DB1 及相应的存储区域。扫码查看程序。

由图中程序可以看出，尽管程序的最终目的是获得平方根而不在乎 a 的平方、b 的平方及平方和的值，但是仍然需要填写全局地址来存储相应的中间结果，极大地浪费了全局地址的使用。这种情况下，可以使用临时变量，下面以计算平方根为例来说明临时变量的使用。

例程：例 10-3
实现步骤

10.5.2 临时变量

临时变量可以用于所有块（OB、FC、FB）中。当块执行的时候它们被用来临时存储数据，当退出该块时这些数据将丢失。这些临时数据存储在 L stack（局部数据堆栈）中。

临时变量是在块的变量声明表中定义的，单击程序编辑器工具栏间的上下箭头（图 10-33 黑色框中）可以收缩或展开块的变量声明表，如图 10-33 所示。Temp 为临时变量，其他类型的变量将在 10.5.3 节介绍。

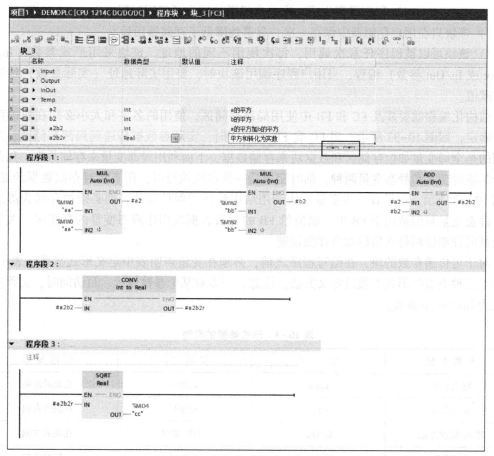

图 10-33 定义临时变量，编写程序

在"Temp"项下输入将要用到的临时变量名和数据类型，注意临时变量不能赋予初值。在 FC3 的变量声明区定义如图 10-33 所示的临时变量。

将例 10-3 中相应的全局地址即存储中间运算结果的数据块地址更换为图 10-33 所示的临时变量，如图 10-33 程序所示。

临时变量只能通过符号寻址访问。注意：程序编辑器自动在局部变量名前加"#"号来标识它们（全局变量或符号使用引号），局部变量只能在变量声明表中对它们定义过的块中使用。

编程时，建议对于每个扫描周期不需要保持的数据定义为临时变量，则无须专门建立全局存储区域保存中间的运算结果。

10.5.3　结构化编程

微课：结构
化编程

由前述例子可以看出，模块化编程可能存在大量的重复代码，块不能被分配参数，程序只能用于特定的设备，但是在很多情况下，一个大的程序要多次调用某一个功能，这时应建立通用的可分配参数的块（FC、FB），这些块的输入、输出使用形式参数，当调用时赋给实际参数，这就是结构化编程。

结构化编程有如下优点：

1）程序只需生成一次，它显著地减少了编程时间。

2）该块只在用户存储器中保存一次，显著地降低了存储器用量。

3）该块可以被程序任意次调用，每次使用不同的地址。该块采用形式参数（Input、Output 或 In/Out 参数）编程，当用户程序调用该块时，要用实际地址（实际参数）给这些参数赋值。

结构化编程就要涉及 FC 和 FB 中使用局部存储区，使用的名字和大小必须在块的声明部分确定，如图 10-33 所示。当 FC 或 FB 被调用时，实际参数被传递到局部存储区。之前使用的是全局变量如位存储区和数据块来存储数据，下面利用局部变量来存储数据。局部变量分为临时变量和静态变量两种，临时变量是一种在块执行时，用来暂时存储数据的变量，如图 10-33 所示。如果有一些变量在块调用结束后还需保持原值，则必须被存储为静态变量，静态变量只能被用于 FB 中。赋值给 FB 的背景数据块用作静态变量的存储区。关于静态变量的详细使用将在后续章节详细说明。

对于可传递参数的块，在编写程序之前，必须在变量声明表中定义形式参数。表 10-3 列举了几种类型的形式参数及定义方法。注意，当需对某个参数做读、写访问时，必须将它定义为 In/Out 型参数。

表 10-3　形式参数的类型

参数类型	定　义	使用方法	图形显示
输入参数	Input	只能读	在块的左侧
输出参数	Output	只能写	在块的右侧
输入/输出参数	In/Out	可读/可写	在块的左侧
返回参数	Return	只能写	在块的右侧

在声明表中，每一种参数只占一行。如果需要定义多个参数，可以用"回车（Enter）"键来增加新的参数定义行；也可以选中一个定义行后，通过菜单功能"插入"→"声明行"来插入一个新的参数定义行。当块已被调用后，再插入或删除定义行，必须重新编写调用指令。

现在重新编写前述电动机的控制电路程序。

新建块 FC4，定义形式参数，使用形式参数编写 FC4 程序，如图 10-34 所示。

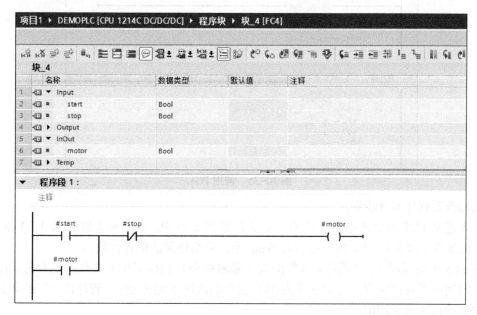

图 10-34　FC4 程序

注意事项如下：

1）如果在编程一个块时使用符号名，编辑器将在该块的变量声明表查找该符号名。如果该符号名存在，编辑器将把它当作局部变量，并在符号名前加"#"号。

2）如果它不属于局部变量，则编辑器将在全局符号表中搜索。如果找到该符号名，编辑器将把它当作全局变量，并在符号名上加引号。

3）如果在全局变量表和变量声明表中使用了相同的符号名，编辑器将始终把它当作局部变量。然而，如果输入该符号名时加了引号，则可成为全局变量。

在 OB1 中调用 FC4，输入实际参数，如图 10-35 所示。可以看出，此时的 FC4 有两个输入参数和一个输入/输出参数，分别输入相应的实际地址，实现的功能与前述例子相同，但是此时只编写了一个块 FC4。

重新编写前述求取平方根例子程序，定义局部参数并编写程序，如图 10-36 所示。

【例 10-4】 工业生产中，经常需要对采集的模拟量进行滤波处理。本例通过将最近 3 个采样值求和除以 3 的方式来进行软件滤波。假设模拟量输入处理后的工程量存储在 MD44 中，为浮点数数据类型。

例程：例 10-4
实现步骤

编程思路：将采集的最近的 3 个数保存在 3 个全局地址区域，每个扫描周期进行更新以确保是最新的 3 个数，3 个数相加求平均即可。

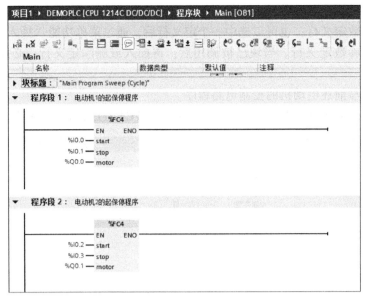

图 10-35　调用 FC4

扫码查看程序实现步骤。

首先定义 FC5 的形式参数。注意：定义的形式参数中，3 个采集值 Value1、Value2 和 Value3 的参数类型为 In/Out 型，不能为 Temp 型，否则将无法保存该数值。

在 FC5 中编写程序，"程序段 1" 的含义是根据循环扫描工作方式从左到右的顺序将 3 个最近时间的采集值保存，注意 3 个 MOVE 指令的次序不能改变；"程序段 2" 的含义将 3 个数相加除以 3 求平均值。

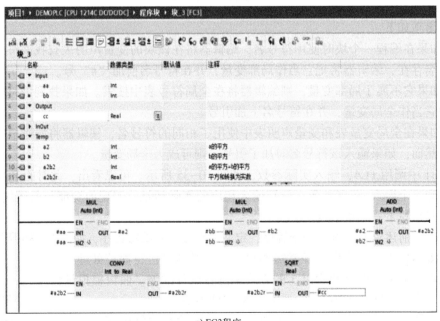

a) FC3程序

图 10-36　求取平方根例子程序

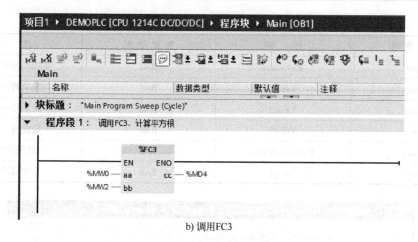

b) 调用FC3

图 10-36 求取平方根例子程序 (续)

在 OB1 中调用 FC5, 并赋值实际参数, 求得的平均值存放在 MD72 中, 从而通过不同的实际参数可以重复调用 FC5 进行多路滤波。

但是, 通过本例也可以看出一个问题: 本例关心的只是 3 个数的平均值, 而调用 FC5 子程序时, 却需要为 3 个采集值寻找全局地址进行保存, 麻烦且容易造成地址重叠, 能不能既不用人为寻找全局地址而又能保存数值呢? 通过 FB 就可以实现。

10.5.4 FB 的使用

FB 不同于 FC 的是它带有一个存储区, 也就是说, 有一个局部数据块被分配给 FB, 这个数据块称为背景数据块。当调用 FB 时, 必须指定背景数据块的号码, 该数据块将自动打开。

背景数据块可以保存静态变量, 故静态变量只能用于 FB 中, 并在其变量声明表中定义。当 FB 退出时, 静态变量仍然保持。

当 FB 被调用时, 实际参数的值被存储在它的背景数据块中。如果在块调用时, 没有实际参数分配给形式参数, 在程序执行中将采用上一次存储在背景数据块中的参数值。

每次调用 FB 时可以指定不同的实际参数。当块退出时, 背景数据块中的数据仍然保持。

可以看出, FB 的优点如下:

1) 当编写 FC 程序时, 必须寻找空的标志区或数据区来存储需保持的数据, 并且要自己编写程序来保存它们。而 FB 的静态变量可由 STEP 7 软件自动保存。

2) 使用静态变量可避免两次分配同一存储区的危险。

结合前面例子, 如果用 FB 实现 FC5 的功能, 并用静态变量 EarlyValue、LastValue 和 LatestValue 来代替原来的形式参数, 见表 10-4, 可省略这 3 个形式参数, 简化块的调用。在 FB1 中定义形式参数, 编写程序同上例, 图 10-37 为调用 FB1 子程序, 其中 DB10 为 FB1 的背景数据块, 在输入时若 DB10 不存在将自动生成该背景数据块。双击打开背景数据块 DB10, 可以看到 DB10 中保存的正是在 FB 的接口中定义的形式参数, 如图 10-38 所示。对于背景数据块, 无法进行编辑修改, 而只能读写其中的数据。

表 10-4　定义 FB 的形式参数

参 数 类 型	名　　称	数 据 类 型	注　　释
Input	RawValue	Real	要处理的原始数值
Static	Value1	Real	最早的一个数
Static	Value2	Real	较早的一个数
Static	Value3	Real	最近的一个数
Output	ProcessedValue	Real	处理后的数
Temp	Temp1	Real	中间结果

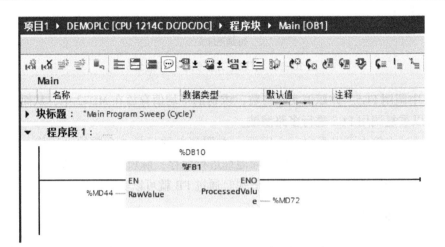

图 10-37　调用 FB1 子程序

调用 FB 时需要为其指定背景数据块，这称为 FB 背景化，类似于 C 语言等高级语言中的背景化，即在变量名称和数据类型下面建立一个变量。只有通过用于存储块参数值和静态变量的"自有"数据区，FB 才能成为可执行的单元（FB 背景）。然后，使用 FB 背景即分配有数据区域的 FB，就能控制实际的处理设备。同时，该过程单元的相关数据存储在这个数据区域里。

图 10-38　FB 的背景数据块

STEP 7 里的背景具有如下特点：

1）在调用 FB 时，除了对背景 DB 进行赋值之外，不需要保存和管理局部数据。

2）按照背景的概念，FB 可以多次使用。例如，如果对几台相同类型的电动机进行控制，那么就可以使用一个 FB 的几个背景来实现。同时，各个电动机的状态数据也存储在该 FB 的静态变量之中。

10.5.5 检查块的一致性

如果在程序生成期间或之后调整或增加某个块（FC 或 FB）的接口或代码，可能导致时间标签冲突。反过来，时间标签冲突可能导致在调用和被调用的或有关的块之间不一致，使得程序要大幅度地修改。

当一个块已在程序中被调用，再增加或删除块的参数，必须更新其他块中该块的调用，否则，由于在调用时该块新增的参数没有被分配实际参数，CPU 将会进入 STOP 状态或者块的功能不能实现。在"调用结构"中单击工具栏中"一致性检查"按钮可以查看块的时间标签冲突。

在项目视图中打开程序编辑器，通过菜单"选项"→"块调用"→"更新所有块调用"可以更新所有块的时间标签冲突和块不一致。

10.6 使用组织块

组织块（OB）是操作系统与用户程序的接口，由操作系统调用。OB 中除可以用来实现 PLC 扫描循环控制以外，还可以完成 PLC 的启动、中断程序的执行和错误处理等功能。熟悉各类 OB 的使用对于提高编程效率有很大的帮助。

微课：使用组织块

10.6.1 事件和组织块

事件是 S7-1200 CPU 操作系统的基础，有能够启动 OB 和无法启动 OB 两种类型的事件。能够启动 OB 的事件会调用已分配给该事件的 OB 或按照事件的优先级将其输入队列，如果没有为该事件分配 OB，则会触发默认系统响应。无法启动 OB 的事件会触发相关事件类别的默认系统响应。因此，用户程序循环取决于事件和给这些事件分配的 OB，以及包含在 OB 中的程序代码或在 OB 中调用的程序代码。

表 10-5 所示为能够启动 OB 的事件，其中包括相关的事件类别。无法启动 OB 的事件见表 10-6，其中包括操作系统的相应响应。

表 10-5 能够启动 OB 的事件

事 件 类 别	OB 号	OB 数目	启 动 事 件	OB 优先级	优先级组
循环程序	1, >= 200	>= 1	启动或结束上一个循环 OB	1	1
启动	100, >= 200	>=0	STOP 到 RUN 的转换	1	

（续）

事件类别	OB 号	OB 数目	启动事件	OB 优先级	优先级组
延时中断	>= 200	最多 4 个	延迟时间结束	3	2
循环中断	>= 200		等长总线循环时间结束	4	
硬件中断	>= 200	最多 50 个（通过 DETACH 和 ATTACH 指令可使用更多）	上升沿（最多 16 个）下降沿（最多 16 个）	5	
			HSC：计数值 = 参考值（最多 6 次）HSC：计数方向变化（最多 6 次）HSC：外部复位（最多 6 次）	6	
诊断错误中断	82	0 或 1	模块检测到错误	9	
时间错误	80	0 或 1	超出最大循环时间	26	3
			仍在执行所调用的 OB 队列溢出 因中断负载过高而导致中断丢失		

表 10-6 无法启动 OB 的事件

事件类别	事件	事件优先级	系统响应
插入/卸下	插入/卸下模块	21	STOP
访问错误	过程映像更新期间的 I/O 访问错误	22	忽略
编程错误	块中的编程错误（如果激活了本地错误处理，则会执行块程序中的错误处理程序）	23	STOP
I/O 访问错误	块中的 I/O 访问错误（如果激活了本地错误处理，则会执行块程序中的错误处理程序）	24	STOP
超出最大循环时间两倍	超出最大循环时间两倍	27	STOP

10.6.2 启动组织块

接通 CPU 后，S7-1200 CPU 在开始执行循环用户程序之前首先执行启动程序。通过适当编写启动 OB，可以在启动程序中为循环程序指定一些初始化变量。对启动 OB 的数量没有要求，即可以在用户程序中创建一个或多个启动 OB，或者一个也不创建。启动程序由一个或多个启动 OB（OB 编号为 100 或 ≥200）组成。

由第 7 章可知，S7-1200 CPU 支持 3 种启动模式：不重新启动模式、暖启动-RUN 模式和暖启动-断电前的工作模式。不管选择哪种启动模式，已编写的所有启动 OB 都会执行。

S7-1200 CPU 暖启动期间，所有非保持性位存储器内容都将删除并且非保持性数据块内容将复位为来自装载存储器的初始值。保持性位存储器和数据块内容将保留。

启动程序在从 "STOP" 模式切换到 "RUN" 模式期间执行一次。输入过程映像中的当前值对于启动程序不能使用，也不能设置。启动 OB 执行完毕后，将读入输入过程映像并启动循环程序。启动程序的执行没有时间限制。

当启动 OB 被操作系统调用时，用户可以在局部数据堆栈中获得规范化的启动信息。启动 OB 声明表中变量的含义见表 10-7。可以利用声明表中的符号名来访问启动信息，用户还可以补充 OB 的局部变量表。

表 10-7 启动 OB 声明表中变量的含义

变　量	类　型	描　述
LostRetentive	Bool	= 1，如果保持性数据存储区已丢失
LostRTC	Bool	= 1，如果实时时钟已丢失

【例 10-5】S7-1200 PLC 中要利用实时时钟，如交通灯不同时间段切换不同的控制策略等，则启动运行时，需要检测实时时钟是否丢失，若丢失，则警示灯 Q0.7 亮。

扫码查看本例实现步骤。

例程：例 10-5 实现步骤

10.6.3　循环中断组织块

循环中断 OB 用于按一定时间间隔循环执行中断程序，如周期性地定时执行闭环控制系统的 PID 运算程序等。循环中断 OB 与循环程序执行无关。循环中断 OB 的启动时间通过循环时间基数和相位偏移量来指定。循环时间基数定义循环中断 OB 启动的时间间隔，是基本时钟周期 1 ms 的整数倍，循环时间的设置范围为 1~60000 ms。相位偏移量是与基本时钟周期相比启动时间所偏移的时间。如果使用多个循环中断 OB，当这些循环中断 OB 的时间基数有公倍数时，可以使用该偏移量防止同时启动。

使用相位偏移的实例如下。假设已在用户程序中插入 2 个循环中断 OB：循环中断 OB201 和循环中断 OB202。对于循环中断 OB201，已设置时间基数为 20 ms；对于循环中断 OB202，已设置时间基数为 100 ms。时间基数 100 ms 到期后，循环中断 OB201 第 5 次到达启动时间，而循环中断 OB202 是第一次到达启动时间，此时需要执行循环中断 OB 偏移，为其中一个循环中断 OB 输入相位偏移量。

用户定义时间间隔时，必须确保在两次循环中断之间的时间间隔中有足够的时间处理循环中断程序。各循环中断 OB 的执行时间必须明显小于其时间基数。如果尚未执行完循环中断 OB，但由于周期时钟已到而导致执行再次暂停，则将启动时间错误 OB。

例程：例 10-6 实现步骤

【例 10-6】使用循环中断 OB，每隔 1 s MW20 的值加 1。

扫码查看本例实现步骤。

10.6.4　硬件中断组织块

可以使用硬件中断 OB 来响应特定事件。只能将触发报警的事件分配给一个硬件中断 OB，而一个硬件中断 OB 可以分配给多个事件。最多可使用 50 个硬件中断 OB，它们在用户程序中彼此独立。

高速计数器和输入通道可以触发硬件中断。对于将触发硬件中断的各高速计数器和输入通道，需要组态以下属性：将触发硬件中断的过程事件（如高速计数器的计数方向改变）和分配给该过程事件的硬件中断 OB 的编号。

触发硬件中断后，操作系统将识别输入通道或高速计数器并确定所分配的硬件中断 OB。如果没有其他中断 OB 激活，则调用所确定的硬件中断 OB。如果已经在执行其他中断 OB，硬件中断将被置于与其同优先等级的队列中。所分配的硬件中断 OB 完成执行后，即确认了该硬件中断。如果在对硬件中断进行标识和确认的这段时间内，在同一模块中发生了触发硬件中断的另一事件，若该事件发生在先前触发硬件中断的通道中，则不会触发另一个硬件中断。只有确认当前硬件中断后，才能触发其他硬件中断；若该事件发生在另一个通道中，将触发硬件中断。

只有在 CPU 处于"RUN"模式时才会调用硬件中断 OB。

下面通过一个简单例子演示硬件中断 OB 的使用。

例程：例 10-7
实现步骤

【例 10-7】S7-1200 PLC CPU 1214C 集成输入点可以逐点设置中断特性。新建一个硬件中断组织块 OB300，通过硬件中断在 I0.0 上升沿时将 Q1.0 置位，在 I0.1 下降沿时将 Q1.0 复位。

扫码查看本例实现步骤。

10.6.5　延时中断组织块

可以采用延时中断在过程事件出现后延时一定的时间再执行中断程序。硬件中断则是用于需要快速响应的过程事件，事件出现时马上中止循环程序，执行对应的中断程序。

PLC 中普通定时器的工作与扫描工作方式有关，其定时精度受到不断变化的循环扫描周期的影响。使用延时中断可以获得精度较高的延时，延时中断以毫秒（ms）为单位定时。

延时中断 OB 在经过操作系统中一段可组态的延迟时间后启动。在调用中断指令 SRT_DINT 后开始计算延迟时间。延迟时间的测量精度为 1 ms。延迟时间到达后可立即再次开始计时。可以使用中断指令 CAN_DINT 阻止执行尚未启动的延时中断。

在用户程序中最多可使用 4 个延时中断 OB 或循环 OB，即如果已使用 2 个循环中断 OB，则在用户程序中最多可以再插入 2 个延时中断 OB。

要使用延时中断 OB，需要调用指令 SRT_DINT 且将延时中断 OB 作为用户程序的一部分下载到 CPU。只有在 CPU 处于"RUN"模式时才会执行延时中断 OB。暖启动将清除延时中断 OB 的所有启动事件。

可以使用中断指令 DIS_AIRT 和 EN_AIRT 来禁用和重新启用延时中断。如果执行 SRT_DINT 之后使用 DIS_AIRT 禁用中断，则该中断只有在使用 EN_AIRT 启用后才会执行，延迟时间将相应地延长。

例程：例 10-8
实现步骤

下面通过一个简单例子演示延时中断 OB 的组态方法。

【例 10-8】在 I0.0 的上升沿用 SRT_DINT 启动延时中断 OB202，10 s 后 OB202 被调用，在 OB202 中将 Q1.0 置位，并立即输出。

扫码查看本例实现步骤。

10.6.6　时间错误中断组织块

如果发生以下事件之一，操作系统将调用时间错误中断 OB。

1）循环程序超出最大循环时间。

2）被调用 OB（如延时中断 OB 和循环中断 OB）当前正在执行。

3）中断 OB 队列发生溢出。

4）由于中断负载过大而导致中断丢失。

在用户程序中只能使用一个时间错误中断 OB。

时间错误中断 OB 的启动信息含义见表 10-8。

表 10-8　时间错误中断 OB 的启动信息

变　量	数据类型	描　述
fault_id	Byte	0x01：超出最大循环时间 0x02：仍在执行被调用 OB 0x07：队列溢出 0x09：中断负载过大导致中断丢失
csg_OBnr	OB_Any	出错时要执行的 OB 的编号
csg_prio	UInt	出错时要执行的 OB 的优先级

10.6.7　诊断组织块

可以为具有诊断功能的模块启用诊断错误中断功能，使模块能检测到 I/O 状态变化，因此模块会在出现故障（进入事件）或故障不再存在（离开事件）时触发诊断错误中断。如果没有其他中断 OB 激活，则调用诊断 OB；若已经在执行其他中断 OB，诊断错误中断将置于同优先级的队列中。

在用户程序中只能使用一个诊断 OB。

诊断 OB 的启动信息见表 10-9。表 10-10 列出了局部变量 IO_state 所能包含的可能 I/O 状态。

表 10-9　诊断 OB 的启动信息

变　量	数据类型	描　述
IO_state	Word	包含具有诊断功能的模块的 I/O 状态
laddr	HW_Any	HW-ID
Channel	UInt	通道编号
multi_error	Bool	为 1 表示有多个错误

表 10-10　IO_state 状态

IO_state	含　义
位 0	组态是否正确，为 1 表示组态正确
位 4	为 1 表示存在错误，如断路等
位 5	为 1 表示组态不正确
位 6	为 1 表示发生了 I/O 访问错误，此时 laddr 包含存在访问错误的 I/O 的硬件标识符

10.7　习题

1. 简述顺序控制设计法中划分步的原则。
2. 简述 PLC 编程应遵循的基本原则。
3. 请画出图 10-39 的顺序功能图。
4. 请画出图 10-40 对应的梯形图。
5. 在顺序功能图中，转换实现的条件是什么？

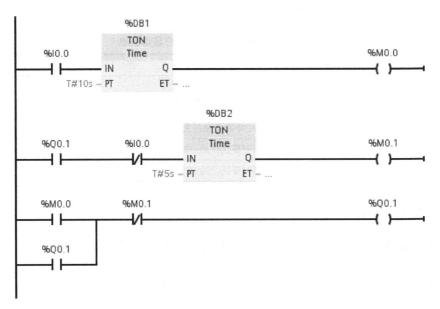

图 10-39 题 3 图

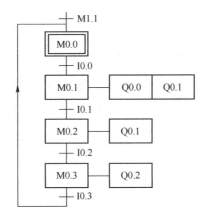

图 10-40 题 4 图

6. 画出图 10-41 波形对应的顺序功能图。

7. 图 10-42 是电动机的延时起停程序：按下瞬时起动按钮 I0.0，延时 5 s 后电动机 Q4.0 起动，按下瞬时停止按钮，延时 10 s 后电动机 Q4.0 停止。请画出梯形图对应的顺序功能图。

8. S7-1200 PLC 中数据块有哪些类型，其主要区别是什么？

9. S7-1200 PLC 有哪些编程方法，其主要区别是什么？

10. 为什么要在程序中使用临时变量？

11. 请简述结构化编程的优点。

12. 请简述 FB 和 FC 的区别。

13. CPU 开始运行时，首先执行的是什么程序？应该在哪个程序块中为变量做初始化。

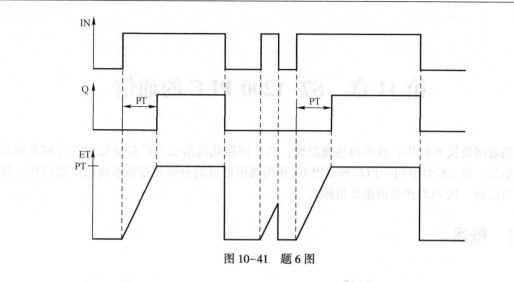

图 10-41 题 6 图

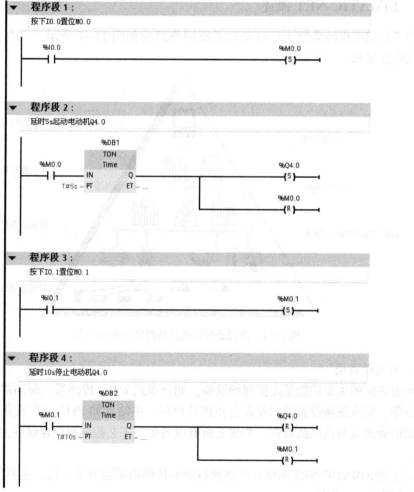

图 10-42 题 7 图

第 11 章 S7-1200 PLC 的通信

随着网络技术和 PLC 技术的迅速发展，PLC 网络化通信在工厂自动化中占有越来越重要的地位。由上位计算机、PLC 和远程 IO 互相通信形成的分布式控制系统已广泛应用。通信能力是新一代 PLC 产品的重要指标之一。

11.1 概述

11.1.1 SIMATIC NET 概述

西门子公司提供的典型工厂自动化系统网络结构如图 11-1 所示，主要包括现场设备层、车间监控层和工厂管理层。

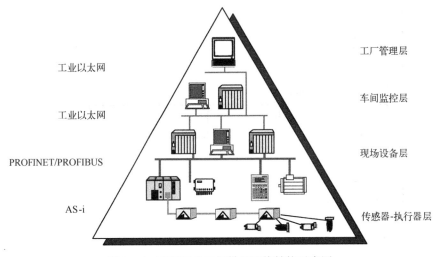

图 11-1 西门子公司提供的网络结构示意图

（1）现场设备层

现场设备层的主要功能是连接现场设备，如分布式 I/O、传感器、驱动器、执行机构和开关设备等，完成现场设备控制及设备间连锁控制。主站（如 PLC、PC 或其他控制器）负责总线通信管理及与从站的通信。总线上所有设备生产工艺控制程序存储在主站中，并由主站执行。

西门子的 SIMATIC NET 网络系统将执行器和传感器单独分为一层，主要使用 AS-i（执行器-传感器接口）网络。

（2）车间监控层

车间监控层又称为单元层，用来完成车间主生产设备之间的连接，实现车间级设备的监控。车间级监控包括生产设备状态的在线监控、设备故障报警及维护等。车间监控层通常还具有生产统计、生产调度等车间级生产管理功能。车间级监控通常要设立车间监控室,有操作员工作站及打印设备。车间级监控网络可采用 PROFINET 或工业以太网等。

(3) 工厂管理层

车间操作员工作站可以通过集线器与车间办公管理网连接,将车间生产数据送到车间管理层。车间管理网作为工厂主网的一个子网,通过交换机、网桥或路由器等连接到厂区骨干网,将车间数据集成到工厂管理层。

工厂管理层通常采用符合 IEC 802.3 标准的以太网,即 TCP/IP 通信协议标准。厂区骨干网可以根据工厂实际情况,采用 FDDI 或 ATM 等网络。

11.1.2　S7-1200 PLC 的通信功能

S7-1200 PLC 因其丰富的通信接口和通信模块,具有强大的通信功能,提供各种通信选项,如 I-Device(智能设备)、PROFINET、PROFIBUS、远距离控制通信、PtP(点到点)通信、Modbus RTU、USS、AS-i 和 IO Link MASTER 等。

1. 集成的 PROFINET 接口

PROFINET 用于通过以太网与其他通信伙伴交换数据,作为 PROFINET IO 的 IO 控制器,可与本地 PN 网络上或通过 PN/PN 耦合器(连接器)连接的最多 16 台 PN 设备通信。

2. PROFIBUS 通信模块

通过 PROFIBUS 网络可与其他通信伙伴交换数据。通过通信模块 CM 1242-5,CPU 作为 PROFIBUS-DP 从站运行。通过通信模块 CM 1243-5,CPU 作为 1 类 PROFIBUS-DP 主站运行。PROFIBUS-DP 从站、PROFIBUS-DP 主站和 AS-i(左侧 3 个通信模块)以及 PROFINET 均采用单独的通信网络,不会相互制约。

3. PtP 通信模块

PtP 通信模块可实现 S7-1200 PLC 直接发送信息到微型打印机等外部设备,或者从条形码扫描器、RFID(射频识别)读写器或视觉系统等外部设备接收信息,以及与 GPS 装置、无线电调制解调器或其他类型的设备交换信息。

PtP 通信模块 CM 1241 可执行的协议包括 ASCII、USS 协议、Modbus RTU 主站协议和从站协议,还可以装载其他协议。

4. AS-i 通信模块

AS-i 是用于现场自动化设备的双向数据通信网络,位于工厂自动化网络的最底层。AS-i 特别适用于连接需要传送开关量的传感器和执行器,例如读取各种接近开关、光电开关、压力开关、温度开关、物料位置开关的状态,控制各种阀门、声光报警器、继电器和接触器等,也可以传送模拟量数据。通过 S7-1200 CM 1243-2 AS-i 主站可将 AS-i 网络连接到 S7-1200 CPU。

5. 远程控制通信模块

通过使用 GPRS 通信处理器 CP 1242-7,S7-1200 可以实现与中央控制站、其他远程站、移动设备、编程设备和使用开放式用户通信的其他设备进行无线通信。

6. IO-Link 主站模块

IO-Link 是 IEC61131-9 中定义的用于传感器/执行器领域的 PtP 通信接口,使用非屏蔽的 3 线制标准电缆。IO-Link 主站模块 SM 1278 用于连接 S7-1200 CPU 和 IO-Link 设备，它有 4 个 IO-Link 端口，同时具有信号模块功能和通信模块功能。

11.2 PROFINET IO 系统

S7-1200 PLC 的 CPU 集成 PROFINET 接口，可以实现 CPU 与编程设备、HMI 及其他 S7 CPU 之间的通信，还可以作为 PROFINET IO 系统中的 IO 控制器和 IO 设备。

11.2.1 S7-1200 PLC 作 IO 控制器

在基于以太网的 PROFINET 中，PROFINET IO 设备是分布式现场设备，相当于 PROFIBUS-DP 现场总线中的从站，ET200 系列分布式 IO、变频器、调节阀和变送器等都可以作为 IO 设备。

S7-1200 PLC 可以作为 PROFINET IO 的控制器，相当于 PROFIBUS-DP 现场总线中的主站。S7-1200 PLC 最多可以带 16 个 IO 设备，最多 256 个子模块。

与 PROFIBUS-DP 的组态类似，PROFINET IO 系统仅需做简单的网络组态，不用编写任何程序就可以实现 IO 控制器对 IO 设备的周期性数据交换。下面通过一个简单例子演示 S7-1200 PLC 作为 PROFINET IO 控制器的组态步骤。

在 TIA Portal 软件中创建一个新项目，添加一个 CPU 1215C PLC，名称为 PLC_1。在网络视图中，右击 CPU 的 PN 口选择"添加 IO 系统"，则生成 PROFINET IO 系统。从右侧硬件目录中选择"分布式 IO"→"ET200S"→"接口模块"→"PROFINET"→"IM151-3 PN"下相应订货号的设备，拖放到网络视图中。单击 ET200S 中的蓝色"未分配"，选择 IO 控制器为"PLC_1"的 PROFINET 接口。以同样的方式添加第二个 IO 设备。本例的 PROFI-NET IO 系统，如图 11-2 所示。

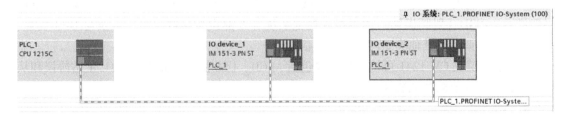

图 11-2　建立 PROFINET IO 系统

选择 ET200S，切换到设备视图，分别在 1~4 插槽添加电源模块、DI 模块、DI 模块和 DO 模块，如图 11-3 所示。图右侧的设备概览中，可以查看 ET200S 的信号模块的输入/输出地址。在用户程序中，可以对这些地址直接读写访问。

实际应用时，用以太网电缆连接好 IO 控制器、IO 设备和编程计算机后，如果 IO 设备中的设备名称与组态的设备名称不一致，它们的故障 LED 指示灯会亮。此时，需要进行设备名称分配。在图 11-2 的网络视图中，右击 IO 设备 1，选择菜单命令"分配设备名称"，在打开的"分配 PROFINET 设备名称"对话框中分配设备名称。

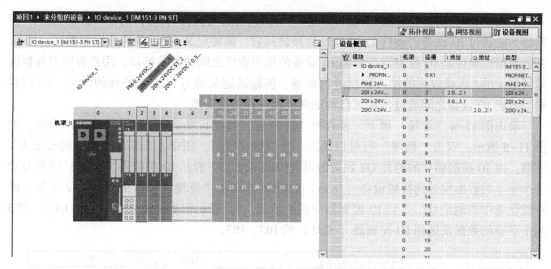

图 11-3　ET200S 设备组态

11.2.2　S7-1200 PLC 作智能 IO 设备

S7-1200 PLC 还可以作为智能 IO 设备，与作为 PROFINET IO 控制器的 S7-1500、S7-1200 等进行数据交换。下面演示一台 S7-1200 PLC 作为智能 IO 设备，与另一台 S7-1200 PLC 作为 PROFINET IO 控制器通信的例子。

在 TIA Portal 软件中创建一个新项目，添加一个 CPU 1215C PLC，名称为 PLC_1。在网络视图中，右击 CPU 的 PN 口选择"添加 IO 系统"，则生成 PROFINET IO 系统。从右侧硬件目录中选择"控制器"→"SIMATIC S7-1200"→"CPU"→"CPU 1215C DC/DC/DC"下的一个 S7-1200，拖放到网络视图中，名称为 PLC_2。选中 PLC_2 的 PROFINET 接口，在图 11-4 的属性窗口中，"常规"项下的"操作模式"中勾选"IO 设备"，"已分配的 IO 控制器"选择为"PLC_1"的 PROFINET 接口。

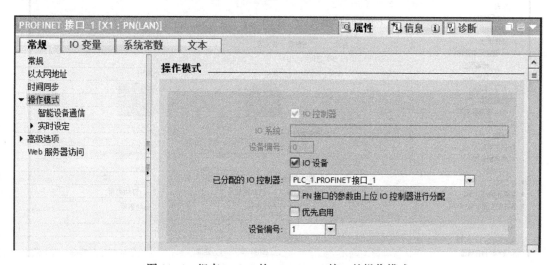

图 11-4　组态 PLC_2 的 PROFINET 接口的操作模式

本例中 IO 控制器和智能 IO 设备都是 S7-1200 PLC，它们都有各自的系统存储区，IO 控制器不能通过 IO 设备的硬件 I、Q 地址直接访问它，需要定义 IO 设备的数据传输区。IO 设备的数据传输区是 IO 控制器与智能 IO 设备的用户程序之间的通信接口。用户程序对数据传输区定义的 I 区接收到的输入数据进行处理，传输区定义的 Q 区输出处理的结果。IO 控制器与智能 IO 设备之间通过传输区自动地周期性进行数据交换。

单击图 11-4 "常规" 项下 "操作模式" 中的 "智能设备通信"，定义数据传输区，如图 11-5 所示。双击 "新增" 行可以添加一个数据传输区。图中，"传输区_1" 的长度为 1 字节，由 IO 控制器中的地址 Q2 到智能设备中的地址 I2，表示 IO 控制器（主站）将其 QB2 一个字节的数据发送到智能设备（从站）的 IB2；同理，"传输区_2" 的长度为 2 字节，由智能设备中的地址 Q2...3 到 IO 控制器中的地址 I2...3，表示智能设备（从站）的 QB2，QB3 两个字节的数据发送到 IO 控制器（主站）的 IB2、IB3。

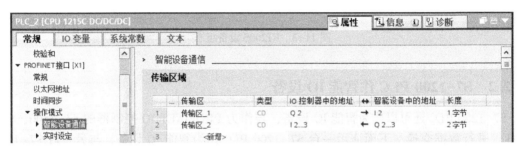

图 11-5　定义数据传输区

在图 11-6 所示的智能 IO 设备的传输区详细信息中，可以设置访问该智能 IO 设备的 IO 控制器个数、刷新方式（自动或者手动）、刷新时间和看门狗时间等。

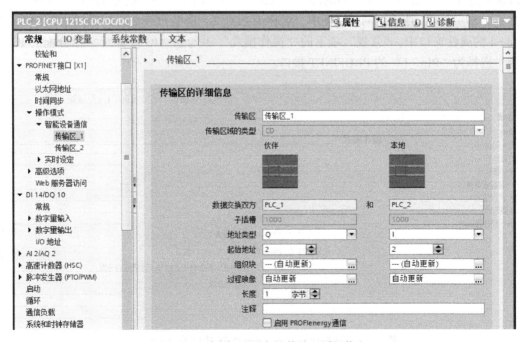

图 11-6　智能 IO 设备的传输区详细信息

S7-1200 PLC 作为智能 IO 设备与 S7-1200 PLC 或者 S7-300/400 PLC 组成 PROFI-NET IO 系统时，当智能 IO 设备和 IO 控制器需要在不同的项目中进行组态时，需要以 GSD 文件（XML）导出智能 IO 设备，且在 IO 控制器的组态项目中导入 GSD 文件（XML），作为 IO 设备插入 PROFINET IO 系统。如果接口改变，必须重新导出/导入 GSD 文件（XML）。

11.3　S7-1200 PLC 的开放式用户通信

S7-1200 PLC CPU 本体上集成了一个 PROFINET 通信接口，支持以太网和基于 TCP/IP 的通信标准。使用这个通信接口可以实现 S7-1200 PLC CPU 与编程设备的通信，与 HMI 触摸屏的通信，以及与其他 CPU 之间的通信。这个 PROFINET 物理接口支持 10 Mbit/s 或 100 Mbit/s 的 RJ45 口，支持电缆交叉自适应。因此，一个标准或交叉的以太网线都可以用于该接口。

11.3.1　支持的协议

S7-1200 PLC 的 PROFINET 接口支持开放式用户通信、Web 服务器、Modbus TCP 和 S7 通信（服务器和客户机）。开放式用户通信支持以下通信协议及服务：TCP（传输控制协议）、ISO on TCP（RCF1006）、UDP（用户数据报协议）、DHCP（动态主机配置协议）、SNMP（简单网络管理协议）、DCP（发现和基本配置协议）和 LLDP（链路层发现协议）。下面先简要介绍几个协议。

（1）TCP

TCP 是由 RFC793 描述的标准协议，可以在通信对象之间建立稳定、安全的服务连接。如果数据用 TCP 来传输，传输的形式是数据流，没有传输长度及信息帧的起始、结束信息。在以数据流的方式传输时，接收方不知道一条信息的结束和下一条信息的开始。因此，发送方必须确定信息的结构让接收方能够识别。因此，建议为要接收的字节数（参数 LEN，指令 TRCV/TRCV_C）和要发送的字节数（参数 LEN，指令 TSEND/TSEND_C）分配相同的值。在多数情况下，TCP 应用了 TCP/IP，它位于 ISO-OSI 参考模型的第 4 层。

TCP 具有如下特点：

1）是与硬件绑定的高效通信协议。

2）适合传输中等量或大量的数据。

3）为大多数设备应用提供错误恢复和流控制功能，具有较高的可靠性。

4）一个基于连接的协议。

5）可以灵活地与支持 TCP 的第三方设备通信。

6）具有路由兼容性。

7）只可使用静态数据长度。

8）有确认机制。

9）使用端口号进行应用寻址。

10）支持大多数应用协议，如 TELNET、FTP 都使用 TCP。

（2）ISO on TCP

ISO 传输协议最大的优势是通过数据包来进行数据传递。然而，由于网络的增加，它不支持路由功能的劣势会逐渐显现。TCP/IP 兼容了路由功能后，对以太网产生了重要的影响。为了集合两个协议的优点，在扩展的 RFC1006 "ISO on top of TCP" 做了注释，也称为 "ISO on TCP"，即在 TCP/IP 中定义了 ISO 传输的属性。ISO on TCP 是面向消息的协议，它在接收端检测消息的结束，并向用户指出属于该消息的数据。这不取决于消息的指定接收长度。这意味着在通过 ISO on TCP 连接传送数据时传送关于消息长度和结束的信息。ISO on TCP 也位于 ISO-OSI 参考模型的第 4 层，并且默认的数据传输端口是 102。

ISO on TCP（RFC1006）协议具有如下特点：

1）高速通信。

2）适合中等量或大量数据的传输。

3）与 TCP 相比，可以每一包的数据结束后进行检验，是面向包的数据传输。

4）路由兼容性。

5）数据长度可变。

6）使用 SEND/RECEIVE 编程接口进行数据管理，增加了编程的工作量。

（3）UDP

UDP 是面向消息的协议，它在接收端检测消息的结束，并向用户指出属于该消息的数据。这意味着在通过 UDP 连接传送数据时传送关于消息长度和结束的信息。UDP 位于 ISO-OSI 参考模型的第 4 层。UDP 有如下特点：

1）可用的子网类型：工业以太网（TCP/IP）。

2）在两个节点之间进行非安全性的相关数据域传输。

3）S7 用户程序中的接口：SEND/RECEIVE。

（4）S7 通信

所有 SIMATIC S7 控制器都集成了用户程序可以读写数据的 S7 通信服务。不管使用哪种总线系统都可以支持 S7 通信服务，即以太网、PROFINET、PROFIBUS 和 MPI 网络中都可使用 S7 通信。此外，使用适当的硬件和软件的 PC 系统也可支持通过 S7 协议的通信。

S7 通信协议具有如下特点：

1）独立的总线介质。

2）可用于所有 S7 数据区。

3）一个任务最多传送达 64 KB 数据。

4）第 7 层协议可确保数据记录的自动确认。

5）因为对 SIMATIC 通信的最优化处理，所以在传送大量数据时对处理器和总线产生低负荷。

对于 PROFINET 和 PROFIBUS，CPU 系统已事先定义了可分配给每个类别的连接资源最大数量，这些值无法修改。S7-1200 PLC 的开放式通信的通信连接、S7 连接、HMI、编程设备和 Web 服务器（HTTP）将根据具体功能使用不同数量的连接资源。根据所分配的连接资源，每个设备可支持的连接数量见表 11-1。

表 11-1　每个设备可支持的连接数量

设　　备	编程设备（PG）	HMI 设备	GET/PUT 客户端/服务器	开放式 用户通信	Web 浏览器
CPU 1217C 的最大 连接资源数量/个	4（确保编程设 备的连接）	12（确保 4 个 HMI 连接）	8	8	30（确保 3 个 HTTP 连接）

S7-1200 PLC CPU 的 PROFIENT 接口有两种网络连接方法：直接连接和网络连接。

（1）直接连接

当一个 S7-1200 PLC CPU 与一个编程设备、一个 HMI 或一个 PLC 通信时，也就是说只有两个通信设备时，实现的是直接通信。直接连接不需要使用交换机，用网线直接连接两个设备即可，如图 11-7 所示。

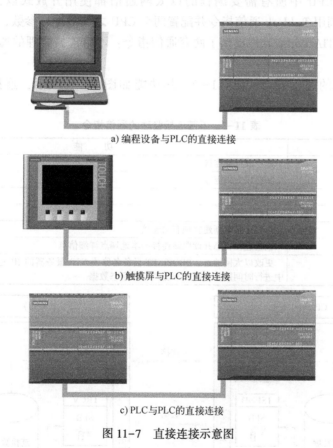

a) 编程设备与PLC的直接连接

b) 触摸屏与PLC的直接连接

c) PLC与PLC的直接连接

图 11-7　直接连接示意图

（2）网络连接

当多个通信设备进行通信即通信设备数量为两个以上时，实现的是网络连接，如图 11-8 所示。多个通信设备的网络连接需要使用以太网交换机来实现，可以使用导轨安装的西门子 CSM1277 的 4 口交换机连接其他 CPU 及 HMI 设备。CSM1277 交换机即插即用，使用前不用进行任何设置。

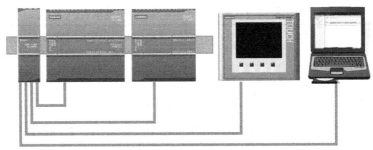

图 11-8　多个通信设备的网络连接

11.3.2　通信指令

S7-1200 PLC CPU 中所有需要编程的以太网通信都使用开放式以太网通信指令块 T-block 来实现。调用 T-block 通信指令并配置两个 CPU 之间的连接参数，定义数据发送或接收信息的参数。TIA Portal 软件提供了两套通信指令：不带连接管理的通信指令和带连接管理的通信指令。

不带连接管理的通信指令见表 11-2，其功能如图 11-9 所示，连接参数的关系如图 11-10 所示。

表 11-2　不带连接管理的通信指令

指　　　令	功　　　能
TCON	建立以太网连接
TDISCON	断开以太网连接
TSEND	发送数据
TRCV	接收数据
T_RESET	可终止并重新建立现有的连接
T_DIAG	检查连接状态并读取该连接的本地端点详细信息
T_CONFIG	更改以太网地址、PROFINET 设备名称或 NTP 服务器的 IP 地址，从而在用户程序中进行时间同步，同时覆盖现有的组态数据

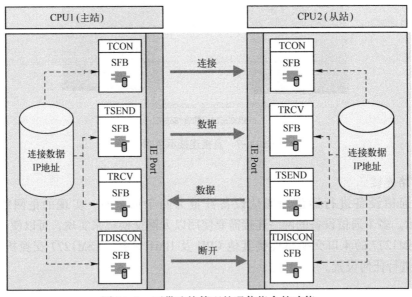

图 11-9　不带连接管理的通信指令的功能

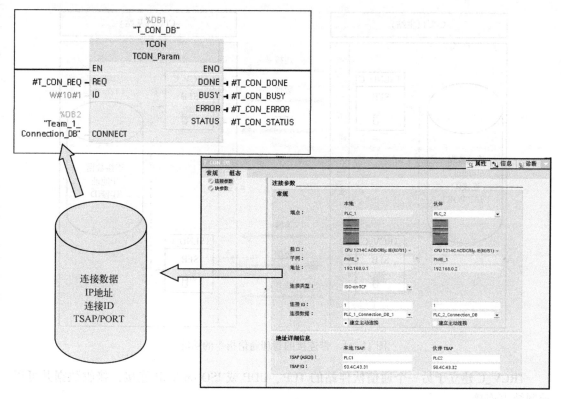

图 11-10　连接参数的关系

带连接管理的通信指令见表 11-3,其功能如图 11-11 所示。实际上,TSEND_C 指令在内部使用了通信指令 "TCON" "TSEND" "T_DIAG" "T_RESET" 和 "TDISCON"。而 TRCV_C 指令在内部使用了通信指令 "TCON" "TRCV" "T_DIAG" "T_RESET" 和 "TDIS-CON"。

表 11-3　带连接管理的通信指令

指　　令	功　　能
TSEND_C	建立以太网连接并发送数据
TRCV_C	建立以太网连接并接收数据
TMAIL_C	可通过通信模块(CM)或通信处理器(CP)的以太网接口发送电子邮件

TSEND_C 建立与另一个通信伙伴站的 TCP、UDP 或 ISO on TCP 连接,发送数据并可以控制结束连接。TSEND_C 的功能如下:

1) 要建立连接,设置 TSEND_C 的参数 CONT=1。成功建立连接后,TSEND_C 置位 DONE 参数一个扫描周期为 1。

2) 如果需要结束连接,那么设置 TSEND_C 的参数 CONT=0,连接会立即自动中断。这也会影响接收站的连接,造成接收缓存区的内容丢失,但如果对 TSEND_C 使用了组态连接,将不会终止连接,在发送作业完成前不允许编辑要发送的数据。

3) 要建立连接并发送数据,将 TSEND_C 的参数设为 CONT=1 并需要给参数 REQ 一个上升沿,成功执行完一个发送操作后,TSEND_C 会置位 DONE 参数一个扫描周期为 1。

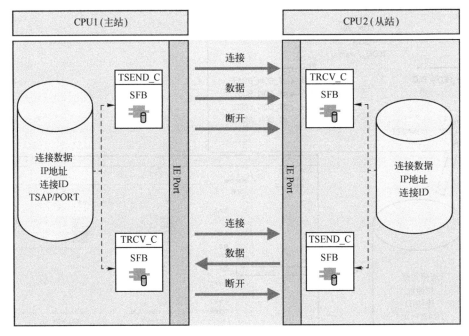

图 11-11　带连接的管理通信指令的功能

TRCV_C 建立于另一个通信伙伴站的 TCP、UDP 或 ISO on TCP 连接，接收数据并可以控制结束连接。

11.3.3　S7-1200 PLC 之间的以太网通信举例

S7-1200 PLC 之间的以太网通信可以通过 TCP、UDP 或 ISO on TCP 协议来实现，使用的通信指令是在双方 CPU 调用 T-block 指令来实现。通信方式为双边通信，因此发送指令和接收指令必须成对出现。

例程：例 11-1
实现步骤

下面通过一个简单的例子演示 S7-1200 PLC 之间以太网通信的组态步骤。

【例 11-1】将 PLC_1 的通信数据区 DB 中的 100 B 数据发送到 PLC_2 的接收数据区 DB 中，PLC_1 的 QB0 接收 PLC_2 发送的数据 IB0 的数据。

扫码查看本例实现步骤。

11.3.4　S7-1200 的 Modbus TCP 通信

微课：S7-1200
PLC 之间的
以太网通信

Modbus TCP 是一个标准的网络通信协议，可以通过编程实现网络通信，可通过 CPU 或 CM/CP 的本地接口建立连接，不需要额外的通信硬件模块。Modbus TCP 使用开放式用户通信（Open User Communication，OUC）连接作为 Modbus 通信路径。除了 STEP 7 和 CPU 之间的连接外，还可能存在多个客户端-服务器连接。

Modbus TCP 通信具有以下特点：

1）Modbus TCP 是开放的协议。

2）Modbus TCP 是 7 层协议。

3）Modbus TCP 通信可以通过编程建立 PROFINET（通过本机或 CM）和 ETHERNET

（通过本机或 CP）。

4）连接参数在预定义的结构 SDT 中分配；TCON_IP_v4 用于编程连接。

5）Modbus TCP 占用 OUC 资源。

6）Modbus TCP 服务器使用端口 502。

支持的混合客户端和服务器连接数最大为 CPU 型号所允许的最大连接数。每个 MB_SERVER 连接必须使用一个唯一的背景数据块和 IP 端口号。每个 IP 端口只能用于 1 个连接。必须为每个连接单独执行各 MB_SERVER（带有其唯一的背景数据块和 IP 端口）。

Modbus TCP 客户端（主站）必须通过 DISCONNECT 参数控制客户端-服务器连接。

基本的 Modbus 客户端操作如下：

1）连接到特定服务器（从站）IP 地址和 IP 端口号。

2）启动 Modbus 消息的客户端传输，并接收服务器响应。

3）根据需要断开客户端和服务器的连接，以便与其他服务器连接。

1. Modbus TCP 服务器

Modbus TCP 服务器通过 MB_SERVER 通信块配置，MB_SERVER 指令作为 Modbus TCP 服务器通过 PROFINET 连接进行通信。MB_SERVER 指令将处理 Modbus TCP 客户端的连接请求、接收和处理 Modbus 请求并发送响应。使用该指令时，可通过 CPU 或 CM/CP 的本地接口建立连接，无须其他任何硬件模块。MB_SERVER 指令如图 11-12 所示。

MB_SERVER 指令参数见表 11-4。

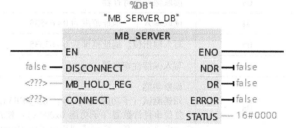

图 11-12　MB_SERVER 指令

表 11-4　MB_SERVER 指令参数

参　数	数据类型	说　明
DISCONNECT	Bool	MB_SERVER 指令建立与一个伙伴模块的被动连接。服务器会响应在 CONNECT 参数的 SDT "TCON_IP_v4" 中输入的 IP 地址的连接请求 接收一个连接请求后，可以使用该参数进行控制 0：在无通信连接时建立被动连接 1：终止连接初始化。如果已置位该输入，那么不会执行其他操作。成功终止连接后，STATUS 参数将输出值 0003
MB_HOLD_REG	Variant	指向 MB_SERVER 指令中 Modbus 保持性寄存器的指针 MB_HOLD_REG 引用的存储区必须大于两个字节 保持性寄存器中包含 Modbus 客户端通过 Modbus 功能 3（读取）、6（写入）、16（多次写入）和 23（在一个作业中读写）可访问的值 作为保持性寄存器，可以使用具有优化访问权限的全局数据块，也可以使用位存储器的存储区
CONNECT	Variant	指向连接描述结构的指针 可以使用下列结构（SDT）： TCON_IP_v4：包括建立指定连接时所需的所有地址参数，默认地址为 0.0.0.0（任何 IP 地址），但也可输入具体 IP 地址，以便服务器仅响应来自该地址的请求。使用 TCON_IP_v4 时，可通过调用指令 MB_SERVER 建立连接

（续）

参　　数	数据类型	说　　明
NDR	Bool	0：无新数据 1：从 Modbus 客户端写入的新数据
DR	Bool	0：未读取数据 1：从 Modbus 客户端读取的数据
ERROR	Bool	如果在调用 MB_SERVER 指令过程中出错，则将 ERROR 参数的输出设置为"1"
STATUS	Word	指令的详细状态信息

MB_SERVER 指令支持的功能见表 11-5。

表 11-5　MB_SERVER 指令支持的功能

功能代码	说　　明
01	读取输出位。地址范围为 0~65535
02	读取输入位。地址范围为 0~65535
03	读取保持性寄存器
04	读取输入字。地址范围为 0~65535
05	写入输出位。地址范围为 0~65535
06	写入保持性寄存器
08	诊断功能 回送测试（子功能 0x0000）：MB_SERVER 指令接收数据字并按原样返回 Modbus 客户端 复位事件计数器（子功能 0x000A）：使用 MB_SERVER 指令，可复位事件计数器"Success_Count""Xmt_Rcv_Count""Exception_Count""Server_Message_Count"和"Request_Count"
11	诊断功能 获取通信的事件计数器 MB_SERVER 指令使用一个通信的内部事件计数器，记录发送到 Modbus 服务器上成功执行的读写请求数 执行功能 08 或 11 时，事件计数器不会递增。这种情况同样适用于会导致通信错误的请求，如发生协议错误（如，不支持所接收 Modbus 请求中的功能代码）
15	写入多个输出位。地址范围为 0~65535
16	写入保持性寄存器。地址范围为 0~65535
23	通过请求写入和读取保持性寄存器

MB_SERVER 指令支持多个服务器连接，允许一个单独 CPU 同时接受来自多个 Modbus TCP 客户端的连接。Modbus TCP 服务器可以支持多个 TCP 连接，连接的最大数目取决于所使用的 CPU。一个 CPU 的总连接数包括 Modbus TCP 客户端和服务器的连接数，不能超过所支持的最大连接数。Modbus TCP 连接还可由 MB_CLIENT 和/或 MB_SERVER 实例共用。

连接服务器时，请记住以下规则：

1）每个 MB_SERVER 连接都必须使用唯一的背景数据块。

2）每个 MB_SERVER 连接都必须使用唯一的连接 ID。

3）该指令的各背景数据块都必须使用各自相应的连接 ID。连接 ID 与背景数据块组合成对，对每个连接，组合对都必须唯一。对于每个连接，都必须单独调用 MB_SERVER 指令。

2. Modbus TCP 客户端

MB_CLIENT 指令作为 Modbus TCP 客户端通过 S7-1200 PLC CPU 的 PROFINET 连接进行通信。使用该指令，无须其他任何硬件模块。通过 MB_CLIENT 指令，可以在客户端和服务器之间建立连接、发送请求、接收响应并控制 Modbus TCP 服务器的连接终端。MB_CLIENT 指令如图 11-13 所示。

MB_CLIENT 指令参数见表 11-6。

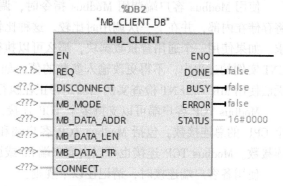

图 11-13　MB_CLIENT 指令

表 11-6　MB_CLIENT 指令参数

参　　数	数据类型	说　　明
REQ	Bool	与 Modbus TCP 服务器之间的通信请求 REQ 参数受到等级控制。这意味着只要设置了输入（REQ=true），指令就会发送通信请求 1）其他客户端背景数据块的通信请求被阻止 2）在服务器进行响应或输出错误消息之前，对输入参数的更改不会生效 3）如果在 Modbus 请求期间再次设置了参数 REQ，此后将不会进行其他传输
DISCONNECT	Bool	通过该参数，可以控制与 Modbus 服务器建立和终止连接 0：建立与指定 IP 地址和端口号的通信连接 1：断开通信连接。在终止连接的过程中，不执行其他功能。成功终止连接后，STATUS 参数将输出值 7003 而如果在建立连接的过程中设置了参数 REQ，将立即发送请求
CONNECT_ID	UInt	确定连接的唯一 ID。指令 MB_CLIENT 和 MB_SERVER 的每个实例都必须指定一个唯一的连接 ID
IP_OCTET_1	USInt	Modbus TCP 服务器 IP 地址 * 中的第 1 个 8 位字节
IP_OCTET_2	USInt	Modbus TCP 服务器 IP 地址 * 中的第 2 个 8 位字节
IP_OCTET_3	USInt	Modbus TCP 服务器 IP 地址 * 中的第 3 个 8 位字节
IP_OCTET_4	USInt	Modbus TCP 服务器 IP 地址 * 中的第 4 个 8 位字节
IP_PORT	UInt	服务器上使用 TCP/IP 与客户端建立连接和通信的 IP 端口号（默认值：502）
MB_MODE	USInt	选择请求模式（读取、写入或诊断）
MB_DATA_ADDR	UDInt	由 MB_CLIENT 指令所访问数据的起始地址
DATA_LEN	UInt	数据长度：数据访问的位数或字数
MB_DATA_PTR	Variant	指向 Modbus 数据寄存器的指针：寄存器是用于缓存从 Modbus 服务器接收的数据或将发送到 Modbus 服务器的数据的缓冲区。指针必须引用具有标准访问权限的全局数据块。 寻址到的位数必须可被 8 除尽
DONE	Bool	只要最后一个作业成功完成，立即将输出参数 DONE 的位置位为 "1"
BUSY	Bool	0：当前没有正在处理的 MB_CLIENT 作业 1：MB_CLIENT 作业正在处理中
ERROR	Bool	0：无错误 1：出错。出错原因由参数 STATUS 指示
STATUS	Word	指令的错误代码

使用 Modbus 客户端调用 Modbus 指令时，调用过程中统一输入数据，输入参数的状态将存储在内部，并在下一次调用时比较。这种比较用于确定这一特定调用是否初始化当前请求。如果使用一个通用背景数据块，那么可以执行多个 MB_CLIENT 调用。在执行 MB_CLI-ENT 实例的过程中，不得更改输入参数的值。如果在执行过程中更改了输入参数，那么将无法使用 MB_CLIENT 检查实例当前是否正在执行。

Modbus TCP 客户端可以支持多个 TCP 连接，连接的最大数目取决于所使用的 CPU。一个 CPU 的总连接数，包括 Modbus TCP 客户端和服务器的连接数，不能超过所支持的最大连接数。Modbus TCP 连接也可以由客户端和/或服务器连接共享。

使用各客户端连接时，请记住以下规则：

1）每个 MB_CLIENT 连接必须使用唯一的背景数据块。

2）对于每个 MB_CLIENT 连接，必须指定唯一的服务器 IP 地址。

3）每个 MB_CLIENT 连接需要一个唯一的连接 ID。

该指令的各背景数据块都必须使用各自相应的连接 ID。连接 ID 与背景数据块组合成对，对每个连接，组合对都必须唯一。根据服务器组态，可能需要或不需要 IP 端口的唯一编号。

3. 应用举例

例程：例 11-2 实现步骤

【例 11-2】实现两台 S7-1200 PLC 之间的 Modbus TCP 通信，实现从客户端读取服务器中的数据，假设将服务器 MW2 和 MW4 中的数据读入客户端的数据块 DB2 中。

扫码查看本例实现步骤。

11.4　S7-1200 PLC 的 S7 协议通信

S7 协议是专门为西门子产品优化设计的通信协议，主要用于 S7 CPU 之间、CPU 与 HMI 和编程设备之间的通信。S7 通信协议是面向连接的协议，在进行数据交换之前，必须与通信伙伴建立连接。面向连接的协议具有较高的安全性。S7 连接可以用于工业以太网和 PRO-FIBUS。连接是指两个通信伙伴之间为了执行通信服务建立的逻辑链路，不是指两个站之间用物理介质（电缆）实现的连接。连接相当于通信伙伴之间一条虚拟的"专线"，它们随时可以用这条"专线"进行通信。一条物理线路可以建立多个连接。S7 连接属于需要用网络视图组态的静态连接。静态连接要占用参与通信的模块（CPU、通信处理器 CP 和 CM）的连接资源，同时可以使用的连接的个数与它们的型号有关。

S7 连接分为单向连接和双向连接，S7 PLC CPU 集成的以太网接口都支持 S7 单向连接。单向连接中的客户机（Client）是向服务器（Server）请求服务的设备，客户机是主动的，它调用 GET/PUT 指令来读写服务器的存储区，通信服务经客户机要求而启动。服务器是通信中的被动方，用户不用编写服务器的 S7 通信程序，S7 通信是由服务器的操作系统完成的。单向连接只需要客户机组态连接、下载组态信息和编写通信程序。

V2.0 及以上版本的 S7-1200 PLC CPU 的 PROFINET 通信接口可以作 S7 通信的服务器或客户机。因为客户机可以读写服务器的存储区，单向连接实际上可以双向传输数据。

双向连接（在两端组态的连接）的通信双方都需要下载连接组态，一方调用指令

BSEND 或 USEND 来发送数据，另一方调用指令 BRCV 或 URCV 来接收数据。S7-1200 CPU 不支持双向连接的 S7 通信。

BSEND 指令可以将数据块安全地传输到通信伙伴，直到通信伙伴用 BRCV 指令接收完数据，数据传输才结束。BSEND/BRCV 最多可以传输 64 KB 的数据。

使用 USEND/URCV 的双向 S7 通信方式为异步方式。这种通信方式与接收方的指令 URCV 执行序列无关，无须确认。例如可以传送操作与维护消息，对方接收到的数据可能被新的数据覆盖。USEND/URCV 指令传输的数据量比 BSEND/BRCV 少得多。

11.4.1 S7-1200 PLC 之间的单向 S7 通信

下面我们通过一个简单例子演示 S7-1200 PLC 之间单向 S7 通信的组态步骤。

【例 11-3】将 PLC_1 的 MB0~MB19 中 20 B 的数据发送到 PLC_2 的接收数据区 MB20~MB39 中，PLC_1 的 MB20 接收 PLC_2 发送的数据 MB0 的数据。

例程：例 11-3
实现步骤

扫码查看本例实现步骤。

11.4.2 S7-1200 PLC 与 S7-200/300/400 PLC 的通信

S7-1200 CPU 与 S7-200 CPU 之间的通信只能通过 S7 通信来实现，因为 S7-200 PLC 的以太网模块只支持 S7 通信。由于 S7-1200 的 PROFINET 通信接口支持 S7 通信的服务器端，所以在编程方面，S7-1200 CPU 不用做任何工作，只需为 S7-1200 PLC CPU 配置好以太网地址并下载。主要编程工作都在 S7-200 CPU 一侧完成，需要将 S7-200 PLC 的以太网模块设置成客户端，并用 ETHx_XFR 指令编程通信。

注意：使用单边的 S7 通信，S7-1200 PLC 不需要做任何组态编程，但在创建通信数据区 DB 时，一定要选择绝对寻址，才能保证通信成功。

S7-1200 PLC 与 S7-300/400 PLC 之间的以太网通信方式有多种，可以采用 TCP、UDP、ISO on TCP 和 S7 通信。

采用 TCP 和 ISO on TCP 这两种协议进行通信所使用的指令是相同的，在 S7-1200 CPU 中使用 T-Block 指令编程通信。如果是以太网模块，在 S7-300/400 CPU 中使用 AG_SEND、AG_RECV 编程通信。如果是支持 Open IE 的 PN 口，则使用 Open IE 的通信指令实现。

对于 S7 通信，S7-1200 PLC 的 PROFINET 通信口支持 S7 通信的服务器端和客户机端。S7-1200 PLC 作服务器端时，在编程组态和建立连接方面，S7-1200 CPU 不用做任何工作，只需在 S7-300 PLC CPU 一侧建立单边连接，并使用单边编程方式 PUT、GET 指令进行通信。

S7-1200 CPU 中所有需要编程的以太网通信都使用开放式用户通信指令 T-block 来实现。调用 T-block 通信指令并配置两个 CPU 之间的连接参数，定义数据发送或接收信息的参数。

TIA Portal 软件提供了两套通信指令：没有连接管理的功能块和带有连接管理的功能块。带连接管理的功能块执行时自动激活以太网连接，发送/接收完数据后，自动断开以太网连接。

11.5 S7-1200 PLC 的 PROFIBUS-DP 通信

S7-1200 CPU 从固件版本 V2.0 开始支持 PROFIBUS-DP 通信。S7-1200 PLC 的 DP 主站模块为 CM 1243-5，DP 从站模块为 CM 1242-5。CM 1242-5 从站模块，可以成为以下 DP V0/V1 主站的通信伙伴。

1) SIMATIC S7-1200、S7-300、S7-400、WinAC。
2) 带有 DP 主站模块的 ET200。
3) SIMATIC PC 站。
4) SIMATIC NET IE/PB Link。
5) 第三方 PLC。

CM 1243-5 主站模块，可与以下 DP-V0/V1 从站进行通信。

1) SIMATIC ET200。
2) 配有 CM 1242-5 的 S7-1200 PLC CPU。
3) 配有 EM 277 的 S7-200 PLC CPU。
4) 带集成 DP 口的 S7-300/400 PLC CPU。
5) 配有 CP 342-5 模块的 S7-300 PLC CPU。
6) SINAMICS 变频器。
7) 其他供应商提供的带有 DP 口的驱动器和执行器。
8) 其他供应商提供的带有 DP 口的传感器。
9) 配有 PROFIBUS CP 的 SIMATIC PC 站。

11.5.1 S7-1200 PLC 作 DP 主站

例程：例 11-4
实现步骤

S7-1200 PLC 作为 PROFIBUS-DP 网络的主站，仅需做简单的网络组态，就可以实现对 DP 从站的周期性数据交换。

【例 11-4】下面通过一个简单例子演示 S7-1200 PLC 作为 PROFIBUS-DP 网络主站的组态步骤。

扫码查看本例实现步骤。

11.5.2 S7-1200 PLC 作 DP 从站

例程：例 11-5
实现步骤

S7-1200 PLC 还可以作为 PROFIBUS-DP 网络的智能从站设备，与作为主站的 S7-1500、S7-1200、S7-300/400 PLC 等进行数据交换。

【例 11-5】下面演示一台 S7-1200 PLC 作为智能从站设备，与另一台 S7-1200 PLC 作为主站进行通信的例子。

扫码查看本例实现步骤。

S7-1200 PLC 作为智能从站与 S7-1200 PLC 或者 S7-300/400 PLC 组成 PROFINET-DP 网络时，当智能从站和主站需要在不同的项目中进行组态时，需要安装 CP1242-5 的 GSD 文件。

11.6　S7-1200 PLC 的串口通信

S7-1200 PLC 的串口通信模块有两种型号，分别为 CM1241 RS232 接口模块和 CM1241 RS485 接口模块。CM1241 RS232 接口模块支持基于字符的自由口协议和 Modbus RTU 主从协议。CM1241 RS485 接口模块支持基于字符的自由口协议，Modbus RTU 主从协议及 USS 协议。两种串口通信模块有如下共同特点。

微课：S7-1200 的串口通信（上）

1）通信模块安装于 CPU 模块的左侧，且数量之和不能超过 3 块。

2）串行接口与内部电路隔离。

3）由 CPU 模块供电，无须外部供电。

4）模块上有一个 DIAG（诊断）LED 灯，可根据此 LED 灯的状态判断模块状态。模块上部盖板下有 Tx（发送）和 Rx（接收）两个 LED 灯指示数据的收发。

5）可使用扩展指令或库函数对串口进行配置和编程。

CM1241 RS232 接口模块集成一个 9 针 D 型公接头，符合 RS232 接口标准。连接电缆为屏蔽电缆，最多可达 10 m。CM1241 RS485 接口模块集成一个 9 针 D 型母接头，符合 RS485 接口标准，连接电缆为 3 芯屏蔽电缆，最长可达 1000 m。

11.6.1　自由口协议通信

S7-1200 PLC 支持使用自由口协议进行基于字符的串行通信。该数据传输协议使用自由口通信，完全可通过用户程序进行组态。

西门子提供了具有以下自由口通信功能的库，可供用户在程序中使用。

1）USS 驱动协议。

2）Modbus RTU 主站协议。

3）Modbus RTU 从站协议。

CM1241 RS232 和 CM1241 RS485 接口模块都支持基于字符的自由口协议，下面以 RS232 模块为例介绍串口通信模块的端口参数设置、发送参数设置、接收参数设置以及硬件标识符。最后通过一个简单例子介绍串口通信模块自由通信的组态方法。

1. 串口通信模块的端口参数设置

在项目视图项目树中双击"设备配置"项打开设备视图，拖动 RS232 模块到 CPU 左侧的 101 槽，在 RS232 模块的属性对话框中，可以设置串口通信模块的参数。

端口组态属性如图 11-14 所示，其中"波特率"项指定通信的波特率，默认值为 9.6 kbit/s，可选值为 300 kbit/s、600 kbit/s、1.2 kbit/s、2.4 kbit/s、4.8 kbit/s、9.6 kbit/s、19.2 kbit/s、38.4 kbit/s、57.6 kbit/s、76.8 kbit/s、115.2 kbit/s。"奇偶校验"项设置校验，默认为无校验，可选项为无校验、偶校验、奇校验、Mark 校验（奇偶校验位为 1）和 Space 校验（奇偶校验位为 0），任意奇偶校验（将奇偶校验位设置为 0 进行传输，在接收时忽略奇偶校验错误）。"数据位"默认为 8 位/字符，可选项为 8 位/字符和 7 位/字符。"停止位"设置停止位长度，默认为 1，可选项为 1 和 2。"流量控制"项默认为无，可选项为"XON/XOFF""硬件 RTS 始终启用""硬件 RTS 始终打开""硬件 RTS 始终开启，忽略 DRS"。如果选择软流控"XON/XOFF",则可设置 XON 和 XOFF 分别对应的字符,默认为 0x11 和 0x13。"等待时间"默认为 1 ms,可选值为 1~65535 ms。等待时间指在模块发出 RTS 请求发送信号后等待接收来自通信伙伴的 CTS 允许发送信号的时间。流量控制是用来协调数据的发送和接收的机制,以此确保传输过程中无数据丢失。RS485 通信模块没有流量控制功能。4 种流量控制选项详细说明如下所述。

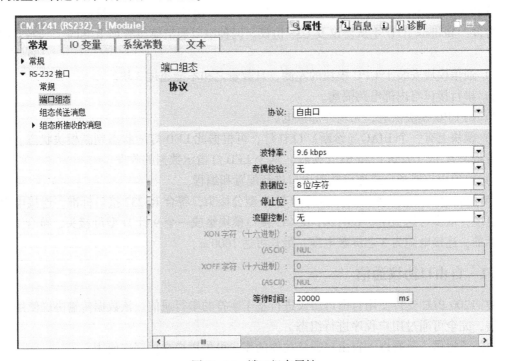

图 11-14　端口组态属性

数据流控制是一种确保发送和接收行为保持平衡的方法。在理想情况下,智能控制可确保不会丢失数据。它确保设备发送的信息不会多于接收伙伴所能处理的信息。

有两种数据流控制方法:硬件控制的数据流控制和软件控制的数据流控制。对于这两种方法,在传输开始时都必须激活通信伙伴的 DSR 信号。如果未激活 DSR 信号,则传输不会开始。

硬件控制的数据流控制:采用请求发送(Request To Send,RTS)信号和允许发送(Clear To Send)信号。对于 RS232 通信模块,RTS 信号通过输出引脚 7 进行传输,而 CTS 信号通过引脚 8 进行接收。如果启用了硬件控制的数据流控制,则在发送数据时 RTS 信号总是设置为激活状态。同时,对 CTS 信号进行监视,以检查接收设备是否能接受数据。如果激活了 CTS 信号,则模块可以一直传输数据,直到 CTS 信号变为非激活状态。如果未激活 CTS 信号,则数据传输必须暂停所设置的等待时间。如果 CTS 信号在经过了所设置的等待时间后仍未激活,则数据传输将被中止,并向用户程序发送错误信号。

使用硬件握手的数据流控制:如果数据流控制由硬件握手进行控制,则默认情况下,发送设备将 RTS 信号设置为激活状态,因此调制解调器等设备可随时传输数据,无须等待接收方的 CTS 信号。发送设备通过只发送有限数量的帧(字符)来监视自身的传输,以防止接收缓冲区溢出。如果仍然出现溢出,则传送设备必须阻止消息并向用户程序发回错误信号。

软件控制的数据流控制：软件控制的数据流控制采用消息中的特定字符并通过这些字符来控制传输。这些字符是为 XON 和 XOFF 选择的 ASCII 字符。XOFF 指示何时必须暂停传输，XON 指示何时可以继续传输。如果发送设备接收到 XOFF 字符，它必须暂停发送所选的等待时间长度。如果在所选的等待时间之后发送了 XON 字符，则将继续传输。如果在等待时间之后未接收到 XON 字符，则将向用户程序发回错误信号。因为接收伙伴需要在传输期间发送 XON 字符，所以软件数据流控制需要全双工通信。

1) 硬流控 RTS 始终启用。通信模块发出 RTS 请求发送信号后持续检测来自通信伙伴的 CTS 允许发送信号，以判断通信伙伴是否能接收数据。如果检测到 CTS 允许发送信号，在 CTS 允许发送信号其间通信模块就持续发送数据。如果在发送数据其间 CTS 允许发送信号消失，则通信模块立即停止数据发送，并开始等待 CTS 允许发送信号的再次出现。如果等待时间在设定时间之内，则通信模块继续发送数据，如果等待时间走出设定时间，则通信模块停止数据发送并返回一个错误。

2) 硬流控 RTS 始终打开。通信模块总是激活 RTS 信号。此选项常用于与 MODEM 的连接。

3) 硬件 RTS 始终开启，忽略 DRS。通信模块在使用硬流控时激活 RTS 信号，当 DSR 信号激活时发送数据。通信模块仅在发送操作开始时检测 DSR 信号，即使在数据发送过程中 DSR 信号消失，也不会停止数据发送。

4) 软流控中的 XON 和 XOFF 的作用与硬流控中的 RTS 和 CTS 相同。

除了通过界面来配置 RS232/RS485 端口，也可以通过 PORT_CFG 指令块来动态配置，如图 11-15 所示，其参数含义见表 11-7。需要注意的是，通过 PORT_CFG 设置的参数会覆盖图 11-14 所示的端口参数设置，但该设置在掉电后不保持。

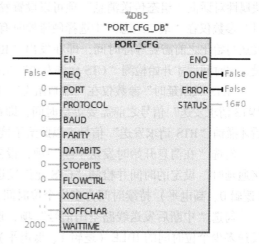

图 11-15　PORT_CFG 指令块

表 11-7　PORT_CFG 参数含义

参　　数	数据类型	含　　义
REQ	Bool	在上升沿激活组态更改
PORT	Port（UInt）	通信端口的 ID（模块 ID）
PROTOCOL	UInt	传输协议，0 表示点对点通信协议
BAUD	UInt	端口的波特率
PARITY	UInt	端口的奇偶校验
DATABITS	UInt	每个字符的位数
STOPBITS	UInt	停止位的数目

(续)

参　数	数据类型	含　义
FLOWCTRL	UInt	数据流控制
XONCHAR	Char	指示用作 XON 字符的字符，默认设置是字符 DC1(11H)
XOFFCHAR	Char	指示用作 XOFF 字符的字符，默认设置是字符 DC3(13H)
WAITTIME	UInt	指定开始传输后 XON 或 CTS 的等待时间，所指定的值必须大于 0，默认设置是 2000 ms
DONE	Bool	状态参数，为 1 表示任务已完成且未出错
ERROR	Bool	状态参数，为 1 表示出现错误
STATUS	Word	指令状态

2. 串口通信模块的发送参数设置

在串口通信模块发送数据之前，必须对模块的发送参数进行设置。在设备视图单击通信模块属性对话框"组态传送消息"项可以设置发送参数，如图 11-16 所示。其中，"RTS 接通延时"参数仅在"端口组态"中选择硬流控时有效，表示在发出"RTS 请求发送"信号之后和发送初始化之前需要等待时间，即在发出"RTS 请求发送"信号之后经过"RTS 接通延时"设定的时间后才开始检测"CTS 允许发送"信号，以此给予接收端足够的准备时间。

"RTS 关断延时"参数仅在"端口组态"中选择硬流控时有效，表示在完成传送后和撤销"RTS 请求发送"信号之前需要等待时间，即在数据发送完后延时 RTS OFF delay 设定的时间后才撤销"RTS 请求发送"信号，以此给予接收端足够时间来接收消息帧的全部最新字符。

勾选"在消息开始时发送中断"项，设定"中断期间的位时间数"表示在延时"RTS 接通延时"设定的时间并检测"CTS 允许发送"信号后，在消息帧的开始位置发送 BREAK（逻辑 0、高电平）持续时间为多少个位时间，上限时间为 8 s。

勾选"中断后发送线路空闲信号"项，设定"中断后线路空闲"表示在 BREAK 之后再发送多少个位时间的 IDLE（逻辑 1、低电平）信号，上限时间为 8 s。此设置仅在勾选"在消息开始时发送换行"项后才有效。

除了通过界面来设置 RS232/RS485 端口的发送参数，也可以通过 SEND_CFG 指令块来设置，如图 11-17 所示，其参数含义见表 11-8。需要注意的是，通过 SEND_CFG 设置的参数会覆盖图 11-16 所示发送参数设置，但该设置在掉电后不保持。

图 11-16　发送参数设置

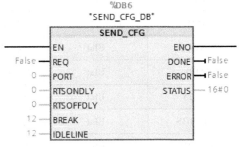

图 11-17　SEND_CFG 指令块

表 11-8　SEND_CFG 参数含义

参　　数	数据类型	说　　明
REQ	Bool	在上升沿激活组态更改
PORT	Port（UInt）	通信端口 ID（HW ID）
RTSONDLY	UInt	激活 RTS 后到开始传输要经过的时间，该参数不适用于 RS485 模块
RTSOFFDLY	UInt	传输结束后到禁用 RTS 要经过的时间，该参数不适用于 RS485 模块
BREAK	UInt	指定中断的位时间数，在消息开始时发送这些位时间数
IDLELINE	UInt	指定在消息开始时发送的中断后线路空闲信号的位时间数
DONE	Bool	状态参数，为 1 表示任务已完成且未出错
ERROR	Bool	状态参数，为 1 表示出现错误
STATUS	Word	指令状态

3. 串口通信模块的接收参数设置

在串口通信模块接收数据之前，必须对模块的接收参数进行设置。在设备视图单击通信模块属性对话框"组态所接收的消息"项可以设置接收参数。图 11-18 为消息帧起始条件设置。

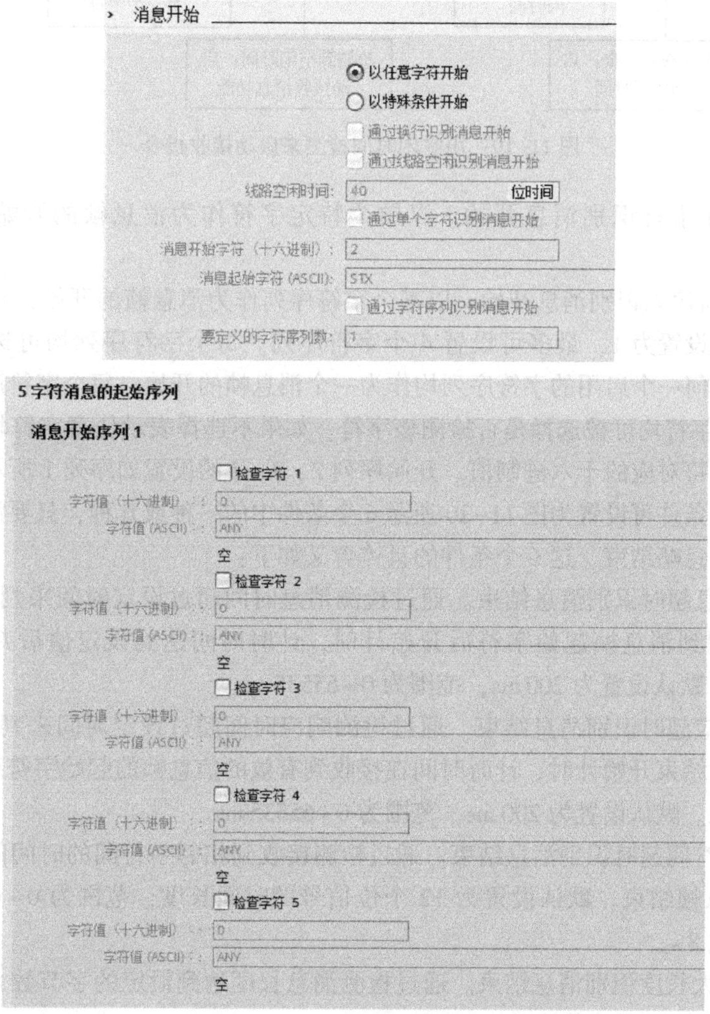

图 11-18　消息帧起始条件设置

图 11-18 中，消息帧起始条件可设置为"以任意字符开始"或"以特殊条件开始"。"以任意字符开始"表示任何字符都可作为消息帧的起始字符，"以特殊条件开始"表示以特定字符作为消息帧的起始字符，具体设置有以下 4 种，可任选其中的一种或几种的组合，选择组合条件时按列表先后次序来判断是否符合消息帧起始条件。

1）通过换行识别消息开始。当接收端的数据线检测到逻辑 0 信号（高电平）并持续超过一个完整字符传输时间（包括起始位、数据位、校验位和停止位）时，以此作为消息帧的开始。

2）通过线路空闲识别消息开始。如果发送传输线路在空闲一段时间（该时间以位时间为单位）后发生接收字符等事件，将识别到消息开始，如图 11-19 所示。默认设置为 40 个位时间，最大值为 65535，但不能超过 8 s 的时间。

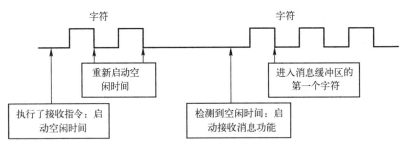

图 11-19　用空闲时间检测来启动接收指令

3）通过单个字符识别消息开始。以单个特定字符作为消息帧的开始。默认设置为 0x02，即 STX。

4）通过字符序列识别消息开始。以某个字符序列作为消息帧的开始，在此设定字符序列的个数。默认设置为 1，最多可设置 4 个字符序列。每个字符序列均可选择启用或不启用，满足其中任何一个启用的字符序列均作为一个消息帧的开始。每个字符序列最多可包含 5 个字符。每个字符均可被选择是否检测该字符。如果不选择表示任意字符均可，如果选择该项则输入该字符对应的十六进制值。开始序列 2、3、4 的设置如序列 1 所示。

消息帧结束条件可设置为图 11-20 所示 6 个条件中的一种或几种，只要满足选中的一个条件，即判断消息帧结束。这 6 个条件的具体含义如下：

1）通过消息超时识别消息结束。通过检测消息时间超过设定时间来判断消息帧结束。消息时间从检测到消息帧起始字符后开始计时，计时时间达到设定值后判断帧结束，如图 11-21 所示。默认设置为 200 ms，范围为 0~65535 ms。

2）通过响应超时识别消息结束。通过检测响应时间超过设定时间来判断消息帧结束。响应时间从传输结束开始计时，计时时间在接收到有效的信息帧的起始字符序列前达到设定值时判断帧结束。默认设置为 200 ms，范围为 0~65535 ms。

3）通过字符间超时识别消息结束。通过检测接收到相邻字符间的时间间隔，超过设定时间来判断消息帧结束。默认设置为 12 个位信号的时间长度，范围为 0~65535 个信号长度，最大不超过 8 s。

4）通过最大长度识别消息结束。通过检测消息长度达到设定的字节数来判断消息帧结束。默认设置为 1 B，最大值为 1024 B。

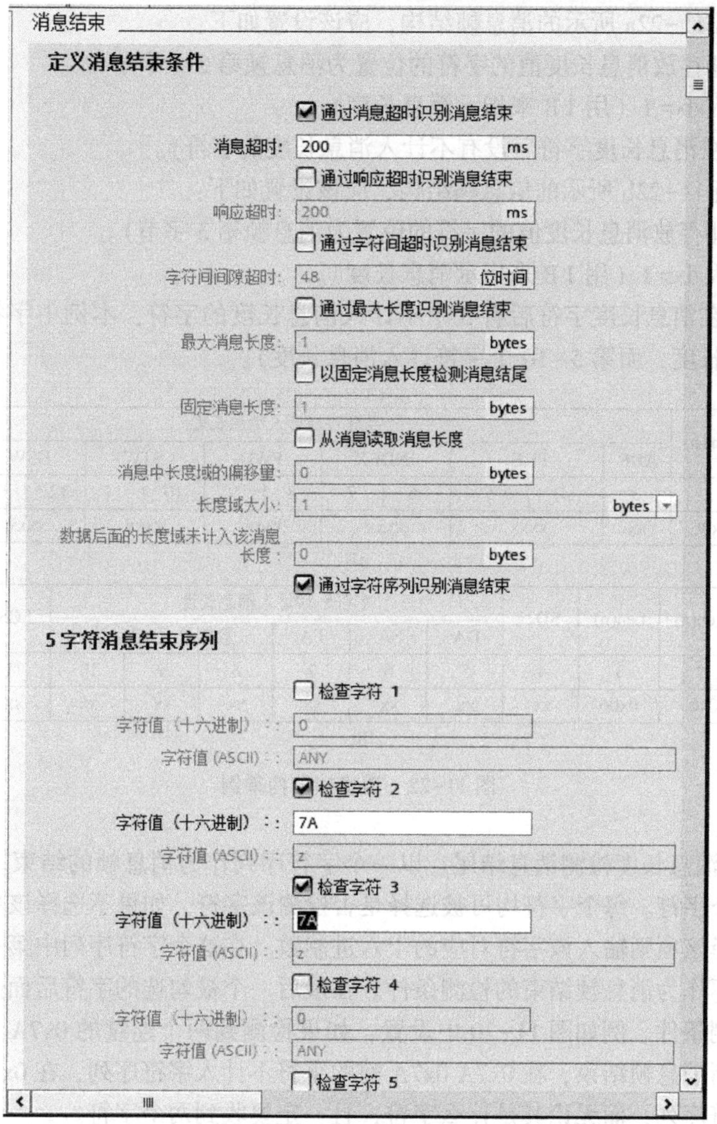

消息结束

定义消息结束条件

☑ 通过消息超时识别消息结束

消息超时： 200 ms

☐ 通过响应超时识别消息结束

响应超时： 200 ms

☐ 通过字符间超时识别消息结束

字符间间隙超时： 48 位时间

☐ 通过最大长度识别消息结束

最大消息长度： 1 bytes

☐ 以固定消息长度检测消息结尾

固定消息长度： 1 bytes

☐ 从消息读取消息长度

消息中长度域的偏移量： 0 bytes

长度域大小： 1 bytes ▾

数据后面的长度域未计入该消息长度： 0 bytes

☑ 通过字符序列识别消息结束

5 字符消息结束序列

☐ 检查字符 1

字符值（十六进制）：： 0

字符值 (ASCII)：： ANY

☑ 检查字符 2

字符值（十六进制）：： 7A

字符值 (ASCII)：： z

☑ 检查字符 3

字符值（十六进制）：： 7A

字符值 (ASCII)：： z

☐ 检查字符 4

字符值（十六进制）：： 0

字符值 (ASCII)：： ANY

☐ 检查字符 5

图 11-20　消息帧结束条件设置

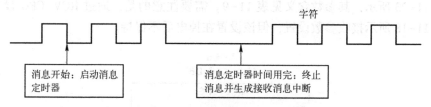

图 11-21　使用消息定时器来检测消息帧结束

5）从消息读取消息长度。消息内容本身包含消息的长度，通过从消息帧中获取的消息长度来判断消息帧结束。图 11-20 中，"消息中长度域的偏移量"指存取消息长度值的字符的位置；"长度域大小"指消息长度字符的长度（为 1、2 和 4）；"数据后面的长度域未计入该消息长度"指在消息长度字符后面不计入消息长度的字符数。

例如针对图 11-22a 所示的消息帧结构，应该设置如下：

① n=2（即存放消息长度值的字符的位置为消息帧第 2 个字节）。

② 长度域大小=1（用 1 B 来指示消息长度）。

③ m=0（在消息长度字符后没有不计入消息长度的字符）。

而针对如图 11-22b 所示的信息帧结构，应该设置如下：

① n=3（即存放消息长度值的字符的位置为消息帧第 3 字节）。

② 长度域大小=1（用 1 B 来指示消息长度）。

③ m=3（在消息长度字符后有 3 个不计入消息长度的字符，本例中字符 SD2、FCS 和 ED 未计入信息长度，而第 5~10 个字符计入消息长度）。

STX	Len(n)	字符3~14计入消息长度											BCC
		ADR	PKE		INDEX		PWD		STW		HSW		
1	2	3	4	5	6	7	8	9	10	11	12	13	14
STX	0x0C	xx	xxxx		xxxx		xxxx		xxxx		xxxx		

a)

SD1	Len(n)	Len(n)	SD2	字符5~10计入消息长度						FCS	ED
				DA	SA	FA	数据单元=3字节				
1	2	3	4	5	6	7	8	9	10	11	12
xx	0x06	0x06	xx	xx	xx	xx	xx	xx	xx	xx	xx

b)

图 11-22　消息帧结构举例

6）以固定消息长度检测消息结尾。以一个字符序列作为消息帧的结束。每个字符序列最多可包含 5 个字符。每个字符均可被选择是否检测该字符，如果不选择该项表示任意字符均可，如果选择该项则输入该字符对应的十六进制数。在这个字符序列中第一个被选择的字符前面的字符不作为消息帧结束的检测条件。在最后一个被勾选的字符后面的字符仍作为消息帧结束的检测条件。例如图 11-20 中设置，如果检测到两个连续的 0x7A，并接着检测两个字符，则判断消息帧结束，在 0x7A 0x7A 前的字符不计入字符序列，在 0x7A 0x7A 后的两个字符计入字符序列，而无论其是什么字符，且一定要收到两个字符。

除了通过界面来设置 RS232/RS485 端口的接收参数，也可以通过 RCV_CFG 指令块来设置，如图 11-23 所示，其参数含义见表 11-9。需要注意的是，通过 RCV_CFG 设置的参数会覆盖图 11-18 所示接收参数设置，但该设置在掉电后不保持。

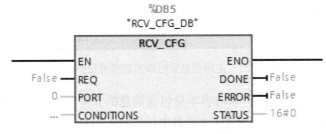

图 11-23　RCV_CFG 指令块

表 11-9　RCV_CFG 参数含义

参　　数	数 据 类 型	说　　明
REQ	Bool	在上升沿激活组态更改
PORT	Port（UInt）	通信端口 ID（HW ID）
CONDITIONS	Conditions	用户自定义的数据结构，定义开始和结束条件
DONE	Bool	状态参数，为 1 表示任务已完成且未出错
ERROR	Bool	状态参数，为 1 表示出现错误
STATUS	Word	指令的状态

4. 串口通信模块自由口通信协议举例

在完成通信端口设置、发送参数设置及接收参数设置后需要在 CPU 中调用通信功能块发送和接收数据。下面以 CM 1241 RS232C 与 Windows 操作系统的集成软件"超级终端"的通信为例，介绍 S7-1200 PLC 串口通信模块使用自由口协议的数据发送和接收。

【例 11-6】通过标准的 RS232 串口电缆连接计算机和 CM 1241。RS232 端口的通信端口设置、发送参数设置及接收参数设置均可使用默认设置。

扫码查看本例实现步骤。

例程：例 11-6
实现步骤

11.6.2　Modbus RTU 协议通信

Modbus RTU（Remote Terminal Unit）是用于网络中通信的标准协议，使用 RS232 或 RS422/485 连接网络中的 Modbus 设备，进行串行数据传输。

微课：S7-1200
的串口通信
（下）

Modbus RTU 使用主/从站网络，其中整个通信仅由一个主站设备触发，而从站只能响应主站的请求。主站将请求发送到一个从站地址，并且只有该地址上的从站做出响应。

Modbus 系统间的数据交换通过功能码来控制。有些功能码是对位操作的，通信的用户数据是以位为单位的，如：

1）FC01 读输出位的状态。

2）FC02 读输入位的状态。

3）FC05 写入一个输出位。

4）FC15 写入一个或多个输出位。

有些功能码是对 16 位寄存器操作的，通信的用户数据是以字为单位的，如：

1）FC03 读取保持寄存器。

2）FC04 读取输入字。

3）FC06 写入一个保持寄存器。

4）FC16 写入一个或多个保持寄存器。

这些功能码是对 4 个数据区（位输入、位输出、输入/输出寄存器）进行访问的。访问的数据区见表 11-10。

表 11-10　访问的数据区

功　能　码	数　据	数　据　类　型		访　问
01、05、15	输出的状态	位	输出	读、写
02	输入的状态	位	输入	只读
03、06、16	输出寄存器	16 位寄存器	输出寄存器	读、写
04	输入寄存器	16 位寄存器	输入寄存器	只读

Modbus 功能代码 FC08 和 FC11 提供从站设备的通信诊断选项。

Modbus 从站地址为 0 时会将广播帧发送给所有从站（无从站响应；针对功能代码 FC5、FC6、FC15、FC16）。

输出的位或寄存器可以进行读写访问，数据区用户级地址表示法见表 11-11。

表 11-11　数据区用户级地址表示法

功　能　码	数　据　类　型	用户级的地址表示法（十进制）
01、05、15	输出位	0xxxx
02	输入位	1xxxx
03、06、16	输出寄存器	4xxxx
04	输入寄存器	3xxxx

1. S7-1200 PLC 的 Modbus RTU 通信

串口通信模块 CM 1241 RS232 和 CM 1241 RS485 均支持 Modbus RTU 协议，可作为 Modbus 主站或从站与支持 Modbus RTU 的第三方设备通信。作为 Modbus RTU 主站运行的 CPU 能够在 Modbus RTU 从站中通过通信连接读取和写入数据及 I/O 状态。作为 Modbus RTU 从站运行的 CPU 允许通信连接的 Modbus RTU 主站在其自身的 CPU 中读取并写入数据和 I/O 状态。

使用 S7-1200 PLC 串口通信模块进行 Modbus RTU 协议通常非常简单，先调用 Modbus_Comm_Load 指令来设置通信端口参数，然后调用 Modbus_Master 或 Modbus_Slave 指令作为主站和从站与支持 Modbus RTU 的第三方设备通信。

S7-1200 PLC 串口通信模块的 Modbus RTU 协议通信的注意事项如下：

1）在调用 Modbus_Master 或 Modbus_Slave 指令之前，必须调用 Modbus_Comm_Load 指令来设置通信端口的参数。

2）如果一个通信端口作为从站与另一主站通信，则其不能调用 Modbus_Master 指令作为主站，同时 Modbus_Slave 指令只能调用一次。

3）如果一个通信端口作为主站与另一从站通信，则其不能调用 Modbus_Slave 指令作为从站。同时 Modbus_Master 指令可调用多次，并要使用相同背景数据块。

4）Modbus 指令不使用通信中断时间来控制通信过程，所以必须在程序中循环调用 Modbus_Master 或 Modbus_Slave 指令来检查通信状态。

5）如果一个通信端口作为从站，则调用 Modbus_Slave 指令的循环时间必须短到足以及时响应来自主站的请求。

6）如果一个通信接口作为主站，则必须循环调用 Modbus_Master 指令直到收到从站的响应。

7）要在一个 OB 中执行所有 Modbus_Master 指令。

2. Modbus 指令

Modbus 指令可从项目视图全局库的 Modbus 选项下找到。

（1）Modbus_Comm_Load

Modbus_Comm_Load 指令块用来配置串口以进行 Modbus RTU 通信，如图 11-24 所示，其参数含义见表 11-12。

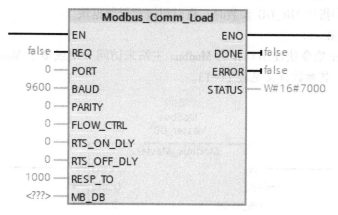

图 11-24　Modbus_Comm_Load 指令块

表 11-12　Modbus_Comm_Load 参数含义

参　　数	含　　义
REQ	在上升沿执行指令
PORT	通信端口硬件标识号
BAUD	通信端口的波特率
PARITY	奇偶校验设置
FLOW_CTRL	流控制选择，只对 RS232 通信模块有效
RTS_ON_DLY	RTS 延时选择 0：（默认值）到传送消息的第一个字符之前，激活 RTS 无延时 1~65535：在传送该消息的第一个字符前 "RTS" 激活的延时时间（单位为 ms）（不适用于 RS 485 端口）。根据所选的 FLOW_CTRL，必须使用 RTS 延时
RTS_OFF_DLY	RTS 关断延时选择 0：（默认值）传送最后一个字符到 "取消激活 RTS" 之间没有延时 1~65535：从发送消息的最后一个字符到 "RTS 未激活" 之间的延时时间（单位为 ms）（不适用于 RS 485 端口）。必须使用 RTS 延时，而与 FLOW_CTRL 的选择无关
RESP_TO	设定从站对主站的响应超出时间，取值范围为 5~65535 ms
MB_DB	在同一程序中调用 Modbus_Master 或 Modbus_Slave 指令时的背景数据块的地址
ERROR	错误状态
STATUS	端口组态错误代码

使用 Modbus_Comm_Load 指令块时，应注意以下问题：

1）要组态 Modbus RTU 的端口，必须调用 Modbus_Comm_Load 一次。完成组态后，Modbus_Master 和 Modbus_Slave 指令可以使用该端口。

2）如果要修改其中一个通信参数，只需再次调用 Modbus_Comm_Load。每次调用 Modbus_Comm_Load 将删除通信缓冲区中的内容。为避免通信期间数据丢失，不必要时不调用该指令。

3）用于 Modbus 通信的每个通信模块的端口，必须执行一次 Modbus_Comm_Load 组态。为每个端口分配唯一的 Modbus_Comm_Load 背景数据块。S7-1200 PLC CPU 的通信模块数限制为 3 个。

4）插入 Modbus_Master 或 Modbus_Slave 指令时，将指定背景数据块。当在 Modbus_Comm_Load 指令中指定 MB_DB 参数时，将引用该背景数据块。

（2）Modbus_Master

Modbus_Master 指令块使串口作为 Modbus 主站来访问一个或多个 Modbus 从站的数据，如图 11-25 所示，其参数含义见表 11-13。

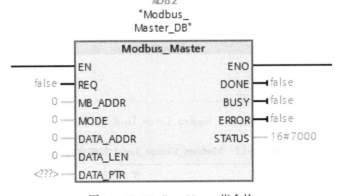

图 11-25　Modbus_Master 指令块

表 11-13　Modbus_Master 参数含义

参　数	含　义
REQ	数据发送请求信号，边沿信号触发
MB_ADDR	通信对象 Modbus 从站的地址
MODE	模式选择：读、写、诊断
DATA_ADDR	Modbus 从站中通信访问数据的起始地址，可使用 DATA_ADDR 和 MODE 的组合来选择 Modbus 功能码，见表 11-14
DATA_LEN	请求访问数据的长度为位数或字节数
DATA_PTR	用来存取 Modbus 通信数据的本地数据块的地址。多次调用 Modbus_Master 时，可使用不同的数据块，也可以各自使用同一个数据块的不同地址区域
BUSY	通信忙
ERROR	错误状态
STATUS	故障代码

表 11-14　使用 DATA_ADDR 和 MODE 的组合来选择 Modbus 功能码

模式	读/写操作	Modbus 地址参数 DATA_ADDR	地址类型	Modbus 数据长度参数 DATA_LEN	Modbus 功能码
		Modbus_Master 的 Modbus 功能描述			
模式 0	读	00001~09999	输出位	1~2000	01H
		10001~19999	输入位	1~2000	02H
		30001~39999	输入寄存器	1~125	04H
		40001~49999 400001~465535（扩展）	读取保持寄存器	1~125	03H
模式 1	写	00001~09999	写入一个输出位	1（单个位）	05H
		40001~49999 400001~465535（扩展）	写入一个保持寄存器	1（单字）	06H
		00001~09999	写入多个输出位	2~1968	15H
		40001~49999 400001~465534（扩展）	写入多个保持寄存器	2~123	16H
模式 2	写	某些 Modbus 从站不支持使用 Modbus 功能码 05H 和 06H 写单个位或单字，此时选择模式 2 来使用 Modbus 功能码 15H 和 16H 强制写单个位或单个字			
		00001~09999	写入一个或多个输出位	1~1968	15H
		40001~49999 400001~465535（扩展）	写入一个或多个保持寄存器	1~123	16H
模式 11		1）读取从站通信的状态字和事件计数器 2）如果 Modbus 从站是 S7-1200 PLC CPU，此事件计数器的值在接收到 Modbus 主站的读/写（非广播）请求后会增加 3）返回值存放在参数 DATA_PTR 指定的地址开始的字中 4）忽略 Modbus_Master 的 DATA_ADDR 和 DATA_LEN 操作数			11H
模式 80		1）检查参数 MB_ADDR 指定的 Modbus 从站的通信状态 2）输出参数 NDR 的值为 1 时说明从指定的 Modbus 从站接收到请求的数据 3）功能块无返回值 4）在此模式下无须指定 DATA_LEN 的值			08H
模式 81		1）复位模式 11 所指的事件计数器 2）输出参数 NDR 的值为 1 时说明从指定的 Modbus 从站接收到请求的数据 3）功能块无返回值 4）在此模式下无须指定 DATA_LEN 的值			08H

Modbus_Master 的通信规则如下：

1）必须运行 Modbus_Comm_Load 来组态端口，以便 Modbus_Master 指令可以使用该端口进行通信。

2）要用来作为 Modbus 主站的端口不可作为 Modbus_Slave 使用。对于该端口，可以使用一个或多个 Modbus_Master 的实例。但是，所有版本的 Modbus_Master 都必须为该端口使用相同的背景数据块。

3）Modbus 指令不使用通信报警事件来控制通信过程。程序必须查询 Modbus_Master 指令来了解传递和接收的完成情况。

4）对于给定端口，从程序循环 OB 中调用所有 Modbus_Master 执行。Modbus 主站指令只能在一个程序循环或循环/延时处理级别中执行。它们不能同时在两种优先级中执行。由具有较高优先级处理级别中的 Modbus 主站指令引起的 Modbus 主站指令的中断将导致错误。Modbus 主站指令无法在启动、诊断或时间错误级别中执行。

（3）Modbus_Slave

Modbus_Slave 指令块使串口作为 Modbus 从站响应 Modbus RTU 主站的数据请求，如图 11-26 所示，其参数含义见表 11-15。

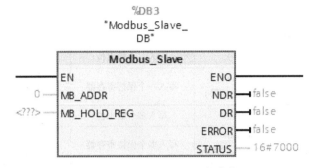

图 11-26 Modbus_Slave 指令块

表 11-15 Modbus_Slave 参数含义

参　　数	含　　义
MB_ADDR	此通信口作为 Modbus RTU 从站的地址
MB_HOLD_REG	保持寄存器数据块的地址，见表 11-16
NDR	新数据准备好
DR	读数据标志
ERROR	故障标志
STATUS	故障代码

表 11-16 Modbus 功能码中的地址与 S7-1200 PLC 的地址对应关系

\multicolumn{4}{c}{Modbus_Slave Modbus 功能码}	S7-1200 PLC	
功能码	功能	数据区域	地址范围	数据区域	CPU 地址
01	读取位	输出	1~8192	输出过程映像区	Q0. 0~Q1023. 7
02	读取位	输入	10001~18192	输入过程映像区	I0. 0~I1023. 7
04	读取字	输入	30001~30512	输入过程映像区	IW0~IW1022
05	写入位	输出	1~8192	输出过程映像区	Q0. 0~Q1023. 7
15	写入位	输出	1~8192	输出过程映像区	Q0. 0~Q1023. 7
03	读取字	保持寄存器	40001~49999	数据块 MB_HOLD_REG	字 1~9999
			400001~465535		字 1~65534
06	写入字	保持寄存器	40001~49999	数据块 MB_HOLD_REG	字 1~9999
			400001~465535		字 1~65534

(续)

Modbus_Slave Modbus 功能码				S7-1200 PLC	
功能码	功能	数据区域	地址范围	数据区域	CPU 地址
16	写多个字	保持寄存器	40001~49999	数据块 MB_HOLD_REG	字 1~9999
			400001~465535		字 1~65534
08	0000H	返回请求数据回送测试：Modbus 从站将返回其收到的 Modbus 主站的一个字的数据			
08	000AH	清除通信事件计数器的值：Modbus 从站清除 Modbus 功能码 11 所使用的通信事件计数器的值			
11		读取通信事件计数器的值：Modbus 从站使用内部的通信事件计数器来记录成功发送到 Modbus 从站的读和写请求的数量。计数器的值在遇到功能码 8、11 及广播请求时不增加。对于任何产生通信错误的请求，计数器的值也不增加			

Modbus 从站的通信规则如下：

1）在 Modbus_Slave 指令与端口进行通信前，必须执行 Modbus_Comm_Load 对该端口进行组态。

2）如果端口作为从站响应 Modbus 主站，则 Modbus_Master 不能使用该端口。只能有一个 Modbus_Slave 实例与给定端口一起使用。

3）Modbus 指令不使用通信中断事件来控制通信过程。程序必须通过针对已完成的发送和接收操作轮询 Modbus_Slave 指令，以控制通信过程。

4）Modbus_Slave 指令必须以某个频率周期性执行，以便能够及时响应来自 Modbus 主站的入站请求。因此，建议在循环程序 OB 中调用该指令。虽然可以在中断 OB 中调用 Modbus_Slave 指令，但不建议如此，因为该操作将延长执行的延时时间。

3. Modbus 通信举例

【例 11-7】本例中通过实现两台安装 CM 1241 RS232 通信模块的 S7-1200 PLC 之间的 Modbus RTU 协议通信演示 Modbus 通信的组态方法。通过标准的 RS232C 电缆连接两台 CM1241 RS232 通信模块。

例程：例 11-7 实现步骤

扫码查看本例实现步骤。

11.6.3 USS 协议通信

S7-1200 PLC 串口通信模块可使用 USS 协议库来控制支持 USS 通信协议的 SIEMENS 变频器。USS 协议是西门子专为驱动装置开发的通信协议。USS 协议的基本特点：支持多点通信；采用单主站的主从访问机制；每个网络上最多可以有 32 个节点；报文格式简单可靠，数据传输灵活高效；容易实现，成本较低。

USS 的工作机制是：通信总是由主站发起，USS 主站不断循环轮询各个从站，从站根据收到的指令，决定是否响应及如何响应，从站不会主动发送数据。从站在接收到的主站报文没有错误且本从站在接收到主站报文中被寻址时应答，否则从站不会做任何响应。对于主站来说，从站必须在接收到主站报文之后的一定时间内发回响应，否则主站将视为出错。

USS 的字符传输格式符合 UART 规范，即使用串行异步传输方式。USS 在串行数据总线上的字符传输帧为 11 位长度，见表 11-17。

表 11-17　USS 字符帧

起始位	数据位								校验位	停止位
1	0 LSB	1	2	3	4	5	6	7 MSB	偶×1	1

　　USS 协议的报文简洁可靠，高效灵活。报文由一连串的字符组成，协议中定义了它们的特定功能，见表 11-18。其中，每小格代表一个字符（字节），STX 表示起始字符，总是 02H，LGE 表示报文长度，ADR 表示从站地址及报文类型，BCC 表示 BCC 校验符。

表 11-18　USS 报文结构

STX	LGE	ADR	净数据区					BCC
			1	2	3	…	n	

　　净数据区由 PKW 区和 PZD 区组成，见表 11-19。PKW 区用于读写参数值、参数定义或参数描述文本，并可修改和报告参数的改变。其中，PKE 为参数 ID，包括代表主站指令和从站响应的信息及参数号等；IND 为参数索引，主要用于与 PKE 配合定位参数；PWEm 为参数值数据。PZD 区用于在主站和从站之间传递控制和过程数据，控制参数按设定好的固定格式在主从站之间对应往返。如 PZD1 为主站发给从站的控制字/从站返回给主站的状态字，而 PZD2 为主站发给从站的给定值/从站返回给主站的实际反馈值。

表 11-19　USS 净数据区

PKW 区						PZD 区			
PKE	IND	PWE1	PWE2	…	PWEm	PZD1	PZD2	…	PZDn

　　根据传输的数据类型和驱动装置的不同，PKW 区和 PZD 区的数据长度都不是固定的，它们可以灵活改变以适应具体的需要。但是，在用于与控制器通信的自动控制任务时，网络上的所有节点都要按相同的设定工作，并且在整个工作过程中不能随意改变。PKW 可以访问所有对 USS 通信开放的参数，而 PZD 仅能访问特定的控制和过程数据。PKW 在许多驱动装置中作为后台任务处理，因此 PZD 的实时性比 PKW 好。

1. USS 指令

　　S7-1200 PLC 提供的 USS 协议库包含与变频器通信的指令 USS_DRV、USS_PORT、USS_RPM 和 USS_WPM，可以通过这些指令来控制变频器、读写变频器的参数。USS 协议只能用于 CM 1241 RS485 通信模块，不能用于 CM 1241 R232 通信模块。每个 CM 1241 RS485 通信模块最多只能与 16 个变频器通信。

　　（1）USS_DRV 指令

　　通过创建消息请求和解释从变频器的响应信息来与变频器交换数据。每个变频器要使用一个单独的功能块，但在同一 USS 网络中必须使用同一个背景数据块，在编程第一条"USS _DRIVE"指令时必须创建 DB 名称。背景数据块中包含一个 USS 网络中所有变频器的临时存储区和缓冲区。USS_DRV 功能块的输入对应变频器的状态，输出对应对变频器的控制。USS_DRV 指令块如图 11-27 所示，其参数含义见表 11-20。

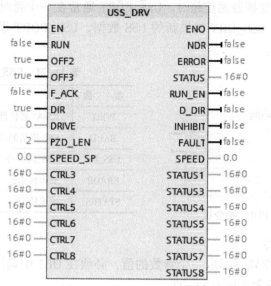

图 11-27　USS_DRV 指令块

表 11-20　USS_DRV 参数含义

参　　数	含　　义
RUN	变频器启动位，为 1 时变频器启动并以预设速度运行
OFF2	停车信号 2，为 0 时电动机自由停车
OFF3	停车信号 3，为 0 时电动机快速停车
F_ACK	故障确认，可以清除驱动装置的报警状态
DIR	电动机运转方向控制
DRIVE	驱动装置在 USS 网络上的站地址
PZD_LEN	字长度，PZD 数据有多少个字的长度
SPEED_SP	速度设定值，变频器频率范围的百分比
CTRL3~8	控制字 3~8
NDR	新数据到达
ERROR	出现故障
STATUS	请求的状态值。它指示循环结果。这不是从驱动器返回的状态字
RUN_EN	变频器运行标志位
D_DIR	变频器方向位
INHIBIT	变频器禁止标志位
FAULT	变频器故障
SPEED	变频器当前速度
STATUS1	变频器状态字 1，此值包含变频器的固定状态位
STATUS3~8	变频器状态字 3~8，此值包含用户定义的变频器状态字

（2）USS_PORT 指令

USS_PORT 指令用于处理 USS 网络上的通信。在程序中每个 USS 网络仅使用一个 USS_

PORT 指令。每次执行 USS_PORT 指令仅处理与一个变频器的数据交换，所以必须频繁执行 USS_PORT 指令以防止变频器通信超时。USS_PORT 通常在一个延时中断 OB 中调用以防止变频器通信超时，并给 USS_DRV 提供新的 USS 数据。USS_PORT 指令块如图 11-28 所示，其参数含义见表 11-21。

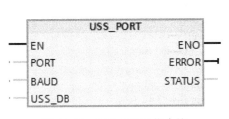

图 11-28　USS_PORT 指令块

表 11-21　USS_PORT 参数含义

参　数	含　义
PORT	RS485 通信模块的硬件标识符
BAUD	USS 通信的波特率
USS_DB	USS_DRV 指令块对应的背景数据块
ERROR	故障标志位
STATUS	请求状态值

（3）USS_RPM 指令

USS_RPM 指令从变频器读取一个参数的值，必须在 OB1 中调用。USS_RPM 指令块如图 11-29 所示，其参数含义见表 11-22。

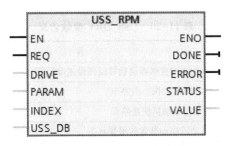

图 11-29　USS_RPM 指令块

表 11-22　USS_RPM 参数含义

参　数	含　义
REQ	发送请求，为 1 时表示要发送一个新的读请求
DRIVE	驱动装置在 USS 网络中的站地址
PARAM	要读取的参数号
INDEX	参数索引，有些参数由多个带下标的参数组成一个参数组，下标用来指出具体的某个参数，对于没有下标的参数可设为 0
USS_DB	USS_DRV 指令对应的背景数据块
DONE	为 1 表示 USS_DRV 接收到变频器对读请求的响应
ERROR	出现故障
STATUS	读请求的状态值
VALUE	读取参数的值，仅在 DONE 位的值为 TRUE 时才有效

（4）USS_WPM 指令

USS_WPM 指令用于更改变频器某一个参数的值，必须在 OB1 中调用。USS_WPM 指令块如图 11-30 所示，其参数含义见表 11-23。

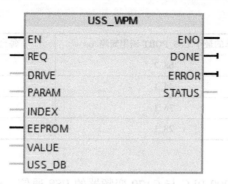

图 11-30 USS_WPM 指令块

表 11-23 USS_WPM 参数含义

参 数	含 义
REQ	发送请求,为 1 时表示要发送一个新的写请求
DRIVE	驱动装置在 USS 网络中的站地址
PARAM	要修改的参数号
INDEX	参数索引,此输入指定要写入哪个驱动器参数索引。有些参数由多个带下标的参数组成一个参数组,下标用来指出具体的某个参数,对于没有下标的参数可设为 0
EEPROM	保存到变频器的 EEPROM 中,为 1 写入,为 0 则将参数值保存在 RAM 中,掉电不保持
VALUE	要写的参数的值
USS_DB	USS_DRV 指令对应的背景数据块
DONE	为 1 表示 VALUE 的值已写入对应参数
ERROR	出现故障
STATUS	写请求的状态值

USS_RPM 指令和 USS_WPM 指令在程序中可多次调用,但同一个时间只能激活一个与同一变频器的读写请求。另外要注意与变频器通信所需时间的计算:USS 协议库与变频器的通信异步于 S7-1200 PLC 的扫描。在一次与变频器的通信时间内,S7-1200 PLC 通常可完成几次扫描。对于主站来说,从站必须在接收到主站报文之后的一定时间内发回响应,否则主站将视为出错。

USS_PORT 时间间隔为与每台变频器通信所需要的时间。表 11-24 给出了通信波特率与最小 USS_PORT 时间间隔的对应关系。以小于 USS_PORT 时间间隔的周期来调用 USS_PORT 功能块并不会增加通信次数。变频器超时间隔是指当通信错误导致 3 次重试来完成通信时所需要的时间。默认情况下,USS 协议库在每次通信中自动重试最多 2 次。

表 11-24 通信波特率与最小 USS_PORT 时间间隔的对应关系

波特率/(bit/s)	计算的最小 USS_PORT 调用间隔/ms	每台变频器的消息间隔超时/ms
1200	790	2370
2400	405	1215
4800	212.5	638
9600	116.3	349

（续）

波特率/(bit/s)	计算的最小 USS_PORT 调用间隔/ms	每台变频器的消息间隔超时/ms
19200	68.2	205
38400	44.1	133
57600	36.1	109
115200	28.1	85

2. 应用举例

【例 11-8】 实现 S7-1200 PLC 与 G120 变频器的 USS 通信。通过 USS 电缆连接 G120 变频器和 S7-1200 PLC。

（1）G120 参数设置

假定已完成了变频器的基本参数设置和调试（如电动机参数辨识等），下面只涉及与 USS 通信相关参数。与 S7-1200 PLC 实现 USS 通信时，需要设置的主要有"控制源"和"设定源"两组参数。要设置此类参数，需要"专家"级参数访问级别，即要将 P0003 参数设置为 3。

控制源参数 P0700 设置为 5，表示变频器从端子（COM Link）的 USS 接收控制信号。此参数有分组，此处仅设置第一组，即 P0700.0=5。

设定源参数 P1000.0=5，表示变频器从端子（COM Link）的 USS 接收设定值。

P2009 参数决定是否对 COM Link 上的 USS 通信设定值规格化，即设定值将是运转频率的百分比形式还是绝对频率值。P2009=0，不规格化 USS 通信设定值，即设定为 G120 中的频率设定范围的百分比形式；P2009=1，对 USS 通信设定值进行规格化，即设定值为绝对的频率数值。

P2010 参数设置 COM Link 上的 USS 通信速率。P2010=6 表示波特率为 9600 bit/s。

P2011 参数设置变频器 COM Link 上的 USS 通信口在网络上从站地址。

P2012 设置为 2，即 USS PZD 区长度为 2 个字长。

P2013 设置为 127，即 USS PKW 区的长度可变。

P2014 参数设置 COM Link 上的 USS 通信控制信号中断超时时间，单位为 ms，如设置为 0，则不进行此端口上的超时检查。

P0971=1 将上述参数保存于如 G120 的 EEPROM 中。

例程：例 11-8
实现步骤

（2）编写程序

在 S7-1200 PLC 的 OB1 中编写程序，扫码查看步骤。其中，程序段 1 用来与 G120 进行交换数据，从而读取 G120 的状态并控制 G120 的运行。程序段 2 用于通过 USS 通信从 G120 读取参数，程序段 3 用于通过 USS 通信设置 G120 的参数。需要注意的是，对读、写参数指令块编程时，各个数据的数据类型一定要正确对应。

11.7 习题

1. S7-1200 PLC 提供的通信选项有哪些？

2. 请简述 S7-1200 PLC 各通信模块的功能。

3. 开放式用户通信支持哪些通信协议？

4. 如何建立 Modbus TCP 通信？

5. S7-1200 PLC 中 S7 协议的特点是什么？

6. 查阅资料，试着实现 S7-1200 PLC 和 S7-200 PLC 的 S7 通信。

7. 查阅资料，试着实现 S7-1200 PLC 与 S7-300/400 PLC 的 S7 通信。

8. S7-1200 PLC 如何实现 PROFIBUS-DP 通信？

9. 请举例说明 S7-1200 PLC 的 PROFINET 通信。

10. S7-1200 PLC 串口通信的特点有哪些？

11. S7-1200 PLC 如何使用 Modbus RTU 进行通信？

12. S7-1200 PLC 如何使用 USS 进行通信？

第12章 工 艺 功 能

S7-1200 PLC 集成了用于闭环回路控制的 PID 功能、高速计数功能、控制步进电动机和伺服驱动器的运动控制功能块，高速输出可以用作脉冲序列输出或调谐脉宽输出，这些工艺功能能够帮助其实现多种类型的复杂自动化任务。

12.1 模拟量处理及 PID 功能

微课：模拟
量处理及
PID 功能

典型的 PLC 模拟量闭环控制系统如图 12-1 所示。其中，被控量 $c(t)$ 是连续变化的模拟量信号（如压力、温度、流量、转速等），多数执行机构（如电动调节阀和变频器等）要求 PLC 输出模拟量信号，而 PLC 的 CPU 只能处理数字量信号，故 $c(t)$ 首先被测量元件（传感器）和变送器转换为标准量程的直流电流信号或直流电压信号 $pv(t)$，如 4～20 mA，1～5 V，0～10 V 等，PLC 通过 A/D 转换器将它们转换为数字量 $pv(n)$。图中点画线框的部分都是由 PLC 实现的。

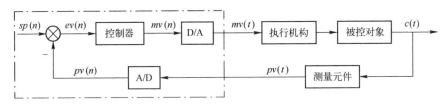

图 12-1   PLC 模拟量闭环控制系统框图

图 12-1 所示的 $sp(n)$ 是给定值，$pv(n)$ 为 A/D 转换后的实际值，通过控制器中对给定值与实际值的误差 $ev(n)$ 的 PID 运算，经 D/A 转换后去控制执行机构，进而使实际值趋近给定值。

例如在压力闭环控制系统中，由压力传感器检测罐内压力，压力变送器将传感器输出的微弱的电压信号转换为标准量程的电流或电压，然后送给模拟量输入模块，经 A/D 转换后得到与压力成比例的数字量，CPU 将它与压力给定值进行比较并按某种控制规律（如 PID 控制算法或其他智能控制算法等）对误差值进行运算，将运算结果（数字量）送给模拟量输出模块，经 D/A 转换后变为电流信号或电压信号，用来控制变频器的输出频率，进而控制电动机的转速，实现对压力的闭环控制。

PID 控制器中的 P、I、D 分别指比例、积分、微分，是一种闭环控制算法。S7-1200 CPU 提供了 16 个 PID 控制器，可同时进行回路控制，用户可手动调试参数，也可使用自整定功能，即由 PID 控制器自动调试参数。另外 STEP 7 还提供了调试面板，用户可直观地了解控制器及被控对象的状态。

下面首先介绍 S7-1200 PLC 中模拟处理的思路和 PID 控制器的相关基础知识，再通过一个应用实例演示其组态及编程方法。

12.1.1 模拟量处理

在工业生产过程中，存在着大量连续变化的信号（模拟量信号），例如温度、压力、流量、位移、速度、旋转速度、pH、黏度等。通常先用各种传感器将这些连续变化的物理量变换成电压或电流信号，然后再将这些信号接到适当的模拟量输入模块的接线端，经过块内的 A/D 转换器，将数据传入 PLC 内部；同时，也存在着各种由模拟信号控制的执行设备如变频器、阀门等，通常先在 PLC 内部计算出相应的运算结果，然后通过模拟量输出模块内部的 D/A 转换器将数字信号转换为现场执行设备可以使用的连续信号，从而使现场执行设备按照要求的动作运动。模拟量输入/输出示意图如图 12-2 所示。

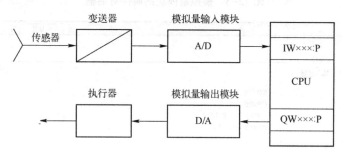

图 12-2　模拟量输入/输出示意图

图 12-2 中，传感器利用线性膨胀、角度扭转或电导率变化等原理来测量物理量的变化。变送器将传感器检测到的变化量转换为标准的模拟信号，如 $\pm 500\,mV$，$\pm 10\,V$，$\pm 20\,mA$，$4 \sim 20\,mA$ 等，这些标准的模拟信号将接到模拟量输入模块上。PLC 为数字控制器，必须把模拟量转换为数字量，才能被 CPU 处理，模拟量输入模块中的 A/D 转换器用来实现转换功能。A/D 转换是顺序执行的，即每个模拟通道上的输入信号是轮流被转换的。A/D 转换的结果存在结果存储器 IW 中，并一直保持到被一个新的转换值所覆盖。

用户程序计算出的模拟量的数值存储在存储器 QW 中，该数值由模拟量输出模块中的 D/A 转换器转换为标准的模拟信号，控制连接到模拟量输出模块上的采用标准模拟输入信号的模拟执行器。

1. 模拟量模块的配置

S7-1200 CPU 自带模拟量，另外还有模拟量模块可供选用。下面介绍模拟量的硬件组态。

通常每个模拟量模块或通道可以测量不同的信号类型和范围，要参考硬件手册正确地进行接线，以免损坏模块。

硬件接线方面设定了模拟量模块的测量类型和范围后，还需要在 TIA Portal 软件中对模块进行参数设定。必须在 CPU 为"停止"模式下才能设置参数，且需要将参数进行下载。当 CPU 由"停止"模式转换为"运行"模式后，CPU 将设定的参数传送到每个模拟量模块中。

在项目视图中打开"设备配置"，单击选中模拟量模块，此处以模拟量输入/输出模块 SM 1234 AI 4×13BIT/AQ 2×14BIT 为例，模拟量模块的属性对话框如图 12-3 所示。其中包含"常规""模拟量输入""模拟量输出""I/O 地址"项。"常规"项给出了该模块的描述、名称、订货号和注释等，"I/O 地址"项给出了输入/输出通道的地址，可以自定义通道地址，如图 12-4 所示。

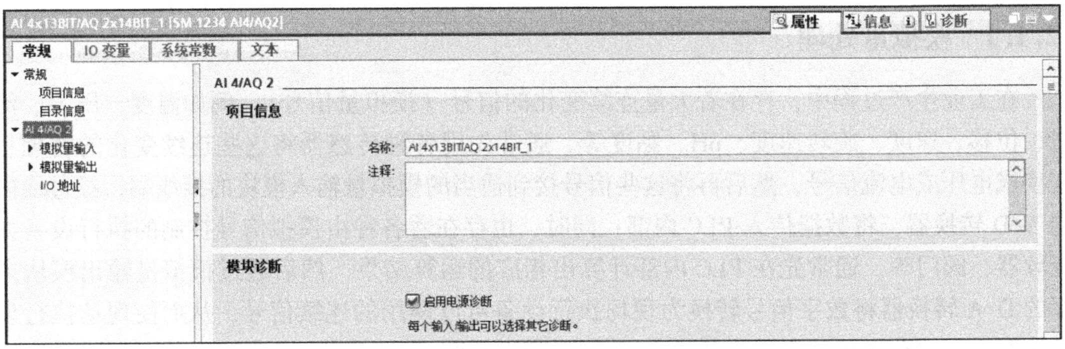

图 12-3　模拟量模块的属性对话框

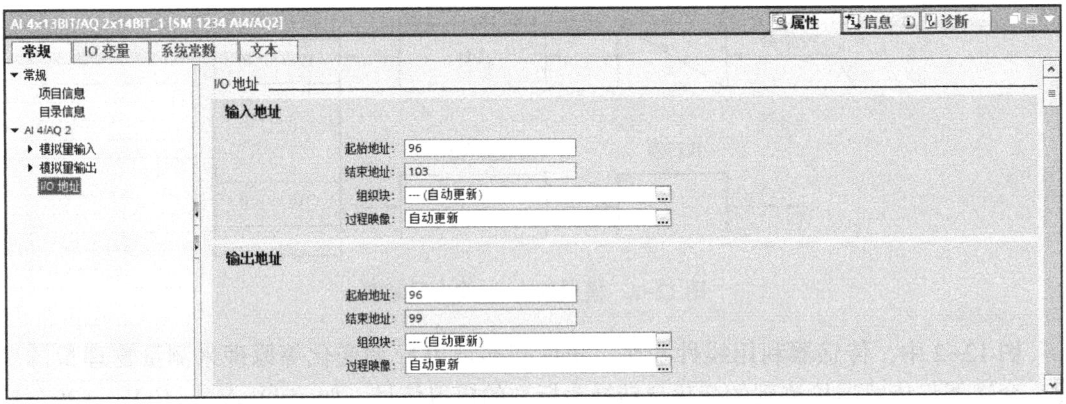

图 12-4　模拟量模块的 "I/O 地址" 属性对话框

"模拟量输入" 项中，根据模块类型及控制要求可以设置用于降低噪声的积分时间、滤波时间及 "启用溢出诊断" 和 "启用下溢诊断" 等。更重要的是在此设置模拟量的测量类型和范围，图 12-5 中显示了 SM 1234 模块所能测量的各种模拟量输入类型，此处设置要与实际变送器量程相符。

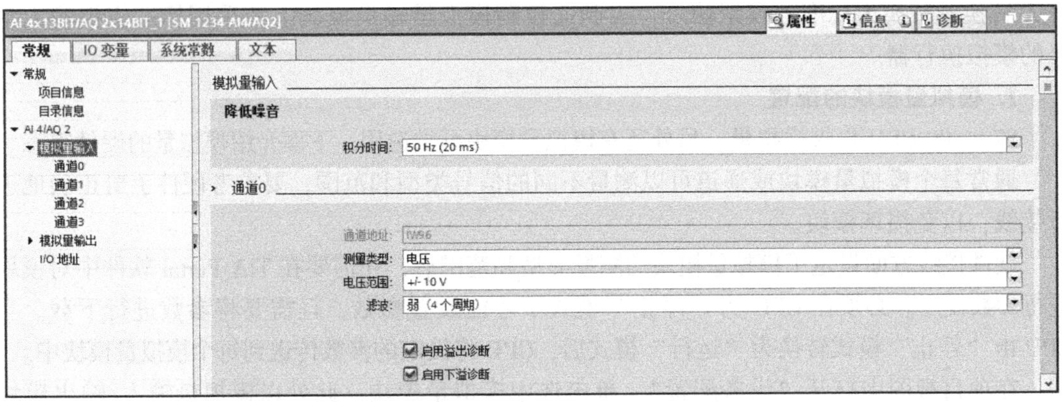

图 12-5　SM 1234 模块属性对话框的 "模拟量输入" 项

2. 模拟量模块的分辨率

由前面可以看出，模拟量模块的分辨率是不同的，从 8 位到 16 位都有可能。如果模拟量模块的分辨率小于 15 位，则模拟量写入累加器时向左对齐，不用的位用 "0" 填充，如

图 12-6 所示。这种表达方式使得当更换同类型模块时，不会因为分辨率的不同导致转换值的不同，无须调整程序。

位的序号	单位		15	14	13	12	11	10	9	8	7	6	5	4	3	2	1	0
位值	十进制	十六进制	VZ	2^{14}	2^{13}	2^{12}	2^{11}	2^{10}	2^{9}	2^{8}	2^{7}	2^{6}	2^{5}	2^{4}	2^{3}	2^{2}	2^{1}	2^{0}
位的分辨率+符号 8	128	80	*	*	*	*	*	*	*	*	1	0	0	0	0	0	0	0
9	64	40	*	*	*	*	*	*	*	*	*	1	0	0	0	0	0	0
10	32	20	*	*	*	*	*	*	*	*	*	*	1	0	0	0	0	0
11	16	10	*	*	*	*	*	*	*	*	*	*	*	1	0	0	0	0
12	8	8	*	*	*	*	*	*	*	*	*	*	*	*	1	0	0	0
13	4	4	*	*	*	*	*	*	*	*	*	*	*	*	*	1	0	0
14	2	2	*	*	*	*	*	*	*	*	*	*	*	*	*	*	1	0
15	1	1	*	*	*	*	*	*	*	*	*	*	*	*	*	*	*	1

图 12-6 模拟量的表达方式和测量值的分辨率

3. 模拟量规格化

一个模拟量输入信号在 PLC 内部已经转换为一个数，通常希望得到该模拟量输入对应的具体物理量数值（如压力值、流量值等）或对应的物理量占量程的百分比数值等，这就需要对模拟量输入的数值进行转换，这称为模拟量的规格化（SCALING）。

不同的模拟量输入信号对应的数值是有差异的，图 12-7 所示为不同的电压、电流、电阻或温度输入信号对应的数值关系。此处仅选取部分典型信号作为示意，具体对应关系请查看硬件手册。

范围	电压 测量范围 ±10V		电流 测量范围 4~20mA		电阻 测量范围 0~300Ω		温度 测量范围 −200~850℃	
超上限	>=11.759	32767	>=22.815	32767	>=352.778	32767	>=1000.1	32767
超上界	11.7589 ⋮ 10.0004	32511 ⋮ 27649	22.8100 ⋮ 20.0005	32511 ⋮ 27649	352.767 ⋮ 300.011	32511 ⋮ 27649	1000.0 ⋮ 850.1	10000 ⋮ 850.1
额定范围	10.00 7.50 ⋮ −7.50 −10.00	27648 20736 ⋮ −20736 −27648	20.000 16.000 ⋮ 4.000	27648 20736 ⋮ 0	300.000 225.000 ⋮ 0.000	27648 20736 ⋮ 0	850.0 ⋮ −200.0	8500 ⋮ −2000
超下界	−10.0004 ⋮ −11.7590	−27649 ⋮ −32512	3.9995 ⋮ 1.1852	−1 ⋮ −4864	不允许负值	−1 ⋮ −4864	−200.1 ⋮ −243.0	−2001 ⋮ −2430
超下限	<=−11.76	−32768	<=1.1845	−32768		−32768	<=−243.1	−32768

图 12-7 不同的电压、电流、电阻或温度输入信号对应的数值关系

由图 12-7 可以看出，额定范围内的模拟量输入信号双极性对应数值范围为 −27648~27648，如 ±10 V 对应 ±27648 并呈线性关系，单极性信号对应数值范围为 0~27648，如 0~

10 V、4~20 mA，0~300 Ω 等都对应 0~27648；而对于 Pt100 测温范围-200~850℃对应的数值范围为-2000~8500，即 10 倍关系。

对于上面的各种模拟量输入信号的对应关系，需要编写相应的处理程序来将 PLC 内部的数值转换为对应的实际工程量（如温度、压力）的值，因为工艺要求是基于具体的工程量而来的，例如“当压力大于 3.5 MPa 时打开排气阀”，不进行模拟量转换就无法知道当前的 0~27648 范围的这个数值对应的压力值，也就无从谈起编程实现。

例如，假设某温度传感器的输入信号范围为-10~100℃，输出信号为 4~20 mA，模拟量输入模块将 4~20 mA 的电流信号转换为 0~27648 的数字量，设转换后得到的数字为 N，容易获得对应的实际温度值计算公式为

$$T=\frac{[100-(-10)]N}{27648-0}+(-10)$$

模拟输出量的分析过程与模拟输入量刚好相反，PLC 运算的工程量要转换为一个 0~27648 或-27648~27648 的数，再经 D/A 转换变为连续的电压、电流信号，数值和执行器量程的对应关系如图 12-8 所示。

范围	单位	电压 输出范围 0~10V	电压 输出范围 1~5V	电压 输出范围 -10~10V	电流 输出范围 0~20mA	电流 输出范围 4~20mA	电流 输出范围 -20~20mA
超上限	>=32767	0	0	0	0	0	0
超上界	32511 ⋮ 27649	11.7589 ⋮ 10.0004	5.8794 ⋮ 5.0002	11.7589 ⋮ 10.0004	23.5150 ⋮ 20.0007	22.810 ⋮ 20.005	23.5150 ⋮ 20.0007
额定范围	27648 ⋮ 0	10.0000 ⋮ 0	5.0000 ⋮ 1.0000	10.0000 ⋮ 0	20.000 ⋮ 0	20.000 ⋮ 4.0000	20.000 ⋮ 0
	⋮ -6912	0	0.9999 ⋮ 0	⋮	0	3.9995 ⋮ 0	⋮
	-6913 ⋮ -27648		0	⋮ -10.0000		0	⋮ -20.000
超下界	-27649 ⋮ -32512			-10.0004 ⋮ -11.7589			-20.007 ⋮ -23.515
超下限	<=-32513			0			0

图 12-8　不同的数值对应的输出电压、电流关系

12.1.2　PID 控制器的基础知识

1. PID 控制器功能结构

S7-1200 PLC 中 PID 控制器功能主要依靠三部分实现：循环中断组织块、PID 指令块和工艺对象背景数据块。用户在调用 PID 指令块时需要定义其背景数据块，而此背景数据块需要在工艺对象中添加，称为工艺对象背景数据块。将 PID 指令插入用户程序时，STEP 7 会自动为指令创建工艺对象和背景数据块。背景数据块包含 PID 指令要使用的所有参数。每个 PID 指

令必须具有自身的唯一背景数据块才能正确工作。插入 PID 指令并创建工艺对象和背景数据块
之后，需组态工艺对象的参数 PID 指令
块与其相对应的工艺对象背景数据块组
合使用，形成完整的 PID 控制器。PID
控制器功能结构示意图如图 12-9 所示。

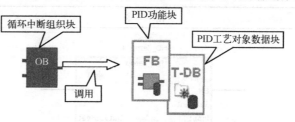

　　循环中断组织块可按一定周期产生
中断，执行其中的程序。PID 指令块定
义了控制器的控制算法，随着循环中断

图 12-9　PID 控制器功能结构示意图

组织块产生中断而周期性地执行，其背景数据块用于定义 I/O 参数、调试参数及监控参数。
此背景数据块并非普通数据块，需要在目录树视图的工艺对象中才能找到并进行定义。

　　PID 指令见表 12-1：

表 12-1　PID 指令

指　　令	功　　能
%DB1 "PID_Compact_1" PID_Compact EN — ENO 0.0 — Setpoint — ScaledInput — 0.0 0.0 — Input — Output — 0.0 0 — Input_PER — Output_PER — 0 0.0 — Disturbance — Output_PWM — false false — ManualEnable — SetpointLimit_H — false 0.0 — ManualValue — SetpointLimit_L — false false — ErrorAck — InputWarning_H — false false — Reset — InputWarning_L — false false — ModeActivate — State — 0 4 — Mode — Error — false ErrorBits — 16#0	提供可在自动模式和手动模式下自我调节的 PID 控制器 是具有抗积分饱和功能且对 P 分量和 D 分量加权的 PID T1 控制器
%DB2 "PID_3Step_1" PID_3Step EN — ENO 0.0 — Setpoint — ScaledInput — 0.0 0.0 — Input — ScaledFeedback — 0.0 0 — Input_PER — Output_UP — false false — Actuator_H — Output_DN — false false — Actuator_L — Output_PER — 0 0.0 — Feedback — SetpointLimit_H — false 0 — Feedback_PER — SetpointLimit_L — false 0.0 — Disturbance — InputWarning_H — false false — ManualEnable — InputWarning_L — false 0.0 — ManualValue — State — 0 false — Manual_UP — Error — false false — Manual_DN — ErrorBits — 16#0 false — ErrorAck false — Reset false — ModeActivate 4 — Mode	用于组态具有自调节功能的 PID 控制器，这样的控制器已针对通过电机控制的阀门和执行器进行过优化。它提供两个 Bool 型输出 是具有抗积分饱和功能且对 P 分量和 D 分量加权的 PID T1 控制器

(续)

指　令	功　能
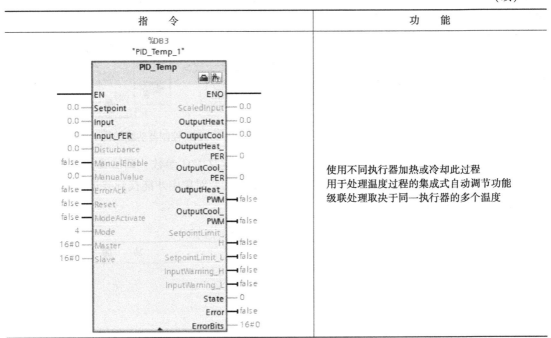	使用不同执行器加热或冷却此过程 用于处理温度过程的集成式自动调节功能 级联处理取决于同一执行器的多个温度

2. PID_Compact 指令参数

PID_Compact 提供了一种具有调节功能的通用 PID 控制器，连续采集在控制回路内测量的过程值，并将其与所需的设定值进行比较。PID_Compact 指令根据所生成的控制偏差来计算输出值，通过该输出值可以尽可能快速且稳定地将过程值调整为设定值。它存在以下工作模式：未激活、预调节、精确调节、自动模式、手动模式和带错误监视的替代输出值。

其指令块的输入参数含义见表 12-2，输出参数含义见表 12-3，其状态值含义见表 12-4，ERROR 参数的含义见表 12-5。

表 12-2　PID_Compact 指令块输入参数含义

参　数	数据类型	描　述
Setpoint	Real	自动模式下的给定值
Input	Real	用户程序的变量用作过程值的源 如果正在使用参数 Input，则必须设置 Config. InputPerOn = FALSE
Input_PER	Word	模拟量输入用作过程值的源 如果正在使用参数 Input_PER，则必须设置 Config. InputPerOn = TRUE
Disturbance	Real	扰动变量或预控制值
ManualEnable	Bool	0 到 1 上升沿，使能 "手动模式"，1 到 0 下降沿，使能 "自动模式"
ManualValue	Real	手动模式下的输出值
Reset	Bool	复位控制器与错误

表 12-3　PID_Compact 指令块输出参数含义

参　数	数据类型	描　述
ScaledInput	Real	当前的输入值

（续）

参　　数	数据类型	描　　述
Output	Real	实数类型输出值
Output_PER	Word	整数类型输出值
Output_PWM	Bool	PWM 输出
SetpointLimit_H	Bool	当给定值大于高限时置位
SetpointLimit_L	Bool	当给定值小于低限时置位
InputWarning_H	Bool	当反馈值超过高限报警时置位
InputWarning_L	Bool	当反馈值低于低限报警时置位
State	Int	控制器状态 0＝Inactive，1＝SUT，2＝TIR，3＝Automatic，4＝Manual

表 12-4　PID_Compact 状态值含义

State 状态	描　　述
0：＝Inactive（未激活）	第一次下载 有错误或 PLC 处于停机状态 Reset＝TRUE（复位端激活）
1：＝预调节 2：＝手动精确调节 5：＝通过错误监视替换输出值	相对应的调试过程进行中
3：＝Automatic Mode 自动模式 4：＝Manual Mode 手动模式	0 到 1 上升沿，使能"Manual mode"（手动模式） 1 到 0 下降沿，使能"Automatic mode"（自动模式）

表 12-5　ERROR 参数含义

错误代号 （W#32#…）	描　　述
0000 0000	无错误
0000 0001	实际值超过组态限制
0000 0002	参数"Input_PER"端有非法值
0000 0004	"运行自整定"模式中发生错误，反馈值的振荡无法被保持
0000 0008	"启动自整定"模式发生错误，反馈值太接近于给定值
0000 0010	自整定时设定值改变
0000 0020	在运行启动自整定模式时，PID 控制器处于自动状态，此状态无法运行启动自整定
0000 0040	"运行自整定"发生错误
0000 0080	预调节期间出错。输出值限值的组态不正确
0000 0100	非法参数导致自整定错误
0000 0200	反馈参数数据值非法 数据值超出表示范围（值小于 -1×10^{12} 或大于 1×10^{12}） 数据值格式非法
0000 0400	输出参数数据值非法 数据值超出表示范围（值小于 -1×10^{12} 或大于 1×10^{12}） 数据值格式非法
0000 0800	采样时间错误：循环中断组织块的采样时间内没有调用 PID_Compact
0000 1000	设定值参数数据非法，数据值超出表示范围（数据值小于 -1×10^{12} 或大于 1×10^{12}）数据值格式非法

3. 组态 PID_Compact 控制器

PID_Compact 指令功能的工艺对象背景数据块提供了两种访问方式：参数访问与组态访问。参数访问是通过程序编辑器直接进入数据块内部查看相关参数，而组态访问则是使用 STEP 7 提供的图形化的组态向导查看并定义相关参数。两种方式都可以定义 PID 控制器的控制方式与过程。对于应用相对简单的用户，只使用组态向导即可完成控制器的设计与定义，对于控制过程有较高要求的用户，可通过参数访问的方式定义相关参数，实现控制任务。例如，有些用户需要在自动整定参数时只使用 PI 或 P 环节，这时可通过参数访问进入数据块中选择相应的整定方式实现此功能。

（1）组态访问方式

组态访问方式需要先添加循环中断组织块与 PID 指令块，并为 PID 指令块指定好对应的工艺对象数据块，然后才能进行组态访问。

添加循环中断组织块 OB202，将指令树中的"PID_Compact"指令块拖拽到循环中断组织块中，此时会弹出对话框要求指定背景数据块，在定义完名称、块号等参数后，工艺对象数据块会自动添加到项目树中。

在循环中断组织块中单击 PID 指令块，在属性对话框选择"组态"选项，进入基本参数组态，定义控制器的输入/输出、给定值等参数，如图 12-10 所示。

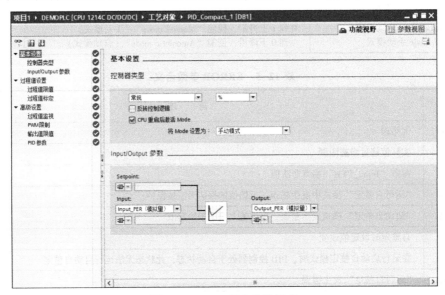

图 12-10　PID 基本参数组态

图 12-10 中"控制器类型"项可以选择控制对象的类型，如温度控制器、压力控制器，默认为以百分比为单位的通用常规控制器，该选择会影响后面参数的单位。勾选"反转控制逻辑"会使控制器变为反作用 PID，例如应用在冷却系统中。

1）"设定值（Setpoint）"可按以下步骤设置：

若定义为固定设定值，选择"背景 DB"（Instance DB），输入一个设定值如 80℃，可使指令中的 Setpoint 数值设为固定值。

若定义为可变设定值，选择"指令"（Instruction），输入保存设定值的 Real 变量的名称，可通过程序控制的方式来为该 Real 变量分配变量值，如采用时间控制的方式来更改设定值。

2）输入值（Input）定义反馈值类型是外设输入（Input_PER（analog））还是从用户程序而来的反馈值（Input）。要使用未经处理的模拟量输入值，则在下拉列表"Input"中选择条目"Input_PER"，选择"指令"（Instruction）作为源，然后输入模拟量输入的地址。

要使用经过处理的浮点格式的过程值，则在下拉列表"Input"中选择条目"Input"，选择"指令"（Instruction）作为源，输入变量的名称，用来保存经过处理的过程值。

3）输出值（Output）可定义输出值类型，PID_Compact 提供 3 个输出值：Output_PER 通过模拟量输出触发执行器，使用连续信号（如 0～10 V、4～20 mA）进行控制；Output 输出至用户程序，需要通过用户程序来处理输出值；Output_PWM 通过数字量输出控制执行器，脉宽调制可产生最短 ON 时间和最短 OFF 时间。

要使用模拟量输出值，则在下拉列表"Output"中选择条目"Output_PER（模拟量）"（Output_PER(analog)），选择"指令"（Instruction），然后输入模拟量输出的地址。

要使用用户程序来处理输出值，则在下拉列表"Output"中选择条目"Output"；选择"背景数据块"（Instance DB），计算的输出值保存在背景数据块中；使用输出参数 Output 准备输出值；通过数字量或模拟量 CPU 输出将经过处理的输出值传送到执行器。

要使用数字量输出值，则在下拉列表"Output"中选择条目"Output_PWM"，选择"指令"（Instruction），然后输入数字量输出的地址。

过程值标定如图 12-11 所示，其中"标定的过程值上限"和坐标图下的"27648.0"为一组，用于配置输入量程上限，"标定的过程值上限"为物理量的实际最大值，"27648.0"为模拟量输入的最大值。"标定的过程值下限"和坐标图下的"0.0"为一组，用于配置输入量程下限，"标定的过程值下限"为物理量的实际最小值，"0.0"为模拟量输入的最小值。"上限"和"下限"分别为用户设置的高低限制，当反馈值达到高限或低限时，系统将停止 PID 的输出。

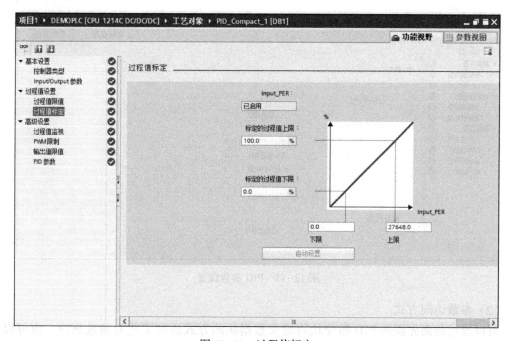

图 12-11　过程值标定

基本参数组态完成后，还可以进行高级参数组态。双击项目树"工艺对象"→"PID"→"Compact"→"组态"项可以打开工艺对象 PID 组态编辑器，如图 12-12 所示。在"高级设置"项中，可以设置"过程值监视"，当反馈值达到高限或低限时，PID 指令块会给出相应的报警位，还可以设置"PWM 限制"和"输出值限制"等，PID 参数设置如图 12-13 所示。

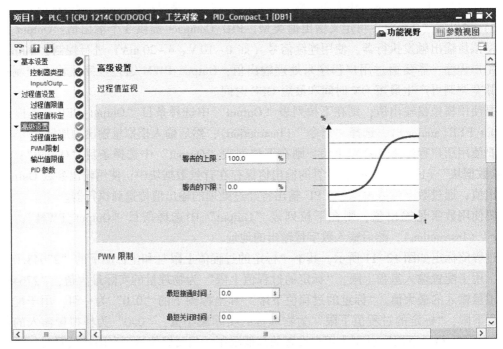

图 12-12　高级参数组态

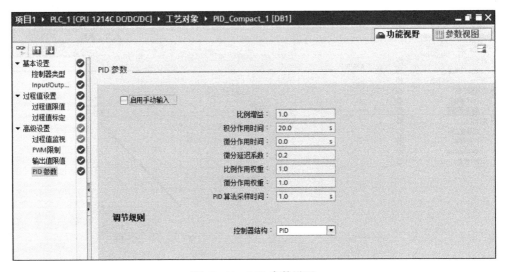

图 12-13　PID 参数设置

（2）参数访问方式

可以通过前面先添加 PID 指令块再定义数据块的方式添加工艺对象数据块，也可以在不添加 PID 指令块的方式下直接添加工艺对象数据块。双击项目树 PLC 设备下工艺对象的

"添加新对象"项，在打开的对话框中单击"PID 控制器"按钮，输入数据块编号，定义名称，即可新建一个工艺对象数据块。右键单击该工艺对象数据块选择"打开 DB 编辑器"，可以打开背景数据块，如图 12-14 所示。其主要参数含义见表 12-6~表 12-10。

		名称	数据类型	起始值	保持	可从HMI/…	从 H…	在 HMI …	设定值	注释
		▼ PID_Compact_1								
1		▼ Input								
2		Setpoint	Real	0.0		☑	☑	☑		controller setpoint input
3		Input	Real	0.0		☑	☑	☑		current value from process
4		Input_PER	Int	0		☑	☑	☑		current value from periphe
5		Disturbance	Real	0.0		☑	☑	☑		disturbance intrusion
6		ManualEnable	Bool	false		☑	☑	☑		activate manual value to o
7		ManualValue	Real	0.0		☑	☑	☑		manual value
8		ErrorAck	Bool	false		☑	☑	☑		reset error message
9		Reset	Bool	false		☑	☑	☑		reset the controller
10		ModeActivate	Bool	false		☑	☑	☑		enable mode
11		▼ Output								
12		ScaledInput	Real	0.0			☑	☑		current value after scaling
13		Output	Real	0.0			☑	☑		output value in REAL forma
14		Output_PER	Int	0			☑	☑		analog output value
15		Output_PWM	Bool	false			☑	☑		pulse width modulated out
16		SetpointLimit_H	Bool	false			☑	☑		setpoint reached upper lim
17		SetpointLimit_L	Bool	false			☑	☑		setpoint reached lower lim
18		InputWarning_H	Bool	false			☑	☑		current value reached uppe
19		InputWarning_L	Bool	false			☑	☑		current value reached lowe
20		State	Int	0			☑	☑		current mode of operation
21		Error	Bool	false			☑	☑		error flag
22		ErrorBits	DWord	16#0	☑		☑	☑		error message

图 12-14　PID 参数视图

表 12-6　Static 参数表

名　称	数据类型	描　　述
IntegralResetMode	Int	用于确定从"未激活"工作模式切换到"自动模式"时如何预分配积分作用 PIDCtrl. IntegralSum。此设置仅在一个周期内有效。选项包括： IntegralResetMode＝0：平滑 IntegralResetMode＝1：删除 IntegralResetMode＝2：保持 IntegralResetMode＝3：预分配 IntegralResetMode＝4：类似于设定值更改
OverwriteInitialOutputValue	Real	如果满足以下条件之一，则会自动预分配 PIDCtrl. IntegralSum 的积分作用，如同在上一周期中 Output＝OverwriteInitialOutputValue 从"未激活"工作模式切换到"自动模式"时 IntegralResetMode＝3 参数 Reset 的 TRUE→FALSE 沿并且参数 Mode＝3 在"自动模式"下 PIDCtrl. PIDInit＝TRUE
RunModeByStartup	Bool	CPU 重启后，激活 Mode 参数中的工作模式 如果 RunModeByStartup＝TRUE，PID_Compact 将在 CPU 启动后以保存在模式参数中的工作模式启动 如果 RunModeByStartup＝FALSE，PID_Compact 在 CPU 启动后仍保持"未激活"模式下
LoadBackUp	Bool	如果 LoadBackUp＝TRUE，则重新加载上一个 PID 参数集。该设置在最后一次调节前保存 LoadBackUp 自动设置回 FALSE
PhysicalUnit	Int	过程值和设定值的测量单位
PhysicalQuantity	Int	过程值和设定值的物理量
ActivateRecoverMode	Bool	确定对错误的响应方式

（续）

名　称	数据类型	描　　述
Warning	DWord	警示信息
Progress	Real	百分数形式的调节进度
CurrentSetpoint	Real	始终显示当前设定值。调节期间该值处于冻结状态
CancelTuningLevel	Real	调节期间允许的设定值拐点。出现以下情况之前，不会取消调节 Setpoint>CurrentSetpoint+CancelTuningLevel Setpoint<CurrentSetpoint−CancelTuningLevel
SubstituteOutput	Real	替代输出值 满足以下条件时，使用替代输出值 错误发生在自动模式下 SetSubstituteOutput＝TRUE ActivateRecoverMode＝TRUE
SetSubstituteOutput	Bool	如果 SetSubstituteOutput＝TRUE，且 ActivateRecoverMode＝TRUE，则只要错误未决，便会输出已组态的替代输出值 如果 SetSubstituteOutput＝FALSE，且 ActivateRecoverMode＝TRUE，则只要错误未决，执行器便会仍保持为当前输出值 如果 ActivateRecoverMode＝FALSE，则 SetSubstituteOutput 无效 如果 SubstituteOutput 无效，（ErrorBits＝20000h），则不能输出替代输出值

表 12-7　CtrlParams Backup 参数表

名　称	数据类型	描　　述
Gain	Real	保存的增益
Ti	Real	保存的积分时间
Td	Real	保存的微分时间
TdFiltRatio	Real	保存的微分延时系数
PWeighting	Real	保存的比例作用权重因子
DWeighting	Real	保存的微分作用权重因子
Cycle	Real	保存的 PID 算法的采样时间

表 12-8　Retain：CtrlParams 参数表

名　称	数据类型	描　　述
Gain	Real	有效的比例增益
Ti	Real	CtrlParams.Ti>0.0：有效积分作用时间 CtrlParams.Ti＝0.0：积分作用取消激活，保持 Ti
Td	Real	CtrlParams.Td>0.0：有效的微分作用时间 CtrlParams.Td＝0.0：微分作用取消激活，保持 Td
TdFiltRatio	Real	有效的微分延时系数，微分延迟系用于延迟微分作用的生效 0.0：微分作用仅在一个周期内有效，因此几乎不产生影响 0.5：此值经实践证明对于具有一个优先时间常量的受控系统非常有用 >1.0：系数越大，微分作用的生效时间延迟越久 保持 TdFiltRatio
PWeighting	Real	有效的比例作用权重
DWeighting	Real	有效的微分作用权重
Cycle	Real	有效的 PID 算法采样时间

表 12-9 Config 参数表

名 称	数据类型	描 述
InputPerOn	Bool	如果 InputPerOn＝TRUE，则使用参数 Input_PER。如果 InputPerOn＝FALSE，则使用参数 Input
InvertControl	Bool	反转控制逻辑
InputUpperLimit	Real	过程值的上限
InputLowerLimit	Real	过程值的下限
InputUpperWarning	Real	过程值的警告上限
InputLowerWarning	Real	过程值的警告下限
OutputUpperLimit	Real	输出值的上限
OutputLowerLimit	Real	输出值的下限
SetpointUpperLimit	Real	设定值的上限
SetpointLowerLimit	Real	设定值的下限
MinimumOnTime	Real	脉宽调制的最小 ON 时间
MinimumOffTime	Real	脉宽调制的最小 OFF 时间
InputScaling. UpperPointIn	Real	标定的 Input_PER 上限
InputScaling. LowerPointIn	Real	标定的 Input_PER 下限
InputScaling. UpperPointOut	Real	标定的过程值的上限
InputScaling. LowerPointOut	Real	标定的过程值的下限

表 12-10 CycleTimet 参数表

名 称	数据类型	描 述
StartEstimation	Bool	如果 CycleTime. StartEstimation＝TRUE，将开始自动确定循环时间。完成测量后，CycleTime. StartEstimation＝FALSE
EnEstimation	Bool	如果 CycleTime. EnEstimation＝TRUE，则计算 PID_Compact 采样时间 如果 CycleTime. EnEstimation＝FALSE，则不计算 PID_Compact 采样时间，并且需要手动更正 CycleTime. Value 的组态
EnMonitoring	Bool	如果 CycleTime. EnMonitoring＝FALSE，则不会监视 PID_Compact 采样时间。如果不能在采样时间内执行 PID_Compact，则不会输出错误，PID_Compact 也不会切换到"未激活"模式
Value	Real	PID_Compact 采样时间

4. PID 自整定

PID 控制器能够正常运行，需要符合实际运行系统及工艺要求的参数设置，但由于每套系统都不完全一样，所以每套系统的控制参数也不尽相同。用户可以自己手动调试，通过参数访问方式修改对应的 PID 参数，在调试面板中观察曲线图，也可以使用系统提供的参数自整定功能进行设定。PID 自整定是按照一定的数学算法，通过外部输入信号激励系统，并根据系统的反应方式来确定 PID 参数。S7-1200 PLC 提供了两种整定方式，Start Up（启动整定）和 Tune in Run（运行中整定）。

调试面板如图 12-15 所示。图中调试面板控制区包含了启动测量功能和停止测量功能按钮，以及调试面板测量功能的采样时间。趋势显示区以曲线方式显示设定值、反馈值及输出值。优化区用于选择整定方式及显示整定状态。当前值显示区可监视给定值、反馈值及输出值，并可手动强制输出值，勾选"手动模式"项，可以在"Output"栏内输入百分比形式的输出值。

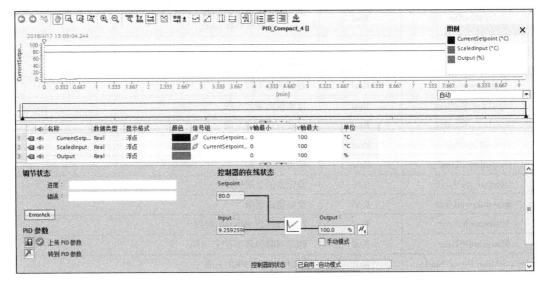

图 12-15　调试面板

趋势显示区可以进行显示模式的选择，有以下 4 种模式。

Strip：条状（连续显示）。新趋势值从右侧输入视图，以前的视图卷动到左侧，时间轴不移动。

Scope：示波图（跳跃区域显示）。新趋势值从左到右进行输入，当到达右边趋势视图时，监视区域移动一个视图宽度到右侧，时间轴载监视区域限制内可以移动。

Sweep：扫动（旋转显示）。新趋势值以旋转方式在趋势图中显示，趋势值的值从左到右输出，上一次旋转显示被覆盖，时间轴不动。

Static：静态（静态区域显示）。趋势视图的写入被中断，新趋势的记录在后台执行，时间轴可以移动。

给定值、反馈值及时间值的轴是可以移动和缩放的。另外，在趋势图中可以使用一个或多个标尺分析趋势曲线的离散值。移动鼠标到趋势区的左边并注意鼠标指示的变化，拖动垂直的标尺到需要分析的测量趋势。趋势输出在标尺的左侧，标尺的时间显示在标尺的底端。激活标尺的趋势值显示在测量值与标尺交点处。如果多个标尺拖动到趋势区域，各自的上一个标尺被激活。激活的标尺由相应颜色符号显示，通过单击可以重新激活一个停滞的标尺。

12.1.3　PID 应用举例

【例 12-1】假设有一加热系统，加热源采用脉冲控制的灯泡。干扰源采用电位计控制的小风扇，使用传感器测量系统的温度，灯泡亮时会使灯泡附近的温度传感器温度升高，风扇运转时可给传感器周围降温，设定值为 0 ~ 10 V 的电压信号送入 PLC，温度传感器作为反馈接入到 PLC 中，干扰源给定直接输出至风扇。

例程：例 12-1
实现步骤

扫码查看本例实现步骤。

12.2 高速计数器

生产实践中，经常会遇到需要检测高频脉冲的场合，例如检测步进电动机的运动距离、计算异步电动机转速等，而 PLC 中的普通计数器受限于扫描周期的影响，无法计量频率较高的脉冲信号。下面首先介绍 S7-1200 PLC 中高速计数器的相关基础知识，再通过一个应用实例演示其组态及编程方法。

微课：高速
计数器

12.2.1 高速计数器的基础知识

S7-1200 CPU 提供了最多 6 个高速计数器，其独立于 CPU 的扫描周期进行计算，可测量的频率最高为 100 kHz。高速计数器可用于连接增量型旋转编码器，通过对硬件组态和调用相关指令块来使用此功能。

1. 高速计数器的工作模式

S7-1200 PLC 高速计数器定义的工作模式有以下 5 种：

1) 单相计数器，外部方向控制，如图 12-16 所示。

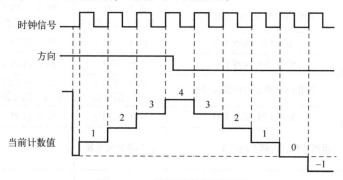

图 12-16　单相计数器原理图

2) 单相计数器，内部方向控制。

3) 双相加/减计数器，双脉冲输入，如图 12-17 所示。

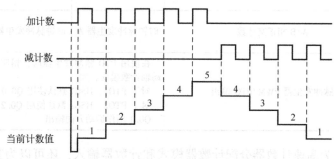

图 12-17　双相加/减计数器原理图

4) A/B 计数器，图 12-18 所示为 1 倍速 A/B 相正交输入示意图。

5) AB 计数器四倍频。

每种高速计数器有外部复位和内部复位两种工作状态。所有的计数器无须启动条件设置，在硬件设备中设置完成后下载到 CPU 中即可启动高速计数器。高速计数功能所能支持的输入电压为 DC 24 V，目前不支持 DC 5 V 的脉冲输入。表 12-11 列出了高速计数器的工作模式和硬件输入信号定义。

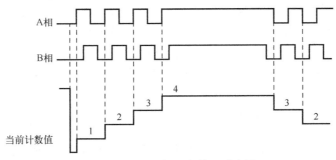

A相

B相

当前计数值

图 12-18　A/B 相正交输入示意图

表 12-11　高速计数器的工作模式和硬件输入信号定义

	描　述		输入点定义		
HSC	HSC1	使用 CPU 集成 I/O 或信号板	I0.0（CPU） I4.0（信号板）	I0.1（CPU） I4.1（信号板）	I0.3（CPU） I4.3（信号板）
	HSC2	使用 CPU 集成 I/O 或信号板	I0.2（CPU） I4.2（信号板）	I0.3（CPU） I4.3（信号板）	I0.1（CPU） I4.1（信号板）
	HSC3	使用 CPU 集成 I/O	I0.4（CPU）	I0.5（CPU）	I0.7（CPU）
	HSC4	使用 CPU 集成 I/O	I0.6（CPU）	I0.7（CPU）	I0.5（CPU）
	HSC5	使用 CPU 集成 I/O 或信号板	I1.0（CPU） I4.0（信号板）	I1.1（CPU） I4.1（信号板）	I1.2（CPU）
	HSC6	使用 CPU 集成 I/O	I1.3（CPU）	I1.4（CPU）	I1.5（CPU）
计数/频率		单相计数，内部方向控制	时钟脉冲发生器		
计数					复位
计数/频率		单相计数，外部方向控制	时钟脉冲发生器	方向	
计数					复位
计数/频率		双相计数，两路时钟输入	增时钟脉冲发生器	减时钟脉冲发生器	
计数					复位
计数/频率		A/B 相正交计数	时钟脉冲发生器 A	时钟脉冲发生器 B	
计数					复位
运动轴		脉冲发生器 PWM/PTO 输出	在使用 PTO 脉冲发生器时，相应的高速计数器支持运动轴计数模式，如： 对于 PTO1，HSC1 默认使用 Q0.0 输出来确定脉冲数 对于 PTO2，HSC2 默认使用 Q0.2 输出来确定脉冲数 Q0.1 用作运动方向输出		

用户不仅可以为高速计数器分配计数器模式和计数器输入，还可以为其分配一些功能，如时钟脉冲发生器、方向控制和复位等功能。以下规则适用：

1）一个输入不能用于两个不同的功能。如果所定义的高速计数器的当前计数器模式不需要某个输入，则可将该输入用于其他用途。例如，如果将 HSC1 设置为计数器模式 1，使用默认输入点 I0.0 和 I0.3，则可将 I0.1 用于沿中断或用于 HSC2。例如，当设置 HSC1 和

HSC5 时，在计数和频率计数器模式下使用默认输入点 I0.0（HSC1）和 I1.0（HSC5），则运行计数器时，以上两个输入不能用于任何其他功能。如果使用数字信号板，则可使用一些附加输入。

2）在"硬件输入"参数组中，硬件输入均已确定。在此，可接受这些默认输入的设置结果，也可以在"时钟发生器""时钟生成器上边沿""时钟生成器下边沿"或"复位输入"中单击"..."按钮，然后选择一个输入。

注意：高速计数器功能的硬件指标如最高计数器频率等，请以最新的系统手册为准。

3）并非所有的 CPU 都可以使用 6 个高速计数器，例如 1211C 只有 6 个集成输入点，所以最多只能支持 4 个（使用信号板的情况下）高速计数器。

4）当使用高速计数器激活脉冲生成器并将其用作 PTO 控制步进电动机时，当 CPU 的固件版本为 3.0 及以上版本时，使用内部（附加）HSC；CPU 的固件版本低于 V3.0 时，PTO1 处使用 HSC1，PTO2 处使用 HSC2。这些计数器将不再适用于其他计数任务。使用此模式时，不需要外部接线，CPU 在内部已做了硬件连接。

S7-1200 CPU 除了提供技术功能外，还提供了频率测量功能，有 3 种不同的频率测量周期：1.0 s、0.1 s 和 0.01 s。频率测量周期是这样定义的：计算并返回频率值的时间间隔。返回的频率值为上一个测量周期中所有测量值的平均值，无论测量周期如何选择，测量出的频率值总是以 Hz（每秒脉冲数）为单位。

2. 高速计数器寻址

CPU 将每个高速计数器的测量值以 32 位双整型有符号数的形式存储在输入过程映像区内，在程序中可直接访问这些地址，可以在设备组态中修改这些存储地址。由于过程映像区受扫描周期的影响，在一个扫描周期内高速计数器的测量数值不会发生变化，但高速计数器中的实际值有可能会在一个扫描周期内发生变化，因此可通过直接读取外设地址的方式读取到当前时刻的实际值。以 ID1000 为例，其外设地址为"ID1000:P"。表 12-12 为高速计数器默认地址列表。

表 12-12 高速计数器默认地址列表

高速计数器号	数据类型	默认地址	高速计数器号	数据类型	默认地址
HSC1	DINT	ID1000	HSC4	DINT	ID1012
HSC2	DINT	ID1004	HSC5	DINT	ID1016
HSC3	DINT	ID1008	HSC6	DINT	ID1020

3. 中断功能

S7-1200 CPU 在高速计数器中提供了中断功能，用以在某些特定条件下触发程序，共有 3 种中断条件：

1）当前值等于预置值。
2）外部信号复位。
3）带有外部方向控制时，计数方向发生改变。

4. 高速计数器指令块

高速计数器指令块需要使用背景数据块来存储参数，如图 12-19 所示，其参数含义见表 12-13。

表 12-13　高速计数器指令块参数

```
        <???>
      CTRL_HSC
─── EN          ENO ───
 ─ HSC          BUSY ┤
 ─ DIR        STATUS ┈
 ─ CV
 ─ RV
 ─ PERIOD
 ─ NEW_DIR
 ─ NEW_CV
 ─ NEW_RV
 ─ NEW_PERIOD
```

图 12-19　高速计数器指令块

参　数	数据类型	含　义
HSC	HW_HSC	高速计数器硬件标识号
DIR	Bool	为 1 表示使能新方向
CV	Bool	为 1 表示使能新初始值
RV	Bool	为 1 表示使能新参考值
PERIOD	Bool	为 1 表示使能新频率测量周期
NEW_DIR	Int	方向选择：1—正向，0—反向
NEW_CV	DInt	新初始值
NEW_RV	DInt	新参考值
NEW_PERIOD	Int	新频率测量周期

12.2.2　应用举例

高速计数器的应用步骤如下：

1）在 CPU 的属性对话框中激活高速计数器并设置相关参数。

2）添加硬件中断组织块，关联相对应的高速计数器所产生的预置值中断。

3）在硬件中断组织块中添加高速计数器指令块，编写修改预置值程序，设置复位计数器等参数。

4）将程序下载，执行功能。

为了便于理解如何使用高速计数器功能，下面通过一个例子来学习该功能的组态及应用。

【例 12-2】假设在旋转机械上有单相增量编码器作为反馈，接入 S7-1200 CPU。要求在计数 25 个脉冲时，计数器复位，置位 M0.5，并设定新预设值为 50 个脉冲。当计满 50 个脉冲后复位 M0.5，并将预置值再设为 25，周而复始执行此功能。

例程：例 12-2
实现步骤

针对此应用，选择 CPU 1214C，高速计数器为 HSC1，模式为单相计数，内部方向控制，无外部复位。据此，脉冲输入应接入 I0.0，使用 HSC1 的预置值中断（CV=RV）功能实现此应用。

扫码查看本例实现步骤。

12.3　运动控制

微课：运动控制

S7-1200 PLC 在运动控制中使用了轴的概念，通过对轴的组态，包括硬件接口、位置定义、动态特性和机械特性等，与相关的指令块（符合 PLCopen 规范）组合使用，可实现绝对位置、相对位置、点动、转速控制及自动寻找参考点的功能。

12.3.1　运动控制功能的原理

CPU 可用驱动器的数目取决于 PTO（脉冲串输出）数目及可用的脉冲发生器输出数

目，每个配备工艺版本 V4 的 CPU 都可使用 4 个 PTO，即最多可以控制 4 个驱动器。根据 PTO 的信号类型，每个 PTO（驱动器）需要 1~2 个脉冲发生器输出，PTO 的信号类型见表 12-14。

表 12-14　PTO 的信号类型

信 号 类 型	脉冲发生器输出数目/个
脉冲 A 和方向 B（禁用方向输出）	1
脉冲 A 和方向 B	2
时钟增加 A 和时钟减少 B	2
A/B 相移	2
A/B 相移，四相位	2

注：方向输出必须为板载输出或位于信号板中。

继电器型 CPU 仅可访问信号板的脉冲发生器输出。根据 CPU 类型，脉冲信号发生器输出 Q0.0~Q1.1 可与表 12-15 所示频率范围配合使用。

表 12-15　不同类型 CPU 脉冲信号发生器输出的频率范围

CPU	Q0.0	Q0.1	Q0.2	Q0.3	Q0.4	Q0.5	Q0.6	Q0.7	Q1.0	Q1.1
1211(DC/DC/DC)	100 kHz	100 kHz	100 kHz	100 kHz						
1212(DC/DC/DC)	100 kHz	100 kHz	100 kHz	100 kHz	20 kHz	20 kHz				
1214(F)(DC/DC/DC)	100 kHz	100 kHz	100 kHz	100 kHz	20 kHz	20 kHz	20 kHz	20 kHz	20 kHz	20 kHz
1215(F)(DC/DC/DC)	100 kHz	100 kHz	100 kHz	100 kHz	20 kHz	20 kHz	20 kHz	20 kHz	20 kHz	20 kHz
1217(DC/DC/DC)	1 MHz	1 MHz	1 MHz	1 MHz	100 kHz	100 kHz	100 kHz	100 kHz	100 kHz	100 kHz

可将脉冲发生器输出自由分配给 PTO。如果已选择 PTO 并将其分配给某个轴，固件将通过相应的脉冲发生器和方向输出接管控制。在实现上述控制功能接管后，将断开过程映像和 I/O 输出间的连接。虽然用户可通过用户程序或监视表写入脉冲发生器和方向输出的过程映像，但所写入的内容不会传送到 I/O 输出。因此通过用户程序或监视表格无法监视 I/O 输出。读取的信息反映过程映像中的值，与 I/O 输出的实际状态不一致。

S7-1200 CPU 输出脉冲和方向信号至 Servo Drive（伺服驱动器），伺服驱动器再将从 CPU 输入的给定值经过处理后输出到伺服电动机，控制伺服电动机加速/减速和移动到指定位置，如图 12-20 所示。伺服电动机的编码器信号输入到伺服驱动器形成闭环控制，用于计算速度与当前位置，而 S7-1200 PLC 内部的高速计数器则测量 CPU 上的脉冲输出，并计算速度与位置，但此数值并非电动机编码器所反馈的实际速度与位置。S7-1200 CPU 提供了运行中修改速度和位置的功能，可以使运动系统在停止的情况下，实时改变目标速度与位置。

运动控制功能原理示意图如图 12-21 所示。可以看出，S7-1200 PLC 运动控制功能的实现包含 4 部分：相关执行设备、CPU 硬件输出、定义工艺对象"轴"、程序中的控制指令块。

执行设备主要包括伺服驱动器和伺服电动机，CPU 通过硬件输出，给出脉冲与方向信号用于控制执行设备的运转。

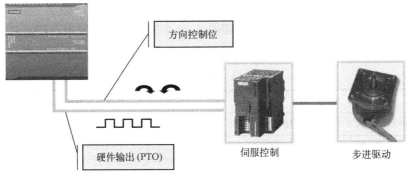

图 12-20　S7-1200 PLC 运动控制示意图

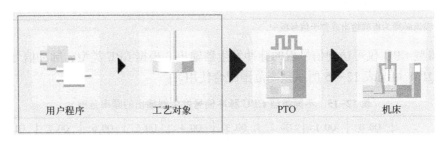

图 12-21　运动控制功能原理示意图

　　CPU 通过集成或信号板上硬件输出点，输出一串占空比为 50% 的脉冲串，CPU 通过改变脉冲串的频率以达到加速或减速的目的。

　　集成点输出的最高频率为 100 kHz，信号板输出的最高频率为 20 kHz，CPU 在使能 PTO 功能时虽然使用了过程映像区的地址，但是其输出点会被 PTO 功能独立使用，不会受扫描周期的影响，其作为普通输出点的功能将被禁止。

　　下面介绍硬件输出的组态。

　　在项目视图中打开设备配置，选中 CPU，在属性对话框"脉冲发生器（PTO/PWM）"项中，选择 PTO1/PWM1，如图 12-22 所示，勾选"启用该脉冲发生器"项。"脉冲选项"中，脉冲发生器有 PTO 与 PWM 两种类型，使用运动控制功能时需要选择 PTO 方式。其中，PTO 有 4 种信号类型："PTO（脉冲 A 和方向 B）""PTO（脉冲上升沿 A 和脉冲下降沿 B）"（版本 V4 及以上版本）、"PTO（A/B 相移）"（版本 V4 及以上版本）和"PTO（A/B 相移-四倍频）"（版本 V4 及以上版本）。

　　（1）PTO（脉冲 A 和方向 B）

　　该信号类型评估脉冲输出脉冲和方向输出电平。脉冲通过 CPU 的脉冲输出进行输出。CPU 的方向输出指定驱动器的旋转方向，其信号与行进方向之间的关系如图 12-23 所示。方向输出上输出 5 V/24 V⇒正向旋转，方向输出上输出 0 V⇒反向旋转，指定的电压取决于所使用的硬件。

　　（2）PTO（脉冲上升沿 A 和脉冲下降沿 B）

　　该信号类型评估一路输出的脉冲。分别使用一个正向和负向运动的脉冲输出控制步进电动机，正转脉冲通过"脉冲上升沿"输出，反转脉冲通过"脉冲下降沿"输出。指定的电压取决于所使用的硬件，其信号与行进方向之间的关系如图 12-24 所示。

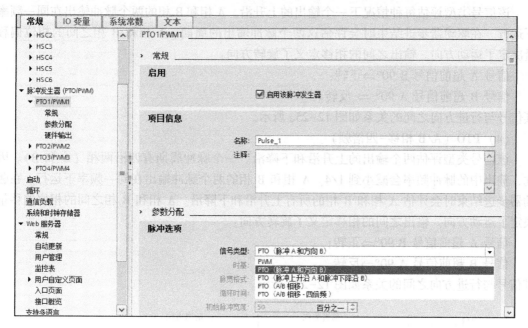

图 12-22 激活脉冲发生器功能

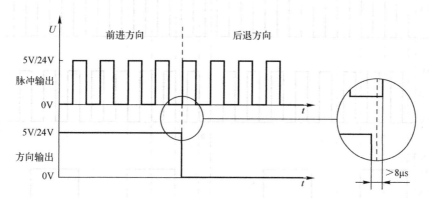

图 12-23 PTO（脉冲 A 和方向 B）信号与行进方向之间的关系图

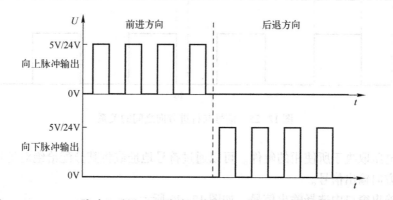

图 12-24 PTO（脉冲上升沿 A 和脉冲下降沿 B）信号与行进方向之间的关系图

（3）PTO（A/B 相移）

该信号类型评估每种情况下一个输出的上升沿。A 相和 B 相的两个脉冲输出在同一频率下运行。在驱动器步进结束时会评估这两个脉冲输出的周期。A 相和 B 相之间的相位偏移量决定了运动方向。输出之间的相移定义了旋转方向：

信号 A 超前信号 B 90°⇒正转；

信号 B 超前信号 A 90° ⇒ 反转。

其信号与行进方向之间的关系如图 12-25a 所示。

（4）PTO（A/B 相移-四倍频）

该信号类型评估两个输出的上升沿和下降沿。一个脉冲周期有四沿两相（A 和 B）。因此，输出中的脉冲频率会减小到 1/4。A 相和 B 相的两个脉冲输出在同一频率下运行。在驱动器步进结束时会评估 A 相和 B 相的所有上升沿和下降沿。A 相和 B 相之间的相位偏移量决定了运动方向。输出之间的相移定义了旋转方向：

信号 A 超前信号 B 90°⇒正转；

信号 B 超前信号 A 90°⇒反转。

其信号与行进方向之间的关系如图 12-25b 所示。

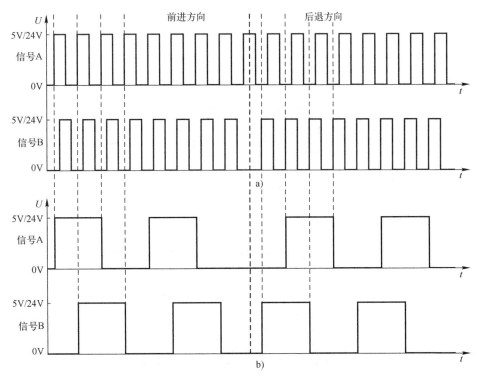

图 12-25 信号与行进方向之间的关系

指定的电压取决于所使用的硬件。可以通过符号地址或将其分配给绝对地址来选择脉冲输出信号和方向输出信号。

在硬件输出窗口中选择输出信号，如图 12-26 所示。

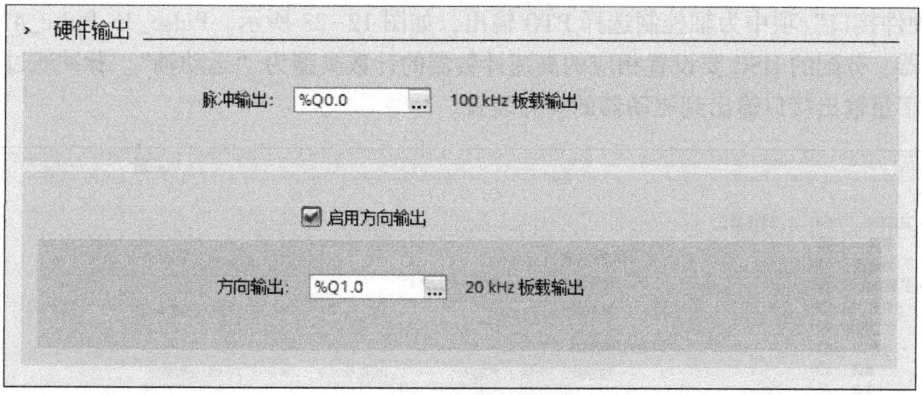

图 12-26 硬件输出设置

12.3.2 工艺对象"轴"

"轴"表示驱动的工艺对象。"轴"工艺对象是用户程序与驱动的接口。工艺对象从用户程序中收到运动控制命令，在运行时执行并监视执行状态。"驱动"表示步进电动机加电源部分或伺服驱动加脉冲接口转换器的机电单元。驱动是由 CPU 产生脉冲对"轴"工艺对象操作进行控制的。运动控制中必须要对工艺对象进行组态才能应用控制指令块，工艺对象的组态包含以下三部分。

1. 参数组态

参数组态主要定义了轴的工程单位（如脉冲数/s、r/min）、软硬件限位、启动/停止速度和参考点定义等。进行参数组态前，需要添加工艺对象。

双击项目树 PLC 设备下工艺对象的"新增对象"项，在打开的运动控制对话框中单击"轴"按钮，输入数据块编号，定义名称，即可新建一个工艺对象数据块。添加完成后，可以在项目树中看到添加的工艺对象，双击"组态"项进行参数组态，如图 12-27 所示。

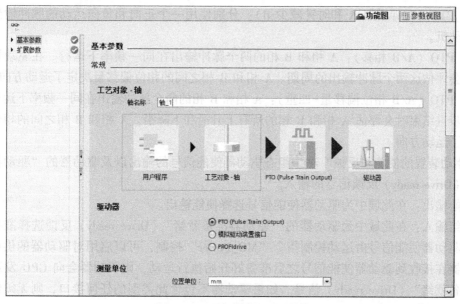

图 12-27 设置轴的基本参数

"硬件接口"项中为轴控制选择 PTO 输出,如图 12-28 所示。Pulse_1~Pulse_4 作为脉冲发生器,分配的 HSC 要设置相应的高速计数器的计数类型为"运动轴"。脉冲通过固定分配的数字量输出接口输出到驱动器的动力装置。

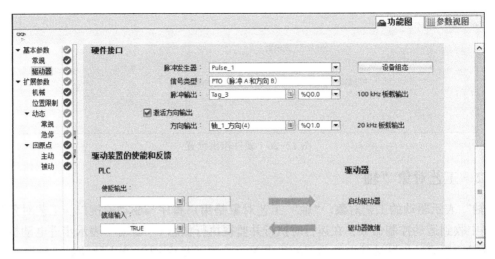

图 12-28 轴的硬件接口

在该下拉列表中选择 PTO,通过脉冲接口来控制步进电机或伺服电机。如果没有在设备组态中的其他地方使用脉冲发生器和高速计数器,则系统会自动组态硬件接口。这种情况下,下拉列表中所选的 PTO 以白色背景显示。

如果选择 PTO,则单击"设备组态"按钮时将转至 CPU 设备组态中的脉冲选项参数分配。

从下拉列表中选择信号类型。可以使用以下信号类型:

1)PTO(脉冲 A 和方向 B):使用一个脉冲输出和一个方向输出控制步进电机。

2)PTO(时钟增加 A 和时钟减少 B):分别使用一个正向和负向运动的脉冲输出控制步进电动机。

3)PTO(A/B 相移):A 相和 B 相的两个脉冲输出在同一频率下运行。在驱动器步进结束时会评估这两个脉冲输出的周期。A 相和 B 相之间的相位偏移量决定了运动方向。

4)PTO(A/B 相位偏移量-四重):A 相和 B 相的两个脉冲输出在同一频率下运行。在驱动器步进结束时会评估 A 相和 B 相的所有上升沿和下降沿。A 相和 B 相之间的相位偏移量决定了运动方向。

"驱动装置的使能和反馈"项中组态驱动器使能信号的输出以及驱动器的"驱动器准备就绪"(Drive ready)反馈信号的输入。

使能输出:在此域中为驱动器使能信号选择使能输出。

就绪输入:在此域中为驱动器的"驱动器准备就绪"(Drive ready)反馈选择准备就绪输入。驱动器使能信号由运动控制指令"MC_Power"控制,可以启用对驱动器的供电。如果驱动器在接收到驱动器使能信号之后准备好开始执行运动,则驱动器会向 CPU 发送"驱动器准备就绪"(Drive ready)信号。如果驱动器不包含此类型的任何接口,则无须组态这些参数。这种情况下,为准备就绪输入选择值"TRUE"。

单击图 12-28 的"扩展参数"可以设置机械、位置限制、动态和回原点等扩展参数，如图 12-29 所示。

"机械"组态如图 12-29 所示，"电机每转的脉冲数"项输入电机旋转一周所需脉冲个数；"电机每转的负载位移"项设置电机旋转一周生产机械所产生的位移，这里的单位与图 12-27 中的单位对应；勾选"反向信号"可颠倒整个驱动系统的运行方向。

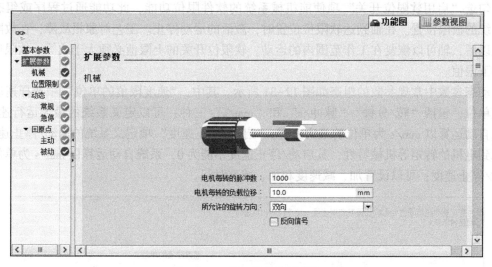

图 12-29 设置轴的扩展参数

"位置限制"组态如图 12-30 所示。其中，勾选"启用硬限位开关"项使能机械系统的硬件限位功能，在下拉列表中，选择硬件限位开关下限或上限的数字量输入。在轴到达硬件限位开关时，它将使用急停减速斜坡停车。

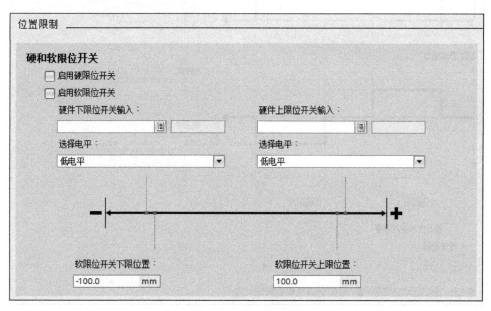

图 12-30 "位置限制"组态

"选择电平"信号：在此下拉列表中，可选择逼近硬位限位开关时 CPU 输入端的信号电平。

选择"低电平"（常闭触点），CPU 输入端电平为 0 V（FALSE）时表示已逼近硬限位开关；选择"高电平"（常开触点），CPU 输入端电平为 5 V/24 V（TRUE）时表示已逼近硬限位开关（实际电压取决于使用的硬件）。

勾选"启用软限位开关"项使能机械系统的软件限位功能，此功能通过程序或组态定义系统的极限位置。在轴到达软限位位置时，激活的运动停止。工艺对象报故障，在故障被确认以后，轴可以恢复在工作范围内的运动。软限位开关的上限值必须大于或等于软限位开关的下限值。

动态参数中常规参数的组态如图 12-31 所示。其中，"速度限值的单位"项选择速度限制值单位，包括"转/分钟""脉冲/s"和"mm/s"三种；可以定义系统的最大运行速度，系统自动运算以 mm/s 为单位的最大速度；"启动/停止速度"项定义系统的启动/停止速度，考虑到电机的转矩等机械特性，其启动/停止速度不能为 0，系统自动运算以 mm/s 为单位的启动/停止速度；可以设置加、减速度和加、减速时间。

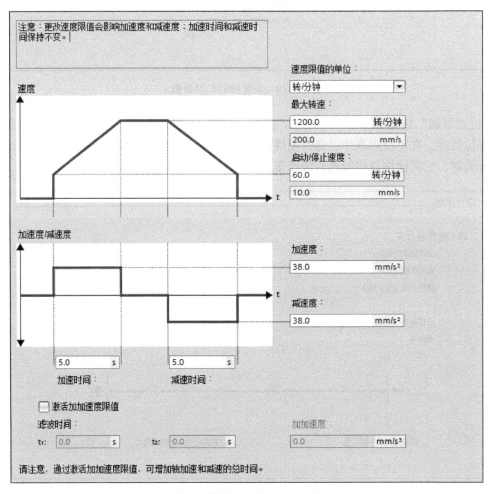

图 12-31　动态参数中常规参数的组态

如果勾选"激活加加速度限值",则不会突然停止轴加速和轴减速,而是根据设置的步进或滤波时间逐渐调整。

在"加加速度"框中,可以为加速和减速斜坡设置所需的加加速度。

在"滤波时间"框中,可设置斜坡加速所需的滤波时间。需要注意的是:在组态中,设置的滤波时间仅适用于斜坡加速。

当加速度大于减速度时,斜坡减速所用的滤波时间小于斜坡加速的滤波时间。

当加速度小于减速度时,斜坡减速所用的滤波时间大于斜坡加速的滤波时间。

当加速度等于减速度时,斜坡加速和减速的滤波时间相等。

"急停"的组态如图 12-32 所示。其中,"紧急减速度"定义从最大速度急停减速到启动/停止速度的减速度,"急停减速时间"定义从最大速度急停减速到启动/停止速度的减速时间。

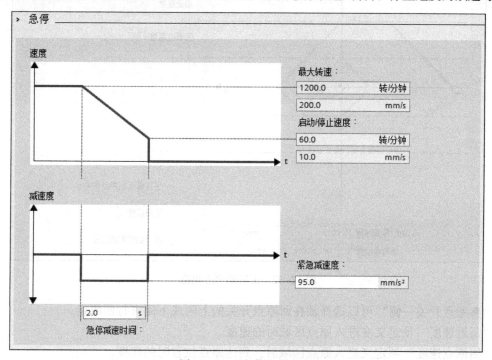

图 12-32 "急停"的组态

主动回原点组态如图 12-33 所示。其中,"输入原点开关"项定义原点,一般使用数字量输入作为原点开关,通过 PTO 的驱动器连接,该输入必须具有中断功能。板载 CPU 输入和所插入信号板输入都可选作回原点开关的输入。

在"选择电平"下拉列表中,选择回原点时使用的回原点开关电平。

"允许硬限位开关处自动反转"项可使能在寻找原点过程中碰到硬件限位点自动反向,在激活回原点功能后,轴在碰到原点之前碰到了硬件限位点,此时系统认为原点在反方向,会按组态好的斜坡减速曲线停车并反转。若该功能没有被激活并且轴达到硬件限位,则回原点过程会因为错误被取消,并以急停减速度对轴进行制动。

"逼近/回原点方向"项定义可以决定主动回原点过程中搜索回原点开关的逼近方向以及回原点的方向。回原点方向指定执行回原点操作时轴用于逼近组态的回原点开关端的行进方向。

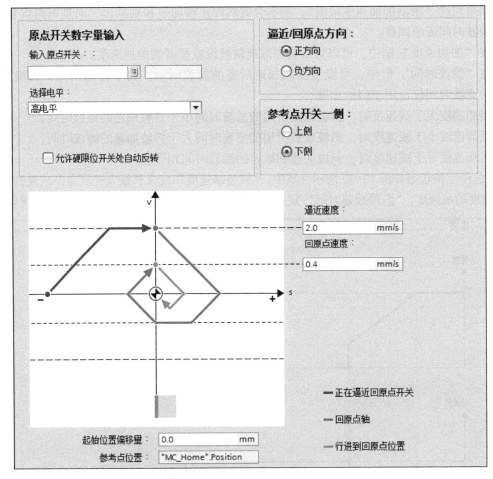

图 12-33　主动回原点组态

"参考点开关一侧"可以选择轴在回原点开关的上侧或下侧进行回原点。

"逼近速度"项定义在进入原点区域时的速度。

"回原点速度"项定义进入原点区域后,到达原点位置时的速度。

"起始位置偏移量"项:如果指定的回原点位置与回原点开关的位置存在偏差,则可在此域中指定起始位置偏移量。如果该值不等于 0,轴在回原点开关处回原点后将执行以下动作:

1) 以回原点速度使轴移动起始位置偏移值指定的一段距离。

2) 达到起始位置偏移值时,轴处于运动控制指令"MC_Home"的输入参数"Position"中指定的起始位置处。

"参考点位置"项定义参考点坐标,参考点坐标由 MC_Home 指令块的 Position 参数确定。

被动回原点组态如图 12-34 所示,"输入原点开关"项为归位开关的数字量输入,该输入必须具有中断功能,板载 CPU 输入和所插入信号板输入都可选作归位开关的输入。数字量输入的滤波时间必须小于归位开关的输入信号持续时间。

可以在"选择电平"下拉列表中,选择归位时使用的归位开关电平。

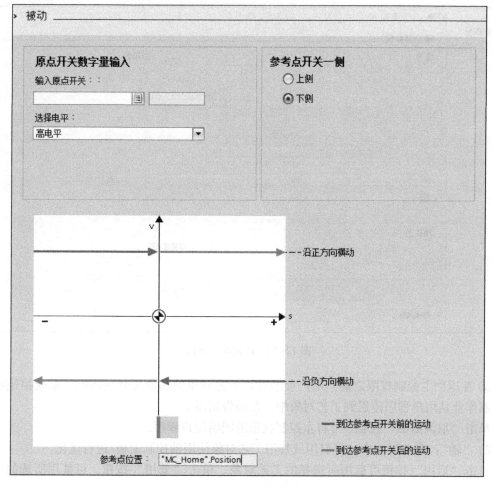

图 12-34 被动回原点组态

"参考点开关一侧"项可以选择轴在归位开关的上侧或下侧进行归位。

"参考点位置"项是利用运动控制指令"MC_Home"中所组态的位置作起始位置。

如果未使用轴运动命令进行被动归位（轴处于停止状态），则将在下一个归位开关的上升沿或下降沿处执行归位操作。

2. 控制面板

编程软件提供了控制面板以调试驱动设备，测试轴和驱动功能，控制面板允许用户设置主控制、轴、命令、当前值和轴状态等功能。

在项目视图中打开已添加的工艺对象，双击"调试"项打开调试控制面板，如图 12-35 所示。

1）"主控制"：在此区域中，用户可获取工艺对象的主控制权限，或将其返回给用户程序。

单击"激活"按钮，将与 CPU 建立在线连接，并获取对所选工艺对象的主控制权限。获取主控制权限时，请注意以下事项：

① 要获取主控制权限，必须在用户程序中禁用工艺对象。

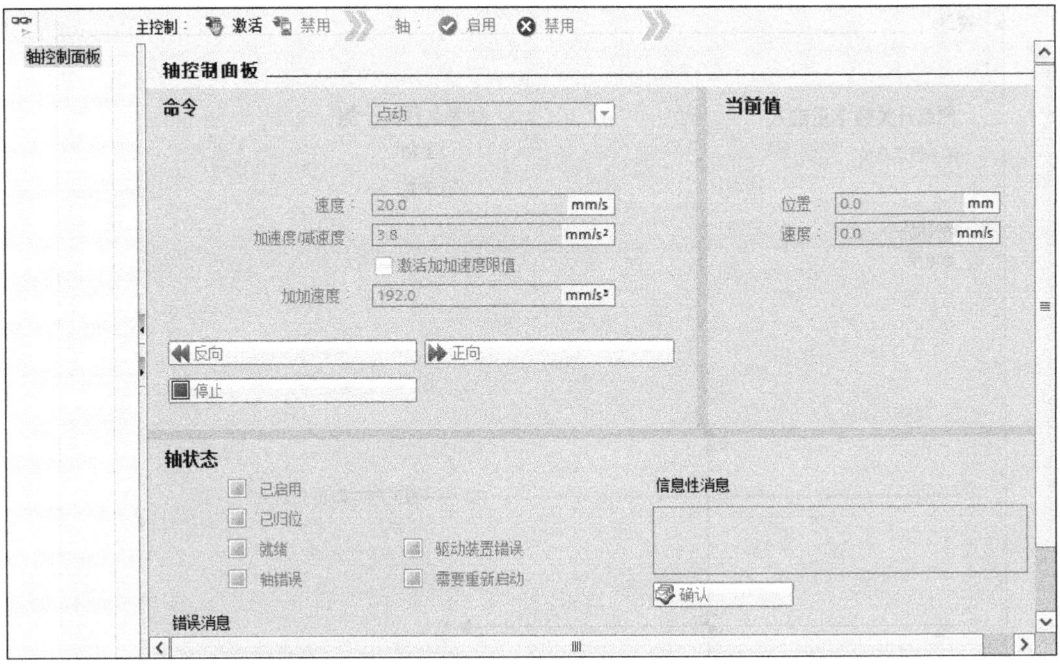

图 12-35　调试控制面板

② 在返回主控制权限之前，用户程序对该工艺对象的功能无任何影响。系统拒绝将运动控制作业从用户程序传送到工艺对象中，并报告错误。

单击"取消激活"按钮，可将主控制权限返回给用户程序。

2)"轴"：在此区域中，可启用或禁用工艺对象使用轴控制面板/进行优化。

单击"启用"按钮可启用所选择的工艺对象。单击"禁用"按钮，可禁用所选的工艺对象。

3)"命令"：仅当轴启用后，才能执行"命令"区域中的操作。可以选择以下命令之一。

① 点动：该命令相当于用户程序中的运动控制命令"MC_MoveJog"

② 定位：该命令相当于用户程序中的运动控制命令"MC_MoveAbsolute"和"MC_MoveRelative"。必须使轴回原点以便进行绝对定位。

③ 回原点：该命令相当于用户程序中的运动控制命令"MC_Home"。

"设置参考点"按钮相当于 Mode=0（绝对式直接回原点）。

"主动回原点"按钮相当于 Mode=3（主动回原点），对于主动回原点，必须在轴组态中组态回原点开关。

逼近速度、回原点速度和参考位置偏移的值取自尚未更改的轴组态。根据选择，将显示相关的设定值输入框和命令启动按钮。勾选"激活加加速度限值"复选框将激活加加速度限值。默认情况下，加加速度为组态值的 10%，可根据需要更改该值。

出于安全考虑，激活轴控制面板时，仅使用 10% 的组态值对"速度""加速度/减速度"和"加加速度"参数进行初始化。

在组态视图中选择"扩展参数"→"动态"→"常规"后显示的值可用于初始化。

　　轴控制面板中的"速度"参数基于组态中的"最大速度","加速度/减速度"参数则基于"加速度"。

　　在轴控制面板中,"速度""加速度/减速度"和"加加速度"参数可以更改,而不会影响组态中的值。

　　4)"当前值":在该区域中,将显示轴的位置和速度实际值。

　　5)"轴状态"区域中,将显示当前轴状态和驱动装置的状态,见表12-16。

表 12-16 轴状态

状 态 消 息	说　明
已启用	轴已启用且准备就绪,可通过运动控制命令进行控制
已归位	轴已回原点,可执行运动控制指令"MC_MoveAbsolute"的绝对定位命令
就绪	驱动装置已就绪,可以运行
轴错误	定位轴工艺对象出错。在"错误消息"框中,将显示有关该错误原因的详细信息
驱动装置错误	驱动装置因"驱动装置就绪"信号丢失而报错
需要重新启动	在 CPU RUN 模式下,修改后的轴组态已下载到装载存储器中。要将修改后组态下载到工作存储器中,则需重新启动该轴。为此,可使用运动控制指令"MC_Reset"

　　6)"信息性消息"框会显示有关轴状态的高级信息。

　　7)"错误消息"框会显示当前错误。单击"确认"按钮,确认所有已清除的错误。

　　可以选择手动控制或自动控制。手动控制时需要将指令块 MC_Power 的使能端复位,否则无法切换到手动调试模式。在"手动控制"模式中,控制面板有控制轴和驱动功能的优先权,用户程序对轴不起作用。单击"自动模式"结束"手动模式"。控制优先权再一次传给控制器。通过运动控制指令块 MC_Power 的输入参数 Enable 端上升沿重新使能轴。通过"启用"和"禁用"按钮能够选择是否激活电机,选择手动模式后,需要单击"启用"按钮激活电机才能进行后续操作。

　　"命令"项可选择如何驱动电机,包括点动控制、位置控制和寻找参考点等。点动控制操作设置点动速度,点动时的加速度/减速度及向后点动、向前点动、停止等。定位操作设置目标位置/距离、运行速度、加速度/减速度、绝对位移、相对位移和停止等。回原点操作设置原点坐标、回原点时的加速度/减速度,将 Home Position 中的数值设为原点坐标,执行回原点功能及停止回原点功能等。

　　轴状态显示轴已启用、已回原点和驱动器准备就绪等信息。此参数需要在前面的组态中定义才会显示实际状态。实际值包括当前位置和当前速度两个数值。出现故障,单击"确认"按钮进行确认。

　　在手动模式下,错误显示信息栏会显示最近发生的错误。若要清除错误,单击状态显示栏中的确认按钮进行复位。

3. 诊断面板

　　在项目树视图中打开已添加的"轴"工艺对象,双击"诊断"项可以打开图12-36所示的诊断面板,它包括状态和错误位、运动状态和动态设置等。

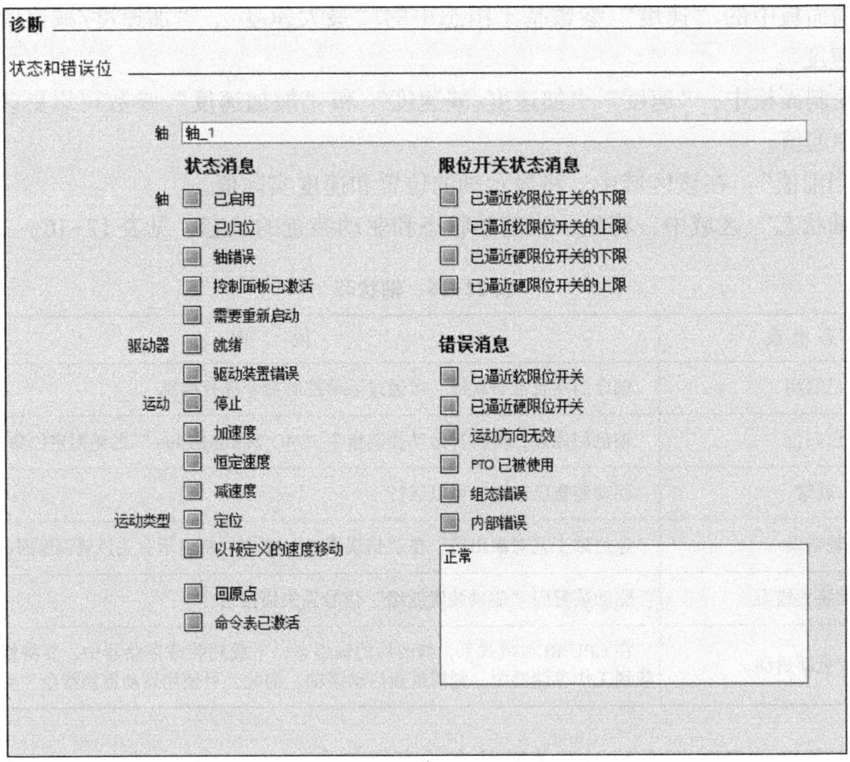

a)

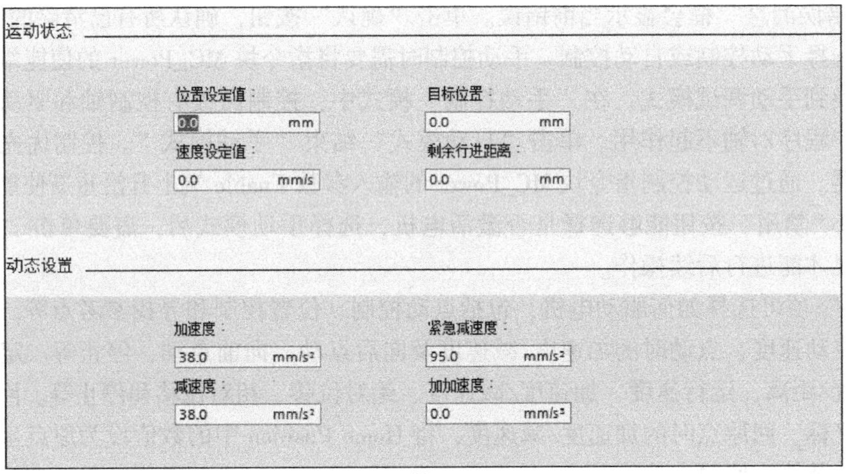

b)

图 12-36 诊断面板

在图 12-36b 中，当轴激活时，可以在线显示运动状态和动态设置参数。

12.3.3 程序指令块

运动控制程序指令块使用 PTO 功能和"轴"工艺对象的接口控制运动机械的运行，使用该指令块传输指令到工艺对象，从而完成处理和监视功能。S7-1200 PLC 运动控制指令块见表 12-17。

表 12-17 运动控制指令块

指 令	功 能
MC_Power	启用或禁用轴
MC_Reset	错误确认
MC_Home	归位轴/设置原点
MC_Halt	停止轴
MC_MoveAbsolute	绝对位移
MC_MoveRelative	相对定位
MC_MoveVelocity	以设定速度移动轴
MC_MoveJog	点动
MC_CommandTable	按照运动顺序运行轴命令
MC_ChangeDynamic	更改轴的动态设置
MC_WriteParam	写入工艺对象的变量
MC_ReadParam	连续读取定位轴的运动数据

1. MC_Power 指令块

MC_Power 指令块如图 12-37 所示，其参数含义见表 12-18。轴在运动之前必须先被使能。MC_Power 指令块的 Enable 端变为高电平后，CPU 按照工艺对象中组态好的方式使能外部伺服驱动，当 Enable 端变为低电平后，轴将按 StopMode 中定义的模式进行停车，当 Enable 端为 0 时，将按照组态好的急停方式停车；当 Enable 端值为 1 时将会立即终止输出。用户程序中，针对每个轴只能调用一次"启用和禁用轴"指令，需要指定背景数据块。

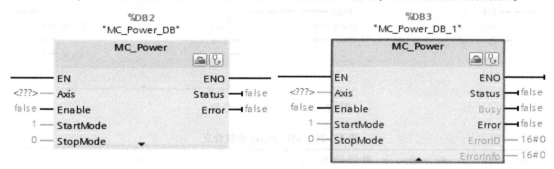

图 12-37 MC_Power 指令块

表 12-18 MC_Power 参数含义

参 数	名 称	数据类型	含 义
Axis	轴	TO_Axis_PTO	轴工艺对象
Enable	使能端	Bool	为 1 时尝试启用轴；为 0 时根据组态的"StopMode"中断当前所有作业，停止并禁用轴
StartMode	启用模式	Int	为 0 时，启用位置不受控的定位轴；为 1 时，启用位置受控的定位轴 使用带 PTO 驱动器的定位轴时忽略该参数 此参数在启用定位轴时（Enable 从 FALSE 变为 TRUE）及在成功确认导致轴被禁用的中断后再次启用轴时执行一次

(续)

参　　数	名　　称	数据类型	含　　义
StopMode	停止模式	Int	为 0 时，紧急停止：如果禁用轴的请求处于待决状态，则轴将以组态的急停减速度进行制动。轴在变为静止状态后被禁用 为 1 时，立即停止：如果禁用轴的请求处于待决状态，则会输出该设定值 0，并禁用轴。轴将根据驱动器中的组态进行制动，并转入停止状态。对于通过 PTO 的驱动器连接，禁用轴时，将根据基于频率的减速度，停止脉冲输出 为 2 时，带有加速度变化率控制的紧急停止：如果禁用轴的请求处于待决状态，则轴将以组态的急停减速度进行制动。如果激活了加速度变化率控制，会将已组态的加速度变化率考虑在内。轴在变为静止状态后被禁用
Status	状态	Bool	轴的使能状态：为 0 时，禁用轴；为 1 时，轴已启用
Busy	忙	Bool	为 1 表示命令正在执行
Error	错误	Bool	为 1 表示命令启动过程出错
ErrorID	错误 ID	Word	错误 ID
ErrorInfo	错误信息	Word	错误信息

2. MC_Reset 指令块

MC_Reset 指令块如图 12-38 所示，其参数含义见表 12-19，需要指定背景数据块。如果存在一个需要确认的错误，可通过上升沿激活 MC_Reset 块的 Execute 端，进行错误复位。

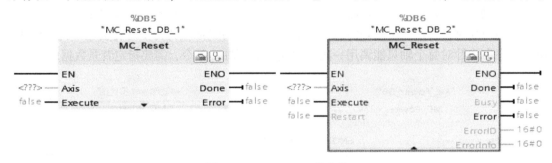

图 12-38　MC_Reset 指令块

表 12-19　MC_Reset 参数含义

参　　数	名　　称	数据类型	含　　义
Axis	轴	TO_Axis	已组态好的轴工艺对象
Execute	执行端	Bool	在上升沿启动命令
Restart	重启	Bool	为 1 时，将轴组态从装载存储器下载到工作存储器。仅可在禁用轴后，才能执行该命令 为 0 时，确认待决的错误
Done	完成	Bool	为 1 表示错误已确认
Busy	忙	Bool	为 1 表示命令正在执行
Error	错误	Bool	为 1 表示命令启动过程出错
ErrorID	错误 ID	Word	错误 ID
ErrorInfo	错误信息	Word	错误信息

3. MC_Home 指令块

MC_Home 指令块如图 12-39 所示，其参数含义见表 12-20，需要指定背景数据块。该指令块用于定义原点位置，上升沿使能 Execute 端，指令块按照模式中定义好的值执行定义参考点的功能，回参考点过程中，轴在运行中时，MC_Home 指令块中的 Busy 位始终输出高电平，一旦整个回参考点过程执行完毕，工艺对象数据块中的 Done 位被置 1。

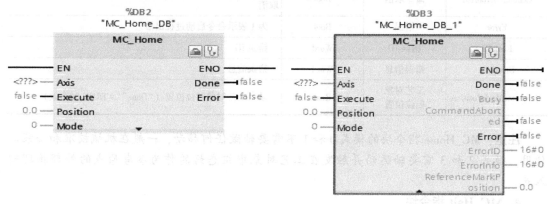

图 12-39 MC_Home 指令块

表 12-20 MC_Home 参数含义

参 数	名 称	数据类型	含 义
Axis	轴	TO_Axis	已组态好的轴工艺对象
Execute	执行端	Bool	在上升沿启动命令
Position	位置	Real	Mode=0、2 和 3 时，完成回原点操作之后，轴的绝对位置 Mode=1 时，对当前轴位置的修正值
Mode	模式	Int	回原点模式
			0 绝对式直接归位 新的轴位置为参数"Position"位置的值
			1 相对式直接归位 新的轴位置等于当前轴位置+参数"Position"位置的值
			2 被动回原点 将根据轴组态进行回原点。回原点后，将新的轴位置设置为参数"Position"的值
			3 主动回原点 按照轴组态进行回原点操作。回原点后，将新的轴位置设置为参数"Position"的值
			6 绝对编码器调节（相对） 将当前轴位置的偏移值设置为参数"Position"的值。计算出的绝对值偏移值保持性地保存在 CPU 内
			7 绝对编码器调节（绝对） 将当前的轴位置设置为参数"Position"的值。计算出的绝对值偏移值保持性地保存在 CPU 内

(续)

参 数	名 称	数据类型	含 义
Done	完成	Bool	为 1 表示错误已确认
Busy	忙	Bool	为 1 表示命令正在执行
CommandAborted	命令取消	Bool	为 1 表示该命令由另一命令取消或由于执行期间出错而取消
Error	错误	Bool	为 1 表示命令启动过程出错
ErrorID	错误 ID	Word	错误 ID
ErrorInfo	错误信息	Word	错误信息
ReferenceMarkPosition	工艺对象归位位置	Real	显示工艺对象归位位置（"Done" =TRUE 时有效）

注意：MC_Home 指令块的模式 0 和 1 不需要轴做任何移动，一般在机械校准和安装时使用，模式 2 和 3 需要轴运动并触发在工艺对象中组态好的作为参考原点的外部物理输入点。

4. MC_Halt 指令块

MC_Halt 指令块如图 12-40 所示，其参数含义见表 12-21，需要指定背景数据块。MC_Halt 指令块用于停止轴的运动，每个被激活的运动指令，都可由此块停止，上升沿使能 Execute 后，轴会立即按组态好的减速曲线停车。

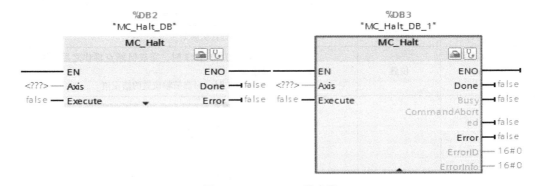

图 12-40 MC_Halt 指令块

表 12-21 MC_Halt 参数含义

参 数	名 称	数据类型	含 义
Axis	轴	TO_SpeedAxis	已组态好的轴工艺对象
Execute	执行端	Bool	在上升沿启动命令使能停止功能
Done	完成	Bool	为 1 表示速度达到零
Busy	忙	Bool	为 1 表示命令正在执行
CommandAborted	命令取消	Bool	为 1 表示命令在执行过程中被另一命令中止
Error	错误	Bool	为 1 表示命令启动过程出错
ErrorID	错误 ID	Word	错误 ID
ErrorInfo	错误信息	Word	错误信息

5. MC_MoveAbsolute 指令块

MC_MoveAbsolute 指令块如图 12-41 所示，其参数含义见表 12-22，需要指定背景数据块。

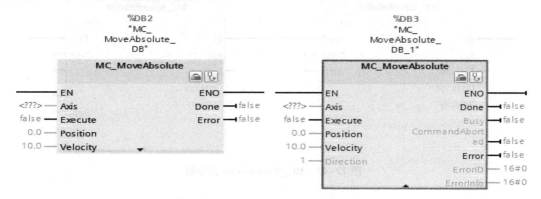

图 12-41　MC_MoveAbsolute 指令块

表 12-22　MC_MoveAbsolute 参数含义

参　　数	名　　称	数据类型	含　　义	
Axis	轴	TO_PositioningAxis	已组态好的轴工艺对象	
Execute	执行端	Bool	在上升沿启动命令	
Position	目标位置	Real	绝对目标位置值	
Velocity	运行速度	Real	用户定义的运行速度，必须大于或等于组态的启动/停止速度	
Direction	轴的运动方向	Int	仅在"模数"已启用的情况下才评估。对于 PTO 轴忽略该参数	
			0	速度的符号（"Velocity"参数）用于确定运动的方向
			1	正方向（从正方向逼近目标位置）
			2	负方向（从负方向逼近目标位置）
			3	最短距离（工艺将选择从当前位置开始，到目标位置的最短距离）
Done	完成	Bool	为 1 表示达到绝对目标位置	
Busy	忙	Bool	为 1 表示命令正在执行	
CommandAborted	命令取消	Bool	为 1 表示该命令由另一命令取消或由于执行期间出错而取消	
Error	错误	Bool	为 1 表示执行命令期间出错	
ErrorID	错误 ID	Word	错误 ID	
ErrorInfo	错误信息	Word	错误信息	

MC_MoveAbsolute 指令块需要在定义好参考点，建立起坐标系统后才能使用，通过指定参数可到达机械限位内的任意一点。当上升沿使能调用选项后，系统会自动计算当前位置与目标位置之间的脉冲数，并加速到指定速度，在到达目标位置时减速到启动/停止速度。

6. MC_MoveRelative 指令块

MC_MoveRelative 指令块如图 12-42 所示，其参数含义见表 12-23，需要指定背景数据块。它的执行不需要建立参考点，只需定义运行距离、方向及速度。当上升沿使能 Execute 端后，轴按照设置好的距离与速度运行，其方向根据距离值的符号（+/-）决定。

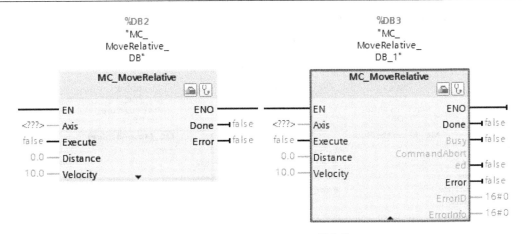

图 12-42　MC_MoveRelative 指令块

表 12-23　**MC_MoveRelative 参数含义**

参　数	名　称	数据类型	含　义
Axis	轴	TO_PositioningAxis	已组态好的轴工艺对象
Execute	执行端	Bool	在上升沿启动命令使能停止功能
Distance	运行距离	Real	运行的距离（正或负）
Velocity	运行速度	Real	用户定义的运行速度，必须大于或等于组态的启动/停止速度
Done	完成	Bool	为 1 表示目标位置已到达
Busy	忙	Bool	为 1 表示命令正在执行
CommandAborted	命令取消	Bool	为 1 表示该命令由另一命令取消或由于执行期间出错而取消
Error	错误	Bool	为 1 表示命令启动过程出错
ErrorID	错误 ID	Word	错误 ID
ErrorInfo	错误信息	Word	错误信息

　　MC_MoveAbsolute 指令与 MC_MoveRelative 指令的主要区别在于是否需要建立坐标系统，即是否需要原点（参考点）。MC_MoveAbsolute 指令需要知道目标位置在坐标系中的坐标，并根据坐标自动决定运动方向，此时需要定义原点；而 MC_MoveRelative 指令只需知道当前点与目标位置的距离，由用户给定方向，无须建立坐标系统，此时不需要定义原点。

　　7. MC_MoverVelocity 指令块

　　MC_MoverVelocity 指令块如图 12-43 所示，其参数含义见表 12-24，需要指定背景数据块。MC_MoverVelocity 指令块可使轴按预设速度运动，需要在 Velocity 端设定速度，并上升沿使能 Execute 端，激活此指令块。使用 MC_Halt 指令块可使运动的轴停止。

表 12-24　**MC_MoverVelocity 参数含义**

参　数	名　称	数据类型	含　义
Axis	轴	TO_SpeedAxis	已组态好的轴工艺对象
Execute	执行端	Bool	在上升沿启动命令
Velocity	运行速度	Real	用户定义的运行速度，必须大于或等于组态的启动/停止速度

（续）

参 数	名 称	数据类型	含 义	
Direction	方向选择	Int	指定方向	
			0	旋转方向取决于参数"Velocity"值的符号
			1	正旋转方向（将忽略参数"Velocity"值的符号）
			2	负旋转方向（将忽略参数"Velocity"值的符号）
Current	是否保持当前速度	Bool	保持当前速度	
			0	"保持当前速度"已禁用。将使用参数"Velocity"和"Direction"的值
			1	"保持当前速度"已启用。而不考虑参数"Velocity"和"Direction"的值。当轴继续以当前速度运动时，参数"InVelocity"返回值 TRUE
PositionControlled	位置控制	Bool	为0时，非位置控制操作；为1时，位置控制操作 使用 PTO 轴时忽略该参数	
InVelocity	速度指示	Bool	当 Current=0，InVelocity=1 时表示预定速度已达到 当 Current=1，InVelocity=1 时表示速度已被保持	
Busy	忙	Bool	为1表示命令正在执行	
CommandAborted	命令取消	Bool	为1表示该命令由另一命令取消或由于执行期间出错而取消	
Error	错误	Bool	为1表示命令启动过程出错	
ErrorID	错误 ID	Word	错误 ID	
ErrorInfo	错误信息	Word	错误信息	

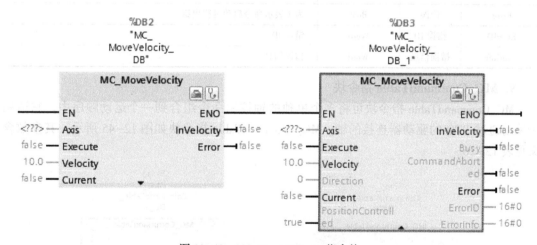

图 12-43　MC_MoverVelocity 指令块

8. MC_MoveJog 指令块

MC_MoveJog 指令块如图 12-44 所示，其参数含义见表 12-25，需要指定背景数据块。MC_MoveJog 指令块可让轴运行在点动模式，首先要在 Velocity 端设置好点动速度，然后置位向前点动和向后点动端，当 JogForward 或 JogBackward 端复位时点动停止。轴在运行时，Busy 端被激活。

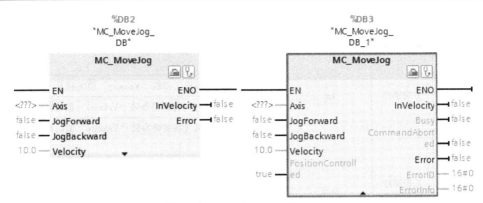

图 12-44　MC_MoveJog 指令块

表 12-25　MC_MoveJog 参数含义

参　数	名　称	数据类型	含　义	
Axis	轴	TO_SpeedAxis	已组态好的轴工艺对象	
JogForward	向前点动	Bool	为 1 轴正向移动	如果两个参数同时为 1，轴将根据所组态的减速度直至停止。通过参数"Error""ErrorID"和"ErrorInfo"指出了错误
JogBackward	向后点动	Bool	为 1 轴负向移动	
Velocity	运行速度	Real	点动模式下的运行速度	
InVelocity	速度指示	Bool	当 1 表示参数 Velocity 的速度已达到	
Busy	忙	Bool	为 1 表示命令正在执行	
CommandAborted	命令取消	Bool	为 1 表示该命令由另一命令取消或由于执行期间出错而取消	
Error	错误	Bool	为 1 表示命令启动过程出错	
ErrorID	错误 ID	Word	错误 ID	
ErrorInfo	错误信息	Word	错误信息	

9. MC_CommandTable 指令块

MC_CommandTable 指令块可将多个单独的轴控制命令组合到一个运动顺序中。它适用于采用通过 PTO 的驱动器连接的轴。MC_CommandTable 指令块如图 12-45 所示。其参数含义见表 12-26。

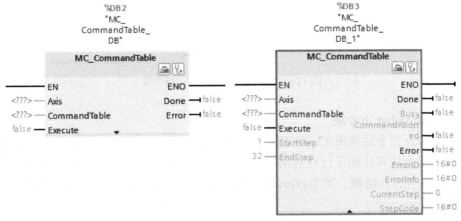

图 12-45　MC_CommandTable 指令块

表 12-26 MC_CommandTable 参数含义

参　数	数据类型	含　义
Axis	TO_SpeedAxis	轴工艺对象
CommandTable	TO_CommandTable	命令表工艺对象
Execute	Bool	命令表在上升沿时启动
StartStep	Int	定义命令表应开始执行的步
EndStep	Int	定义命令表应结束执行的步
Done	Bool	为 1 表示已成功执行命令表
Busy	Bool	为 1 表示正在执行命令表
CommandAborted	Bool	为 1 表示已通过另一个命令取消命令表
Error	Bool	为 1 表示执行命令表期间出错
ErrorID	Word	参数 "Error" 的错误
ErrorInfo	Word	参数 "ErrorID" 的错误信息
CurrentStep	Int	当前正在执行的命令表中的步
StepCode	Word	当前正在执行的步的用户定义的数值/位模式

10. MC_ChangeDynamic 指令块

MC_ChangeDynamic 指令块可以更改轴的加速时间（加速度）值、减速时间（减速度）值、急停减速时间（急停减速度）值和平滑时间（冲击）值。MC_ChangeDynamic 指令块如图 12-46 所示。执行该指令要求定位轴工艺对象已正确组态。指令各参数的含义见表 12-27。

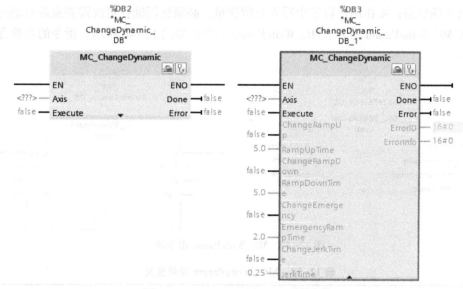

图 12-46 MC_ChangeDynamic 指令块

表 12-27 MC_ChangeDynamic 参数含义

参　数	数据类型	含　义
Axis	TO_SpeedAxis	轴工艺对象
Execute	Bool	上升沿时启动命令

（续）

参　数	数据类型	含　义
ChangeRampUp	Bool	为 1 时，按照输入参数"RampUpTime"更改加速时间
RampUpTime	Real	不使用冲击限制时，将轴从停止状态加速到组态的最大速度所需的时间（以 s 为单位）
ChangeRampDown	Bool	为 1 时，更改减速时间以与输入参数"RampDownTime"相对应
RampDownTime	Real	不使用冲击限制器时，将轴从组态的最大速度减速到停止状态所需的时间（以 s 为单位）
ChangeEmergency	Bool	为 1 时，按照输入参数"EmergencyRampTime"更改急停减速时间
EmergencyRampTime	Real	在急停模式下不使用冲击限制器时，将轴从组态的最大速度减速到停止状态所需的时间（以 s 为单位）
ChangeJerkTime	Bool	为 1 时，按照输入参数"JerkTime"更改平滑时间
JerkTime	Real	用于轴加速斜坡和轴减速斜坡的平滑时间
Done	Bool	为 1 时，更改的值已写入工艺数据块
Error	Bool	为 1 时，执行命令表期间出错
ErrorID	Word	参数"Error"的错误
ErrorInfo	Word	参数"ErrorID"的错误信息

11. MC_WriteParam 指令块

MC_WriteParam 指令块可在用户程序中写入定位轴工艺对象的变量。与用户程序中变量的赋值不同的是，MC_WriteParam 还可以更改只读变量的值。执行该指令时，要求定位轴工艺对象已正确组态；要在用户程序中写入只读变量，必须禁用轴；更改需要重新启动的变量不能使用 MC_WriteParam 写入。MC_WriteParam 指令块如图 12-47 所示。指令的参数含义见表 12-28。

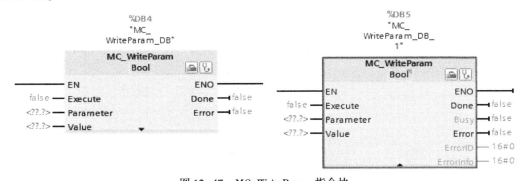

图 12-47　MC_WriteParam 指令块

表 12-28　MC_WriteParam 参数含义

参　数	数据类型	含　义
Execute	Bool	上升沿时启动命令
Parameter	Variant（Bool, Int, DInt, UDInt, Real）	指向要写入的工艺对象变量定位轴（目标地址）的 Variant 指针
Value	Variant（Bool, Int, DInt, UDInt, Real）	指向要写入的值（源地址）的 Variant 指针

（续）

参　数	数据类型	含　义
Done	Bool	为 1 表示值已写入
Busy	Bool	为 1 表示命令正在执行
Error	Bool	为 1 表示执行命令表期间出错
ErrorID	Word	参数"Error"的错误
ErrorInfo	Word	参数"ErrorID"的错误信息

12. MC_ReadParam 指令块

MC_ReadParam 指令块可连续读取轴的运动数据和状态消息。相应变量的当前值在命令的起始处决定，包括轴的实际位置、轴的实际速度、当前的跟随误差、驱动器状态、编码器状态、状态位和错误位。

执行该指令要求定位轴工艺对象已正确组态，指令如图 12-48 所示。其指令参数含义见表 12-29。

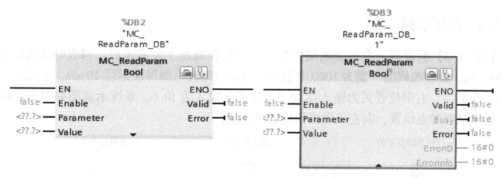

图 12-48　MC_ReadParam 指令块

表 12-29　MC_ReadParam 参数表含义

参　数	数据类型	含　义
Enable	Bool	为 1 时，读取通过"Parameter"指定的变量并将值存储在通过"Value"指定的目标地址中 为 0 时，不会更新已分配的运动数据
Parameter	Variant（Real）	指向要读取的值的 Variant 指针
Value	Variant（Real）	指向写入所读取值的目标变量或目标地址的 Variant 指针
Valid	Bool	为 1 表示读取的值有效
Busy	Bool	为 1 表示命令正在执行
Error	Bool	为 1 表示执行命令表期间出错
ErrorID	Word	参数"Error"的错误
ErrorInfo	Word	参数"ErrorID"的错误信息

上述运动控制指令块在输出参数 Error、ErrorID 和 ErrorInfo 中显示所有工艺对象的错误。错误的原因要查看输出参数 ErrorID，详细的原因要查看 ErrorInfo。将错误分为以下错误等级。

（1）不造成使轴停止的错误

在运动控制语句执行期间发生的运行错误不造成轴的停止，只在控制语句中显示。控制语句在错误补救后不需要确认重启。

（2）使轴停止的错误

在运动控制语句执行期间发生的运行错误造成轴的停止，轴会按照配置的急停减速率停止。工艺对象只能在通过 MC_Reset 复位错误后执行命令。

（3）指令块参数错误

运动控制指令块的输入参数配置不正确会造成错误。该错误仅在触发运动控制语句时显示。运动控制语句在错误补救后不需要确认重启。

（4）配置错误

配置错误是轴的参数没有正确配置，该错误会在运动控制语句和 MC_Power 语句触发时显示。

（5）内部错误

内部错误在运动控制和 MC_Power 语句触发时显示，如果需要复位错误则必须重启控制器。

12.3.4　应用举例

【例 12-3】假设有一个伺服电动机带动一滑块在轨道上左右滑行，伺服电动机转速为 3000 r/min，旋转编码器一圈为 1000 个脉冲，电动机每转一圈滑块运行 10 mm，左限位开关为输入点 I0.1，右限位开关为输入点 I0.2，参考点输入为 I0.0。系统示意图如图 12-49 所示。要求从参考点位置，向左极限方向运动 30 mm。

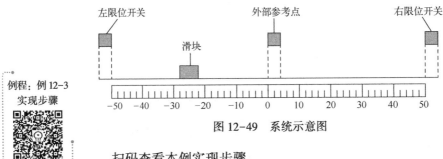

例程：例 12-3
实现步骤

图 12-49　系统示意图

扫码查看本例实现步骤。

12.4　PWM

PWM 是一种周期固定、脉宽可调节的脉冲输出。PWM 功能虽然使用的是数字量输出，但其在很多方面类似于模拟量，如它可以控制电动机的转速、阀门的位置等。S7-1200 CPU 提供了 4 个输出通道用于高速脉冲输出，可分别组态为 PTO 或 PWM。PTO 的功能只能由运动控制指令来实现，PWM 功能使用 CTRL_PWM 指令块实现，当一个通道被组态为 PWM 时，将不能使用 PTO 功能。反之亦然。

微课：PWM
输出

脉冲宽度可表示为脉冲周期的百分之几、千分之几、万分之几或 S7 Analog（模拟量）形式，脉宽的范围可从 0（无脉冲，数字量输出为 0）到全脉冲周期（无脉冲，数字量输出为 1）。

12.4.1 PWM 的基础知识

CPU 的 4 个脉冲发生器使用特定的输出点，见表 12-30。用户可使用 CPU 集成输出点或信号板的输出点，表 12-30 所列为默认情况下的地址分配，可以更改输出地址。无论输出点的地址如何变化，PTO1/PWM1 总是使用第一组输出，PTO2/PWM2 使用紧接着的一组输出，接着输出 PTO3/PWM3、PTO4/PWM4。对于 CPU 集成点和信号板上的点都是如此。PTO 在使用脉冲输出时一般占用两个输出点，而 PWM 只使用一个点，另一个没有使用的点可用作其他功能。可以将脉冲发生器自由地分配给 PWM。

表 12-30 脉冲功能默认输出点

描　　述	默认的输出分配	脉　　冲	方　　向
PTO1	CPU	Q0.0	Q0.1
	SB	Q4.0	Q4.1
PWM1	CPU	Q0.0	—
	SB	Q4.0	—
PTO2	CPU	Q0.2	Q0.3
	SB	Q4.2	Q4.3
PWM2	CPU	Q0.2	—
	SB	Q4.2	—
PTO3	CPU	Q0.4	Q0.5
	SB	Q4.4	Q4.5
PWM3	CPU	Q0.4	—
	SB	Q4.4	—
PTO4	CPU	Q0.6	Q0.7
	SB	Q4.6	Q4.7
PWM4	CPU	Q0.6	—
	SB	Q4.6	—

PWM 的组态步骤如下。

在项目视图项目树中打开设备配置对话框，选中 CPU，在"常规"对话框"脉冲发生器"项中，选择"PTO1/PWM1"，如图 12-50 所示。勾选"启用该脉冲发生器"项。组态脉冲发生器参数，"脉冲选项"中设置脉冲发生器用作 PWM，时基选择毫秒或微秒，并设置脉宽格式及循环时间等。"硬件输出"为 CPU 的默认输出点，可以在组态窗口中修改。

"I/O 地址"的设置如图 12-51 所示。"输出地址"项为 PWM 所分配的脉宽调制地址，此地址为 Word 类型，用于存放脉宽值，可以在系统运行时修改此值达到修改脉宽的目的。默认情况下，PWM1 地址为 QW1000，PWM2 为 QW1002，PWM3 为 QW1004，PWM4 为 QW1006。

S7-1200 CPU 使用 CTRL_PWM 指令块实现 PWM 输出，如图 12-52 所示。在使用此指令块时需要添加背景数据块，用于存储参数信息。PWM 指令块参数含义见表 12-31。当 EN

端变为 1 时，指令块通过 ENABLE 端使能或禁止脉冲输出，脉冲宽度通过组态好的 QW 来调节，当 CTRL_PWM 指令块正在运行时，BUSY 位将一直为 1。

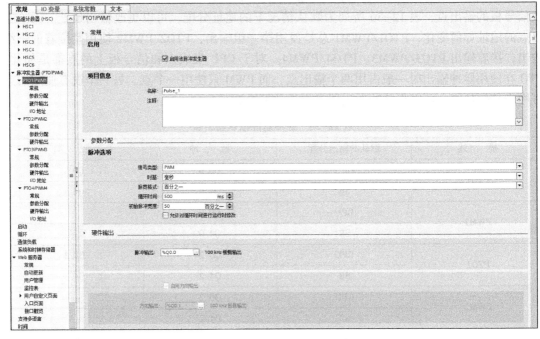

图 12-50　PWM 的属性设置

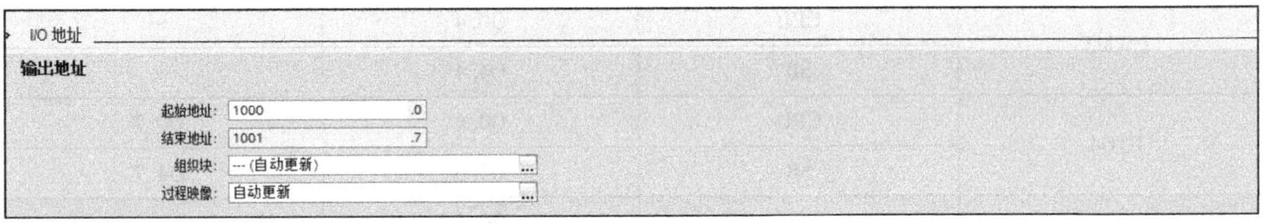

图 12-51　I/O 地址设置

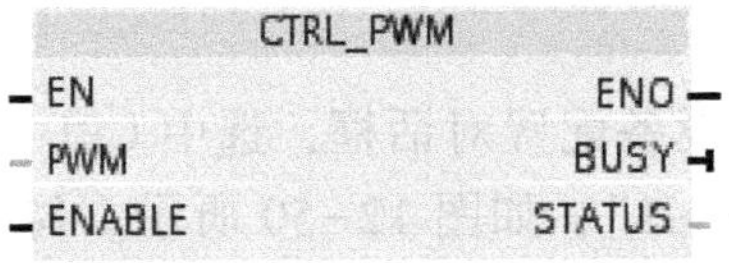

图 12-52　CTRL_PWM 指令块

表 12-31　CTRL_PWM 参数含义

参　　数	数 据 类 型	含　　义
PWM	HW_PWM	硬件标识符，即组态参数中的 HW ID
ENABLE	Bool	为 1 使能指令块
BUSY	Bool	功能应用中
STATUS	Word	状态显示

12.4.2 应用举例

例程：例 12-4
实现步骤

【例 12-4】 使用模拟量控制数字量输出，当模拟量发生变换时，CPU 输出的脉冲宽度随之改变，但周期不变，可用于控制脉冲方式的加热设备。此应用通过 PWM 功能实现，脉冲周期为 1 s，模拟量值在 0~27648 之间变化。

扫码查看本例实现步骤。

12.5 习题

1. 请画出 PLC 模拟量单闭环控制系统的框图。

2. TIA Portal 软件中如何进行模拟量模块的配置？

3. 假设某温度传感器的输入信号范围为 -10~100℃，输出信号为 4~20 mA，模拟量输入模块将 4~20 mA 的电流信号转换为 0~27648 的数字量，设转换后得到的数字量为 N，请写出对应的实际温度值的计算公式。

4. 如何访问 PID_Compact 指令的工艺背景数据块？

5. 简述 PID 控制器功能的结构。

6. S7-1200 PLC 的高速计数器有哪些工作模式？

7. S7-1200 PLC 中高速计数器可以实现哪些功能？

8. 简述 S7-1200 PLC 中高速计数器的寻址方式？

9. S7-1200 PLC 中运动控制功能是如何实现的？

10. 请简述 S7-1200 PLC 中 PWM 的功能。

第13章 PLC控制系统设计

本章主要介绍 PLC 应用于工业控制的基本方法、PLC 控制系统的软硬件设计步骤、PLC 使用注意事项等，并通过一个实际工程案例进行说明。

13.1 PLC 控制系统设计内容

13.1.1 PLC 控制系统设计流程

掌握了 PLC 的基本工作原理、指令系统和程序设计方法后，下面来介绍 PLC 控制系统的设计，其设计流程如图 13-1 所示。

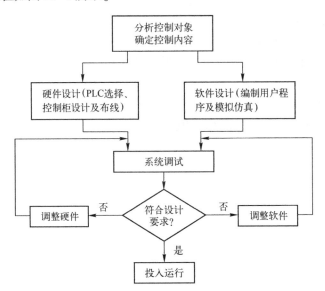

图 13-1　PLC 控制系统设计流程

1. 分析控制对象，确定控制内容

这是设计功能良好的 PLC 控制系统的前提和基础。

1）深入了解和详细分析被控对象（生产设备或生产过程）的工作原理及工艺流程，画出工作流程图。

设计者应该熟悉图纸资料，深入现场调查研究，与工艺工程师、机械工程师以及现场操作人员密切配合，共同讨论，充分掌握被控对象的工作原理和工艺流程，并尽可能详细画出工作流程图，这将为以后系统的调试打下坚实的基础。

2）列出该控制系统应具备的全部功能和控制范围。

应详细了解被控对象的全部功能，如机械部件的动作顺序、动作条件、必要的保护与联锁，系统要求哪些工作方式（如手动、自动、半自动等），设备内部机械、液压、气动、仪表、电气系统之间的关系，PLC 与其他智能设备（现场其他 PLC、计算机、变频器、HMI 等）之间的关系，PLC 是否需要通信联网，各个 PLC 分别控制哪些设备或者对象，需要显示哪些数据及显示的方式等，电源突然停电及紧急情况的处理，安全电路的设计。有时需要设置 PLC 之外的手动或机电的联锁装置来防止危险的操作。

对于复杂的控制系统，需要考虑将系统分解为几个独立的部分，各部分分别用单独的 PLC 或其他控制装置来控制，并考虑它们之间的通信方式。

3）拟定控制方案使之能最大限度地满足控制要求，并保证系统简单、经济、安全、可靠。

此阶段要确定哪些信号需要输入给 PLC，哪些负载由 PLC 驱动，分类统计出各输入量和输出量的性质，是数字量还是模拟量，是直流量还是交流量，以及电压的等级等；考虑需要设置的操作员接口类型，如是否需要设置人机界面，或者用上位计算机作操作员接口等。根据以上内容制定的合理的控制方案，使系统在最大限度地满足控制要求的同时，简单、经济、安全、可靠。

2. 硬件设计

硬件设计包括 PLC 的选型、I/O 点的分配、安全回路的设计和可靠性设计等，将在 13.2 节详细介绍。

3. 软件设计

采用第 10 章介绍的程序设计方法对整个系统进行软件程序的编制，最好画出相关的程序结构图，做好程序的注释等内容，便于程序的调试和维护。

4. 系统调试

系统调试分为两个阶段，第一阶段为模拟调试，第二阶段为联机调试。

1）模拟调试程序。先检查设计好的程序并纠正语法和拼写上的错误，然后下载到 PLC。在模拟调试时，实际的输入元件和输出负载一般都不接，通常用输入开关来模拟输入，而输出可以通过输出端发光二极管来判断。

模拟调试要检验程序是否符合预定要求，所以必须考虑各种可能的情况。要对控制系统的流程图或功能表图的所有分支以及各种可能的流程进行测试，发现问题及时修正控制程序，直至完全符合控制要求。

2）联机调试。当控制台（柜）及现场施工完毕、程序模拟调试完成后，就可以进行联机调试，如不满足要求，须重新检查程序或接线，及时更正软、硬件方面的问题。

系统调试完成以后，为防止程序遭到破坏和丢失，要注意程序的保存和固化。

13.1.2　系统设计原则

PLC 控制系统的设计原则根据控制任务的不同涉及很多方面，其中最基本的原则可以归纳为以下 4 点：

1）完整性原则，最大限度地满足工业生产过程或机械设备的控制要求。

2）可靠性原则，确保计算机控制系统的可靠性。

3）经济性原则，力求控制系统简单、实用、合理。

4）发展性原则，适当考虑生产发展和工艺改进的需要，在 I/O 接口、通信能力等方面要留有余地。

13.2 系统硬件设计

PLC 控制系统的硬件设计是整个系统设计的根本，硬件设计存在问题将会给后面的软件设计和系统调试带来很大的麻烦。因此，一定要重视硬件的设计。硬件设计主要考虑 PLC 的选型、I/O 模块的选择、I/O 地址的分配、安全回路的设计和可靠性设计等内容。

13.2.1 PLC 选型

选择合适型号的 PLC 是控制系统设计中至关重要的一步。目前，国内外 PLC 生产厂家有很多，生产的 PLC 品种已达数百个，其性能也各有千秋。由于 PLC 品种繁多，其结构形式、性能、容量、指令系统、价格等各有不同，适用场合也各有侧重，因此合理选择 PLC，对于提高 PLC 控制系统的技术经济指标有着重要作用。

1. PLC 的容量

PLC 的容量主要包括两个方面：I/O 点数和存储器容量。

I/O 点数要根据系统的控制要求，详细统计 PLC 所有输入量和输出量的点数，包括开关量输入信号及其电压等级、开关量输出信号及驱动功率、模拟量 I/O 信号及类型等。此外，还要考虑将来生产工艺的改进及可靠性要求，可根据需要适当预留 10%～15% 的余量。

存储器容量则与许多因素如系统规模、控制要求、实现方法及编程水平等有关，其中 I/O 点数在很大程度上可以反映 PLC 系统对存储器的要求，因此可以通过经验粗略估算所需存储器容量的字节数：

1）开关量输入点数×10。
2）开关量输出点数×8。
3）模拟量 I/O 通道数×100。
4）定时器/计数器个数×2。
5）通信接口数量×300。

以上计算的结果只是供参考，在明确存储器容量时，还应对其进行修正，应该在估算值的基础上充分考虑余量。

2. 特殊功能要求

对模拟量控制系统，特别是闭环控制系统，要考虑 PLC 的响应时间。由于 PLC 采用扫描的工作方式，在最不利的情况下会引起 2～3 个扫描时间周期的延迟。为减小 I/O 的响应延迟时间，可以采用高速 PLC 或高速响应模块等。对于需要进行数据处理以及信息管理的系统，PLC 应具有图表传送、数据库生成等功能。对于需要高速脉冲计数的系统，PLC 应具有高数计数功能，且应了解系统所需的最高计数频率。有些系统需要进行远程控制，则应选择具有远程 I/O 控制的 PLC，还有一些特殊功能如温度控制、位置控制、PID 控制等。如果选择合适的 PLC 及相应的智能控制模块，将使系统设计变得非常简单。

在需要通信的场合中，应选用具有通信联网功能的 PLC。一般小型 PLC 都带有 RS232 或 RS485 通信接口，大中型 PLC 具有更强的通信功能，既可以与另一台 PLC 或上位计算机相连, 组成厂内自动控制网络, 也可与显示器或打印机相连, 在线编程、监控、打印分析结果。系统的控制功能需要由多个 PLC 完成时, 组网能力和网络通信功能也是 PLC 选型所要考虑的关键。

一般来讲, PLC 控制系统的可靠性很高, 能够满足生产要求。对可靠性要求极高的系统, 则需要考虑冗余控制系统或热备份系统。

3. 其他

企业内部应尽可能地做到机型统一, 或尽可能地采用同一生产厂家的 PLC, 因为同一机型便于备用件的采购和管理, 模块可互为备份, 减少备件的数量。同一厂家 PLC 功能和编程方法统一, 利于技术培训, 便于用户程序的开发和修改, 也便于联网通信。另外, 还可以根据技术人员的熟悉程度来选择合适的产品。

13.2.2　I/O 模块选择及 I/O 地址分配

1. 开关量 I/O 模块的选择

根据 PLC I/O 的点数和性质可以确定 I/O 模块的型号和数量, I/O 模块的点数可分为 4 点、8 点、16 点、32 点和 64 点, 按结构可分为共点式、分组式和隔离式, 按电压形式范围可分为直流 5 V、12 V、24 V、48 V、60 V 和交流 110 V、220 V 等。

开关量输入模块的工作电压尽量与现场输入设备 (有源设备) 一致, 可省去转换环节。对无源输入信号, 则需根据现场与 PLC 的距离远近来选择电压的高低。一般直流电压如 5 V、12 V、24 V 属于低电压, 传输距离不宜太长。距离较远或环境干扰较强时, 应选用高电压模块。在有粉尘、油雾等恶劣环境下, 应选用交流电模块。

开关量输出模块按输出方式可分为继电器输出、双向晶闸管输出、晶体管输出模块。继电器输出模块适用电压范围广, 导通电压降小, 承受瞬时过载能力强, 且有隔离作用, 但动作速度慢, 寿命 (动作次数) 有一定限制, 驱动感性负载时最大通断频率不得超过 1 ns, 适用于不频繁动作的交、直流负载。晶体管和双向晶闸管模块分别适用于直流和交流负载, 它们可靠性高, 反应速度快, 寿命长, 但过载能力稍差。

2. 模拟量 I/O 模块的选择

连续变换的温度、压力、位移等非电量最终都要采用相应传感器转换成电压或电流信号, 然后送入输入模块。输入模块有 2、4 或 8 个通道, 根据需要进行选取。按输入信号的形式, 模拟量 I/O 模块分有电压型和电流型, 一般来讲, 电流型抗干扰能力强, 但要根据输入设备来确定。需要注意输入模块信号的范围, 另外还要考虑模块的精度和实时性。

3. I/O 设备与 PLC 连接时应注意的问题

PLC 控制系统中, 控制对象中各种输入信号 (如按钮、继电器触点、限位开关及其他检测信号等) 和输出设备 (继电器、接触器、电磁阀等执行元件) 与 PLC 的输入、输出端子相连, 需要设计连接电路。

1) 现场的开关量输入信号为强电电路的触点时, 有些要求 48 V、50 mA 左右或 110 V、15~20 mA 才能可靠接通; 另外, 要注意模拟量输入信号的数值范围应与 PLC 的要求相匹配, 否则应加变送器或其他电路解决。

2) 建议在 PLC 外部输出电路的电源供电线路上装设电源接触器, 用按钮控制其通断,当外部负载需要紧急断开时，只需按下按钮就可将电源断开，而与 PLC 无关。另外，电源在停电后恢复，PLC 也不会马上启动，只有在按下启动按钮后才会启动。

3）线路中加入熔断器（速熔）作短路保护。当输出端的负载短路时，PLC 的输出元件和电路板将被烧坏，因此应在输出回路中加装熔断器。可以一个线圈回路接一个熔断器，也可以一组线圈回路接一个公共熔断器。熔丝电流应适当大于负载电流。

4）当输出端接感性元件时，应注意加装保护。当为直流输出时，感性元件两端应并接续流二极管；当为交流输出时，感性元件两端应并接阻容吸收电路。这样做是为了抑制由于输出触点断开时电感线圈感应出的高尖峰电压对输出触点的危害及对 PLC 的干扰。

5）对于一些危险性大的电路，除了在软件上采取联锁措施外，在 PLC 外部硬件电路上也应采取相应的措施。如异步电动机正、反转接触器的常闭触点应在 PLC 外部再组成互锁电路，以确保安全。过载保护用的热继电器也可接在 PLC 的外部电路中。

6）PLC 的模拟量输出用于直接或间接控制变速电动机的调节装置、阀门开度的大小等。用户设计时可自行选择模拟量电流输出和电压输出。

4. I/O 地址分配

将系统中的输入和输出进行分类后，即可根据分类统计的参数和功能要求具体确定 PLC 的硬件配置，即 I/O 地址分配。

对开关量输入点应注意选择电压等级（检测点远的电压宜选高些）、输入点密度（高密度模板有 32 点、64 点，集中在一处的输入信号尽可能集中在一块或几块模板上，但同时接通点数不宜超过总点数的 70%）、输入形式（源输入、汇点输入、逻辑输入等）、通断时间和外部端子连接方式等。

对开关量输出点应注意选择输出形式（一般可选继电器式，开关频繁宜选晶体管或可控硅式）、驱动负载能力（注意启动冲击电流）、输出点密度、通断时间和外部端子连接方式等。

确定硬件配置时对 I/O 点数一般应留有备用点，留作故障点更换、改进和调试时使用。

表 13-1 所示为按照对象进行 I/O 点地址分配表，表 13-2 所示为按照元器件的种类进行 I/O 点地址分配表。

表 13-1　按照对象进行 I/O 点地址分配表

输　　入		输　　出	
I0.0	起动按钮	Q0.0	电磁阀 1
I0.1	停止按钮	Q0.1	电磁阀 2
I0.2	曝气罐低液位	Q0.2	电磁阀 3
I0.3	曝气罐高液位	Q0.3	供水泵
I0.4	纯水箱低液位	Q0.4	曝气罐报警
I0.5	纯水箱高液位	Q0.5	纯水箱报警
I0.6	报警复位按钮		

表 13-2　按照元器件的种类进行 I/O 点地址分配表

名　称		地　址	名　称		地　址
输入	磁栅输入 1	I0.0	输出	上行	Q0.0
	磁栅输入 2	I0.1		下行	Q0.1
	上限位	I0.2		插销下	Q0.2
	下限位	I0.3		插销起	Q0.3
	左限位	I0.4		操作台左旋转	Q0.4
	右限位	I0.5		操作台右旋转	Q0.5
	前限位	I0.6		操作台上升	Q0.6
	后限位	I0.7		操作台下降	Q0.7
	操作台上翻	I1.0		左行	Q1.0
	操作台下翻	I1.1		右行	Q1.1

13.2.3　安全回路设计

安全回路起保护人身安全和设备安全的作用，安全回路应能独立于 PLC 工作，并以硬接线方式构成。

在操作人员易受机器影响的地方，如装卸机器工具或者机器自动转动的地方，应考虑使用一个机电式过载器或其他独立于 PLC 的冗余工具，用于启动和中止转动。当 PLC 或机电元件检测到设备发生紧急异常状态、PLC 失控或操作人员需要紧急干预时，确保系统安全的硬接线逻辑回路将发挥安全保护作用。

安全回路设计的任务包括：

1）确定控制回路之间逻辑和操作上的互锁关系。

2）设计硬回路，以提供对过程中重要设备的手动安全性干预手段。

3）确定其他与安全和完善运行有关的要求。

4）为 PLC 定义故障形式和重新启动特性。

13.2.4　可靠性设计

PLC 控制系统的可靠性设计问题主要涉及系统供电设计、系统接地设计、冗余设计等。

1. 系统供电设计

PLC 控制系统一般使用工频电源，电网的冲击和瞬间变化会给系统带来干扰甚至毁灭性的破坏。为提高系统的可靠性和抗干扰性，PLC 的供电系统中一般采取隔离变压器、交流稳压器、UPS 电源、晶体管开关电源等措施对其供电系统进行保护，如图 13-2 所示为典型控制系统的供电设计框图。

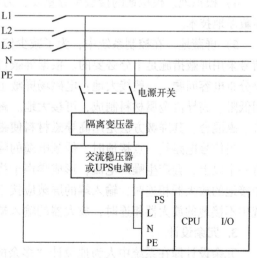

图 13-2　典型控制系统的供电设计框图

2. 系统接地设计

在实际控制系统中，把接地和屏蔽正确结合起来使用，可以解决大部分干扰问题。控制系统中的地线有：

1）数字地，也叫逻辑地，是各种开关量（数字量）信号的零电位。

2）模拟地，是各种模拟量信号的零电位。

3）信号地，通常指传感器的地。

4）交流地，交流供电电源的地线，这种地通常是产生噪声的地。

5）直流地，直流供电电源的地。

6）屏蔽地，也叫机壳地，为防止静电感应而设。

接地的一般要求如下：

1）PLC 组成的控制系统接地电阻一般应小于 4Ω，这是最主要的。

2）要保证足够的机械强度。

3）要具有耐腐蚀的能力并做防腐处理。

4）在整个工厂中，PLC 组成的控制系统要单独设计接地。

除了正确进行接地设计、安装外，还要对各种不同的接地进行正确的接地处理。以下针对不同的情况，给出不同的处理方法：

1）一点接地和多点接地。一般情况下，高频电路应采用就近多点接地，低频电路应采用一点接地。PLC 控制系统一般采用一点接地。

2）交流地与信号地不能共用。由于在一般电源地线的两点间会有数毫伏甚至几伏电压，对低电平信号电路来说，这是一个非常严重的干扰，因此必须加以隔离。

3）浮地与接地的比较。全机浮空即系统各个部分与大地浮置起来，这种方法简单，但整个系统与大地的绝缘电阻不能小于 50MΩ。这种方法具有一定的抗干扰能力，但一旦绝缘下降就会带来干扰。还有一种方法，就是将机壳接地，其余部分浮空。这种方法抗干扰能力强，安全可靠，但实现起来比较复杂。由此可见，PLC 系统的接地还是以接入大地为好。

4）模拟地。模拟地的接法十分重要，为了提高抗共模干扰能力，对于模拟信号可并用屏蔽浮地技术。

5）屏蔽地。在控制系统中，为了减少信号中电容耦合噪声，以便准确检测和控制，对信号采用屏蔽措施是十分必要的。根据屏蔽目的的不同，屏蔽地的接法也不同。电场屏蔽解决分布电容问题，一般接大地；电磁场屏蔽主要避免雷达、电台等高频电磁场辐射干扰，利用低阻、高导流金属材料制成，可接大地。磁屏蔽可防磁铁、电机、变压器、线圈等的磁感应、磁混合，其屏蔽方法是用高导磁材料使磁路闭合，一般接大地。

当信号电路是一点接地时，低频电缆的屏蔽层也应一点接地。如果电缆的屏蔽层接地点有一个以上，会产生噪声电流，形成噪声干扰源。当一个电路有一个不接地的信号源与系统中接地的放大器相连时，输入端的屏蔽应接至放大器的公共端；相反，当接地的信号源与系统中不接地的放大器相连时，放大器的输入端应接到信号源的公共端。

3. 冗余设计

冗余设计即在系统中人为地设计"多余的部分"。冗余配置代表 PLC 适应特殊需要的能力，是高性能 PLC 的体现，其目的是在 PLC 可靠工作的基础上，进一步提高其可靠性，减少出现故障的概率，减少出故障后修复的时间。

（1）冷备份冗余配置

对容易出故障的模块，多购一套或若干套模块作为备份，一旦正在运行的模块出现故障能及时更换，从而减少故障后系统修复的时间，减少停工损失。之所以叫冷备份是因为备份的模块没有安装在设备上，只是放在库中待用。冷备份的数量需要考虑，若缺乏备份，出了问题时无法更换，将影响生产，造成损失。备份数量太多，甚至无关紧要的模块也备份，必然造成浪费，特别是 PLC 技术发展很快，旧产品常被新产品所更换，备份过多不如用新的取代。备份还要看市场情况，市场上容易购买的可少备或不备，否则可适当备份或多备。另外，还要看单元的特点，易出故障、负载大、关键的模块要适当备份，其他的可少备或不备。

（2）热备份冗余配置

热备份是冗余的模块在线工作，只是不参与控制。一旦控制系统的模块出现故障，由其自动切换接替工作。热备份系统的模块比一般的 PLC 控制系统的模块多，可靠性将有所下降。对于特别重要的场合，重要模块的热备份是必要的。热备份中使用较多的是双 CPU 热备系统，即双机系统。

双机系统由两套完全相同的 CPU 模块组成。由热备份中使用较多的一个 CPU 工作并完成整个系统的控制，另一个 CPU 热备份也运行同样的程序，但它的输出是被禁止的。一旦主 CPU 模块出现故障，投入备用的 CPU 模块。这一切换过程由所备的冗余处理单元 CPU 控制（也有不用其控制的系统）。这时，出故障的 CPU 模块可进行维修或更换。如果热备份的 CPU 模块先出故障，先把故障的热备份 CPU 模块进行更换。

（3）表决系统冗余配置

在特别或非常重要的场合，为做到万无一失，可配置成表决系统。多套模块（如 3 套）同时工作，其输出依少数服从多数的原则裁决。这种系统出现故障的概率几乎可以减少到 0。这种表决系统非常昂贵，只对非常重要的控制系统采用。

13.3　PLC 控制系统设计实例

下面以圆盘锯自动控制系统为例来说明 PLC 控制系统设计的过程，该实例有一定简化。

13.3.1　系统的工艺流程和控制要求

图 13-3 为圆盘锯工作示意图。根据石材尺寸，圆盘锯初始原点位于图中"＊"处，即整个工作区域的右上方。当待切割石材经轨道送入指定位置后，起动水泵，由水管向锯喷水以在切割时对锯进行降温，起动主电动机使圆盘锯旋转，升降电动机控制整个锯下降至一定高度，变频器驱动的左右行走电动机控制锯先向左进行切割行走至石材边缘，这称为"一刀"。当到达石材边缘时，升降电动机控制锯再下降一定距离，然后向右切割行走。周而复始，直至完成当前的切割要求。

圆盘锯自动控制要求如下：

1）系统设有手动、自动控制模式，手动模式下由操作台按钮控制各电动机的起停。

2）自动模式下，水泵不开不能切割石材。

3）自动模式下，"头三刀"要求按照石材宽度进行切割，从"第四刀"开始根据主电动机电流的大小控制圆盘锯的下降。

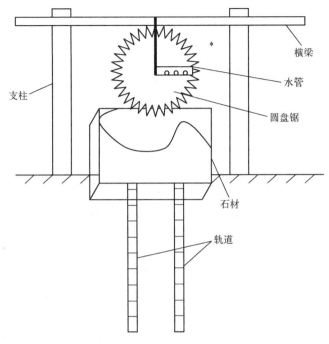

图 13-3　圆盘锯工作示意图

4）当到达切割深度后，即"最后一刀"按石材宽度切割。

5）切割完"最后一刀"升降电动机控制圆盘锯升至初始位置。

6）圆盘锯升到位后，前后定尺电动机拖动石材前向移动（移动距离为切割后石材的厚度），移动到位后，圆盘锯重复上述过程。

13.3.2　系统的硬件设计

根据系统的工艺流程和控制要求，统计系统的输入、输出如下：

模拟量输入：1 点，主电动机电流。

模拟量输出：1 点，变频器的电压给定，提供左右行走电动机的转速。

开关量输入：20 点，其中包含三路高速计数通道，因为这里采用在电动机轴上打孔通过传感器检测的方法来计算电动机的转速，从而推算移动的距离。

开关量输出：13 点。

根据系统的 I/O 点数并考虑一定余量，选择西门子 S7-1200 PLC CPU 1214C，硬件配置如图 13-4 所示。CPU 1214C 主机自带 2 模拟量输入，14 开关量输入和 10 开关量输出，SM 1221 数字量输入扩展模块选用 DC 8×24 V 输入，SM 1222 数字量输出扩展模块选用 8×继电器输出。

I/O 地址分配见表 13-3。接线图参考 6.4 节，在此略去。

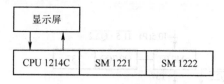

图 13-4　硬件配置示意图

表 13-3　I/O 地址分配

输　入		输　出	
名称	地址	名称	地址
左右移动电动机传感器	I0.0	电铃	Q0.0
升降移动电动机传感器	I0.1	定尺电动机前移	Q0.1
定尺移动电动机传感器	I0.3	定尺电动机后移	Q0.2
手动/自动模式开关	I0.5	升降电动机下降	Q0.3
主电动机起动按钮	I0.6	升降电动机上升	Q0.4
主电动机停止按钮	I0.7	左右电动机左行	Q0.5
水泵起动按钮	I1.0	左右电动机右行	Q0.6
水泵停止按钮	I1.1	水泵电动机	Q0.7
左行按钮	I1.2	变频器给定	Q1.0
右行按钮	I1.3	电位器给定	Q1.1
左右行停止按钮	I1.4	主电动机三角形起动	Q2.0
水泵压力传感器	I1.5	主电动机星形起动	Q2.1
升（点动）按钮	I2.0	主电动机起动	Q2.2
降（点动）按钮	I2.1		
定尺电动机前移按钮	I2.2		
定尺电动机后移按钮	I2.3		
定尺电动机停止按钮	I2.4		
上升停开关	I2.5		
左行限位	I2.6		
右行限位	I2.7		

13.3.3　系统的软件设计

可以看出圆盘锯自动控制是一个典型的顺序控制过程，根据工艺流程绘制其自动模式下的顺序功能图，如图 13-5 所示。

由顺序功能图写梯形图程序的方法可以方便地写出圆盘锯自动控制系统的梯形图程序在此省略，注意实际程序中要加上初始化及报警等程序。

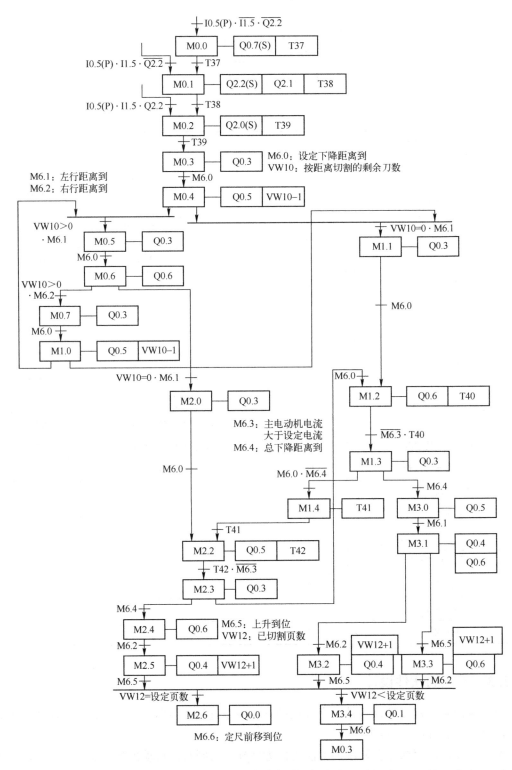

图 13-5 圆盘锯自动控制模式下的顺序功能图

13.4　习题

1. 说一说 PLC 控制系统设计的主要步骤。
2. PLC 控制系统设计的原则包括哪几个方面？
3. PLC 控制系统设计时 PLC 的选型要考虑哪些方面？
4. 试设计图 13-6 所示两工位运料小车基于 S7-1200 PLC 控制系统。具体要求如下：

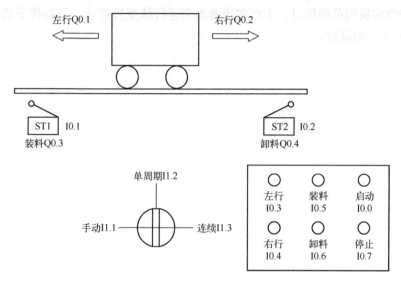

图 13-6　两工位运料小车工作示意图

系统设有 3 种工作方式（手动、单周期、连续），由工作方式选择开关确定。各种工作方式下，小车的动作过程如下：

（1）手动工作方式

1）工作方式选择开关拨到手动位置。

2）按住右行按钮，小车右行，松开按钮或碰到右限位，右行停止。

3）按住左行按钮，小车左行，松开按钮或碰到左限位，左行停止。

4）小车停在左限位时，按住装料按钮，小车装料，松开按钮，装料停止。

5）小车停在右限位时，按住卸料按钮，小车卸料，松开按钮，卸料停止。

在执行自动程序之前，如果系统没有处于初始状态（指小车卸完料后停在左端），应选择手动工作方式操作小车，使系统处于初始状态。

（2）单周期工作方式

工作方式选择开关拨到单周期位置。小车在左限位时，按一下起动按钮，小车装料 5 s，右行至右限位停止，卸料 2 s，左行至左限位停止，一个运行周期结束。如要小车再次工作，需再按启动按钮，即按一下启动按钮，小车只能工作一个周期。

（3）连续工作方式

工作方式选择开关拨到连续位置。在初始状态按下启动按钮，小车工作一个周期返回左限位处，接着小车又开始下一个周期的工作。小车不停地连续循环工作，直到按下停止按钮，才停止工作。

3 种工作方式切换时，满足以下条件：

1）自动情况下，手动按钮不起作用。

2）从手动切换到自动时，手动动作马上停止。

3）从自动切换到手动时，自动动作马上停止。

4）从单周期切换到连续时，小车在当前周期运行结束后停止，需要按下启动按钮，连续工作方式才开始运行。

5）从连续切换到单周期时，小车在当前周期运行结束后停止，需要按下启动按钮，单周期工作方式才开始运行。

参 考 文 献

[1] 徐世许，王美兴，程利荣，等．电气控制技术与 PLC［M］．北京：人民邮电出版社，2013．

[2] 熊幸明，刘湘潭，陈艳，等．电气控制与 PLC［M］．2 版．北京：机械工业出版社，2022．

[3] 方承远，张振国．工厂电气控制技术［M］．3 版．北京：机械工业出版社，2006．

[4] 西门子（中国）有限公司．深入浅出西门子 S7-1200 PLC［M］．北京：北京航空航天大学出版社，2009．

[5] 廖常初．S7-1200 PLC 编程及应用［M］．4 版．北京：机械工业出版社，2021．

[6] 刘华波，马艳，何文雪，等．西门子 S7-1200 PLC 编程与应用［M］．2 版．北京：机械工业出版社，2020．

[7] 廖常初．S7-300/400 PLC 应用技术［M］．4 版．北京：机械工业出版社，2016．

[8] 刘华波，何文雪，王雪．西门子 S7-300/400 PLC 编程与应用［M］．2 版．北京：机械工业出版社，2015．

[9] 何文雪，刘华波，吴贺荣．PLC 编程与应用［M］．北京：机械工业出版社，2010．

[10] 西门子（中国）有限公司自动化与驱动集团．SIMATIC S7-1200 可编程控制器系统手册［Z］．2015．

[11] 西门子（中国）有限公司自动化与驱动集团．SIMATIC S7-1200 可编程控制器产品样本［Z］．2019．